Elemente der Mathematik

EdM

Hessen
Q2 Lineare Algebra / Analytische Geometrie
Grund- und Leistungskurs

Herausgegeben von
Heinz Griesel, Andreas Gundlach, Helmut Postel, Friedrich Suhr

Schroedel

Elemente der Mathematik

EdM

Hessen
Q2 Lineare Algebra / Analytische Geometrie
Grund- und Leistungskurs

Herausgegeben von
Prof. Dr. Heinz Griesel, Dr. Andreas Gundlach, Prof. Helmut Postel, Friedrich Suhr

Bearbeitet von
Karin Benecke, Sibylle Brinkmann, Martin Brüning, Gabriele Dybowski, Dr. Andreas Gundlach, Holger Kohnen, Dr. Reinhard Köhler, Jakob Langenohl, Matthias Lösche, Hanns Jürgen Morath, Sigrid Schwarz, Heinz Klaus Strick, Friedrich Suhr

Der Schülerband ist auch als digitales Schulbuch erhältlich: Best.-Nr. 88383

Zum Schülerband erscheinen:
Lösungen Best.-Nr. 88384
BiBox Digitale Lehrermaterialien CD-ROM Best.-Nr. 88385; Online Best.-Nr. 88386

Abgestimmt auf dieses Unterrichtswerk sind umfangreiche Unterrichtsmaterialien für die S II entwickelt worden:
Analysis Best.-Nr. 87907; Analytische Geometrie/Matrizen Best.-Nr. 87908; Stochastik Best.-Nr. 87909

Druck A[1] / Jahr 2016
Alle Drucke der Serie A sind im Unterricht parallel verwendbar.

Redaktion: Dr. Petra Brinkmeier, Kira von Bülow
Umschlagentwurf und Innenlayout: Janssen Kahlert Design & Kommunikation
Illustrationen: Dietmar Griese, Laatzen
Zeichnungen: imprint, Ilona Külen, Zusmarshausen; Michael Wojczak, Butjadingen
Druck und Bindung: Westermann Druck Zwickau GmbH

ISBN 978-3-507-**88382**-6

Inhaltsverzeichnis

3 Ebenen im Raum

4 Winkel und Abstände im Raum

5 Matrizen

Anhang

Hinweise zur Arbeit mit diesem Buch

Jeder Abschnitt beginnt mit einer **offenen Einstiegsaufgabe,** die zu den neuen Inhalten führt.

In der zweiten **Einstiegsaufgabe mit Lösung** wird das neue Thema an einem anderen Sachverhalt erarbeitet. Mithilfe der Lösung können Sie sich den Inhalt selbstständig erarbeiten, nacharbeiten oder die Problemlösestrategien herausarbeiten.

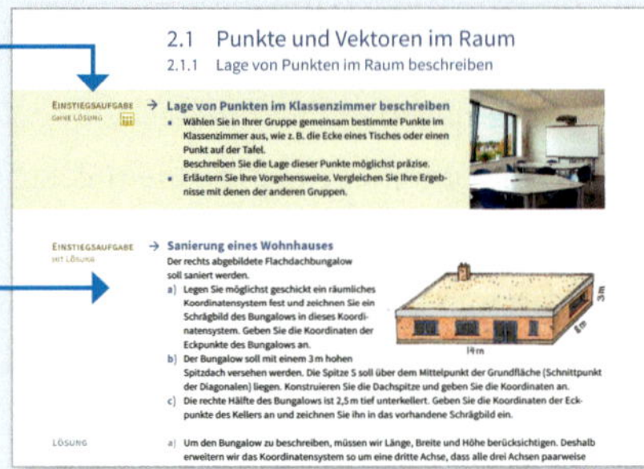

Das neu Gelernte wird allgemein in **Informationen** zusammengefasst und durch **Beispiele** erläutert.

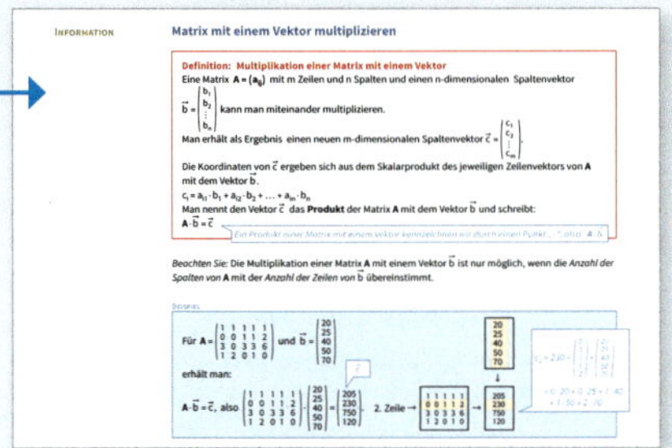

Manchmal werden weitere neue Aspekte auch in einer **Weiterführenden Aufgabe** angesprochen.

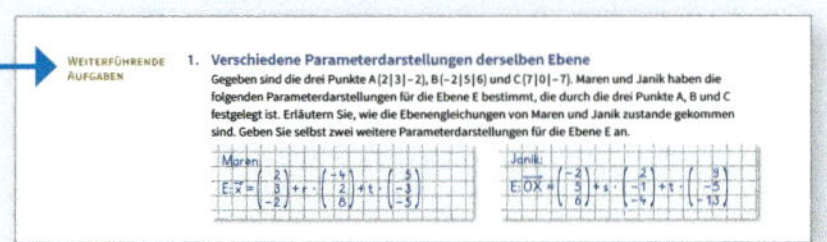

Die **Übungsaufgaben** bieten Ihnen vielfältige Möglichkeiten das neu Gelernte zu festigen und anzuwenden.

Zu einigen Übungsaufgaben gibt es ein **Beispiel** mit einer Musterlösung, in der wichtige mathematische Verfahren oder Strategien aufgezeigt werden.

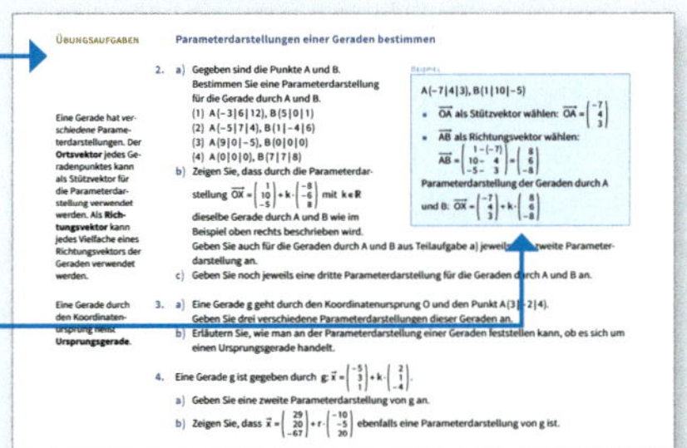

Am Ende eines Kapitels wird in Kurzform das **Wichtigste im Überblick** zusammengefasst.

Jeder Inhalt wird an einem **Beispiel** konkretisiert.

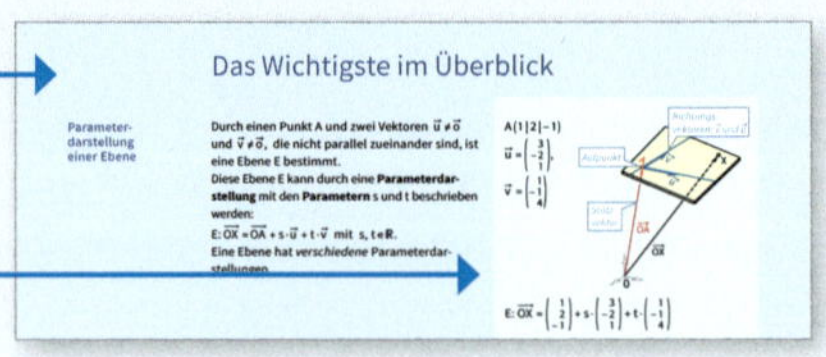

Das anschließende **Klausurtraining** bietet einfache und komplexere Aufgaben zur Klausurvorbereitung.

Die **Lösungen** dazu finden Sie im Anhang des Buches.

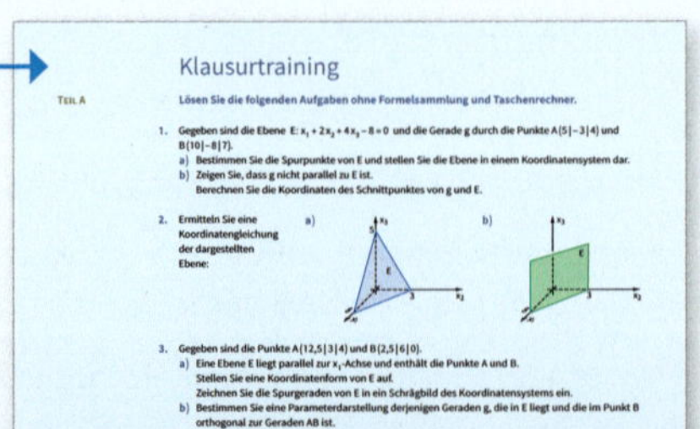

Ergänzende Hinweise für Lehrerinnen und Lehrer

- Die beiden **Einstiegsaufgaben** kommen anhand von zwei unterschiedlichen Problemstellungen zum inhaltlichen Kern des Abschnitts.

- Anhand der **Einstiegsaufgabe mit Lösung** wird sichtbar, welchen didaktisch-methodischen Weg die Autorinnen und Autoren eingeschlagen haben.

- Die **Informationen** sind verständlich geschrieben und unabhängig von der Problemstellung in der Einstiegsaufgabe formuliert. So können sie gut zum späteren Nacharbeiten, z. B. zur Vorbereitung auf eine Klausur, genutzt werden.

- Die Aufgaben sind gut gestuft und durch die inhaltlichen **Zwischenüberschriften** unterschiedlichen Aspekten des Themas zugeordnet.

Zudem gibt es **Vernetzte Aufgaben,** in denen die neue Themen mit bereits erarbeiteten Inhalten aus vorangegangenen Abschnitten vernetzt werden.

- Besonders geeignete Themen sind als Abschnitte zum **Selbst lernen** konzipiert.

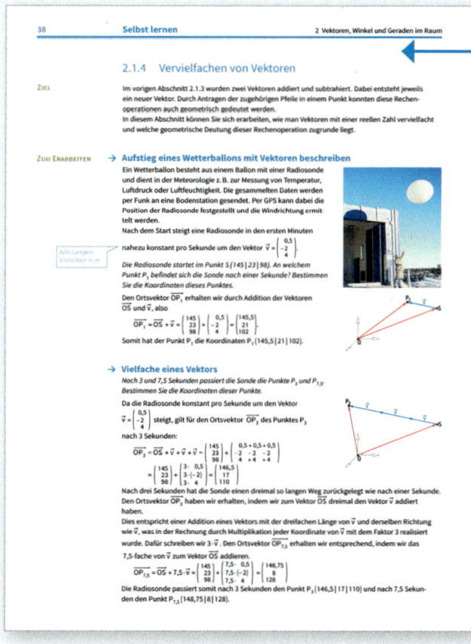

Mithilfe der Abschnitte zum **Selbst lernen** können Sie sich einen neuen Inhalt eigenständig erarbeiten.

- Blickpunkte eignen sich besonders zur Differenzierung des Unterrichts und zur Förderung von eigenständigen Schüleraktivitäten.
  Die fachübergreifenden und innermathematischen Themen können gut für Referate oder Facharbeiten verwendet werden.

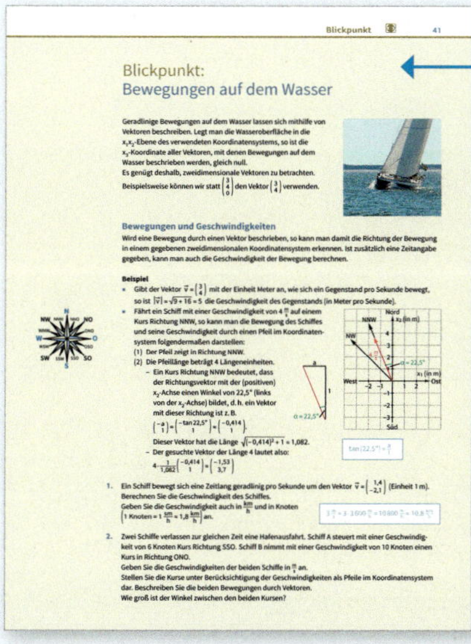

In einem **Blickpunkt** finden Sie, passend zu den Inhalten des Kapitels, interessante fachübergreifende und innermathematische Themen, auch zur Geschichte der Mathematik. Zudem können in einem Blickpunkt zentrale mathematische Kompetenzen aus dem Kapitel aufgegriffen und vertieft werden.

Zum Einsatz digitaler Werkzeuge

Viele Aufgaben in diesem Band sind so konzipiert, dass die Lernenden bei der Lösung einen wissenschaftlichen Taschenrechner WTR verwenden sollten. Zudem wird an didaktisch geeigneten Stellen mit einem Funktionenplotter gearbeitet.
Das Rechnersymbol wird nur bei solchen Aufgaben verwendet, bei denen besondere Kompetenzen im Umgang mit dem WTR erforderlich sind, wie z.B. das Erstellen von Wertetabellen, das Ableiten einer Funktion an einer Stelle oder das Lösen von Gleichungen und linearen Gleichungssystemen.
Auch die fakultative Verwendung eines CAS-Rechner im Unterricht wird im Buch berücksichtigt.

Symbole, die in diesem Buch verwendet werden:

- Partnerarbeit
- Gruppenarbeit
- *f* Thematisiert häufige Schülerfehler
- LK Inhalte nur für den Leistungskurs
- Wichtige Einsatzmöglichkeit des WTR, die an dieser Stelle erstmals thematisiert und erläutert wird.
- CAS Aufgaben, bei denen ein Computeralgebrasystem (CAS) verwendet wird.

Lösen linearer Gleichungssysteme – GAUSS-Algorithmus 1

In vielen technischen Bereichen wie zum Beispiel im Schiffbau oder beim Brückenbau müssen die Ingenieure bei der Planung oft lineare Gleichungssysteme aus mehreren Gleichungen aufstellen und lösen. Für die Lösung solcher Gleichungssysteme gibt es Computerprogramme, die nach bestimmten Algorithmen arbeiten. Ein solcher Algorithmus zum Lösen von linearen Gleichungssysteme geht zurück auf den deutschen Mathematiker CARL FRIEDRICH GAUSS (1777-1855) und wird deshalb auch GAUSS-Algorithmus genannt.

Eine wichtige Idee von GAUSS bei seinem Algorithmus war es, ein Gleichungssystem derart umzuformen, dass es am Ende eine sogenannte Dreiecksgestalt hat, so wie das folgende Gleichungssystem.

$$\begin{aligned} 2a + 6b - 30c + 12d &= -6 \\ b - c + d &= -2 \\ c + d &= 4 \\ 3d &= -6 \end{aligned}$$

Bestimmen Sie die Lösung.

In diesem Kapitel ...

... lernen Sie lineare Gleichungssysteme mit mehreren Variablen systematisch zu lösen;
... lernen Sie, wie viele Lösungen lineare Gleichungssysteme haben können;
... lösen Sie Probleme mithilfe linearer Gleichungssysteme in Anwendungszusammenhängen.

1.1 Der GAUSS-Algorithmus zum Lösen eines linearen Gleichungssystems

EINSTIEGSAUFGABE
OHNE LÖSUNG

→ Strategien zum Lösen von Gleichungssystemen

Beschreiben Sie die Strategie, die dem rechts begonnenen Lösungsweg zugrunde liegt.
Führen Sie ihn dann mit dieser Strategie zu Ende.

$$\left|\begin{array}{rl} x+\ y+3z=12 \\ -x+\ 3y-\ z=\ 2 \\ 2x+10y+2z=28 \end{array}\right| \quad \cdot(-2)$$

$$\left|\begin{array}{rl} x+\ y+3z=12 \\ 4y+2z=14 \\ 8y-4z=\ 4 \end{array}\right|$$

EINSTIEGSAUFGABE
MIT LÖSUNG

→ Verschiedene Formen von linearen Gleichungssystemen

Gegeben sind die folgenden beiden linearen Gleichungssysteme mit jeweils drei Variablen und drei Gleichungen.

$$(1)\ \left|\begin{array}{r} x+3y+\ z=2 \\ -2x-4y+2z=6 \\ 3x+\ y+\ z=8 \end{array}\right| \qquad (2)\ \left|\begin{array}{r} x+3y+\ z=\ 2 \\ 2y+4z=10 \\ z=\ 3 \end{array}\right|$$

a) Vergleichen Sie die beiden linearen Gleichungssysteme miteinander.
Entscheiden Sie, welches System einfacher zu lösen ist. Begründen Sie Ihre Entscheidung.
Lösen Sie dann dieses Gleichungssystem, und zeigen Sie, dass die Lösung dieses Systems auch die Lösung des anderen Systems ist.

b) In Teilaufgabe a) wird gezeigt, dass beide Gleichungssysteme dieselbe Lösung haben. Formen Sie System (1) so um, dass System (2) entsteht.
Führen Sie dazu die hier angefangene Lösung weiter.

$$\left|\begin{array}{r} x+3y+\ z=2 \\ -2x-4y+2z=6 \\ 3x+\ y+\ z=8 \end{array}\right| \quad \cdot 2 \quad \cdot ?$$

$$\left|\begin{array}{r} x+3y+\ z=\ 2 \\ 2y+4z=10 \\ -8y\ \ldots \end{array}\right|$$

LÖSUNG

a) Das lineare Gleichungssystem (2) ist leichter zu lösen als das lineare Gleichungssystem (1), da der Wert einer Variablen bereits bekannt ist: $z = 3$.
Wir gehen dabei wie folgt vor:

$$(2)\ \left|\begin{array}{r} x+3y+\ z=\ 2 \\ 2y+4z=10 \\ z=\ 3 \end{array}\right| \quad \text{Einsetzen und Vereinfachen}$$

$$(2)\ \left|\begin{array}{r} x+3y\quad =-1 \\ y\quad =-1 \\ z=\ 3 \end{array}\right| \quad \text{Einsetzen und Vereinfachen}$$

$$(2)\ \left|\begin{array}{r} x\qquad =\ 2 \\ y\quad =-1 \\ z=\ 3 \end{array}\right|$$

Die Lösungsmenge des linearen Gleichungssystems (2) ist also $L = \{(2\,|-1\,|\,3)\}$.

Setzen wir diese Lösung, also $x = 2$, $y = -1$ und $z = 3$ in das lineare Gleichungssystem (1) ein, dann erhalten wir:

$$(1)\ \left|\begin{array}{r} 2+3\cdot(-1)+3=2 \\ -2\cdot 2-4\cdot(-1)+2\cdot 3=6 \\ 3\cdot 2-1+3=8 \end{array}\right|$$

Ausgerechnet ergibt dies:

$$(1)\ \left|\begin{array}{r} 2=2 \\ 6=6 \\ 8=8 \end{array}\right|$$

Da sich beim Einsetzen auf beiden Seiten der Gleichungen dieselben Werte ergeben, haben wir mit der Lösung des linearen Gleichungssystems (2) auch das lineare Gleichungssystem (1) gelöst.
Somit haben beide linearen Gleichungssysteme die Lösungsmenge $L = \{(2\,|-1\,|\,3)\}$.
Wir haben jedoch festgestellt, dass das lineare Gleichungssystem (2) leichter zu lösen ist als das lineare Gleichungssystem (1).

b) Wir haben gesehen, dass es bei der Lösung eines linearen Gleichungssystems ein wichtiges Zwischenziel sein kann, das eine System in eine *Dreiecksgestalt* umzuformen, wie das System (2). Wir bringen nun auch das System (1) auf diese Gestalt:

- Zunächst soll in der zweiten und der dritten Gleichung eine Variable, hier x, wegfallen: Dazu addieren wir das zweifache der ersten Gleichung zur zweiten Gleichung, sowie das (−3)-fache der ersten Gleichung zur dritten Gleichung.

$$\left|\begin{array}{r} x+3y+z=2 \\ -2x-4y+2z=6 \\ 3x+y+z=8 \end{array}\right|$$

- Die zweite und die dritte Gleichung enthalten jetzt nur noch die Variablen y und z. In diesem System können wir das Vierfache der zweiten Gleichung zur dritten Gleichung addieren, damit die Variable y wegfällt.

$$\left|\begin{array}{r} x+3y+z=2 \\ 2y+4z=10 \\ -8y-2z=2 \end{array}\right|$$

- Dadurch entsteht das folgende System in der sogenannten **Dreiecksgestalt**.

$$\left|\begin{array}{r} x+3y+z=2 \\ 2y+4z=10 \\ 14z=42 \end{array}\right|$$

Gleichungssystem in Dreiecksgestalt

- Teilen wir die letzte Gleichung durch 14, entsteht das Gleichungssystem (2) aus der Aufgabenstellung. Nun können wir wie in Teilaufgabe a) vorgehen, um die Lösung zu ermitteln.

$$\left|\begin{array}{r} x+3y+z=2 \\ y+2z=5 \\ z=3 \end{array}\right|$$

INFORMATION

CARL FRIEDRICH GAUSS; (1777 – 1855)

Der GAUSS-Algorithmus zum Lösen eines linearen Gleichungssystems

Jedes lineare Gleichungssystem kann mit dem GAUSS-Algorithmus systematisch gelöst werden. Dieser Algorithmus ist benannt nach dem deutschen Mathematiker CARL FRIEDRICH GAUSS.
Die Grundidee besteht darin, das gegebene System so umzuformen, dass es eine dreiecksähnliche Gestalt hat. Im umgeformten System enthält jede Gleichung eine Variable weniger als die vorhergehende.
Zum Umformen wendet man das Additionsverfahren wiederholt an:

- Multiplikation beider Seiten einer Gleichung mit einer geeigneten Zahl ungleich Null;
- Addition einer Gleichung zu einer anderen, sodass eine Variable eliminiert wird, also wegfällt;
- Vertauschen der Reihenfolge der Gleichungen.

Auch die nicht veränderten Gleichungen muss man weiter mitführen. Das Weglassen einer Gleichung bedeutet nämlich den Verzicht auf eine Bedingung.

Beispiel für den GAUSS-Algorithmus – vereinfachte Schreibweise

Um Schreibarbeit zu sparen und die Übersichtlichkeit zu erhöhen, notiert man ein lineares Gleichungssystem oft in Form eines Zahlenschemas, in dem nur die Koeffizienten notiert werden:

Erweiterte Koeffizientenmatrix

$$\left|\begin{array}{r} 2x+2y+3z=15 \\ -x+y+2z=1 \\ -x-3y-3z=-10 \end{array}\right| \begin{array}{l} \\ \cdot 2 \\ \cdot 2 \end{array} \qquad \left(\begin{array}{rrr|r} 2 & 2 & 3 & 15 \\ -1 & 1 & 2 & 1 \\ -1 & -3 & -3 & -10 \end{array}\right) \begin{array}{l} \\ \cdot 2 \\ \cdot 2 \end{array}$$

$$\left|\begin{array}{r} 2x+2y+3z=15 \\ 4y+7z=17 \\ -4y-3z=-5 \end{array}\right| \qquad \left(\begin{array}{rrr|r} 2 & 2 & 3 & 15 \\ 0 & 4 & 7 & 17 \\ 0 & -4 & -3 & -5 \end{array}\right)$$

$$\left|\begin{array}{r} 2x+2y+3z=15 \\ 4y+7z=17 \\ 4z=12 \end{array}\right| :4 \qquad \left(\begin{array}{rrr|r} 2 & 2 & 3 & 15 \\ 0 & 4 & 7 & 17 \\ 0 & 0 & 4 & 12 \end{array}\right) :4$$

$$\left|\begin{array}{r} 2x+2y+3z=15 \\ 4y+7z=17 \\ z=3 \end{array}\right|$$

Einsetzen und Vereinfachen

$$\left|\begin{array}{rrrl} 2x & +2y & & = 6 \\ & y & & = -1 \\ & & z & = 3 \end{array}\right|$$ ← Einsetzen und Vereinfachen

$$\left|\begin{array}{rrrl} x & & & = 4 \\ & y & & = -1 \\ & & z & = 3 \end{array}\right|$$

Damit hat das lineare Gleichungssystem die Lösungsmenge $L = \{(4 \mid -1 \mid 3)\}$.

ÜBUNGSAUFGABEN

Lineare Gleichungssysteme mit dem GAUSS-Algorithmus lösen

1. Bestimmen Sie die Lösung des linearen Gleichungssystems mithilfe des GAUSS-Algorithmus ohne Rechner.

a) $\left|\begin{array}{l} 2x + 4y = 6 \\ 4x + y = -2 \end{array}\right|$

b) $\left|\begin{array}{l} 3x + 2y - z = -5 \\ 6x + 2z = -10 \\ x + y = -1 \end{array}\right|$

c) $\left|\begin{array}{l} \frac{1}{2}x + 2y + z = 147 \\ \frac{1}{3}x - y + \frac{1}{7}z = -22 \\ 4x - \frac{1}{3}y = 154 \end{array}\right|$

d) $\left|\begin{array}{l} 2x - y + z = 4 \\ 10x - 2y + z = 13 \\ 6x + y - z = 5 \end{array}\right|$

2. Bestimmen Sie die Lösung des linearen Gleichungssystems.

a) $\left|\begin{array}{l} 2x - y + 3z = -4 \\ -x + y + 2z = -3 \\ -4x + 3y - 3z = -6 \end{array}\right|$

b) $\left|\begin{array}{l} 7a - 3b + c = 16 \\ a + 2b = -3 \\ b - c = -5 \end{array}\right|$

c) $\left|\begin{array}{l} -6u + 5v - t + 2r = 13 \\ -v + 3t - r = -7 \\ 4r = 8 \\ 4u + 2v = 6 \end{array}\right|$

3. Geben Sie ein lineares Gleichungssystem mit genauso vielen Gleichungen wie Variablen an, das die vorgegebene Lösungsmenge hat. Tauschen Sie mit Ihrem Nachbarn und lösen Sie sein lineares Gleichungssystem mit dem GAUSS-Algorithmus als Probe.

a) $L = \{(3 \mid 2 \mid -1)\}$ **b)** $L = \{(1 \mid 1 \mid 3)\}$ **c)** Wählen Sie selbst eine Lösungsmenge.

4. Christiane klagt: „Als Hausaufgabe hat mir meine Lehrerin das lineare Gleichungssystem rechts aufgegeben: Mit den vielen Brüchen muss ich ja ewig rechnen!"
Giovanni entgegnet:
„Multipliziere doch alle Gleichungen mit 30!"

$$\left|\begin{array}{l} \frac{1}{5}x - \frac{2}{3}y + \frac{1}{6}z = \frac{37}{30} \\ \frac{3}{10}x + \frac{1}{3}y - \frac{1}{3}z = -\frac{1}{15} \\ \frac{1}{6}x + \frac{1}{5}z = \frac{8}{15} \end{array}\right|$$

Warum ist Giovannis Vorgehen sinnvoll? Bestimmen Sie die Lösung des Gleichungssystems auf diese Weise.

5. Yasmin hat bis hierher mit der erweiterten Koeffizientenmatrix gerechnet. Bestimmen Sie die Lösung.

$$\left(\begin{array}{rrr|r} 3 & -1 & 2 & 35 \\ & 6 & -3 & -21 \\ & & -4 & -12 \end{array}\right)$$

Lineare Gleichungssysteme in Anwendungen

6. Ein Versandhandel möchte sein Lager räumen und plant eine Sonderaktion im Internet: Drei unterschiedlich zusammengestellte Sortimente aus Taschenbüchern, Hörbüchern und Musik-CDs sollen angeboten werden.
Das Lager umfasst noch 1 890 Taschenbücher, 2 400 Hörbücher und 1 690 CDs. Kann die Firma mit dieser Aktion ihr Lager vollständig räumen?

	Taschenbücher	Hörbücher	CDs
Sortiment 1	2	2	4
Sortiment 2	3	6	1
Sortiment 3	4	2	1

1.2 Lineare Gleichungssysteme mit unendlich vielen Lösungen oder ohne Lösung

EINSTIEGSAUFGABE OHNE LÖSUNG

→ Wie viele Lösungen gibt es?

Theo hat das Gleichungssystem $\left|\begin{array}{rcr} x - y - z &=& -1 \\ 2x + 2y - 10z &=& 2 \\ x + 3y - 9z &=& 3 \end{array}\right|$ umgeformt und folgendes Ergebnis erhalten:

$$\left|\begin{array}{rcr} x - y - z &=& -1 \\ y - 2z &=& 1 \\ 0 &=& 0 \end{array}\right|$$

Theo notiert als Lösung: $L = \{(3z \mid 2z + 1 \mid z) \mid z \in \mathbb{R}\}$
Erläutern Sie Theos Ergebnis.

EINSTIEGSAUFGABE MIT LÖSUNG

→ Unendlich viele Lösungen

Lösen Sie das lineare Gleichungssystem mit dem GAUSS-Algorithmus. Notieren Sie die Lösungsmenge.

$$\left|\begin{array}{rcr} 2x + 6y - 3z &=& -6 \\ 4x + 3y + 3z &=& 6 \\ 4x - 3y + 9z &=& 18 \end{array}\right|$$

LÖSUNG

Wir formen das Gleichungssystem in Dreiecksgestalt um.

$$\left|\begin{array}{rcr} 2x + 6y - 3z &=& -6 \\ 4x + 3y + 3z &=& 6 \\ 4x - 3y + 9z &=& 18 \end{array}\right| \begin{array}{l} \cdot(-2) \text{, zur 2. und zur 3. Gleichung addieren} \\ \\ \\ \end{array}$$

$$\left|\begin{array}{rcr} 2x + 6y - 3z &=& -6 \\ -9y + 9z &=& 18 \\ -15y + 15z &=& 30 \end{array}\right| \begin{array}{l} \\ :9 \text{, zur 3. Gleichung addieren} \\ :(-15) \end{array}$$

$$\left|\begin{array}{rcr} 2x + 6y - 3z &=& -6 \\ -y + z &=& 2 \\ 0 &=& 0 \end{array}\right|$$

Die 3. Gleichung des umgeformten Gleichungssystems lautet: $0 = 0$.
Diese Gleichung ist immer erfüllt.
Die 2. Gleichung des Gleichungssystems stellen wir nach y um:

$$\begin{aligned} -y + z &= 2 && \mid -z \\ -y &= 2 - z && \mid \cdot(-1) \\ y &= z - 2 \end{aligned}$$

Diese Gleichung benötigen wir für die Lösung.

Nun setzen wir $y = z - 2$ in die 1. Gleichung des Gleichungssystems ein und stellen nach x um:

$$\begin{aligned} 2x + 6y - 3z &= -6 && \mid y = z - 2 \text{ einsetzen} \\ 2x + 6(z - 2) - 3z &= -6 \\ 2x + 6z - 12 - 3z &= -6 && \mid \text{zusammenfassen} \\ 2x + 3z - 12 &= -6 && \mid +12 \\ 2x + 3z &= 6 && \mid -3z \\ 2x &= 6 - 3z && \mid :2 \\ x &= 3 - 1{,}5z \end{aligned}$$

Auch diese Gleichung benötigen wir für die Lösung.

Somit haben wir für x und y die Gleichungen $x = 3 - 1{,}5z$ und $y = z - 2$ erhalten.
Wenn wir in diese beiden Gleichungen zum Beispiel $z = 4$ einsetzen, so erhalten wir $(x \mid y \mid z) = (-3 \mid 2 \mid 4)$ als eine Lösung des linearen Gleichungssystems.
Für $z = 2$ erhalten wir mit $(x \mid y \mid z) = (0 \mid 0 \mid 2)$ eine weitere Lösung.
Um alle Lösungen zu notieren, schreiben wir allgemein für die Lösungsmenge L des linearen Gleichungssystems: $L = \{(3 - 1{,}5z \mid z - 2 \mid z),\ z \in \mathbb{R}\}$
Das Gleichungssystem hat also unendlich viele Lösungen, da wir für z eine beliebige reelle Zahl einsetzen können.

WEITERFÜHRENDE AUFGABE

1. Keine Lösung

Antonia hat das Gleichungssystem $\left|\begin{array}{l} -2x+4y+5z=9 \\ 2x-3y-z=5 \\ 4x-6y-2z=7 \end{array}\right|$ gelöst: $\left|\begin{array}{r} -2x+4y+5z=9 \\ y+4z=14 \\ 0=3 \end{array}\right|$

Interpretieren Sie Antonias Ergebnis.

INFORMATION

Anzahl der Lösungen bei linearen Gleichungssystemen

Ein lineares Gleichungssystem kann

- *genau eine Lösung*;
- *unendlich viele Lösungen* oder
- *keine Lösung* haben.

BEISPIELE

(1) $\left|\begin{array}{r} 2x-3y-4z=8 \\ 3x+5y+z=10 \\ -4x+y-3z=7 \end{array}\right|$

In Dreiecksgestalt umgeformt:

$\left|\begin{array}{r} x=1 \\ y=2 \\ z=-3 \end{array}\right|$

Das Gleichungssystem hat die Lösung $x=1,\ y=2,\ z=-3$.
Die Lösungsmenge ist $L=\{(1\,|\,2\,|-3)\}$.

(2) $\left|\begin{array}{r} 2x-2y-2z=-2 \\ x+2y-13z=8 \\ x+y-9z=5 \end{array}\right|$

$\left|\begin{array}{r} x-5z=2 \\ y-4z=3 \\ 0=0 \end{array}\right|$

Dieses Gleichungssystem hat unendlich viele Lösungen.
Die Lösungsmenge ist $L=\{(2+5z\,|\,3+4z\,|\,z),\ z\in\mathbb{R}\}$.

(3) $\left|\begin{array}{r} -2x+4y+5z=9 \\ 2x-3y-z=5 \\ 4x-6y-2z=7 \end{array}\right|$ ⊕ $\cdot(-2)$ ⊕

$\left|\begin{array}{r} x-2y-2{,}5z=-4{,}5 \\ y+4z=14 \\ 0=-3 \end{array}\right|$

Dieses Gleichungssystem hat keine Lösung, da die Gleichung $0=-3$ unabhängig von x, y, z nie erfüllt ist.
$L=\{\ \}$

Lösen linearer Gleichungssysteme mit einem Taschenrechner

Bei vielen Rechnern findet man ein Menü zum Lösen linearer Gleichungssysteme. Man muss dort nur die Anzahl der Gleichungen und der Variablen festlegen und kann danach die Gleichungen direkt eingeben:

(1)

(2)
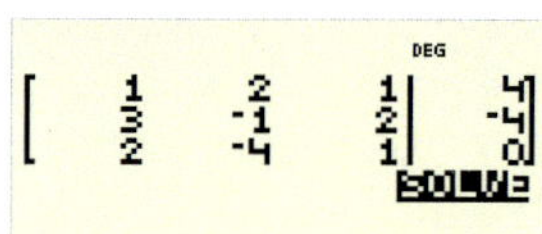

(3)
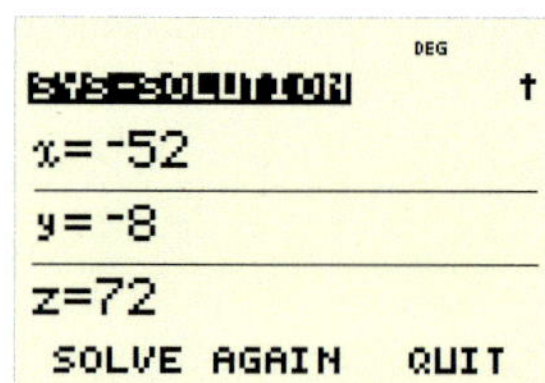

ÜBUNGSAUFGABEN

Lösungsmengen mit und ohne Rechner bestimmen

2. Bestimmen Sie die Lösungsmenge

a) $\left|\begin{array}{r} x+y+z=2 \\ x-y=4 \\ 5y+4z=0 \end{array}\right|$ **b)** $\left|\begin{array}{r} x+2y+3z=-1 \\ 2x+3y+4z=12 \\ 3x+4y+5z=5 \end{array}\right|$ **c)** $\left|\begin{array}{r} 3x-2y+2z=7 \\ x+4y+4z=-1 \\ x-2y+2z=1 \end{array}\right|$ **d)** $\left|\begin{array}{r} 4x-y+6z=0 \\ 2x-3y-5z=0 \\ 3x+y+6z=0 \end{array}\right|$

3. Bei einem linearen Gleichungssystem kann die Anzahl der Gleichungen verschieden sein von der Anzahl der Variablen. Bestimmen Sie die Lösungsmengen folgender Gleichungssysteme. Was fällt auf?

(1) $\left|\begin{array}{r} x+y=3 \\ 2x-3y=-4 \\ 4x-y=2 \end{array}\right|$ (2) $\left|\begin{array}{r} x+y=3 \\ 2x-3y=-4 \\ 4x-y=1 \end{array}\right|$ (3) $\left|\begin{array}{r} x+y-z=2 \\ x+2y-3z=1 \end{array}\right|$ (4) $\left|\begin{array}{r} x-y-z=2 \\ -2x+2y+2z=3 \end{array}\right|$

4. Geben Sie ein lineares Gleichungssystem mit genauso vielen Gleichungen wie Variablen an, das die angegebene Lösungsmenge hat. Tauschen Sie mit Ihrem Nachbarn und lösen Sie sein lineares Gleichungssystem mit dem GAUSS-Algorithmus. Prüfen Sie anschließend mithilfe eines Rechners.

a) Das Gleichungssystem hat unendlich viele Lösungen.

b) Das Gleichungssystem hat keine Lösung.

c) Das Gleichungssystem hat die Lösungsmenge $L = \{(3z\,|\,2z\,|\,z),\ z \in \mathbb{R}\}$.

5. Lara und Tom haben das folgende lineare Gleichungssystem gelöst: $\left|\begin{array}{l} a + 2b - c = 10 \\ 2a - b + 3c = 5 \\ 3a + b + 2c = 15 \end{array}\right|$

Lara: „Meine Lösung ist (3 | 4 | 1)."
Tom: „Hmm, bei mir ist die Lösung (−1 | 8 | 5)."
Wer hat Recht? Nehmen Sie Stellung.

Lösungsmengen von linearen Gleichungssystemen interpretieren

6. Die Lösungsmenge eines linearen Gleichungssystems wurde mit einem Taschenrechner bestimmt. Interpretieren Sie das Ergebnis und geben Sie die Lösungsmenge an.

a)
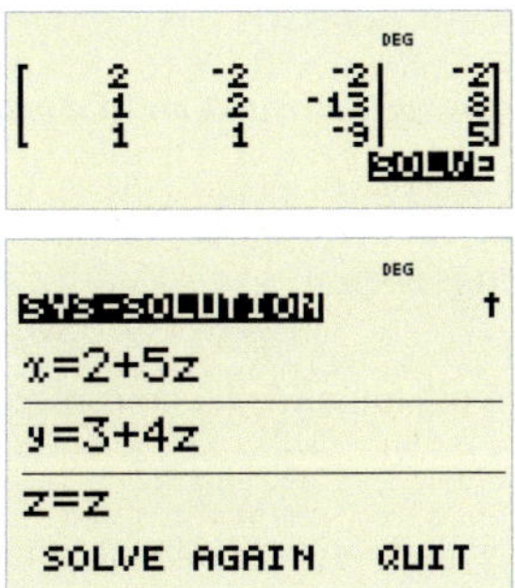

b)
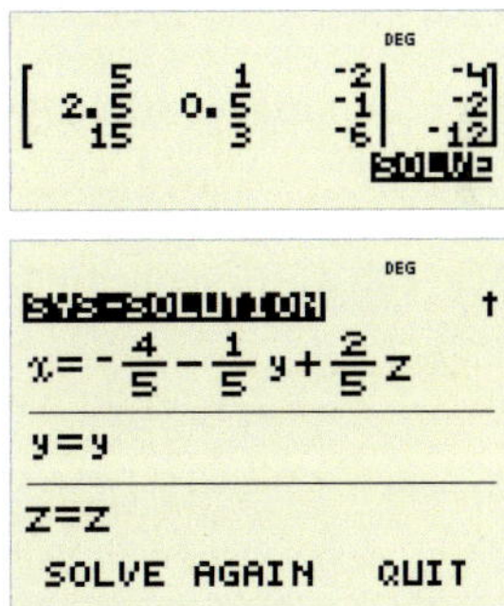

7. Zeigen Sie: Das lineare Gleichungssystem hat keine Lösung bzw. unendlich viele Lösungen. Begründen Sie dies wie in den Beispielen und bestimmen Sie die Lösungsmenge.

a) $\left|\begin{array}{l} 3x - 2y + 5z = 12 \\ 2x - 3y + 4z = 7 \\ 2x - 3y + 4z = 5 \end{array}\right|$

b) $\left|\begin{array}{r} 4x - y + 2z = -2 \\ -x - 6y + 7z = 11 \\ -8x + 2y - 4z = 4 \end{array}\right|$

c) $\left|\begin{array}{r} x - y + z = 0 \\ -x + y - z = 0 \\ 2x - 2y + 2z = 0 \end{array}\right|$

d) $\left|\begin{array}{r} -2x - 2y + z = 10 \\ -4x - 4y + 2z = 20 \\ -2x - 2y + z = 11 \end{array}\right|$

e) $\left|\begin{array}{l} x + y - z = 3 \\ x + y - z = 4 \\ x + y - z = 5 \end{array}\right|$

LK **f)** $\left|\begin{array}{r} x + y - z = 1 \\ 2x + 2y - 2z = 2 \\ 3x + 3y - 3z = 3 \end{array}\right|$

Beispiel (A)

$\left|\begin{array}{r} x + y - 2z = 3 \\ 3x - 2y + 4z = 9 \\ 6x - 4y + 8z = 18 \end{array}\right| \begin{array}{l} \\ |\cdot 2 \\ \\ \end{array}$

Multipliziert man die zweite Gleichung mit dem Faktor 2, sind die zweite und die dritte Gleichung identisch.
Durch Umformen erhält man:

$\left|\begin{array}{r} x + y - 2z = 3 \\ -5y + 10z = 0 \\ 0 = 0 \end{array}\right|$

$L = \{(3\,|\,2z\,|\,z),\ z \in \mathbb{R}\}$

Beispiel (B)

$\left|\begin{array}{l} 4x - 3y - 3z = 3 \\ 2x - 5y - z = 1 \\ 2x - 5y - z = 2 \end{array}\right|$

Die letzten beiden Gleichungen widersprechen einander, also ist die Lösungsmenge leer.
$L = \{\ \}$

f **8.** Dominik hat versucht, ein Gleichungssystem zu lösen.

$$\left|\begin{array}{l} x+y=9 \\ 2x+y=7 \\ 4x-y=2 \end{array}\right| \begin{array}{l} \\ \cdot 2 \\ \ominus \end{array} \qquad \left|\begin{array}{l} x+y=9 \\ 2x+y=7 \\ y=4 \end{array}\right| \text{ Einsetzen und Vereinfachen}$$

$$\left|\begin{array}{l} x+y=9 \\ 2x+y=7 \\ 3y=12 \end{array}\right| :3 \qquad \left|\begin{array}{l} x+y=9 \\ x=1{,}5 \\ y=4 \end{array}\right|$$

$L=\{(1{,}5 \mid 4)\}$

Welchen Fehler hat er gemacht? Erklären Sie.

9. Maren hat drei Gleichungssysteme aufgeschrieben, die keine Lösung haben.

(1) $\left|\begin{array}{l} 4x-5y+z=1 \\ 4x-5y+z=2 \\ x+6y-z=4 \end{array}\right|$ (2) $\left|\begin{array}{l} x-y+2z=1 \\ 2x+y-7z=0 \\ 4x+2y-14z=2 \end{array}\right|$ (3) $\left|\begin{array}{l} 2x-y+z=1 \\ 4x+2y+3z=4 \\ 6x+y+4z=6 \end{array}\right|$

Erläutern Sie, wie Maren dabei vorgegangen ist. Geben Sie selbst drei lineare Gleichungssysteme mit jeweils drei Variablen an, die keine Lösung haben.

Lineare Gleichungssysteme mit zwei freien Parametern in der Lösung

LK **10. a)** Gegeben ist das folgende lineare Gleichungssystem: $\left|\begin{array}{l} 3x-y+z=1 \\ 6x-2y+2z=2 \\ 9x-3y+3z=3 \end{array}\right|$

Zeigen Sie, dass dieses Gleichungssystem die folgende Lösungsmenge hat:

$L=\left\{\left(\frac{1}{3}\cdot(y-z+1) \mid y \mid z\right), y\in\mathbb{R}, z\in\mathbb{R}\right\}$

b) Geben Sie selbst ein lineares Gleichungssystem mit drei Variablen x, y, z und mit drei Gleichungen an, in dessen Lösungen $y\in\mathbb{R}$ und $z\in\mathbb{R}$ frei wählbar sind.

c) Zeigen Sie, dass die lineare Gleichung $3x-y+z=1$ dieselbe Lösungsmenge besitzt, wie das lineare Gleichungssystem aus Teilaufgabe a).

LK **11.** Wie müssen die Parameter a und b gewählt werden, damit das lineare Gleichungssystem Lösungen besitzt? $\left|\begin{array}{l} 2x-y+3z=1 \\ 4x-2y+6z=a \\ 6x-3y+9z=b \end{array}\right|$

Lineare Gleichungssysteme in Anwendungssituationen

12. Der durchschnittliche Tagesbedarf eines Menschen an Vitamin C beträgt 100 mg. Eine wichtige Quelle für dieses lebensnotwendige Vitamin sind Früchte und Fruchtsäfte.
Von einigen Fruchtsäften ist Folgendes bekannt:

	Apfel-saft	Ananas-saft	Multivitamin-saft	Orangen-saft
Vitamin-C-Gehalt in 100 ml Saft (in mg)	7,4	12,5	55	35
Energiegehalt pro 100 ml Saft (in kJ)	193	243	197	163

a) Kann man den Vitamin-C-Bedarf mit einem 200-ml-Getränk, das aus allen vier Säften besteht, exakt abdecken? Welche Möglichkeiten gibt es?

LK **b)** Marcus möchte mit 200 ml von einem Mischgetränk aus Ananas-, Multivitamin- und Orangensaft seinen Vitamin-C-Bedarf exakt abdecken und dabei 397 kJ zu sich nehmen.
Untersuchen Sie, ob diese Bedingung erfüllbar ist.

13. a) Ammoniumdichromat zerfällt beim Erwärmen in Chromoxid, Stickstoff und Wasserdampf:
$a \cdot (NH_4)_2\, Cr_2O_7 \rightarrow b \cdot Cr_2O_3 + c \cdot N_2 + d \cdot H_2O$
Dabei sind die Koeffizienten a, b, c, d die sogenannten Reaktions-Stöchiometriezahlen. Sie müssen so bestimmt werden, dass für jede Atomart die Anzahl der Atome links und rechts vom Reaktionspfeil übereinstimmt.
Zeigen Sie, dass sich folgendes Gleichungssystem ergibt:

N-Atome: $a \cdot 2 = c \cdot 2$
H-Atome: $a \cdot 4 \cdot 2 = d \cdot 2$
Cr-Atome: $a \cdot 2 = b \cdot 2$
O-Atome: $a \cdot 7 = b \cdot 3 + d$

Erläutern Sie, warum dieses Gleichungssystem unendlich viele Lösungen hat.
Ermitteln Sie eine Lösung mit möglichst kleinen natürlichen Zahlen.

b) Vervollständigen Sie folgende Reaktionsgleichungen, indem Sie ein lineares Gleichungssystem aufstellen und lösen.
(1) Verbrennen von Propan: $a\, C_3H_8 + b\, O_2 \rightarrow c\, CO_2 + d\, H_2O$
(2) Explosion von Nitroglycerin: $a\, C_3H_5N_3O_9 \rightarrow b\, CO_2 + c\, H_2O + d\, N_2 + e\, O_2$
(3) Borsäure-Herstellung aus Natriumborat: $a\, Na_2B_4O_7 + b\, HCl + c\, H_2O \rightarrow d\, H_3BO_3 + e\, NaCl$

Neon: chemisches Element, zählt zu den Edelgasen

Isotope: verschiedene Varianten von Atomen eines Elements, unterscheiden sich voneinander in der Anzahl der Neutronen

14. Meteoriten enthalten verschiedene Neon-Isotopen-Gemische. Bis zum Jahr 1969 kannte man die Arten A, B und S, die Neon-Isotope

	A	B	S	E
Neon 20	8,2	12,5	0,9	4,2
Neon 21	0,03	0,04	0,91	0,04
Neon 22	1	1	1	1

in charakteristischen Mengenverhältnissen enthalten. Z. B. befinden sich in planetarem Neon A die Isotope Neon 20, Neon 21, und Neon 22 im Mengenverhältnis 8,2 : 0,03 : 1.
Man nimmt an:

- Planetares Neon A in einem Meteorit entstammt dem solaren Urnebel, aus dem sich unser Sonnensystem bildete.
- Solares Neon B kommt aus dem Sonnenwind in Meteoriten hinein.
- Kosmogenes Neon S entsteht in den Meteoriten durch kosmische Strahlung.

Am 14. Mai 1864 ging nahe der Ortschaft Orgueil ein Meteorit nieder. Dieser Meteorit wurde insofern bedeutsam, da man zunächst Spuren extraterrestrischen Lebens in ihm vermutete, was sich aber später als falsch herausstellte. 1969 fand man im Orgueil-Meteoriten allerdings neben den Gemischen A, B und S noch ein Neon-Isotopen-Gemisch E, das bisher unbekannt war. 2001 untersuchte ein Team von Wissenschaftlern den Meteoriten erneut. Sie kamen dabei zu dem Ergebnis, dass dieser Meteorit nicht von einem Asteroiden sondern von einem Kometen stammt. Denkbar ist, dass solche Meteoriten die Grundbausteine für das Leben auf unserem Planeten brachten.

Es soll untersucht werden, ob das 1969 neu entdeckte Gemisch E durch Vermengen aus den Gemischen A, B und S entstanden ist. Sollte dies nicht der Fall sein, könnte man aufgrund physikalischer Überlegungen vermuten, dass das Gemisch E außerhalb unseres Sonnensystems gebildet wurde. (Siehe *Spektrum der Wissenschaft* – Heft 10 / 1983, S. 44 – 56).

a) Begründen Sie, dass die oben entwickelte Fragestellung durch Lösen des Gleichungssystems rechts beantwortet werden kann. Welche Bedingung muss man dabei an die Zahlen x, y und z stellen?

$$\begin{vmatrix} 8{,}2x + 12{,}5y + 0{,}9z = 4{,}2 \\ 0{,}03x + 0{,}04y + 0{,}91z = 0{,}04 \\ x + y + z = 1 \end{vmatrix}$$

b) Lösen Sie das lineare Gleichungssystem und interpretieren Sie Ihr Ergebnis.

LK **15.** Ein Kaffeegroßröster stellt Kaffeemischungen verschiedener Preisklassen her. Der Preis für 500 g von einer Bohnensorte A beträgt 6,00 €, für 500 g von einer Bohnensorte B 7,50 €, für 500 g von einer Sorte C 9,00 € und für 500 g von einer Sorte D 11,25 €.

a) Eine Mischung soll Bohnen der Sorten A, B, C enthalten und 6,75 € pro 500 g kosten. Begründen Sie, dass man aus diesen Angaben das lineare Gleichungssystem
$$\left|\begin{array}{l} 6a + 7{,}5b + 9c = 6{,}75 \\ a + b + c = 1 \end{array}\right|$$ aufstellen kann.
Ermitteln Sie eine mögliche Mischung. Wie groß darf der Anteil der Sorte C höchstens sein?

b) Eine Mischung soll Bohnen der Sorte A, B und D enthalten und 9 € pro 500 g kosten.
- Stellen Sie ein lineares Gleichungssystem auf und bestimmen Sie alle Lösungen.
- 10 % sollen von Sorte D genommen werden. Untersuchen Sie, ob solch eine Mischung möglich ist.
- Wie groß muss der Anteil der Sorte D sein, sodass eine Mischung zum Preis von 9 € zustande kommt?

LK **16.** Bei der Farbdarstellung auf Computermonitoren und in Videoprojektionssystemen wird das sogenannte RGB-Modell verwendet. Dabei wird die darzustellende Farbe aus einem Rot-, einem Grün- und einem Blauanteil gemischt, da nach dem Prinzip der additiven Farbmischung jede Farbe so dargestellt werden kann.
In einem Monitor verbaut man pro Pixel drei Leuchtstoffe, die in jeder der oben angegebenen Farben mit einer gewissen Intensität leuchten können. Damit kann jede Farbe als Vektor $\begin{pmatrix} r \\ g \\ b \end{pmatrix}$ geschrieben werden, wobei die Koordinaten r, g und b jeweils Zahlen aus dem Intervall [0; 1] sind, die die Intensität angeben, mit der der jeweilige Leuchtstoff leuchtet.
Der Vektor $\begin{pmatrix} 0{,}58 \\ 0{,}44 \\ 0{,}86 \end{pmatrix}$ entspricht zum Beispiel der Farbe *Mittelpurpur*:
Der rote Leuchtstoff leuchtet mit 58 % Intensität, der grüne mit 44 % Intensität und der blaue mit 86 % Intensität.

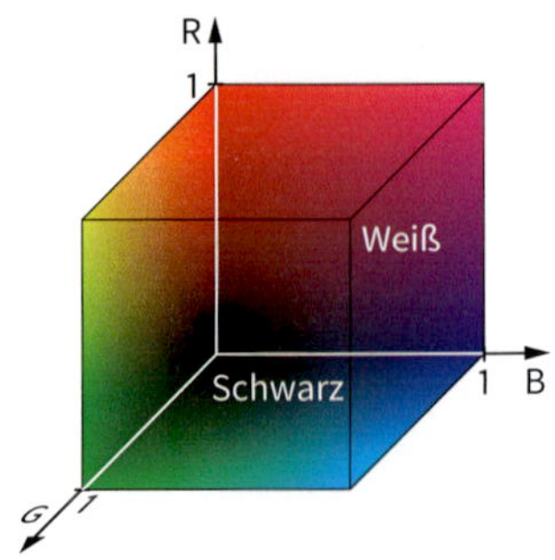

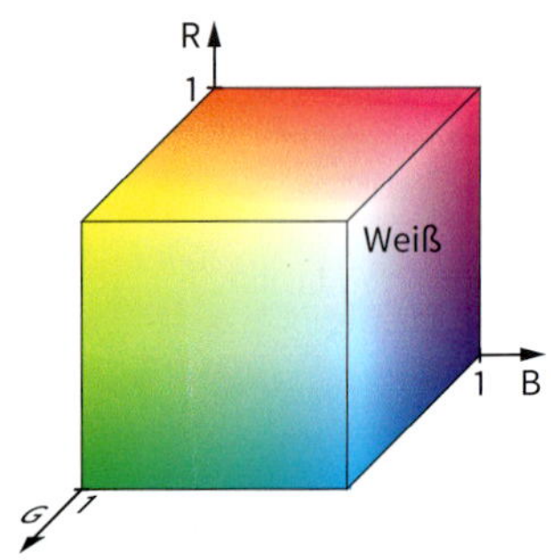

a) Die Farbe *Rot* wird durch den Vektor $\begin{pmatrix} 1 \\ 0 \\ 0 \end{pmatrix}$, *Grün* durch den Vektor $\begin{pmatrix} 0 \\ 1 \\ 0 \end{pmatrix}$ und *Blau* durch den Vektor $\begin{pmatrix} 0 \\ 0 \\ 1 \end{pmatrix}$ repräsentiert.

Gelb ist im RGB-Farbraum keine Grundfarbe.

Erläutern Sie anhand der Grafiken, wie man durch eine Mischung von Rot und Grün den Farbton *Gelb* darstellen kann. Welcher Vektor gehört zu einem reinen Weiß, welcher zu einem reinen *Schwarz*, welcher zu einem *Grau*?

b) Begründen Sie, dass der RGB-Farbvektor $\begin{pmatrix} 0{,}63 \\ 0{,}33 \\ 0{,}48 \end{pmatrix}$ aus dem RGB-Farbvektor $\begin{pmatrix} 0{,}42 \\ 0{,}22 \\ 0{,}32 \end{pmatrix}$ durch eine Vervielfachung der Farbintensität erzeugt werden kann.
Zeigen Sie, dass man den RGB-Farbvektor $\begin{pmatrix} 0{,}82 \\ 0{,}34 \\ 0{,}62 \end{pmatrix}$ durch eine Farbmischung aus den beiden RGB-Farbvektoren $\begin{pmatrix} 0{,}40 \\ 0{,}15 \\ 0{,}31 \end{pmatrix}$ und $\begin{pmatrix} 0{,}2 \\ 0{,}4 \\ 0 \end{pmatrix}$ bekommen kann.

c) In einer RBG-Farbtabelle findet man folgende Farben:

Farbe	Mittelpurpur	Olive	Stahlblau	Dunkelgrün
Rot	0,58	0,42	0,27	0,3
Grün	0,44	0,56	0,51	0,45
Blau	0,86	0,14	0,72	0,31

Zeigen Sie, dass man Dunkelgrün aus Olive und Stahlblau mischen kann, nicht aber Mittelpurpur.

Das Wichtigste im Überblick

GAUSS-Algorithmus

Lineare Gleichungssysteme können mit dem **GAUSS-Algorithmus** systematisch gelöst werden.
Erster Schritt: Das Gleichungssystem in eine **Dreiecksgestalt** umformen.
Folgende Umformungsmöglichkeiten gibt es:

- Vertauschen der Reihenfolge der Gleichungen;
- Multiplikation beider Seiten einer Gleichung mit einer geeigneten von Null verschiedenen Zahl;
- Addition einer Gleichung mit einer anderen, sodass eine Variable wegfällt.

Die nicht veränderten Gleichungen muss man weiter mitführen.

$$\left|\begin{array}{rcl} x+2y+6z &=& 9 \\ x+y+4z &=& 5 \\ 2x+3y+13z &=& 23 \end{array}\right| \begin{array}{l} \cdot(-1),\ \cdot(-2) \\ \oplus \\ \oplus \end{array}$$

$$\left|\begin{array}{rcl} x+2y+6z &=& 9 \\ -y-2z &=& -4 \\ -y+z &=& 5 \end{array}\right| \begin{array}{l} \\ \cdot(-1) \\ \oplus \end{array}$$

$$\left|\begin{array}{rcl} x+2y+6z &=& 9 \\ -y-2z &=& -4 \\ 3z &=& 9 \end{array}\right|$$

Dreiecksgestalt

Zweiter Schritt:
Man löst das System schrittweise nach den Variablen auf: im Beispiel rechts zunächst nach z, dann nach y, dann nach x.

$$\left|\begin{array}{rcl} x+2y+6z &=& 9 \\ -y-2z &=& -4 \\ z &=& 3 \end{array}\right|$$

$$\left|\begin{array}{rcl} x+2y &=& -9 \\ y &=& -2 \\ z &=& 3 \end{array}\right|$$

$$\left|\begin{array}{rcl} x &=& -5 \\ y &=& -2 \\ z &=& 3 \end{array}\right| \quad L=\{(-5\,|-2\,|\,3)\}$$

Lösungsmenge eines linearen Gleichungssystems

Ein lineares Gleichungssystem kann

- genau eine Lösung
- keine Lösung
- unendlich viele Lösungen

haben.

$$\left|\begin{array}{rcl} 2x-3y-4z &=& 8 \\ 3x+5y+z &=& 10 \\ -4x+y-3z &=& 7 \end{array}\right|$$

$L=\{1\,|\,2\,|-3\}$

Erhält man beim Lösen eines linearen Gleichungssystems mit n Gleichungen und n Variablen eine **falsche Aussage**, so kann man keine Zahlen x, y und z einsetzen, die alle Gleichungen gleichzeitig erfüllen.
Die Lösungsmenge ist leer: L = { }.

$$\left|\begin{array}{rcl} x-2y+3z &=& 4 \\ 2y-4z &=& 8 \\ 0 &=& 2 \end{array}\right|$$

falsche Aussage

$L=\{\ \}$

Erhält man beim Lösen eines linearen Gleichungssystems mit n Gleichungen und n Variablen *keine falsche* und wenigstens *eine* **wahre Aussage**, so gibt es unendlich viele Werte für x, y und z, die alle Gleichungen gleichzeitig erfüllen.
Die Lösungsmenge enthält unendlich viele Elemente.

$$(1)\quad \left|\begin{array}{rcl} x-2y+3z &=& 4 \\ 2y-4z &=& 8 \\ 0 &=& 0 \end{array}\right| \begin{array}{l} \oplus \\ \\ \\ \end{array}$$

$$\left|\begin{array}{rcl} x-z &=& 12 \\ 2y-4z &=& 8 \\ 0 &=& 0 \end{array}\right|$$

$L=\{(12+z\,|\,4+2z\,|\,z),\ z\in\mathbb{R}\}$

erste Gleichung nach x umgeformt — *zweite Gleichung nach y umgeformt*

$$(2)\quad \left|\begin{array}{rcl} x-y+z &=& 3 \\ 2x-2y+2z &=& 8 \\ 3x-3y+3z &=& 9 \end{array}\right|$$

$L=\{(y-z+3\,|\,y\,|\,z),\ y\in\mathbb{R}, z\in\mathbb{R}\}$

zwei freie Parameter in der Lösung

Klausurtraining

TEIL A

Lösen Sie die folgenden Aufgaben ohne Formelsammlung und Taschenrechner.

1. Bestimmen Sie die Lösungsmenge durch Anwenden des GAUSS-Algorithmus.

a) $\left|\begin{array}{rcrcrcr} x & + & y & + & z & = & 2 \\ x & + & 2y & + & 4z & = & 1 \\ x & + & 3y & + & 9z & = & 6 \end{array}\right|$ **b)** $\left|\begin{array}{rcrcrcr} 2x & - & 3y & - & 4z & = & 8 \\ 3x & + & 5y & + & z & = & 10 \\ -4x & + & y & - & 3z & = & 7 \end{array}\right|$

2. Die erweiterte Koeffizientenmatrix eines linearen Gleichungssystems mit 3 Variablen x, y, z in Dreiecksform ist gegeben durch:

a) $\begin{pmatrix} 1 & 0 & 2 & 0 \\ 0 & 1 & 3 & -1 \\ 0 & 0 & 0 & 4 \end{pmatrix}$ **b)** $\begin{pmatrix} 1 & 0 & 0 & -3 \\ 0 & 1 & 0 & 4 \\ 0 & 0 & 1 & 1 \end{pmatrix}$ **c)** $\begin{pmatrix} 1 & 0 & 2 & 1 \\ 0 & 1 & 3 & -1 \\ 0 & 0 & 0 & 0 \end{pmatrix}$

Schreiben Sie die durch die Koeffizientenmatrix gegebenen Gleichungen ausführlich auf und geben Sie jeweils die Lösungsmenge an.

3. Gegeben ist das folgende Gleichungssystem:

$$\left|\begin{array}{rcrcrcr} x & + & 2y & + & 3z & = & 3 \\ 2x & + & 5y & - & 4z & = & 1 \\ x & + & 2y & - & 5z & = & -5 \end{array}\right|$$

(1) Bestimmen Sie die Lösungsmenge.

(2) Ersetzen Sie die dritte Gleichung durch folgende Gleichung: $x + 2y - az = -5$
Untersuchen Sie, wie der Parameter a die Lösungsmenge beeinflusst.

TEIL B

Bei der Lösung dieser Aufgaben können Sie die Formelsammlung und den Taschenrechner verwenden.

4. Bestimmen Sie die Lösungsmenge des linearen Gleichungssystems mithilfe eines Rechners:

a) $\left|\begin{array}{rcrcrcr} x & - & 2y & + & 3z & = & 4 \\ 3x & + & y & - & 5z & = & 5 \\ 2x & - & 3y & + & 4z & = & 7 \end{array}\right|$ **b)** $\left|\begin{array}{rcrcrcr} 2x & - & 5y & + & 3z & = & 3 \\ 4x & - & 12y & + & 8z & = & 4 \\ 3x & + & y & - & 2z & = & 9 \end{array}\right|$ **c)** $\left|\begin{array}{rcrcrcr} 3x & - & y & + & 2z & = & 1 \\ 7x & - & 4y & - & z & = & -2 \\ -x & - & 3y & - & 12z & = & -5 \end{array}\right|$

5. An einer weiträumigen Kreuzung wurde durch Verkehrszählungen festgestellt, wie viele Fahrzeuge (im Mittel pro Zeiteinheit) in der Hauptverkehrszeit ein- und ausfahren. Damit im Kreuzungsbereich kein Stau entsteht, müssen Zufluss und Abfluss an den Knotenpunkten A, B, C, D übereinstimmen. Dies führt auf ein lineares Gleichungssystem für die Verkehrsflüsse x_1, x_2, x_3, x_4 zwischen den Knotenpunkten.

a) Stellen Sie den Sachzusammenhang durch ein lineares Gleichungssystem dar und bestimmen Sie die Lösung..

b) Welche der Lösungen aus Teilaufgabe a) sind nicht brauchbar?
Deuten Sie auch die Lösungen, die zu $x_4 = 0$ [$x_4 = 10$; $x_4 = 100$; $x_4 = 500$] gehören.

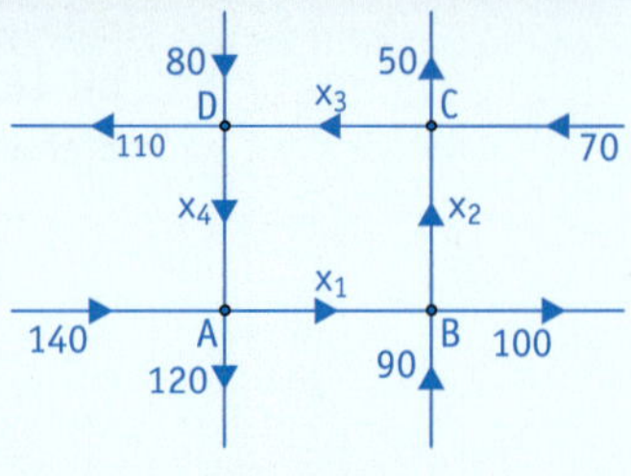

c) Genügen die in der Verkehrszählung gewonnenen Daten, um über einen verkehrsgerechten Ausbau der Kreuzung beraten zu können? Nehmen Sie Stellung.

Vektoren, Winkel und Geraden im Raum

2

„Als die Tannen fliegen lernten“

Neue Tensegrity-Skulptur in Vöcklabrück

Der Architekt und Ingenieur RICHARD BUCKMINSTER FULLER (1895–1983) wählte für seine Kontruktionen den Begriff Tensegrity, zusammengesetzt aus *tension* (Spannung) und *integrity* (Zusammenhalt). Tensegrity-Strukturen bestehen aus Druckstäben, die allein durch ein System von Zugstäben, Seilen oder Ketten zusammengehalten werden.

Bei der Planung räumlicher Konstruktionen werden geometrische Objekte, wie Punkte, Strecken, Geraden und auch Flächen mathematisch mithilfe von Vektoren beschrieben. Dadurch können dann auch Winkel und Abstände berechnet werden und die Lage der Objekte zueinander kann bestimmt werden.

Beschreiben Sie, wie die Druckstäbe in der Tensegrity-Struktur zueinander liegen.

In diesem Kapitel ...

- ... lernen Sie, wie man Punkte im Raum mathematisch beschreibt und welche Bedeutung dreidimensionale Vektoren haben;
- ... erfahren Sie, wie man Geraden im Raum mithilfe von Vektoren mathematisch beschreibt;
- ... lernen Sie, wie man mit diesen mathematischen Modellen rechnet;
- ... erarbeiten Sie Methoden, um die Lage von Geraden im Koordinatensystem und die Lage von Geraden zueinander zu bestimmen;
- ... berechnen Sie Winkel zwischen Vektoren und Geraden im Raum.

2.1 Punkte und Vektoren im Raum

2.1.1 Lage von Punkten im Raum beschreiben

EINSTIEGSAUFGABE
OHNE LÖSUNG

→ Lage von Punkten im Klassenzimmer beschreiben

- Wählen Sie in Ihrer Gruppe gemeinsam bestimmte Punkte im Klassenzimmer aus, wie z. B. die Ecke eines Tisches oder einen Punkt auf der Tafel.
  Beschreiben Sie die Lage dieser Punkte möglichst präzise.
- Erläutern Sie Ihre Vorgehensweise. Vergleichen Sie Ihre Ergebnisse mit denen der anderen Gruppen.

EINSTIEGSAUFGABE
MIT LÖSUNG

→ Sanierung eines Wohnhauses

Der rechts abgebildete Flachdachbungalow soll saniert werden.

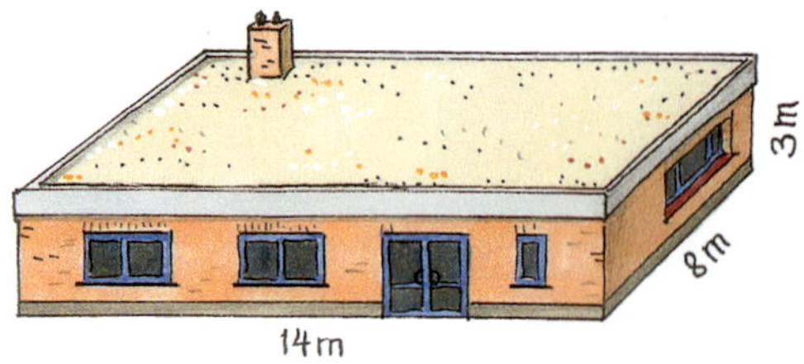

a) Legen Sie möglichst geschickt ein räumliches Koordinatensystem fest und zeichnen Sie ein Schrägbild des Bungalows in dieses Koordinatensystem. Geben Sie die Koordinaten der Eckpunkte des Bungalows an.

b) Der Bungalow soll mit einem 3 m hohen Spitzdach versehen werden. Die Spitze S soll über dem Mittelpunkt der Grundfläche (Schnittpunkt der Diagonalen) liegen. Konstruieren Sie die Dachspitze und geben Sie die Koordinaten an.

c) Die rechte Hälfte des Bungalows ist 2,5 m tief unterkellert. Geben Sie die Koordinaten der Eckpunkte des Kellers an und zeichnen Sie ihn in das vorhandene Schrägbild ein.

LÖSUNG

a) Um den Bungalow zu beschreiben, müssen wir Länge, Breite und Höhe berücksichtigen. Deshalb erweitern wir das Koordinatensystem so um eine dritte Achse, dass alle drei Achsen paarweise orthogonal zueinander sind. Wir legen den Koordinatenursprung auf eine Hausecke und die drei Koordinatenachsen auf drei Hauskanten, die in dieser Ecke zusammenstoßen.
Legen wir z. B. den Ursprung in die untere Ecke links hinten, so verläuft eine Koordinatenachse in der Verlängerung einer Kante und zeigt nach vorn; wir nennen sie x_1-Achse. Die x_2-Achse zeigt in der Verlängerung einer Kante nach rechts, die x_3-Achse entsprechend nach oben.

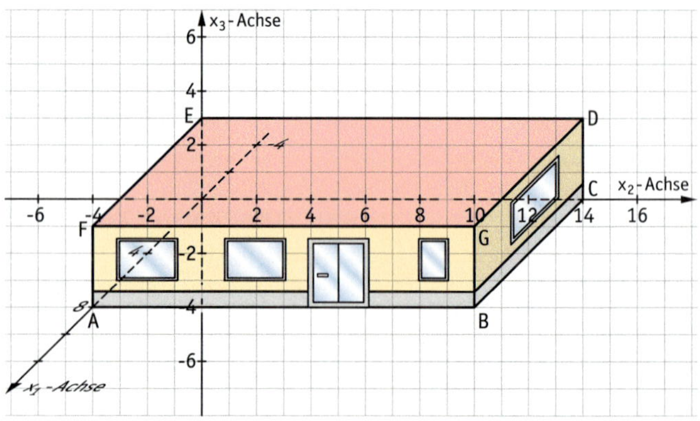

Die gemeinsame Längeneinheit aller drei Achsen ist hier in Meter angegeben.
Um vom Koordinatenursprung O (0 | 0 | 0) zum Punkt A zu gelangen, gehen wir auf der x_1-Achse 8 m nach vorn; der Punkt A hat also die Koordinaten A (8 | 0 | 0).
Zum Punkt B gelangen wir, indem wir vom Ursprung 8 m nach vorn und 14 m nach rechts gehen, also hat dieser Punkt die Koordinaten B (8 | 14 | 0). Entsprechend finden wir die Koordinaten der anderen Punkte: C (0 | 14 | 0), D (0 | 14 | 3), E (0 | 0 | 3), F (8 | 0 | 3), G (8 | 14 | 3).

Die Koordinaten eines Punktes P im Raum bilden ein **Zahlentripel**, z. B. wird P (2 | – 1 | 3) durch das Zahlentripel (2 | – 1 | 3) angegeben.

b) Die Koordinaten der Dachspitze S bestimmen wir folgendermaßen: Die Dachspitze liegt über dem Mittelpunkt M der Grundfläche (Schnittpunkt der Diagonalen), also vom Ursprung aus $\frac{1}{2} \cdot 8\,\text{m} = 4\,\text{m}$ nach vorn und $\frac{1}{2} \cdot 14\,\text{m} = 7\,\text{m}$ nach rechts. Die Höhe der Spitze beträgt $3\,\text{m} + 3\,\text{m} = 6\,\text{m}$. Also hat die Dachspitze die Koordinaten $S(4\,|\,7\,|\,6)$.

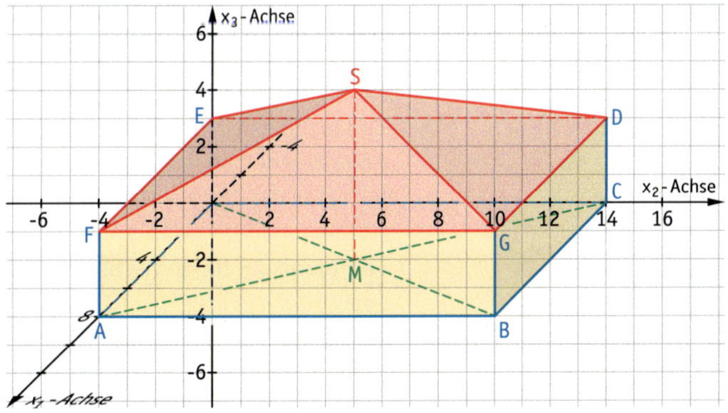

c) Die vier Eckpunkte des Kellerbodens liegen 2,5 m tief unter der rechten Haushälfte. Sie haben die Koordinaten:
$H(8\,|\,7\,|\,-2{,}5)$,
$I(8\,|\,14\,|\,-2{,}5)$,
$J(0\,|\,14\,|\,-2{,}5)$,
$K(0\,|\,7\,|\,-2{,}5)$

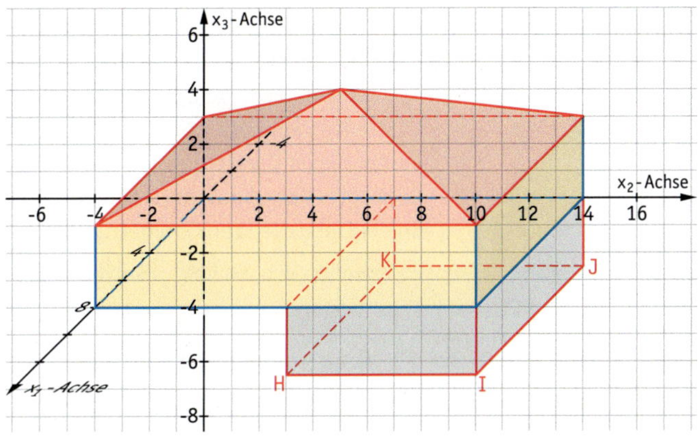

INFORMATION

Ein kartesisches Koordinatensystem im Raum wählen

Um die Lage von Punkten im Raum zu beschreiben, kann man ein räumliches Koordinatensystem mit drei Achsen verwenden. Üblicherweise gilt dabei:

- Die Achsen besitzen einen gemeinsamen Nullpunkt O. Er heißt **Ursprung** des Koordinatensystems.
- Die Achsen sind paarweise orthogonal zueinander.
- Auf den Achsen werden Einheitsstrecken derselben Länge festgelegt. Diese Länge nennt man **Einheit des Koordinatensystems**. Die erste, zweite und dritte Koordinatenachse werden auch x_1-Achse, x_2-Achse und x_3-Achse genannt.

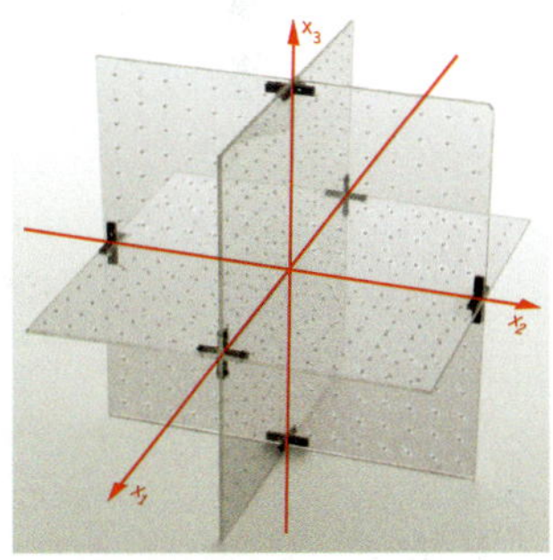

Statt mit x_1, x_2 und x_3 bezeichnet man die Achsen auch mit x, y, z.

Je zwei Koordinatenachsen spannen eine **Koordinatenebene** auf.
So spannen z. B. die x_1- und die x_2-Achse die x_1x_2-Ebene auf.
Die x_1x_2-, die x_1x_3- und die x_2x_3-Koordinatenebene sind, wie die Achsen, paarweise orthogonal zueinander.

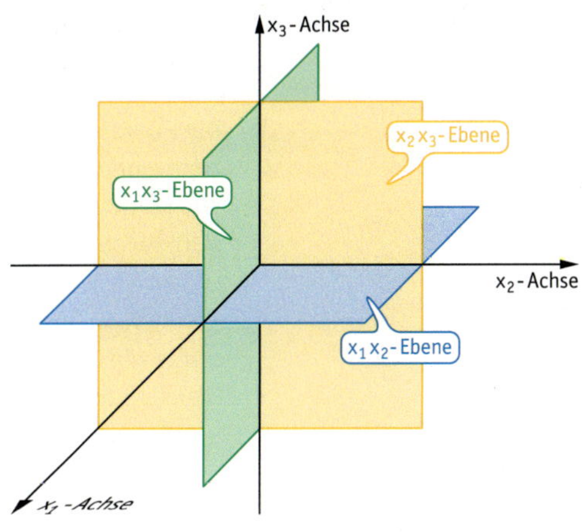

Ein räumliches kartesisches Koordinatensystem zeichnen

Um ein Schrägbild eines räumlichen kartesischen Koordinatensystems zu zeichnen, geht man üblicherweise wie folgt vor:

- Man legt die x_2- und die x_3-Achse wie bei einem ebenen kartesischen Koordinatensystem in die Zeichenebene.
  Als Längeneinheit wählt man in der Zeichnung auf beiden Achsen in der Regel 1 cm.
- Die zur Zeichenebene (x_2x_3-Koordinatenebene) orthogonale x_1-Achse zeichnet man unter einem Winkel $\alpha = 45°$ gegen die x_2-Achse nach vorne geneigt.
- In der Zeichnung entspricht dann auf der x_1-Achse die Länge der Diagonalen eines Kästchens einer Längeneinheit. Die Einheiten auf der x_1-Achse werden somit um den Faktor $k = \frac{1}{2} \cdot \sqrt{2} \approx 0{,}7$ verkürzt dargestellt.

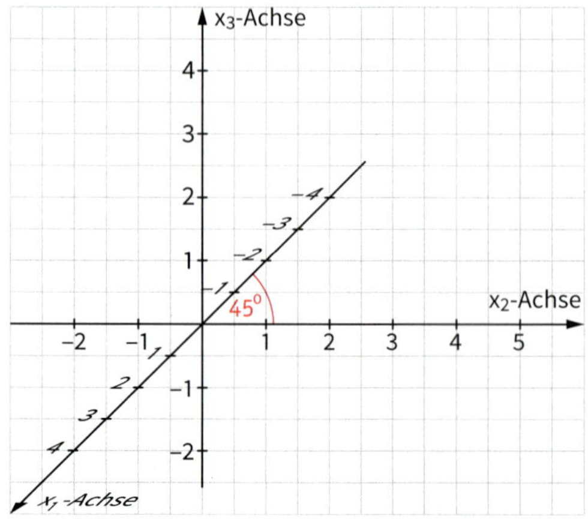

Außer dieser Darstellung gibt es noch andere Möglichkeiten, das Schrägbild eines Koordinatensystems zu zeichnen.
In der Darstellenden Geometrie wird zum Beispiel häufig das Grundrissschrägbild, die sogenannte „Militärperspektive“, verwendet.

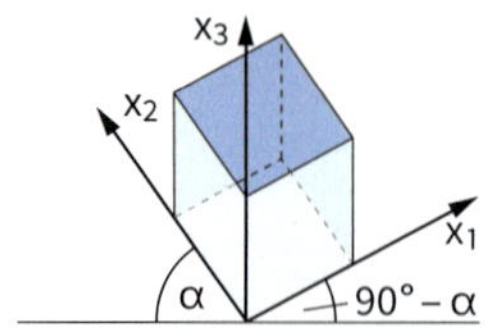

Punkte in ein räumliches Koordinatensystem einzeichnen

Zu jedem Zahlentripel, z. B. (3 | 4 | 2), gehört ein Punkt mit diesen Koordinaten. Man findet ihn als Endpunkt eines **Koordinatenzuges**:
Dabei geht man vom Ursprung aus

- 3 Einheiten in Richtung der x_1-Achse,
- dann 4 Einheiten in Richtung der x_2-Achse,
- schließlich 2 Einheiten in Richtung der x_3-Achse.

Man schreibt dafür P (3 | 4 | 2) und liest:
Punkt P mit den Koordinaten 3, 4, 2.

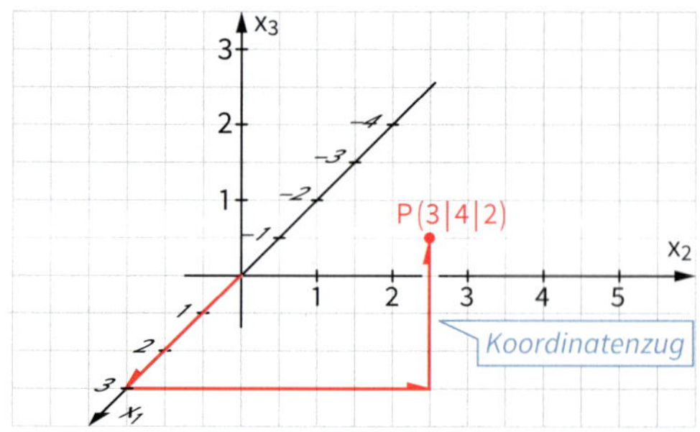

WEITERFÜHRENDE AUFGABE

1. Ablesen von Koordinaten im Schrägbild

a) Im Schrägbild rechts eines Koordinatensystems sind die Koordinatenzüge der Punkte A, B und C eingezeichnet.
Geben Sie die Koordinaten der drei Punkte an.

b) Die Punkte D und E sind ohne Koordinatenzüge eingezeichnet.
Wie könnten die Koordinaten dieser beiden Punkte lauten?
Geben Sie jeweils die Koordinaten von drei Punkten an, die im Schrägbild an derselben Stelle wie D bzw. E erscheinen.

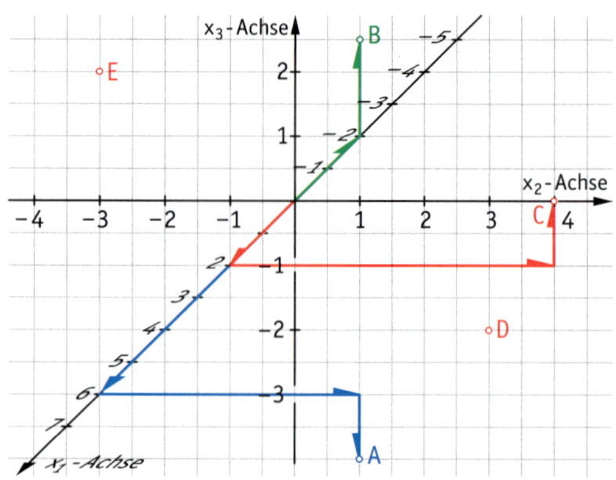

c) Welche Koordinaten haben die Punkte D und E, wenn man weiß, dass D in der x_1x_3-Ebene und E in der x_1x_2-Ebene liegt?

INFORMATION

Koordinaten von Punkten im Schrägbild nicht eindeutig ablesbar

Sind Punkte im Schrägbild eines Koordinatensystems eingezeichnet, kann man die Koordinaten der Punkte im Allgemeinen nicht eindeutig bestimmen. Erst wenn weitere Angaben vorliegen, wie z. B. eingezeichnete Koordinatenzüge oder Lagebeschreibungen, kann man eindeutige Koordinaten angeben.

BEISPIEL

In der Zeichnung rechts kann man problemlos die Koordinaten der Eckpunkte des Körpers ablesen, wenn man weiß, dass es sich um einen Quader handelt, der auf der x_1x_2-Ebene steht: z. B. F(6 | 8 | 4) oder A(6 | 0 | 0)
Die Koordinaten des Punktes S kann man dagegen nicht ablesen.

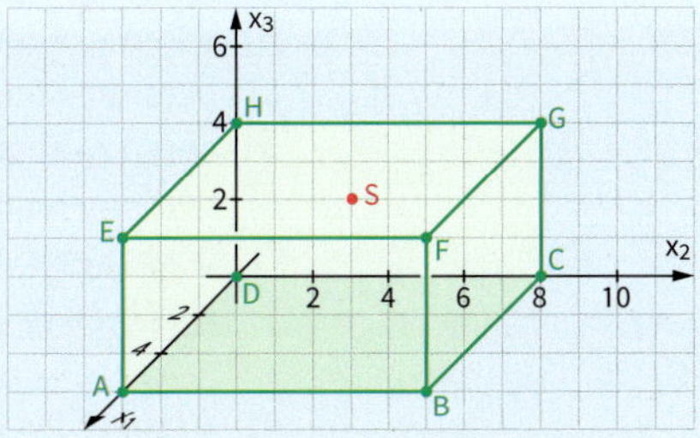

ÜBUNGSAUFGABEN

Zeichnen von Punkten und Figuren in Koordinatensystemen

2. Zeichnen Sie das Dreieck mit den Eckpunkten A, B und C in ein räumliches Koordinatensystem.
a) A(3 | 2 | 4), B(−2 | −3 | 3), C(−4 | 1 | −5)
b) A(3 | 1 | −1), B(−1 | 4 | 1), C(−3 | −3 | 2)
c) Eine Gerade verläuft durch die beiden Punkte E(1 | 1,5 | 1,5) und F(2 | 2 | 2). Zeichnen Sie diese Gerade in ein Koordinatensystem.

f **3.** Lina hat den Punkt P(2 | 3 | 4) rechts in das Koordinatensystem gezeichnet. Beschreiben Sie, was Lina dabei falsch gemacht hat.

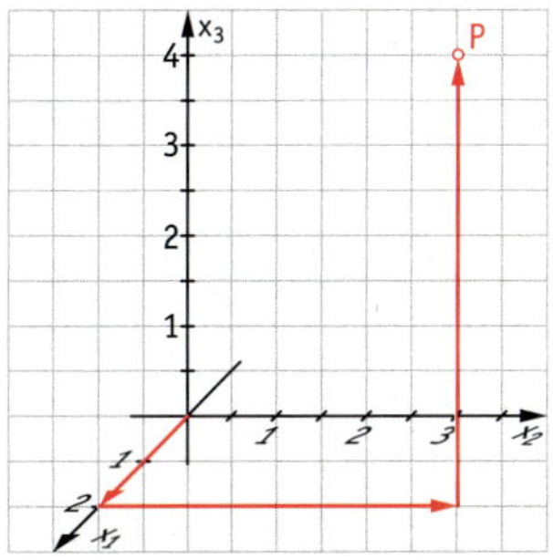

4. Eine gerade quadratische Pyramide hat die Höhe h = 8 cm. Die Grundfläche hat die Seitenlänge a = 10 cm.
Wählen Sie ein räumliches Koordinatensystem und zeichnen Sie die Pyramide ein.
Bestimmen Sie die Koordinaten aller Eckpunkte.
Hinweis: Je nach Lage des Koordinatensystems sind verschiedene Lösungen möglich.

5. Ein Turm hat vereinfacht die Form eines Quaders, auf den eine gerade Pyramide aufgesetzt wurde.
a) Wählen Sie ein Koordinatensystem mit D als Ursprung, sodass die Koordinatenachsen auf den Kanten des Quaders liegen. Zeichnen Sie ein Schrägbild des Turms und geben Sie die Koordinaten seiner Eckpunkte an.
b) Wählen Sie ein zweites Koordinatensystem, bei dem der Ursprung im Mittelpunkt M der Grundfläche ABCD liegt. Bestimmen Sie ebenfalls die Koordinaten aller Eckpunkte des Turms.
c) Vergleichen Sie die Koordinaten der Eckpunkte aus den Teilaufgaben a) und b) miteinander.

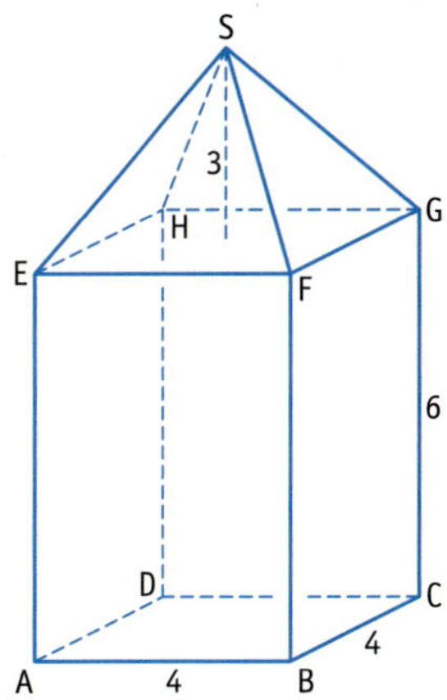

6. **a)** Zeichnen Sie die Punkte A(4 | 3 | 5), B(2 | −3 | −1) und C(6 | 3 | 4) in ein Koordinatensystem.
b) Geben Sie jeweils zwei weitere Punkte an, die im Schrägbild an derselben Stelle wie Punkt A, B oder C erscheinen.

Lage von Punkten im Koordinatensystem erkennen und beschreiben

7. Bestimmen Sie die Koordinaten der angegebenen Punkte des Körpers im nebenstehenden Schrägbild.

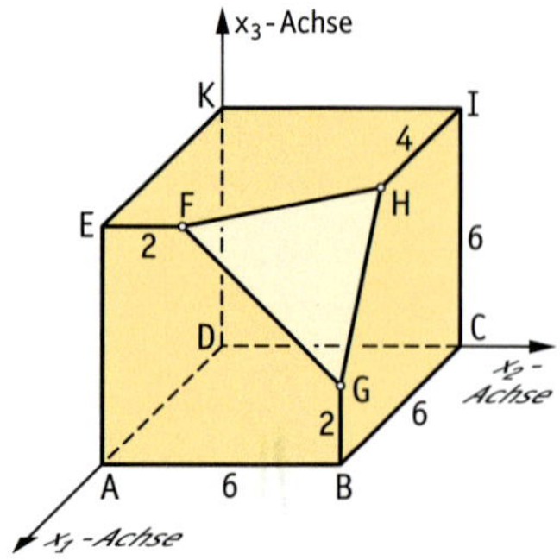

8. Wo liegen im Koordinatensystem alle Punkte,

a) deren x_1-Koordinate null ist;
b) deren x_2-Koordinate null ist;
c) deren x_3-Koordinate null ist;
d) deren x_1-Koordinate und x_2-Koordinate null sind;
e) deren x_3-Koordinate gleich 3 ist;
f) deren x_1-Koordinate gleich 2 ist und deren x_2-Koordinate gleich 3 ist?

9. **a)** Welche Koordinaten haben die eingetragenen Ecken des abgebildeten Gebäudes?
b) Geben Sie an, welche Eckpunkte in der x_1x_2-Ebene, welche in der x_2x_3-Ebene und welche in der x_1x_3-Ebene liegen.
c) Welche Koordinaten hätten die Punkte, wenn der Ursprung in H, die x_1-Achse in Richtung I und die x_3-Achse in Richtung E verliefe? Welche Punkte des Gebäudes liegen jetzt in der x_1x_2-Ebene, welche in der x_2x_3-Ebene, welche in der x_1x_3-Ebene?

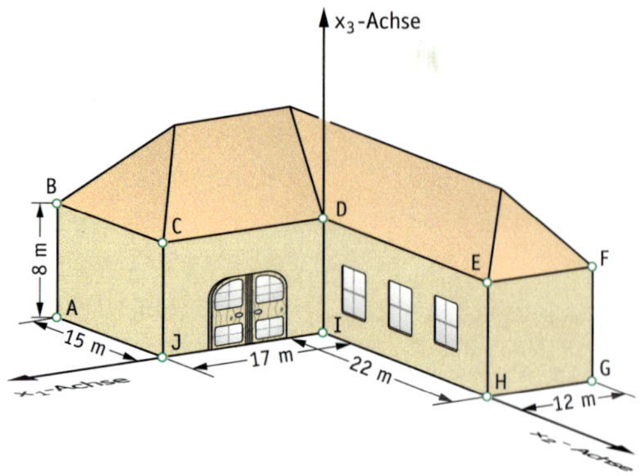

f **10.** Malte betrachtet das Koordinatensystem rechts mit den eingezeichneten Punkten P und Q.
Er behauptet:
„Der Punkt P liegt in der x_2x_3-Ebene und hat die Koordinaten P(0|3|2), Q liegt in der x_1x_2-Ebene und hat die Koordinaten Q(3|−1|0).“
Nehmen Sie zu Maltes Behauptung Stellung.

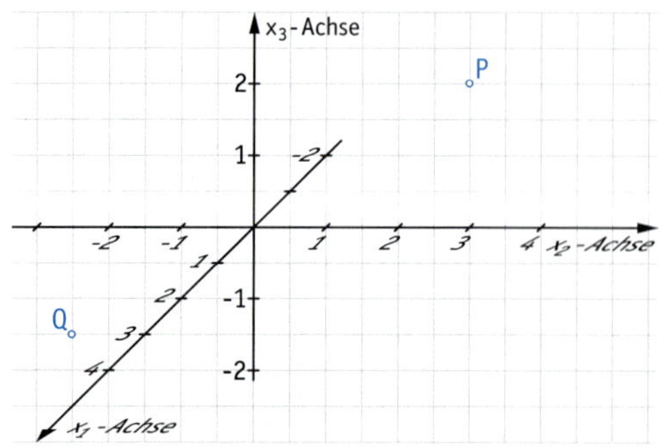

Projektion und Spiegelung von Punkten

11. Gegeben ist der Punkt P(2|3|4).

a) Projiziert man den Punkt P parallel zur x_2-Achse in die x_1x_3-Koordinatenebene, so erhält man den Bildpunkt P′ von P in der x_1x_3-Koordinatenebene.
Bestimmen Sie die Koordinaten von P′.
b) Bestimmen Sie entsprechend die Bilder P″ und P‴ bei der Projektion von P in die x_1x_2-Ebene und in die x_2x_3-Ebene.
c) P wird an der x_1x_3-Koordinatenebene gespiegelt. Geben Sie die Koordinaten des Bildpunktes an.

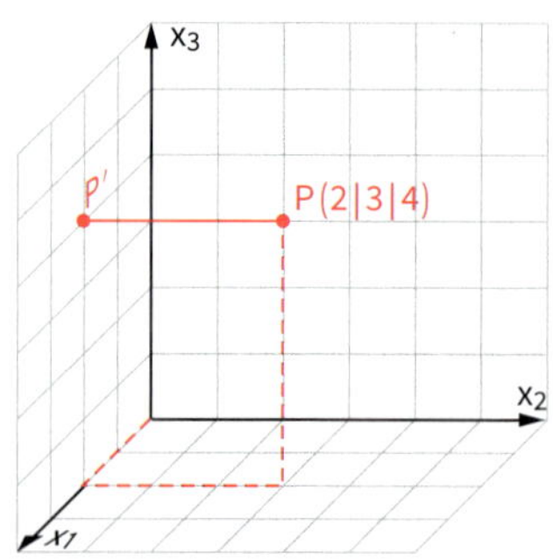

12. Die Punkte P(−4|0|0), Q(0|3|0), R(3|−2|4) und S(−8|5|−3) werden an einer Koordinatenebene oder am Koordinatenursprung gespiegelt. Bestimmen Sie die Koordinaten der zugehörigen Bildpunkte.

a) Spiegelung an der x_1x_2-Ebene,
b) Spiegelung an der x_1x_3-Ebene,
c) Spiegelung an der x_2x_3-Ebene,
d) Spiegelung am Koordinatenursprung.

2.1.2 Vektoren

EINSTIEGSAUFGABE
OHNE LÖSUNG

→ Container verladen

In einem Containerbahnhof werden Container mithilfe eines Containerkrans auf Eisenbahnwaggons verladen. Bei geeigneter Wahl eines räumlichen Koordinatensystems (Einheiten in m) denken wir uns die Ecke A eines Containers im Punkt A(–10 | 21 | 0). Der Container soll auf einen Eisenbahnwaggon verladen werden, der parallel zum Container steht. Dabei wird der Container so verschoben, dass sein Eckpunkt A auf den Punkt A′(–5 | 28 | 1,5) des Waggons fällt.

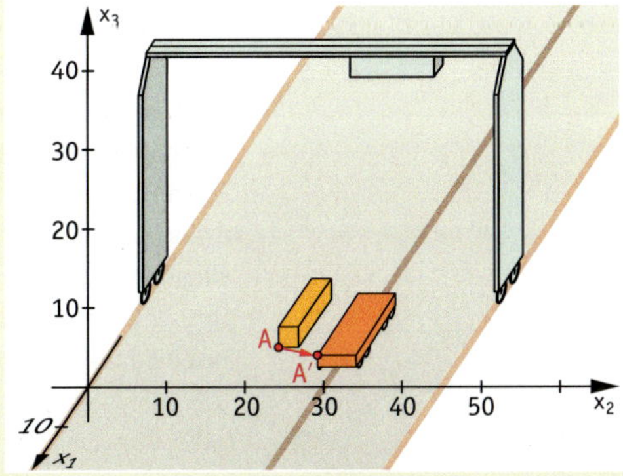

- Zur Steuerung des Krans muss angegeben werden, um wie viele Einheiten dieser den Container jeweils in Richtung der x_1-Achse, in Richtung der x_2-Achse und in Richtung der x_3-Achse bewegen muss. Welche Werte erhält man?
- Der Eckpunkt G des Containers liegt vor der Verschiebung im Punkt G(–17 | 23,5 | 2,5). Geben Sie die Koordinaten seines Bildpunktes G′ nach der Verschiebung an. Beschreiben Sie, wie man diese Koordinaten erhält.

EINSTIEGSAUFGABE
MIT LÖSUNG

→ Ein Dreieck im Raum verschieben

Das Dreieck ABC mit A(0 | 0 | 1), B(2 | –2 | 5) und C(0 | –4 | 1,5) wird so verschoben, dass der Bildpunkt von A die Koordinaten A′(–3 | 4 | 3) hat.

a) Bestimmen Sie die Koordinaten der Bildpunkte B′ und C′.
Zeichnen Sie beide Dreiecke und die Verschiebungspfeile in ein Koordinatensystem.

b) Die gleiche Verschiebung wie in Teilaufgabe a) soll mit einer beliebigen Figur ausgeführt werden. Wie kann man die Verschiebung durch Zahlen beschreiben?

LÖSUNG

a) Wir vergleichen die Koordinaten des Punktes A mit denen seines Bildpunktes A′:

A(0 | 0 | 1)
–3 ↓ +4 ↓ +2 ↓
A′(–3 | 4 | 3)

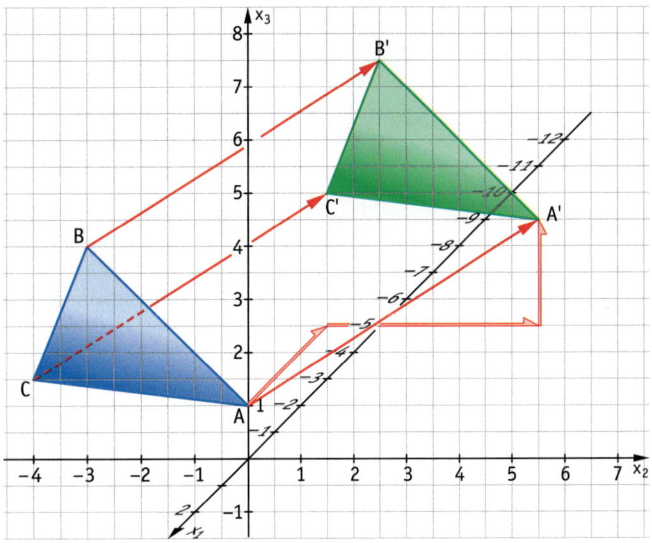

Um den Punkt A auf den Punkt A′ zu verschieben, gehen wir
- in x_1-Richtung um 3 Einheiten nach hinten, nämlich vom x_1-Wert 0 zum x_1-Wert –3,
- in x_2-Richtung um 4 Einheiten nach rechts, nämlich vom x_2-Wert 0 zum x_2-Wert 4,
- in x_3-Richtung um 2 Einheiten nach oben, nämlich vom x_3-Wert 1 zum x_3-Wert 3.

Offensichtlich erhalten wir die Zahlenangaben der Verschiebung, indem wir von den Koordinaten des Bildpunktes A′ die Koordinaten des Punktes A subtrahieren. Ein negativer Zahlenwert bedeutet dann, dass wir entgegen der Richtung der jeweiligen Koordinatenachse gehen müssen.
Die gleiche Verschiebung führen wir auch mit den Koordinaten der Punkte B und C durch:
B′(2 − **3** | − 2 + **4** | 5 + **2**), also B′(− 1 | 2 | 7) sowie C′(0 − **3** | − 4 + **4** | 1,5 + **2**), also C′(− 3 | 0 | 3,5)

b) Bei der Lösung von Teilaufgabe a) haben wir die Koordinaten der Bildpunkte bei der Verschiebung folgendermaßen bestimmt:
1. Koordinate −3, 2. Koordinate +4, 3. Koordinate +2
Die Verschiebung kann also durch drei Koordinaten beschrieben werden:
Die Figur muss
um − 3 Einheiten in x_1-Richtung,
um 4 Einheiten in x_2-Richtung und
um 2 Einheiten in x_3-Richtung bewegt werden.

INFORMATION

Vektoren

Verschiebungen können durch drei Zahlenangaben beschrieben werden: Wird z. B. ein Punkt auf seinen Bildpunkt um 5 Einheiten in x_1-Richtung, 2 Einheiten in x_2-Richtung und − 3 Einheiten in x_3-Richtung verschoben, so fasst man diese Angaben in einer Spalte mit Klammern zusammen: $\begin{pmatrix} 5 \\ 2 \\ -3 \end{pmatrix}$
Damit wird eine Verschiebung vollständig beschrieben.

vector (lat.) der Träger, „trägt A nach B“

Definition

(1) Ein **Vektor** mit drei Koordinaten ist ein geordnetes Zahlentripel, das wir als Spalte schreiben. Zur Abkürzung bezeichnen wir Vektoren mit kleinen Buchstaben und einem darüber gesetzten Pfeil, zum Beispiel $\vec{a} = \begin{pmatrix} 7 \\ 3 \\ -2 \end{pmatrix}$, $\vec{b} = \begin{pmatrix} -4 \\ 1 \\ -5 \end{pmatrix}$ oder allgemein $\vec{v} = \begin{pmatrix} v_1 \\ v_2 \\ v_3 \end{pmatrix}$.

(2) Der Vektor $\vec{o} = \begin{pmatrix} 0 \\ 0 \\ 0 \end{pmatrix}$ heißt **Nullvektor**.

Man wählt die Spaltenschreibweise, damit keine Verwechslung mit Punktkoordinaten vorkommt.

Zusammenhang zwischen Vektoren und Pfeilen

Vektoren können zur Beschreibung einer Verschiebung verwendet werden. Die Koordinaten des Vektors geben an, wie man bei der Verschiebung im Koordinatensystem von einem Punkt zu seinem Bildpunkt kommt. Die Verschiebungspfeile $\overrightarrow{TV}$, $\overrightarrow{RS}$ und $\overrightarrow{PQ}$ im Koordinatensystem rechts sind parallel zueinander, gleich gerichtet und gleich lang.
Alle Pfeile veranschaulichen den gleichen Vektor.
Umgekehrt bestimmt jeder Pfeil einen Vektor.
So veranschaulicht etwa der Pfeil $\overrightarrow{PQ}$ von P(6 | 4 | 1) nach Q(10 | 3 | 4) den Vektor $\vec{v}$ mit

$$\vec{v} = \begin{pmatrix} 10-6 \\ 3-4 \\ 4-1 \end{pmatrix} = \begin{pmatrix} 4 \\ -1 \\ 3 \end{pmatrix}.$$

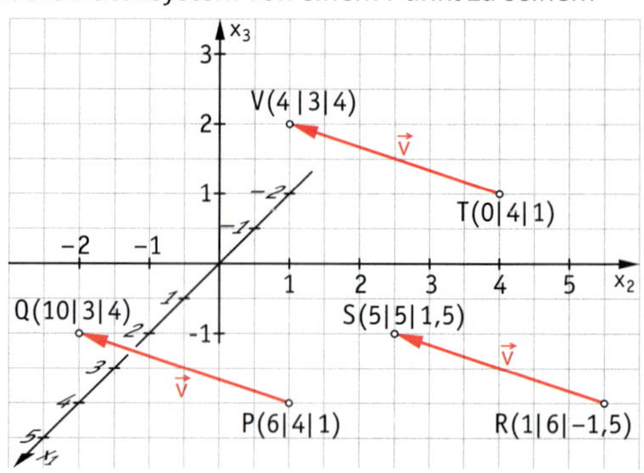

Man schreibt deshalb auch $\overrightarrow{PQ} = \begin{pmatrix} 4 \\ -1 \\ 3 \end{pmatrix}$.

Dabei muss man beachten, dass der Vektor $\begin{pmatrix} 4 \\ -1 \\ 3 \end{pmatrix}$ zur Beschreibung der Verschiebung nicht an die Punkte P und Q gebunden ist. Er kann auch durch jeden anderen seiner Pfeile, z. B. durch die Pfeile von $\overrightarrow{RS}$ oder von $\overrightarrow{TV}$, dargestellt werden.

Ortsvektor eines Punktes

Verschiebt man den Koordinatenursprung O(0|0|0) mit einem Vektor $\vec{p}$, z. B. dem Vektor $\vec{p} = \begin{pmatrix} 4 \\ 5 \\ 6 \end{pmatrix}$, so hat der Bildpunkt P dieselben Koordinaten wie der Vektor $\vec{p}$, nämlich P(4|5|6).

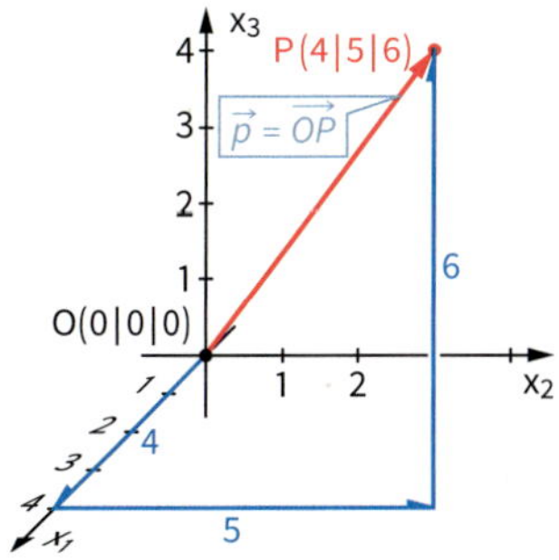

Somit kann man die Lage von Punkten in einem Koordinatensystem auch mithilfe von Vektoren beschreiben.
Bei dieser Verwendungsweise bezeichnet man deshalb den Vektor $\vec{p} = \overrightarrow{OP}$ als **Ortsvektor des Punktes P.**

WEITERFÜHRENDE AUFGABEN

1. Gegenvektor eines Vektors

Ein Dreieck ABC wird mit dem Vektor $\begin{pmatrix} 4 \\ -2 \\ 0 \end{pmatrix}$ verschoben. Wie muss man das verschobene Dreieck A′B′C′ verschieben, um wieder das ursprüngliche Dreieck ABC zu erhalten?

2. Länge eines Vektors bestimmen

Gegeben ist ein Punkt A. Man erhält den Bildpunkt A′ von A durch eine Verschiebung mit dem Vektor $\vec{v} = \begin{pmatrix} 5 \\ 7 \\ 1{,}5 \end{pmatrix}$.
Erläutern Sie die nebenstehende Abbildung und bestimmen Sie die Länge der Strecke $\overline{AA'}$. Geben Sie auch eine Formel für die Länge eines beliebigen Vektors an.

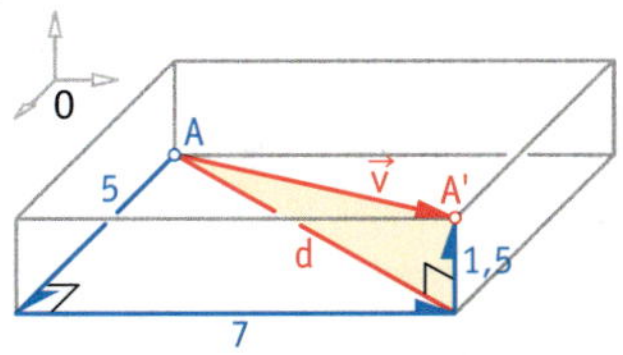

INFORMATION

Gegenvektor eines Vektors

Zu jeder Verschiebung mit einem Vektor $\vec{v}$ gibt es eine Verschiebung, mit der die erste Verschiebung rückgängig gemacht werden kann. Die Vektoren dieser beiden Verschiebungen unterscheiden sich nur im Vorzeichen der einzelnen Koordinaten.

Definition: Gegenvektor eines Vektors

Zu einem Vektor $\vec{v} = \begin{pmatrix} v_1 \\ v_2 \\ v_3 \end{pmatrix}$ gibt es den **Gegenvektor** $-\vec{v} = \begin{pmatrix} -v_1 \\ -v_2 \\ -v_3 \end{pmatrix}$.
Der Gegenvektor $-\vec{v}$ macht die Verschiebung durch den Vektor $\vec{v}$ rückgängig.

BEISPIEL

Der Gegenvektor des Vektors $\vec{v} = \begin{pmatrix} 7 \\ 3 \\ -2 \end{pmatrix}$ ist der Vektor $-\vec{v} = \begin{pmatrix} -7 \\ -3 \\ 2 \end{pmatrix}$.

Pfeile eines Vektors $\vec{v}$ und seines Gegenvektors $-\vec{v}$ sind gleich lang und zueinander parallel, aber entgegengesetzt gerichtet.

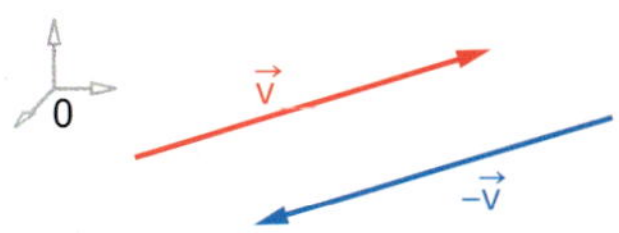

Länge eines Vektors

Definition

(1) Unter der **Länge eines Vektors** $\vec{v}$ versteht man die Länge der Pfeile, die im Koordinatensystem zu dem Vektor gehören. Statt Länge sagt man auch **Betrag** von $\vec{v}$.
Die Länge eines Vektors $\vec{v}$ wird mit $|\vec{v}|$ bezeichnet.

(2) Der Nullvektor $\vec{o}$ hat die Länge 0.

Die Länge wird in der Einheit des Koordinatensystems gemessen.

Satz

Für die Länge $|\vec{v}|$ eines dreidimensionalen Vektors $\vec{v} = \begin{pmatrix} v_1 \\ v_2 \\ v_3 \end{pmatrix}$ gilt:

$|\vec{v}| = \sqrt{v_1^2 + v_2^2 + v_3^2}$

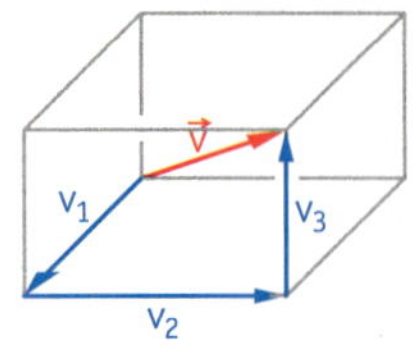

Beispiel

Der Vektor $\vec{v} = \begin{pmatrix} -3 \\ -11 \\ 8 \end{pmatrix}$ hat die Länge $|\vec{v}| = \sqrt{(-3)^2 + (-11)^2 + 8^2} = \sqrt{194} \approx 13{,}93$

Vereinbarung:
Wir verwenden in allen Längenberechnungen stets die Koordinateneinheit als Längeneinheit und schreiben deshalb keine Maßeinheit auf, außer wenn es die Aufgabenstellung erfordert.

Übungsaufgaben

Verschiebungen, Vektoren und Pfeile

3. Gegeben sind ein Punkt A und ein Vektor $\vec{v}$, der eine Verschiebung beschreibt.
Bestimmen Sie die Koordinaten des Bildpunktes A′ von A bei der angegebenen Verschiebung.

a) $A(5|3|-1)$; $\vec{v} = \begin{pmatrix} 6 \\ 4 \\ 2 \end{pmatrix}$

b) $A(4{,}2|1{,}3|-2{,}5)$; $\vec{v} = \begin{pmatrix} 6{,}4 \\ 4{,}1 \\ -8{,}4 \end{pmatrix}$

c) $A(6|4|-3)$; $\vec{v} = \begin{pmatrix} 0 \\ 0 \\ 0 \end{pmatrix}$

d) $A(2|-5|1)$; $\vec{v} = \begin{pmatrix} -2 \\ 5 \\ -1 \end{pmatrix}$

4. Das Dreieck mit den Eckpunkten $A(2|-3|-1)$, $B(1|-1|-2)$ und $C(1|-1|3)$ wird so verschoben, dass $A'(-1|2|0)$ der Bildpunkt von A ist.

a) Zeichnen Sie das Dreieck und das Bilddreieck.

b) Geben Sie den Vektor und den Gegenvektor dieser Verschiebung an.

5. Geben Sie den Gegenvektor an. (1) $\vec{v} = \begin{pmatrix} 1 \\ -2 \\ 3 \end{pmatrix}$; (2) $\vec{v} = \begin{pmatrix} -2 \\ 0 \\ 1 \end{pmatrix}$; (3) $\vec{v} = \begin{pmatrix} r \\ -s \\ t \end{pmatrix}$; (4) $\vec{v} = \begin{pmatrix} 0 \\ 0 \\ 0 \end{pmatrix}$

6. a) Zeichnen Sie drei Pfeile in ein Koordinatensystem ein, die zum Vektor $\vec{v} = \begin{pmatrix} -4 \\ -3 \\ 3 \end{pmatrix}$ gehören.

b) Der Vektor $\vec{v}$ aus Teilaufgabe a) bildet bei einer Verschiebung den Punkt $A(3|5|2)$ auf den Punkt A′ ab. Der Punkt B wird dabei auf den Punkt $B'(-8|17|-23)$ abgebildet. Bestimmen Sie die Koordinaten der Punkte A′ und B.

c) Prüfen Sie, ob $P(8|11|-4)$ ein Bildpunkt von $Q(12|14|1)$ bei der Verschiebung mit $\vec{v}$ ist.

7. Der Vektor $\vec{v} = \begin{pmatrix} -3 \\ 2 \\ -1 \end{pmatrix}$ bildet den Punkt P bei einer Verschiebung auf den Punkt Q ab. Bestimmen Sie die Koordinaten des fehlenden Punktes Q bzw. P.

a) $P(12|-8|25)$

b) $Q(-6|15|17)$

c) $P(-1|-3|-7)$

d) $Q(q|q-5|3q+2)$

8. Betrachten Sie die Figur rechts.

a) Geben Sie die Koordinaten der Ortsvektoren zu den Eckpunkten des Quaders an.

b) Betrachten Sie die Pfeile $\overrightarrow{DA}$, $\overrightarrow{DC}$, $\overrightarrow{AB}$, $\overrightarrow{BC}$, $\overrightarrow{CG}$, $\overrightarrow{HF}$, $\overrightarrow{DB}$, $\overrightarrow{EF}$.
Zu welchen Pfeilen gehört derselbe Vektor?

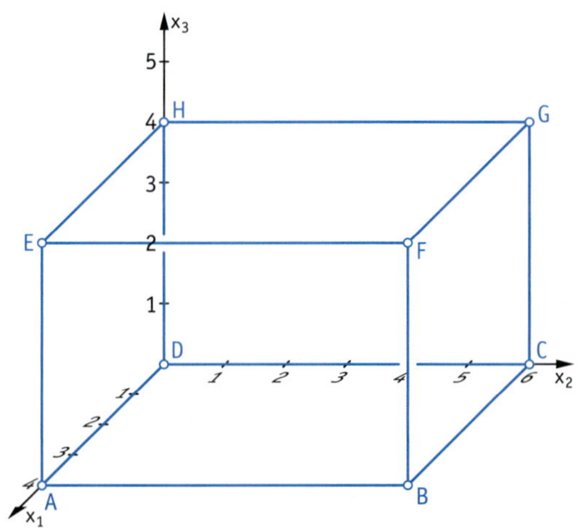

9. **a)** In der Abbildung gehören mehrere Pfeile zum gleichen Vektor. Wie viele verschiedene Vektoren sind in der Abbildung unten dargestellt?

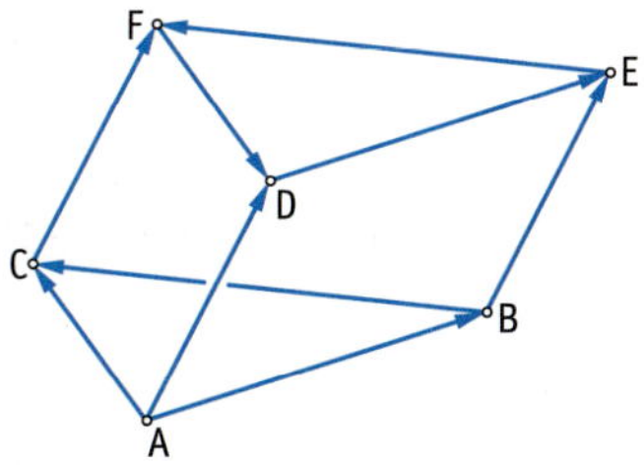

b) Welche Pfeile in der Figur unten gehören zum Vektor $\overrightarrow{AC}$; $\overrightarrow{AB}$; $\overrightarrow{BC}$; $\overrightarrow{IJ}$ oder $\overrightarrow{CG}$?

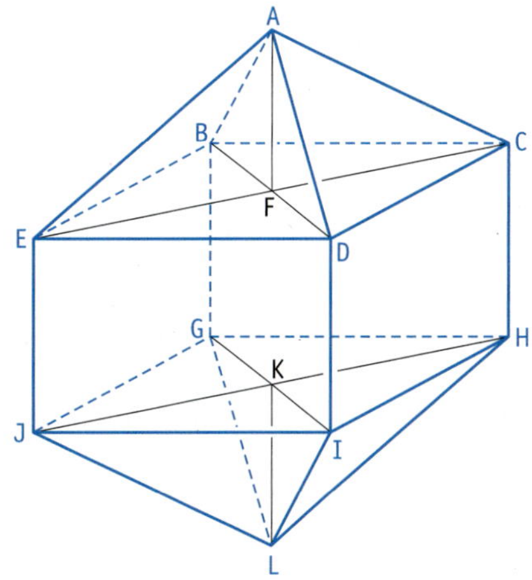

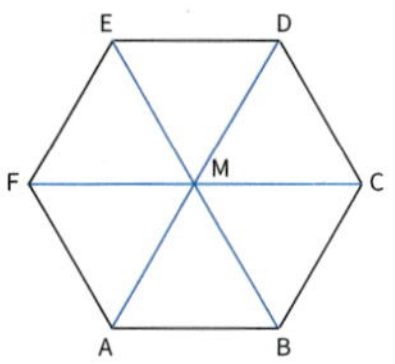

10. Gegeben ist das regelmäßige Sechseck ABCDEF mit dem Mittelpunkt M.

a) Geben Sie Pfeile an, die zum Vektor $\vec{a} = \overrightarrow{AB}$, zum Vektor $\vec{b} = \overrightarrow{BM}$ und zum Vektor $\vec{d} = \overrightarrow{DM}$ gehören.

b) Vergleichen Sie die Längen der Vektoren $\vec{a}$, $\vec{b}$ und $\vec{d}$. Begründen Sie.

Längen von Vektoren berechnen

11. Bei einer Verschiebung wird der Punkt P auf den Punkt Q abgebildet. Geben Sie den Vektor an, der diese Verschiebung beschreibt. Berechnen Sie die Länge des Vektors.

a) $P(-3|4|12)$; $Q(4|-2|8)$

b) $P(25|-33|18)$; $Q(28|-37|21)$

c) $P(-8|2|4)$; $Q(11|-7|15)$

d) $P(-8|0|-8)$; $Q(0|-8|0)$

f

12. Max und Laura berechnen die Länge des Vektors $\vec{a} = \begin{pmatrix} 4 \\ -2 \\ 3 \end{pmatrix}$.

Max rechnet:

$\sqrt{4-2+3}$ 2.23607

Laura dagegen:

$\sqrt{4^2-2^2+3^2}$ 4.58258

Was wurde falsch gemacht? Wie lang ist der Vektor $\vec{a}$?

13. Bei einer Verschiebung wird der Punkt A auf den Punkt B abgebildet.
Bestimmen Sie die fehlende Koordinate so, dass der Pfeil von A nach B die Länge d hat.

a) $A(5|2|5)$; $B(6|4|b_3)$; $d = 3$

b) $A(-6|a_2|-4)$; $B(-2|3|-4)$; $d = 5$

c) $A(6|3|-5)$; $B(b_1|2|-2)$; $d = 4$

d) $A(-10|21|0)$; $B(4|b_2|5)$; $d = 15$

Beispiel

$A(5|6|2)$; $B(3|b|1)$; $d = 3$

$|\overrightarrow{AB}| = \left|\begin{pmatrix} -2 \\ b-6 \\ -1 \end{pmatrix}\right|$

$= \sqrt{(-2)^2 + (b-6)^2 + (-1)^2}$

$= \sqrt{b^2 - 12b + 41}$

$|\overrightarrow{AB}| = 3$, d. h. $\sqrt{b^2 - 12b + 41} = 3$

Durch Quadrieren erhält man:

$b^2 - 12b + 41 = 9$, also $b^2 - 12b + 32 = 0$

mit den Lösungen $b = 4$ oder $b = 8$

Probe: Für $b = 4$ gilt: $|\overrightarrow{AB}| = \left|\begin{pmatrix} -2 \\ -2 \\ -1 \end{pmatrix}\right| = 3$

Für $b = 8$ gilt: $|\overrightarrow{AB}| = \left|\begin{pmatrix} -2 \\ 2 \\ -1 \end{pmatrix}\right| = 3$

14. **a)** Der Punkt $P(1|-3|8)$ wird an der x_1x_2-Ebene gespiegelt.
Bestimmen Sie die Koordinaten seines Bildpunktes P′ und berechnen Sie die Länge des Vektors $\overrightarrow{PP'}$.

b) Der Punkt $A(-4|5|9)$ wird in die x_1x_2-Ebene projiziert.
Bestimmen Sie die Koordinaten seines Bildpunktes A′ und berechnen Sie die Länge des Vektors $\overrightarrow{AA'}$.

2.1.3 Addition und Subtraktion von Vektoren

EINSTIEGSAUFGABE
OHNE LÖSUNG

→ Container mehrfach verschieben

Beim Verladen von Containern in einem Containerbahnhof muss der Kran einen Container verschieben, um einen anderen Container verladen zu können. Dabei wird der Eckpunkt des Containers, der sich im Punkt A(−6 | 5 | 5) befindet, zum Punkt A′(4 | −2 | 0) verschoben.
Anschließend wird dieser Container wieder auf einen anderen Stapel von Containern verschoben, der Eckpunkt bewegt sich dabei vom Punkt A′ zum Punkt A″(−4 | −8 | 8).

- Geben Sie die beiden Vektoren $\vec{v}$ und $\vec{w}$ an, welche die beiden Verschiebungen beschreiben.
- Welcher Vektor beschreibt die gesamte Verschiebung von A nach A″? Wie hängt dieser Vektor mit den beiden Vektoren $\vec{v}$ und $\vec{w}$ zusammen?

EINSTIEGSAUFGABE
MIT LÖSUNG

→ Zweifaches Verschieben eines Dreiecks

Ein Dreieck hat die Eckpunkte A (4 | 1 | 0), B (0 | −3 | 1) und C (6 | −1 | 2).

Verschieben Sie das Dreieck zuerst mit dem Vektor $\vec{v} = \begin{pmatrix} -3 \\ 4 \\ 2 \end{pmatrix}$ und anschließend das Bilddreieck A′B′C′ mit dem Vektor $\vec{w} = \begin{pmatrix} 2 \\ -3 \\ 1 \end{pmatrix}$.

a) Geben Sie die Koordinaten der Eckpunkte der beiden Bilddreiecke an. Zeichnen Sie das Ausgangsdreieck und die beiden Bilddreiecke in ein räumliches Koordinatensystem.

b) Welche Verschiebung kann die Hintereinanderausführung dieser Verschiebungen ersetzen?

LÖSUNG

a) Für das erste Bilddreieck erhalten wir:
A′(4 − 3 | 1 + 4 | 0 + 2), also A′(1 | 5 | 2)
B′(0 − 3 | −3 + 4 | 1 + 2), also B′(−3 | 1 | 3)
C′(6 − 3 | −1 + 4 | 2 + 2), also C′(3 | 3 | 4)
Für das zweite Bilddreieck erhalten wir:
A″(1 + 2 | 5 − 3 | 2 + 1), also A″(3 | 2 | 3)
B″(−3 + 2 | 1 − 3 | 3 + 1), also B″(−1 | −2 | 4)
C″(3 + 2 | 3 − 3 | 4 + 1), also C″(5 | 0 | 5).

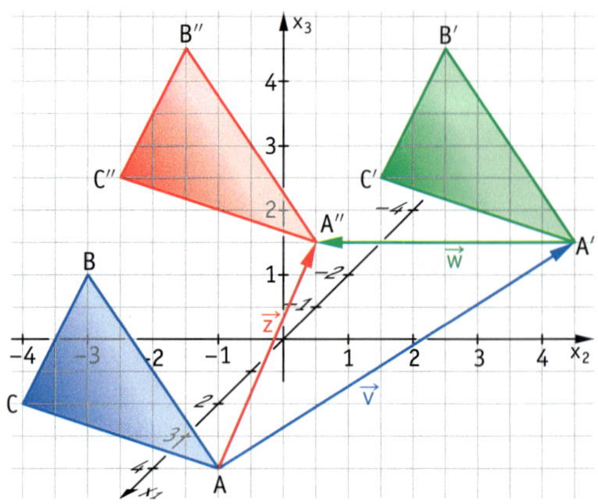

b) Bei der ersten Verschiebung mit dem Vektor $\vec{v}$ ändert sich die erste Koordinate von A um −3. Wird anschließend der Bildpunkt A′ mit dem Vektor $\vec{w}$ verschoben, dann wird die erste Koordinate von A′ um 2 verändert. Insgesamt ändert sich bei der Hintereinanderausführung der beiden Verschiebungen die erste Koordinate von A um −3 + 2, also um −1.
Entsprechend ändert sich die zweite Koordinate von A um 4 + (−3) = 1 und die dritte um 2 + 1 = 3. Die Hintereinanderausführung dieser beiden Verschiebungen kann somit durch eine Verschiebung mit dem Vektor $\vec{z} = \begin{pmatrix} -1 \\ 1 \\ 3 \end{pmatrix}$ ersetzt werden.

Offensichtlich erhalten wir die Koordinaten des Vektors $\vec{z} = \begin{pmatrix} -1 \\ 1 \\ 3 \end{pmatrix}$, indem wir die Koordinaten von $\vec{w}$ zu den Koordinaten von $\vec{v}$ addieren, also $\vec{z} = \vec{v} + \vec{w} = \begin{pmatrix} -3 \\ 4 \\ 2 \end{pmatrix} + \begin{pmatrix} 2 \\ -3 \\ 1 \end{pmatrix} = \begin{pmatrix} -3+2 \\ 4+(-3) \\ 2+1 \end{pmatrix} = \begin{pmatrix} -1 \\ 1 \\ 3 \end{pmatrix}$.

INFORMATION

Addieren von Vektoren

Die Hintereinanderausführung zweier Verschiebungen, die durch die Vektoren $\vec{a}$ und $\vec{b}$ bestimmt sind, ergibt wieder eine Verschiebung, die durch einen Vektor $\vec{s} = \vec{a} + \vec{b}$ beschrieben werden kann.

Definition: Summe zweier Vektoren

Zwei Vektoren $\vec{a} = \begin{pmatrix} a_1 \\ a_2 \\ a_3 \end{pmatrix}$ und $\vec{b} = \begin{pmatrix} b_1 \\ b_2 \\ b_3 \end{pmatrix}$ werden koordinatenweise **addiert**.

Man nennt den Vektor $\vec{s} = \vec{a} + \vec{b} = \begin{pmatrix} a_1 \\ a_2 \\ a_3 \end{pmatrix} + \begin{pmatrix} b_1 \\ b_2 \\ b_3 \end{pmatrix} = \begin{pmatrix} a_1 + b_1 \\ a_2 + b_2 \\ a_3 + b_3 \end{pmatrix}$ die **Summe** der Vektoren $\vec{a}$ und $\vec{b}$

oder auch den **Summenvektor** von $\vec{a}$ und $\vec{b}$.

BEISPIEL

Ist $\vec{a} = \begin{pmatrix} 3 \\ 1 \\ -2 \end{pmatrix}$ und $\vec{b} = \begin{pmatrix} -4 \\ 3 \\ 8 \end{pmatrix}$, so gilt $\vec{a} + \vec{b} = \begin{pmatrix} 3 \\ 1 \\ -2 \end{pmatrix} + \begin{pmatrix} -4 \\ 3 \\ 8 \end{pmatrix} = \begin{pmatrix} 3 + (-4) \\ 1 + 3 \\ -2 + 8 \end{pmatrix} = \begin{pmatrix} -1 \\ 4 \\ 6 \end{pmatrix}$

Anschaulich erhält man den Summenvektor $\vec{s} = \vec{a} + \vec{b}$, indem man an die Spitze eines Pfeils von $\vec{a}$ einen Pfeil von $\vec{b}$ anhängt.
Der Pfeil für $\vec{s}$ reicht dann vom Anfangspunkt des ersten Pfeils zur Spitze des zweiten Pfeils.

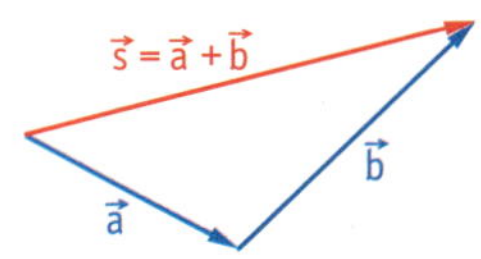

Subtrahieren von Vektoren

Entsprechend zum Addieren kann man Vektoren koordinatenweise subtrahieren.

Definition: Differenz zweier Vektoren

Zwei Vektoren $\vec{a} = \begin{pmatrix} a_1 \\ a_2 \\ a_3 \end{pmatrix}$ und $\vec{b} = \begin{pmatrix} b_1 \\ b_2 \\ b_3 \end{pmatrix}$ werden koordinatenweise **subtrahiert**.

Man nennt den Vektor $\vec{d} = \vec{a} - \vec{b} = \begin{pmatrix} a_1 \\ a_2 \\ a_3 \end{pmatrix} - \begin{pmatrix} b_1 \\ b_2 \\ b_3 \end{pmatrix} = \begin{pmatrix} a_1 - b_1 \\ a_2 - b_2 \\ a_3 - b_3 \end{pmatrix}$ die **Differenz** der Vektoren $\vec{a}$ und $\vec{b}$

oder auch den **Differenzvektor** von $\vec{a}$ und $\vec{b}$.

BEISPIEL

Ist $\vec{a} = \begin{pmatrix} 5 \\ -3 \\ 8 \end{pmatrix}$ und $\vec{b} = \begin{pmatrix} -2 \\ 1 \\ 5 \end{pmatrix}$, dann gilt: $\vec{a} - \vec{b} = \begin{pmatrix} 5 \\ -3 \\ 8 \end{pmatrix} - \begin{pmatrix} -2 \\ 1 \\ 5 \end{pmatrix} = \begin{pmatrix} 5 - (-2) \\ -3 - 1 \\ 8 - 5 \end{pmatrix} = \begin{pmatrix} 7 \\ -4 \\ 3 \end{pmatrix}$

Anschaulich erhält man den Differenzvektor $\vec{d} = \vec{a} - \vec{b}$, wenn man zwei Pfeile für die Vektoren $\vec{a}$ und $\vec{b}$ in einem gemeinsamen Punkt anträgt und die Pfeilspitzen folgendermaßen verbindet:
Der Pfeil für $\vec{d}$ reicht von der Spitze des Pfeils von $\vec{b}$ zur Spitze des Pfeils von $\vec{a}$.

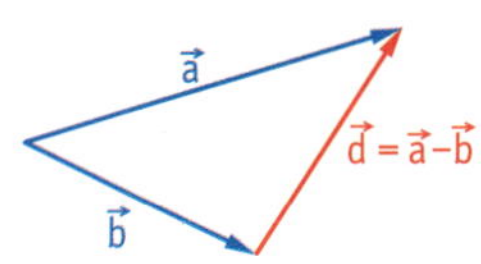

Man kann einen Vektor $\vec{b}$ auch von einem Vektor $\vec{a}$ subtrahieren, indem man den Gegenvektor $-\vec{b}$ addiert:
Man erhält den Pfeil des Differenzvektors $\vec{d} = \vec{a} - \vec{b}$ anschaulich auch, indem man an die Spitze des Pfeils von $\vec{a}$ den Gegenvektor $-\vec{b}$ von $\vec{b}$ anhängt.

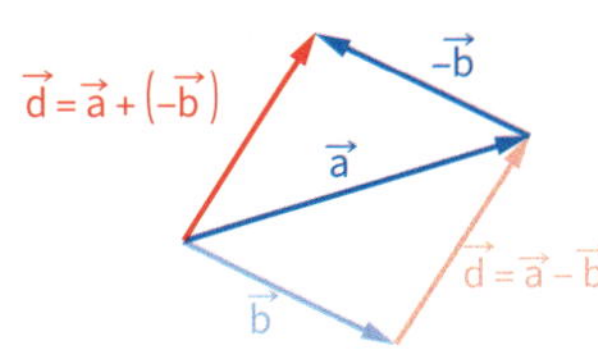

Dreiecksregel

Im Koordinatensystem gilt für alle Punkte P, Q und R:

$\overrightarrow{PQ} + \overrightarrow{QR} = \overrightarrow{PR}$.

Man kommt von P nach R auch auf dem Umweg über Q.

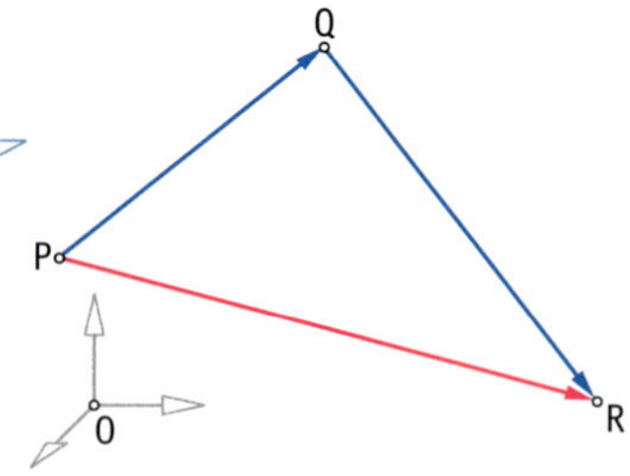

Nach der Dreiecksregel gilt für zwei Punkte A und B in einem Koordinatensystem mit dem Koordinatenursprung O:

$\overrightarrow{OA} + \overrightarrow{AB} = \overrightarrow{OB}$

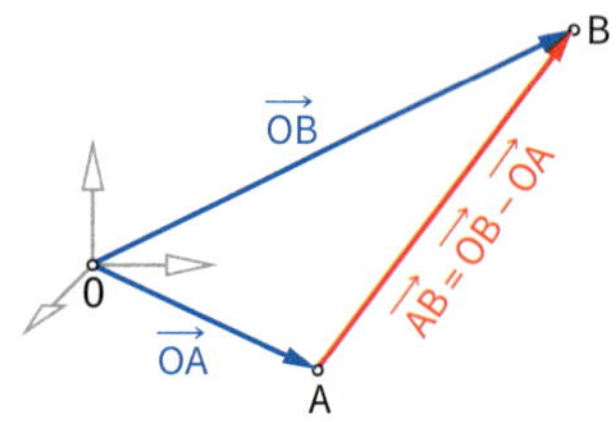

Daraus folgt für den **Verbindungsvektor** $\overrightarrow{AB}$ zweier Punkte $A(a_1 | a_2 | a_3)$ und $B(b_1 | b_2 | b_3)$:

$$\overrightarrow{AB} = \overrightarrow{OB} - \overrightarrow{OA} = \begin{pmatrix} b_1 - a_1 \\ b_2 - a_2 \\ b_3 - a_3 \end{pmatrix}$$

BEISPIEL

Für $A(5 | -4 | 1)$ und $B(8 | 2 | -3)$ gilt: $\overrightarrow{AB} = \begin{pmatrix} 8-5 \\ 2-(-4) \\ -3-1 \end{pmatrix} = \begin{pmatrix} 3 \\ 6 \\ -4 \end{pmatrix}$

WEITERFÜHRENDE AUFGABE

1. Abstand zweier Punkte berechnen

Gegeben ist ein Dreieck ABC mit den Eckpunkten $A(4 | 2 | -1)$, $B(1 | 5 | -1)$ und $C(1 | 2 | 2)$.
Berechnen Sie die Seitenlängen des Dreiecks.
Untersuchen Sie, ob es sich um ein besonderes Dreieck handelt.

INFORMATION

Abstand zweier Punkte

Der **Abstand zweier Punkte** $A(a_1 | a_2 | a_3)$ und $B(b_1 | b_2 | b_3)$ ist gleich der Länge des Vektors $\overrightarrow{AB}$.
Es gilt also $|AB| = \left|\overrightarrow{AB}\right| = \sqrt{(b_1 - a_1)^2 + (b_2 - a_2)^2 + (b_3 - a_3)^2}$

BEISPIEL

Für die Punkte $A(-3 | 5 | -2)$ und $B(2 | -4 | 8)$ gilt:

$$|AB| = \left|\overrightarrow{AB}\right| = \left|\overrightarrow{OB} - \overrightarrow{OA}\right| = \left|\begin{pmatrix} 2 \\ -4 \\ 8 \end{pmatrix} - \begin{pmatrix} -3 \\ 5 \\ -2 \end{pmatrix}\right| = \left|\begin{pmatrix} 5 \\ -9 \\ 10 \end{pmatrix}\right| = \sqrt{(2-(-3))^2 + (-4-5)^2 + (8-(-2))^2}$$

$$= \sqrt{5^2 + (-9)^2 + 10^2} = \sqrt{206} \approx 14{,}35$$

ÜBUNGSAUFGABEN

Summen und Differenzen von Vektoren berechnen und zeichnen

2. Berechnen Sie.

a) $\begin{pmatrix} 2 \\ 3 \\ 5 \end{pmatrix} + \begin{pmatrix} 1 \\ 4 \\ -4 \end{pmatrix}$

b) $\begin{pmatrix} 6 \\ 9 \\ 3 \end{pmatrix} + \begin{pmatrix} -9 \\ -5 \\ 4 \end{pmatrix}$

c) $\begin{pmatrix} 8 \\ -5 \\ 3 \end{pmatrix} + \begin{pmatrix} -6 \\ -1 \\ -3 \end{pmatrix}$

d) $\begin{pmatrix} -3 \\ 2 \\ -4 \end{pmatrix} + \begin{pmatrix} -1 \\ -4 \\ 6 \end{pmatrix} + \begin{pmatrix} 2 \\ 5 \\ -3 \end{pmatrix}$

e) $\begin{pmatrix} 1 \\ 2 \\ 4 \end{pmatrix} - \begin{pmatrix} 3 \\ -1 \\ -1 \end{pmatrix}$

f) $\begin{pmatrix} -3 \\ 2 \\ 1 \end{pmatrix} - \begin{pmatrix} 6 \\ -8 \\ -9 \end{pmatrix}$

g) $\begin{pmatrix} 1 \\ -2 \\ 3 \end{pmatrix} - \begin{pmatrix} 5 \\ 4 \\ -2 \end{pmatrix}$

h) $\begin{pmatrix} -3 \\ 5 \\ -2 \end{pmatrix} - \begin{pmatrix} -7 \\ -1 \\ 3 \end{pmatrix} - \begin{pmatrix} 3 \\ -2 \\ -4 \end{pmatrix}$

i) $\begin{pmatrix} 7 \\ -3 \\ -10 \end{pmatrix} - \begin{pmatrix} -4 \\ 1 \\ 0 \end{pmatrix} + \begin{pmatrix} 5 \\ 8 \\ 1 \end{pmatrix}$

3. Gegeben sind Pfeile der Vektoren $\vec{a}$, $\vec{b}$ und $\vec{c}$.
Übertragen Sie die drei Vektoren auf Karopapier und zeichnen Sie je einen Pfeil des angegebenen Vektors.

a) $\vec{a}+\vec{b}$
b) $\vec{a}+\vec{b}+\vec{c}$
c) $\vec{a}-\vec{c}$
d) $\vec{c}-\vec{b}$
e) $\vec{b}-\vec{a}+\vec{c}$
f) $\vec{a}-(\vec{b}+\vec{c})$

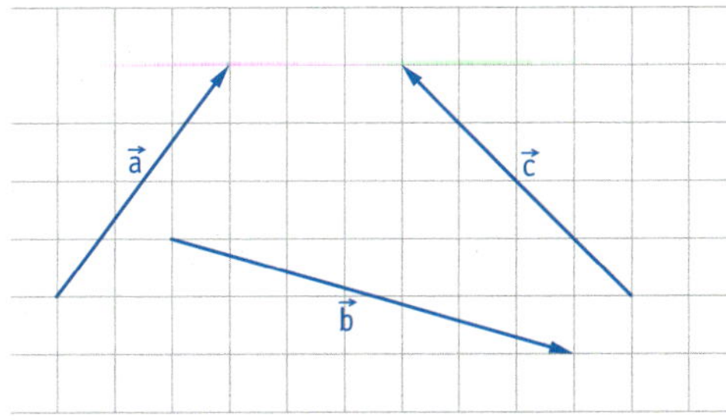

4. Die Zeichnung zeigt das Schrägbild eines Quaders.
Geben Sie Pfeile an, die zu dem angegebenen Vektor gehören.

a) $\vec{a}+\vec{b}$
b) $\vec{a}-\vec{b}$
c) $\vec{b}-\vec{a}$
d) $\vec{a}-\vec{c}$
e) $\vec{b}+\vec{c}$
f) $\vec{b}-\vec{c}$
g) $\vec{a}+\vec{b}+\vec{c}$
h) $\vec{a}-(\vec{b}+\vec{c})$

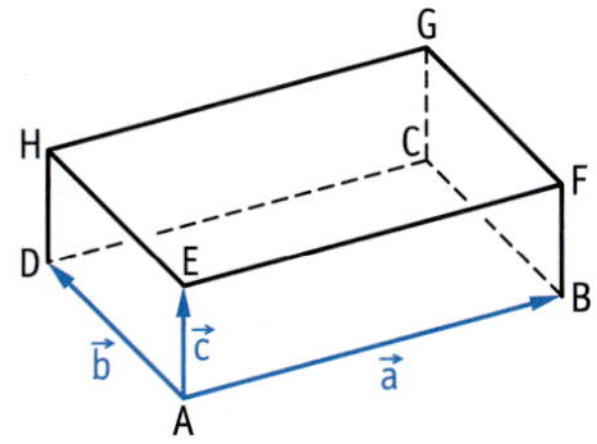

5. Gegeben sind die Punkte A, B, C, D, E und die Vektoren $\vec{r}=\overrightarrow{AB}$, $\vec{s}=\overrightarrow{CD}$, $\vec{t}=\overrightarrow{BE}$ und $\vec{u}=\overrightarrow{CA}$.
Beschreiben Sie die Vektoren $\overrightarrow{AC}$, $\overrightarrow{AD}$, $\overrightarrow{AE}$, $\overrightarrow{BA}$, $\overrightarrow{BC}$, $\overrightarrow{BD}$, $\overrightarrow{CB}$, $\overrightarrow{CE}$, $\overrightarrow{DA}$, $\overrightarrow{DB}$ und $\overrightarrow{DE}$ mithilfe von $\vec{r}$, $\vec{s}$, $\vec{t}$ und $\vec{u}$.

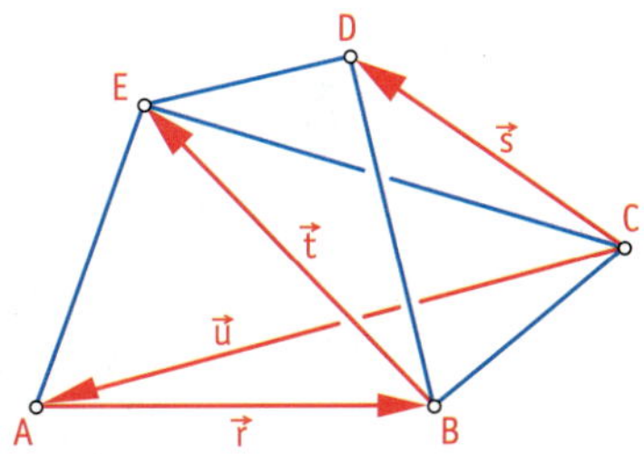

Dreiecksregel anwenden – Abstände zwischen zwei Punkten bestimmen

6. Berechnen Sie die Länge des Vektors $\overrightarrow{AB}$.

a) A(−3|5|2); B(8|−3|0)
b) A(6|6|6); B(3|0|−2)
c) A(0|0|0); B(−4|3|−5)
d) A(−2|−1|−5); B(3|−5|2)

7. Zeichnen Sie das Dreieck in ein Koordinatensystem. Berechnen Sie die Seitenlängen des Dreiecks ABC.

a) A(0|0|3), B(2|−2|7), C(0|−4|4)
b) A(4|1|0), B(0|−3|1), C(6|−1|2)

f **8.** Beurteilen Sie Annas Überlegung.

$\overrightarrow{AC}+\overrightarrow{MC}=\overrightarrow{AM}$,
denn nach der Dreiecksregel kann man den gemeinsamen Punkt streichen.

9. Vereinfachen Sie die Vektorsummen soweit wie möglich. Fertigen Sie dazu jeweils eine Skizze an.

a) $\overrightarrow{AB}+\overrightarrow{BC}+\overrightarrow{CD}$
b) $\overrightarrow{AB}-\overrightarrow{CB}+\overrightarrow{CA}$
c) $\overrightarrow{RS}+\overrightarrow{SR}$
d) $\overrightarrow{RP}-(\overrightarrow{RP}-\overrightarrow{PQ})+\overrightarrow{QS}$
e) $\overrightarrow{FG}+\overrightarrow{GH}-\overrightarrow{FI}$
f) $\overrightarrow{PQ}-(\overrightarrow{SR}-\overrightarrow{QR})+\overrightarrow{SP}$

10. Gegeben sind die Punkte A(3|1|−2) und B(−2|5|3) sowie die Vektoren $\overrightarrow{AC}=\begin{pmatrix}-3\\1\\9\end{pmatrix}$ und $\overrightarrow{BD}=\begin{pmatrix}5\\-6\\-1\end{pmatrix}$.

a) Bestimmen Sie die Koordinaten der Punkte C und D.
b) Berechnen Sie die Seitenlängen im Viereck ABCD.
Prüfen Sie, ob das Viereck ein Parallelogramm ist.

Bewegungen mit Vektoren beschreiben

11. Den Gipfel der Schneekoppe (tschechisch Sněžka) kann man über einen Sessellift erreichen.
Der Lift führt von einer Talstation T über eine Zwischenstation Z auf die Bergstation B.
Der Vektor $\overrightarrow{TZ} = \begin{pmatrix} 563 \\ 676 \\ 682 \end{pmatrix}$ beschreibt näherungsweise den Weg des Liftes von der Talstation zur Zwischenstation und der Vektor $\overrightarrow{ZB} = \begin{pmatrix} 1162 \\ 973 \\ 1434 \end{pmatrix}$ näherungsweise den Weg von der Zwischenstation zur Bergstation (Einheit des Koordinatensystems 1 Meter).

a) Skizzieren Sie den Sachverhalt und bestimmen Sie den Vektor $\overrightarrow{TB}$.

b) Bei einer Erneuerung des Liftes wird die Zwischenstation verlegt. Der Weg von der Talstation zur Zwischenstation wird nun beschrieben durch $\overrightarrow{TZ}_{neu} = \begin{pmatrix} 488 \\ 534 \\ 645 \end{pmatrix}$.
Bestimmen Sie den Vektor $\overrightarrow{Z_{neu}B}$.

c) Vergleichen Sie die Längen der Wege von der Talstation zur Bergstation vor und nach der Verlegung der Zwischenstation.

12. Der Startpunkt S eines Heißluftballons kann in einem Koordinatensystem (mit der Einheit Meter) durch die Koordinaten S (225 | −349 | 114) beschrieben werden. Er steigt in den ersten fünf Minuten bei nahezu konstanten Windverhältnissen um den Vektor $\vec{v} = \begin{pmatrix} 150 \\ 600 \\ 1200 \end{pmatrix}$.

a) Bestimmen Sie die Koordinaten des Punktes T, in dem sich der Ballon nach 5 min befindet.

b) Berechnen Sie die Durchschnittsgeschwindigkeit des Ballons in dieser Zeit.

13. Industrieroboter werden für Schweißarbeiten, zum Schneiden, Bohren, Lackieren, für Montage und Inspektionsarbeiten dank ihrer Flexibilität sehr effektiv eingesetzt.
Der Werkzeughalter eines solchen Industrieroboters ist mit einem Bohrer bestückt. Dieser soll von einem Startpunkt S aus geradlinig in Richtung seiner Achse bis zur Einsatzstelle P verschoben werden.
Bei geeigneter Wahl eines Koordinatensystems liegt die Bohrerspitze im Punkt S (72 | 31 | 95), die Bohrstelle im Punkt P (68 | 45 | 83).

a) Zur Steuerung des Roboters muss angegeben werden, um wie viele Einheiten er den Roboterarm jeweils in Richtung der x_1-Achse, in Richtung der x_2-Achse und in Richtung der x_3-Achse bewegen muss.
Welche Werte erhält man?

b) Die Bohrerhalterung liegt vor der Verschiebung im Punkt H (78 | 28 | 103).
Geben Sie die Koordinaten seines Bildpunktes H′ nach der Verschiebung an.

c) Wie lang ist der Weg der Bohrerspitze bei dieser Verschiebung?

Parallelogramme mit Vektoren beschreiben

14. Bestimmen Sie die Koordinaten eines Punktes D so, dass die Punkte A, B, C und D die Eckpunkte eines Parallelogramms sind.
Berechnen Sie die Seitenlängen des Parallelogramms.

a) A(3|−2|4), B(7|2|1), C(4|6|6)
b) A(8|4|9), B(4|−1|3), C(5|2|8)
c) A(3|4|−2), B(−3|−4|2), C(0|0|0)

Beispiel

A(1|2|5), B(−1|8|8), C(−7|5|10) werden zum Parallelogramm ABCD ergänzt:
Nach der Dreiecksregel gilt: $\overrightarrow{OD} = \overrightarrow{OA} + \overrightarrow{AD}$.
Da die Pfeile $\overrightarrow{AD}$ und $\overrightarrow{BC}$ zum gleichen Vektor gehören, gilt auch:
$\overrightarrow{OD} = \overrightarrow{OA} + \overrightarrow{BC}$.
Also:

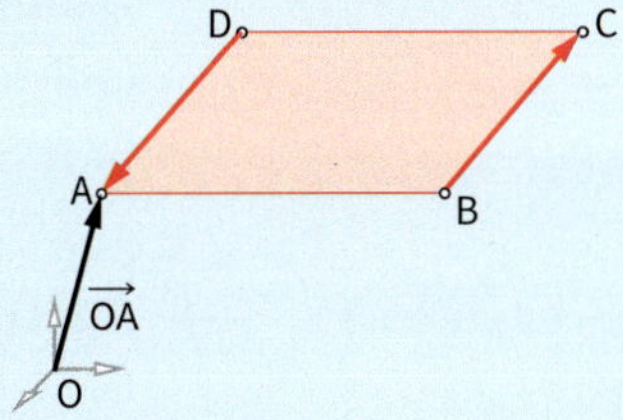

$$\overrightarrow{OD} = \begin{pmatrix} 1 \\ 2 \\ 5 \end{pmatrix} + \begin{pmatrix} -7-(-1) \\ 5-8 \\ 10-8 \end{pmatrix} = \begin{pmatrix} 1 \\ 2 \\ 5 \end{pmatrix} + \begin{pmatrix} -6 \\ -3 \\ 2 \end{pmatrix} = \begin{pmatrix} -5 \\ -1 \\ 7 \end{pmatrix} \text{ und } D(-5|-1|7)$$

15. Untersuchen Sie, ob das Viereck ABCD ein Parallelogramm ist.

a) A(3|−1|2), B(1|0|−2), C(2|1|2), D(4|0|6)
b) A(5|0|2), B(0|−4|1), C(−3|1|0), D(−8|−3|−1)
c) A(7|6|5), B(10|7|8), C(1|5|4), D(−2|4|1)

Eigenschaften von Dreiecken untersuchen

16. Stellen Sie die besonderen Dreiecke und ihre Eigenschaften (Seitenlängen, Winkel) in einer Tabelle zusammen. Geben Sie für jedes Dreieck ein Beispiel an.
Vergleichen Sie Ihre Ergebnisse und ergänzen Sie gegebenenfalls.

17. Untersuchen Sie, ob das Dreieck ABC ein besonderes Dreieck ist.

a) A(3|7|1), B(8|7|−3), C(3|11|6)
b) A(2|1|0), B(10|−1|0), C(11|3|0)
c) A(6|1|0), B(2|3|0), C(3|0|2,5)
d) A(2|−2|5), B(0|2|1), C(3|−2|2)
e) A(−1|0|6), B(3|−4|4), C(1|4|2)

Beispiel

Gegeben ist das Dreieck mit den Eckpunkten A(3|5|−4), B(4|1|4) und C(−4|9|0). Wir berechnen die Seitenlängen:

$$a = |\overrightarrow{BC}| = \left|\begin{pmatrix} -8 \\ 8 \\ -4 \end{pmatrix}\right| = \sqrt{144} = 12;$$

$$b = |\overrightarrow{AC}| = \left|\begin{pmatrix} -7 \\ 4 \\ 4 \end{pmatrix}\right| = \sqrt{81} = 9;$$

$$c = |\overrightarrow{AB}| = \left|\begin{pmatrix} 1 \\ -4 \\ 8 \end{pmatrix}\right| = \sqrt{81} = 9$$

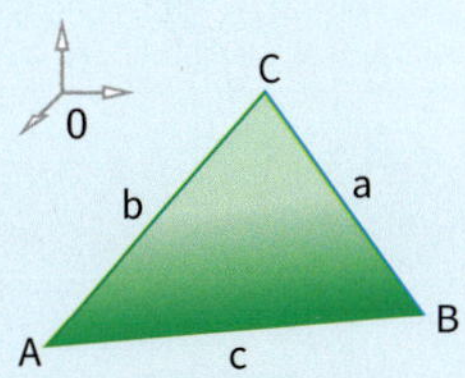

Die Längen der Seiten $\overline{AB}$ und $\overline{AC}$ sind gleich, d. h. das Dreieck ABC ist gleichschenklig.
Da ein gleichschenkliges Dreieck auch rechtwinklig sein kann, untersuchen wir dies mithilfe des Satzes von Pythagoras:
$|\overrightarrow{AB}|^2 + |\overrightarrow{AC}|^2 = 162$; $|\overrightarrow{BC}|^2 = 144$
Da $|\overrightarrow{AB}|^2 + |\overrightarrow{AC}|^2 \neq |\overrightarrow{BC}|^2$, ist das Dreieck nicht rechtwinklig.

18. Gegeben sind die Punkte A(−3|−2|5), B(2|−3|3) und $C_k(k|-3|5)$.

a) Berechnen Sie für $k = -10$ den Umfang des Dreiecks.
b) Für welche Werte von k ist das Dreieck ABC_k gleichschenklig? Kann es auch gleichseitig sein?

19. Gegeben sind die Punkte A(4|6|5), B(−1|6|5) und C(−1|3|9).

a) Zeigen Sie, dass das Dreieck ABC ein gleichschenkliges rechtwinkliges Dreieck ist.
Bestimmen Sie einen Punkt D so, dass das Viereck ABCD ein Quadrat ist.
b) Das Quadrat ABCD ist die Grundfläche einer Pyramide mit der Spitze S(−2|2|5).
Untersuchen Sie, ob die Seitenkanten der Pyramide alle gleich lang sind.
Zeichnen Sie die Pyramide im Schrägbild eines räumlichen Koordinatensystems.

2.1.4 Vervielfachen von Vektoren

ZIEL

Im vorigen Abschnitt 2.1.3 wurden zwei Vektoren addiert und subtrahiert. Dabei entsteht jeweils ein neuer Vektor. Durch Antragen der zugehörigen Pfeile in einem Punkt konnten diese Rechenoperationen auch geometrisch gedeutet werden.
In diesem Abschnitt können Sie sich erarbeiten, wie man Vektoren mit einer reellen Zahl vervielfacht und welche geometrische Deutung dieser Rechenoperation zugrunde liegt.

ZUM ERARBEITEN

→ Aufstieg eines Wetterballons mit Vektoren beschreiben

Ein Wetterballon besteht aus einem Ballon mit einer Radiosonde und dient in der Meteorologie z. B. zur Messung von Temperatur, Luftdruck oder Luftfeuchtigkeit. Die gesammelten Daten werden per Funk an eine Bodenstation gesendet. Per GPS können dabei die Position der Radiosonde festgestellt und die Windrichtung ermittelt werden.
Nach dem Start steigt eine Radiosonde in den ersten Minuten nahezu konstant pro Sekunde um den Vektor $\vec{v} = \begin{pmatrix} 0,5 \\ -2 \\ 4 \end{pmatrix}$.

Alle Längeneinheiten in m

Die Radiosonde startet im Punkt S (145 | 23 | 98). An welchem Punkt P_1 befindet sich die Sonde nach einer Sekunde? Bestimmen Sie die Koordinaten dieses Punktes.

Den Ortsvektor $\overrightarrow{OP_1}$ erhalten wir durch Addition der Vektoren $\overrightarrow{OS}$ und $\vec{v}$, also

$$\overrightarrow{OP_1} = \overrightarrow{OS} + \vec{v} = \begin{pmatrix} 145 \\ 23 \\ 98 \end{pmatrix} + \begin{pmatrix} 0,5 \\ -2 \\ 4 \end{pmatrix} = \begin{pmatrix} 145,5 \\ 21 \\ 102 \end{pmatrix}.$$

Somit hat der Punkt P_1 die Koordinaten P_1 (145,5 | 21 | 102).

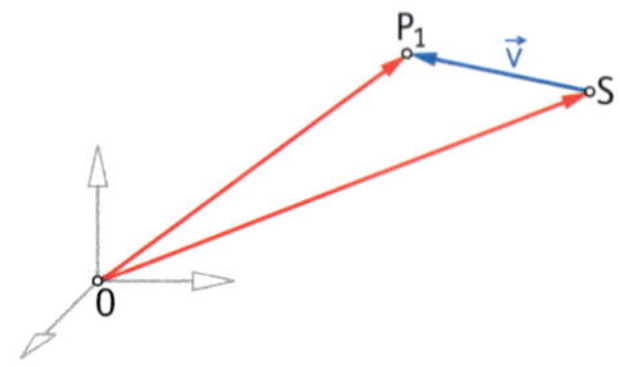

→ Vielfache eines Vektors

Nach 3 und 7,5 Sekunden passiert die Sonde die Punkte P_3 und $P_{7,5}$. Bestimmen Sie die Koordinaten dieser Punkte.

Da die Radiosonde konstant pro Sekunde um den Vektor $\vec{v} = \begin{pmatrix} 0,5 \\ -2 \\ 4 \end{pmatrix}$ steigt, gilt für den Ortsvektor $\overrightarrow{OP_3}$ des Punktes P_3 nach 3 Sekunden:

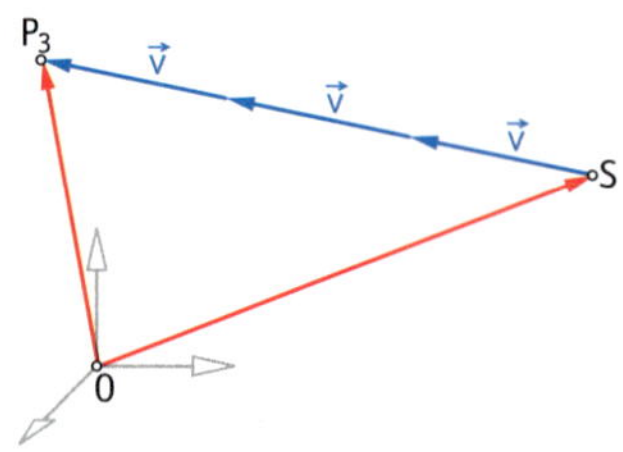

$$\overrightarrow{OP_3} = \overrightarrow{OS} + \vec{v} + \vec{v} + \vec{v} = \begin{pmatrix} 145 \\ 23 \\ 98 \end{pmatrix} + \begin{pmatrix} 0,5+0,5+0,5 \\ -2\ \ -2\ \ -2 \\ 4\ \ +4\ \ +4 \end{pmatrix}$$

$$= \begin{pmatrix} 145 \\ 23 \\ 98 \end{pmatrix} + \begin{pmatrix} 3\cdot\ 0,5 \\ 3\cdot(-2) \\ 3\cdot\ 4 \end{pmatrix} = \begin{pmatrix} 146,5 \\ 17 \\ 110 \end{pmatrix}$$

Nach drei Sekunden hat die Sonde einen dreimal so langen Weg zurückgelegt wie nach einer Sekunde. Den Ortsvektor $\overrightarrow{OP_3}$ haben wir erhalten, indem wir zum Vektor $\overrightarrow{OS}$ dreimal den Vektor $\vec{v}$ addiert haben.
Dies entspricht einer Addition eines Vektors mit der dreifachen Länge von $\vec{v}$ und derselben Richtung wie $\vec{v}$, was in der Rechnung durch Multiplikation jeder Koordinate von $\vec{v}$ mit dem Faktor 3 realisiert wurde. Dafür schreiben wir $3\cdot\vec{v}$. Den Ortsvektor $\overrightarrow{OP_{7,5}}$ erhalten wir entsprechend, indem wir das 7,5-fache von $\vec{v}$ zum Vektor $\overrightarrow{OS}$ addieren.

$$\overrightarrow{OP_{7,5}} = \overrightarrow{OS} + 7,5\cdot\vec{v} = \begin{pmatrix} 145 \\ 23 \\ 98 \end{pmatrix} + \begin{pmatrix} 7,5\cdot\ 0,5 \\ 7,5\cdot(-2) \\ 7,5\cdot\ 4 \end{pmatrix} = \begin{pmatrix} 148,75 \\ 8 \\ 128 \end{pmatrix}$$

Die Radiosonde passiert somit nach 3 Sekunden den Punkt P_3 (146,5 | 17 | 110) und nach 7,5 Sekunden den Punkt $P_{7,5}$ (148,75 | 8 | 128).

INFORMATION

Vervielfachen eines Vektors

Definition: Vielfache eines Vektors

Ein Vektor $\vec{v} = \begin{pmatrix} v_1 \\ v_2 \\ v_3 \end{pmatrix}$ wird koordinatenweise mit einer reellen Zahl r **vervielfacht**.

Man nennt den Vektor $r \cdot \vec{v} = r \cdot \begin{pmatrix} v_1 \\ v_2 \\ v_3 \end{pmatrix} = \begin{pmatrix} r \cdot v_1 \\ r \cdot v_2 \\ r \cdot v_3 \end{pmatrix}$ das **r-fache des Vektors** $\vec{v}$.

Die Multiplikation eines Vektors mit einer reellen Zahl *(Skalar)* bezeichnet man auch als skalare Multiplikation eines Vektors.

BEISPIEL

$$(-3{,}5) \cdot \begin{pmatrix} 2 \\ -3 \\ 4 \end{pmatrix} = \begin{pmatrix} (-3{,}5) \cdot 2 \\ (-3{,}5) \cdot (-3) \\ (-3{,}5) \cdot 4 \end{pmatrix} = \begin{pmatrix} -7 \\ 10{,}5 \\ -14 \end{pmatrix}$$

Geometrische Bedeutung des Vervielfachens – Kollinearität von Vektoren

Wird ein Vektor $\vec{v} \neq \vec{o}$ mit einer Zahl $r \neq 0$ vervielfacht, so gilt:

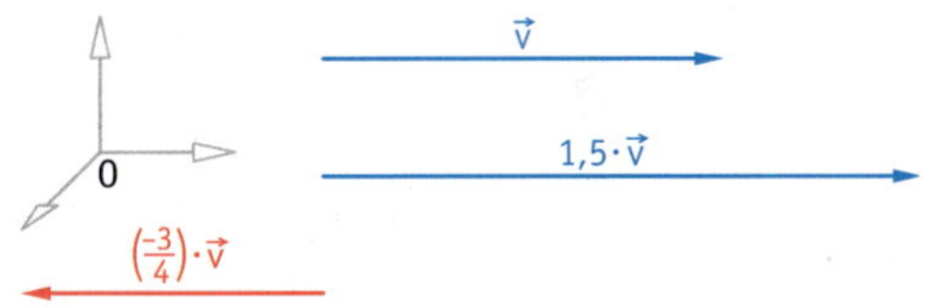

- Die Pfeile des Vektors $r \cdot \vec{v}$ sind parallel zu den Pfeilen des Vektors $\vec{v}$.
- Ist $r > 0$, so haben die Pfeile von $r \cdot \vec{v}$ dieselbe Richtung und die r-fache Länge wie die Pfeile des Vektors $\vec{v}$.
- Ist $r < 0$, so haben die Pfeile von $r \cdot \vec{v}$ die entgegengesetzte Richtung und die $|r|$-fache Länge wie die Pfeile des Vektors $\vec{v}$.

Umgekehrt gilt:
Sind zwei Pfeile parallel zueinander, so sind die beiden zugehörigen Vektoren Vielfache voneinander.

Definition:

Zwei Vektoren $\vec{u} \neq \vec{o}$ und $\vec{v} \neq \vec{o}$ heißen **parallel** zueinander, wenn sie Vielfache voneinander sind.
Man sagt dann auch: die beiden Vektoren sind **kollinear** zueinander.

ZUM ÜBEN

Mit Vektoren rechnen

1. Berechnen Sie.

a) $2 \cdot \begin{pmatrix} -1 \\ 5 \\ 7 \end{pmatrix}$ **b)** $1{,}5 \cdot \begin{pmatrix} 2 \\ -4 \\ 3 \end{pmatrix}$ **c)** $\left(-\frac{1}{2}\right) \cdot \begin{pmatrix} 4 \\ 0 \\ 5 \end{pmatrix}$ **d)** $(-3) \cdot \begin{pmatrix} 2 \\ 1 \\ -5 \end{pmatrix}$ **e)** $(-1{,}25) \cdot \begin{pmatrix} -4 \\ 6 \\ -5 \end{pmatrix}$

2. Schreiben Sie den Vektor $\vec{a}$ als Vielfaches eines Vektors mit ganzzahligen Koordinaten.

a) $\vec{a} = \begin{pmatrix} \frac{2}{3} \\ -1 \\ \frac{1}{2} \end{pmatrix}$ **b)** $\vec{a} = \begin{pmatrix} -4 \\ -\frac{3}{4} \\ \frac{1}{3} \end{pmatrix}$ **c)** $\vec{a} = \begin{pmatrix} 18 \\ -12 \\ 24 \end{pmatrix}$ **d)** $\vec{a} = \begin{pmatrix} -\frac{1}{2} \\ 20 \\ \frac{4}{6} \end{pmatrix}$

BEISPIEL

$$\vec{a} = \begin{pmatrix} \frac{2}{5} \\ -3 \\ \frac{1}{2} \end{pmatrix} = \frac{1}{10} \cdot \begin{pmatrix} 4 \\ -30 \\ 5 \end{pmatrix}$$

3. Begründen Sie: $\vec{b}$ ist kein Vielfaches des Vektors $\vec{a} = \begin{pmatrix} 2 \\ 4 \\ 1 \end{pmatrix}$.

(1) $\vec{b} = \begin{pmatrix} -2 \\ -4 \\ 0 \end{pmatrix}$ (2) $\vec{b} = \begin{pmatrix} 1 \\ 4 \\ 3 \end{pmatrix}$ (3) $\vec{b} = \begin{pmatrix} 1 \\ 2 \\ 3 \end{pmatrix}$ (4) $\vec{b} = \begin{pmatrix} t \\ -4 \\ 1 \end{pmatrix}$

4. Bestimmen Sie einen Vektor, der dieselbe Richtung wie der Vektor $\vec{a}$, aber die Länge 1 hat. Wie viele Lösungen gibt es?

a) $\vec{a} = \begin{pmatrix} 2 \\ -1 \\ 2 \end{pmatrix}$ **c)** $\vec{a} = \begin{pmatrix} 9 \\ 0 \\ 5 \end{pmatrix}$

b) $\vec{a} = \begin{pmatrix} 5 \\ 3 \\ -4 \end{pmatrix}$ **d)** $\vec{a} = \begin{pmatrix} 1 \\ 0 \\ 1 \end{pmatrix}$

BEISPIEL

Der Vektor $\vec{a} = \begin{pmatrix} 3 \\ -4 \\ 2 \end{pmatrix}$ hat die Länge
$|\vec{a}| = \sqrt{3^2 + (-4)^2 + 2^2} = \sqrt{29}$.
Der Vektor $\vec{b} = \frac{1}{\sqrt{29}} \cdot \vec{a}$ hat die Länge 1 und die gleiche Richtung wie $\vec{a}$.

5. Untersuchen Sie, welche der Vektoren paarweise parallel zueinander sind.

$\vec{a} = \begin{pmatrix} 2 \\ -5 \\ 4 \end{pmatrix}$; $\vec{b} = \begin{pmatrix} -4 \\ 10 \\ 8 \end{pmatrix}$; $\vec{c} = \begin{pmatrix} -2{,}4 \\ 6 \\ -4{,}8 \end{pmatrix}$; $\vec{d} = \begin{pmatrix} -2 \\ 5 \\ 4 \end{pmatrix}$; $\vec{e} = \begin{pmatrix} 300 \\ -750 \\ 600 \end{pmatrix}$

Vektoren in Figuren bestimmen

6. Gegeben sind die Pfeile der Vektoren $\vec{a}$, $\vec{b}$ und $\vec{c}$.
Übertragen Sie die Pfeile auf Karopapier und zeichnen Sie je einen Pfeil des angegebenen Vektors.

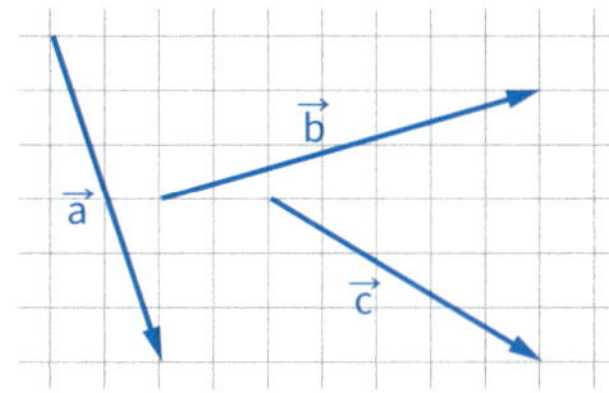

a) $\vec{u} = \frac{1}{2}\vec{a} + 2\vec{b}$ **c)** $\vec{w} = 3\vec{c} - 4\vec{a}$

b) $\vec{v} = 2\vec{c} + \frac{1}{2}\vec{a} - \frac{3}{4}\vec{a}$ **d)** $\vec{z} = \vec{a} - \left(2\vec{b} + \frac{1}{2}\vec{c}\right)$

7. Stellen Sie den rot gezeichneten Vektor mithilfe der Vektoren $\vec{a}$ und $\vec{b}$ dar.

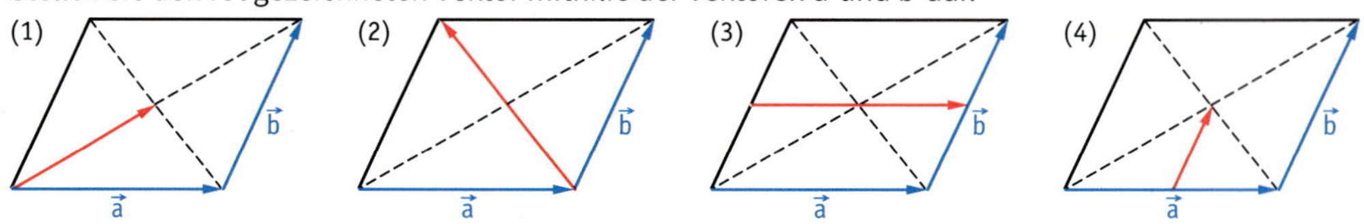

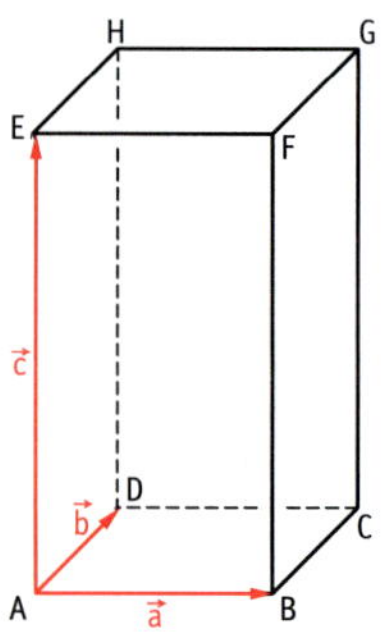

8. M_1, M_2 und M_3 sind die Mitten der Seitenflächen BCGF bzw. CGHD und ABFE des Quaders links.
Stellen Sie die Vektoren $\overrightarrow{AM_1}$, $\overrightarrow{M_1M_2}$, $\overrightarrow{HM_3}$ und $\overrightarrow{M_2A}$ mithilfe der Vektoren $\vec{a}$, $\vec{b}$ und $\vec{c}$ dar.

9. Die Pyramide ABCDS rechts ist eine senkrechte quadratische Pyramide. Stellen Sie die Vektoren $\overrightarrow{MS}$, $\overrightarrow{CS}$ und $\overrightarrow{SB}$ mithilfe der Vektoren $\vec{a}$, $\vec{b}$ und $\vec{c}$ dar.

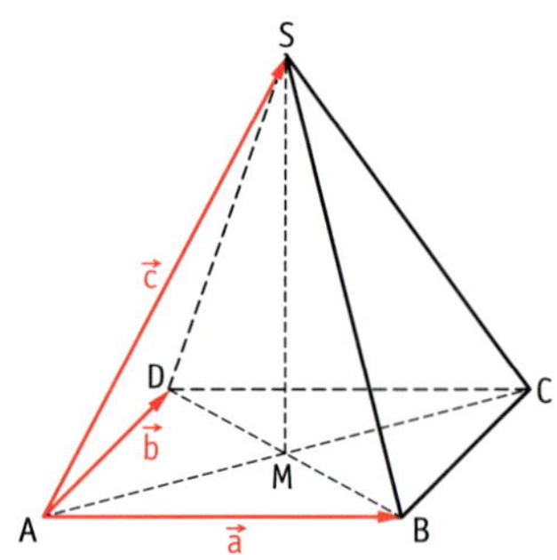

Mittelpunkt einer Strecke berechnen

10. Gegeben sind die Punkte A(3|−4|7) und B(−9|8|3).
Bestimmen Sie die Koordinaten des Mittelpunktes der Strecke $\overline{AB}$.
Zeigen Sie:

> Für den Mittelpunkt M einer Strecke $\overline{AB}$ gilt:
> $\overrightarrow{OM} = \frac{1}{2} \cdot \left(\overrightarrow{OA} + \overrightarrow{OB}\right)$

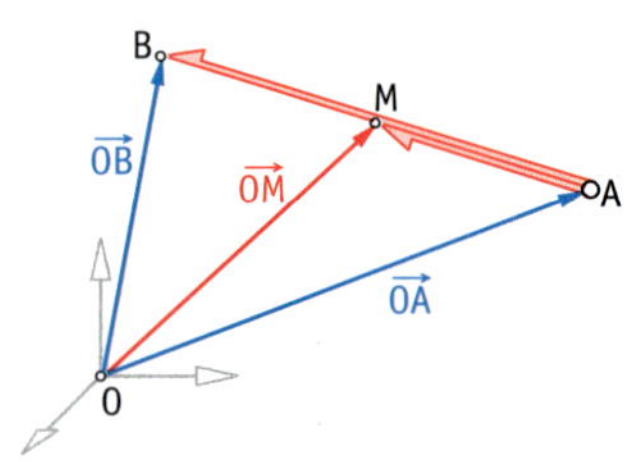

11. Gegeben ist ein Dreieck ABC mit den Eckpunkten A(2|1|4), B(−4|5|6) und C(6|−5|2). M_a, M_b und M_c sind die Seitenmitten des Dreiecks. Bestimmen Sie die Koordinaten der Vektoren $\overrightarrow{AB}$, $\overrightarrow{AC}$, $\overrightarrow{BC}$ und $\overrightarrow{M_aM_b}$, $\overrightarrow{M_aM_c}$, $\overrightarrow{M_bM_c}$. Welche Folgerungen können Sie für die Dreiecke ABC und $M_aM_bM_c$ ziehen?

Blickpunkt: Bewegungen auf dem Wasser

Geradlinige Bewegungen auf dem Wasser lassen sich mithilfe von Vektoren beschreiben. Legt man die Wasseroberfläche in die x_1x_2-Ebene des verwendeten Koordinatensystems, so ist die x_3-Koordinate aller Vektoren, mit denen Bewegungen auf dem Wasser beschrieben werden, gleich null.
Es genügt deshalb, zweidimensionale Vektoren zu betrachten.
Beispielsweise können wir statt $\begin{pmatrix} 3 \\ 4 \\ 0 \end{pmatrix}$ den Vektor $\begin{pmatrix} 3 \\ 4 \end{pmatrix}$ verwenden.

Bewegungen und Geschwindigkeiten

Wird eine Bewegung durch einen Vektor beschrieben, so kann man damit die Richtung der Bewegung in einem gegebenen zweidimensionalen Koordinatensystem erkennen. Ist zusätzlich eine Zeitangabe gegeben, kann man auch die Geschwindigkeit der Bewegung berechnen.

Beispiel

- Gibt der Vektor $\vec{v} = \begin{pmatrix} 3 \\ 4 \end{pmatrix}$ mit der Einheit Meter an, wie sich ein Gegenstand pro Sekunde bewegt, so ist $|\vec{v}| = \sqrt{9+16} = 5$ die Geschwindigkeit des Gegenstands (in Meter pro Sekunde).
- Fährt ein Schiff mit einer Geschwindigkeit von $4\,\frac{m}{s}$ auf einem Kurs Richtung NNW, so kann man die Bewegung des Schiffes und seine Geschwindigkeit durch einen Pfeil im Koordinatensystem folgendermaßen darstellen:
  (1) Der Pfeil zeigt in Richtung NNW.
  (2) Die Pfeillänge beträgt 4 Längeneinheiten.
  - Ein Kurs Richtung NNW bedeutet, dass der Richtungsvektor mit der (positiven) x_2-Achse einen Winkel von 22,5° (links von der x_2-Achse) bildet, d. h. ein Vektor mit dieser Richtung ist z. B.
  $\begin{pmatrix} -a \\ 1 \end{pmatrix} = \begin{pmatrix} -\tan 22{,}5° \\ 1 \end{pmatrix} \approx \begin{pmatrix} -0{,}414 \\ 1 \end{pmatrix}$.
  Dieser Vektor hat die Länge $\sqrt{(-0{,}414)^2 + 1} \approx 1{,}082$.
  - Der gesuchte Vektor der Länge 4 lautet also:
  $4 \cdot \frac{1}{1{,}082} \begin{pmatrix} -0{,}414 \\ 1 \end{pmatrix} \approx \begin{pmatrix} -1{,}53 \\ 3{,}7 \end{pmatrix}$

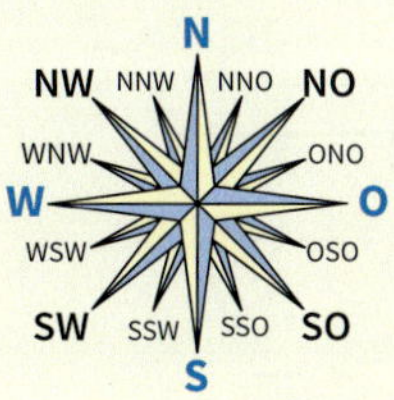

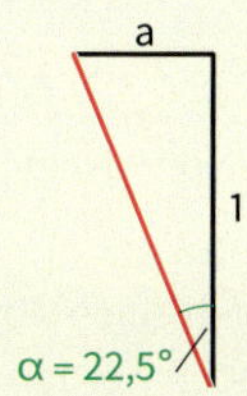

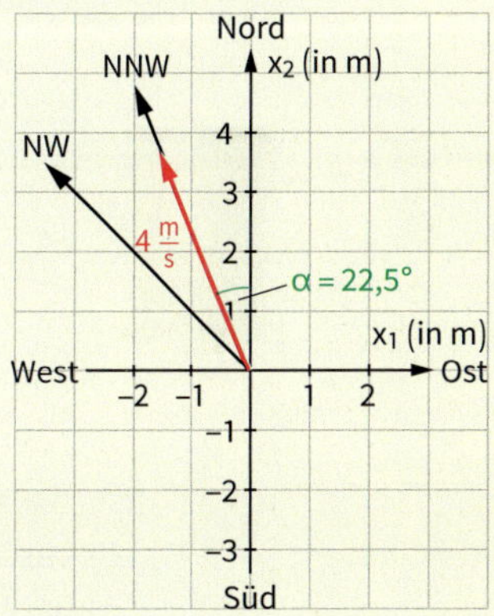

$\tan(22{,}5°) = \frac{a}{1}$

1. Ein Schiff bewegt sich eine Zeitlang geradlinig pro Sekunde um den Vektor $\vec{v} = \begin{pmatrix} 1{,}4 \\ -2{,}1 \end{pmatrix}$ (Einheit 1 m).
Berechnen Sie die Geschwindigkeit des Schiffes.
Geben Sie die Geschwindigkeit auch in $\frac{km}{h}$ und in Knoten $\left(1 \text{ Knoten} = 1\,\frac{sm}{h} \approx 1{,}8\,\frac{km}{h}\right)$ an.

$3\,\frac{m}{s} = 3 \cdot 3600\,\frac{m}{h} = 10\,800\,\frac{m}{h} = 10{,}8\,\frac{km}{h}$

2. Zwei Schiffe verlassen zur gleichen Zeit eine Hafenausfahrt. Schiff A steuert mit einer Geschwindigkeit von 6 Knoten Kurs Richtung SSO. Schiff B nimmt mit einer Geschwindigkeit von 10 Knoten einen Kurs in Richtung ONO.
Geben Sie die Geschwindigkeiten der beiden Schiffe in $\frac{m}{s}$ an.
Stellen Sie die Kurse unter Berücksichtigung der Geschwindigkeiten als Pfeile im Koordinatensystem dar. Beschreiben Sie die beiden Bewegungen durch Vektoren.
Wie groß ist der Winkel zwischen den beiden Kursen?

Überlagerung von Bewegungen

Aus dem Alltag kennen wir viele Beispiele, in denen sich zwei oder mehr Bewegungen überlagern: Im Flughafen bewegen wir uns auf einem Laufband, ein großer Öltanker wird von mehreren Schleppern in den Hafen gezogen, ein Ruderboot wird durch die Strömung des Wassers abgetrieben, …
Erfährt ein Körper mehrere Bewegungen gleichzeitig, so überlagern sich diese Teilbewegungen zu einer resultierenden Gesamtbewegung.

Beispiel
Ein Motorboot fährt auf einem Fluss.
Es erfährt eine Bewegung mit dem Geschwindigkeitsvektor $\vec{v_1}$, die vom Motor des Bootes verursacht wird.
Darüber hinaus wirkt die Strömung des Wassers mit dem Strömungsvektor $\vec{v_2}$ auf das Boot.
Diese beiden Teilbewegungen können die gleiche Richtung oder die entgegengesetzte Richtung haben, oder einen beliebigen Winkel miteinander bilden.

Das Boot fährt mit der Strömung.	Das Boot fährt gegen die Strömung.	Das Boot fährt in einem beliebigen Winkel zur Strömung.
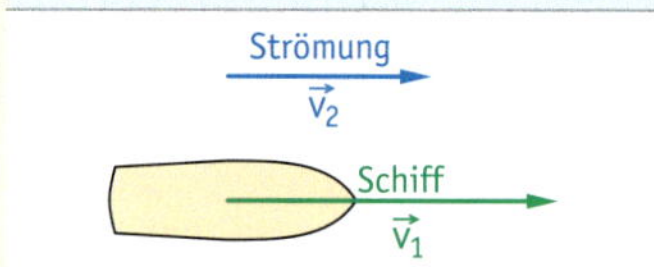	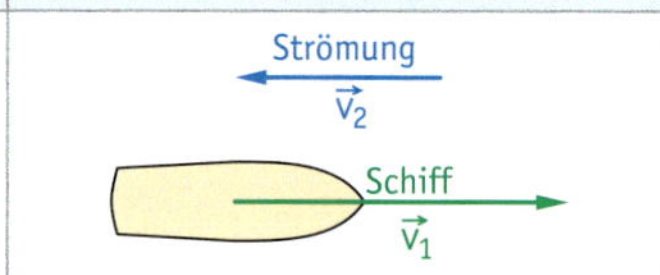	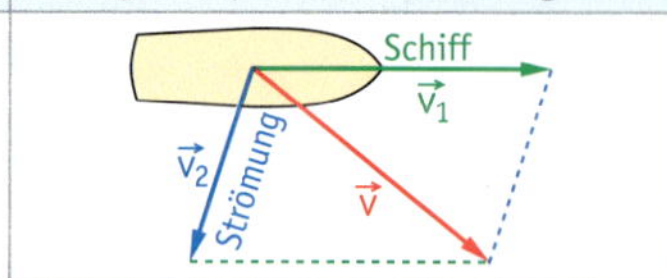
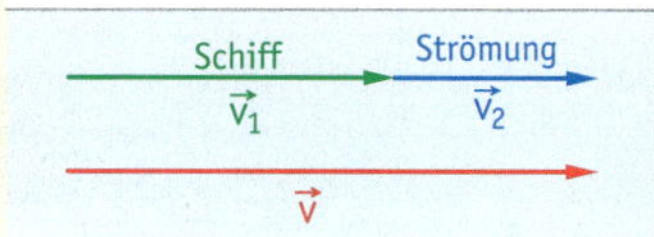	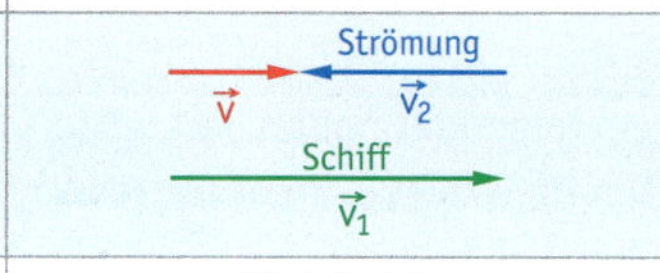	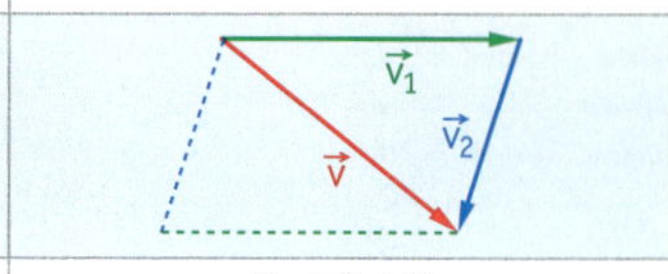
$\vec{v} = \vec{v_1} + \vec{v_2}$	$\vec{v} = \vec{v_1} + \vec{v_2}$	$\vec{v} = \vec{v_1} + \vec{v_2}$
$\lvert\vec{v}\rvert = \lvert\vec{v_1}\rvert + \lvert\vec{v_2}\rvert$	$\lvert\vec{v}\rvert = \lvert\vec{v_1}\rvert - \lvert\vec{v_2}\rvert$	$\lvert\vec{v}\rvert = \lvert\vec{v_1} + \vec{v_2}\rvert$

3. Der Antrieb eines Motorboots verursacht eine Bewegung, die pro Sekunde durch den Vektor $\vec{v_1} = \begin{pmatrix} 2 \\ 5 \end{pmatrix}$ beschrieben werden kann. Durch die Strömung des Wassers erfährt das Boot eine zweite Bewegung, die pro Sekunde durch den Vektor $\vec{v_1} = \begin{pmatrix} 1 \\ -2 \end{pmatrix}$ angegeben werden kann (alle Koordinaten in Meter). Fertigen Sie eine Zeichnung auf Karogitter an, die die Bewegung und die Strömung durch Vektoren darstellt. Bestimmen Sie den Vektor, der die Gesamtbewegung des Bootes pro Sekunde angibt und ergänzen Sie den Vektor in der Zeichnung. Wie groß ist die Geschwindigkeit dieser Bewegung?

Knoten:
1 Knoten = 1,852 $\frac{\text{km}}{\text{h}}$

4. Ein Tanker wird von zwei Schleppern in den Hafen gezogen. Beide Abschleppketten sind am Bug befestigt, die beiden Zugrichtungen schließen einen Winkel von 75° ein.
Ein Schlepper fährt mit der Geschwindigkeit 4 Knoten, der andere mit 3 Knoten.
Mit welcher Geschwindigkeit bewegt sich der Tanker?

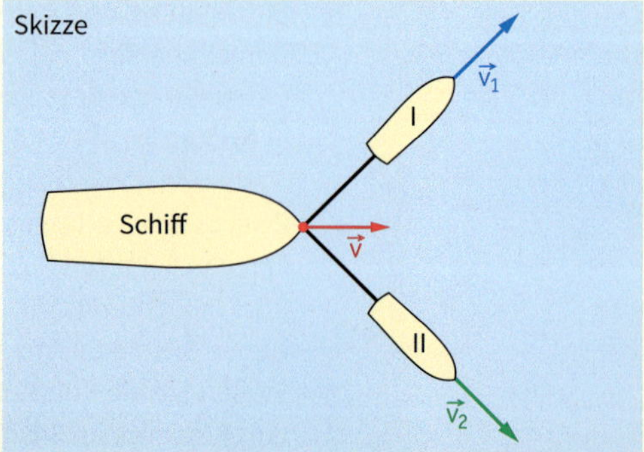

2.2 Winkel im Raum

2.2.1 Orthogonalität zweier Vektoren – Skalarprodukt

Einstiegsaufgabe ohne Lösung

→ Pythagoras von Samos – rechtwinklige Dreiecke

Der griechische Mathematiker Pythagoras wurde um 570 v. Chr. auf der Insel Samos geboren. Ihm zu Ehren steht auf der Hafenmole der nach ihm benannten Stadt Pythagorio auf Samos ein Denkmal. Das aus Stein gefertigte Dreieck hat bezüglich eines Koordinatensystems mit der Einheit m die Eckpunkte $A(2|2|1)$, $B(2|-1|9)$ und $C(2|-1|1)$.

- Weisen Sie nach, dass das Dreieck rechtwinklig ist.
- Es gibt Kriterien, mit denen man überprüfen kann, ob zwei Vektoren $a = \begin{pmatrix} a_1 \\ a_2 \\ a_3 \end{pmatrix}$ und $b = \begin{pmatrix} b_1 \\ b_2 \\ b_3 \end{pmatrix}$ orthogonal zueinander sind. Entwickeln Sie ein solches Kriterium.

Einstiegsaufgabe mit Lösung

→ Rechtwinklige Dachkonstruktionen

a) Das Dreieck ABC in dem Dach rechts ist durch die zwei Vektoren $\overrightarrow{CA} = \begin{pmatrix} -6 \\ 6 \\ 3 \end{pmatrix}$ und $\overrightarrow{CB} = \begin{pmatrix} -1 \\ -2 \\ 2 \end{pmatrix}$ festgelegt. Untersuchen Sie, ob das Dreieck im Punkt C einen rechten Winkel hat.

b) Leiten Sie ein Kriterium her, mit dem rechnerisch überprüft werden kann, ob zwei Vektoren $\vec{u} = \begin{pmatrix} u_1 \\ u_2 \\ u_3 \end{pmatrix}$ und $\vec{v} = \begin{pmatrix} v_1 \\ v_2 \\ v_3 \end{pmatrix}$ zueinander orthogonal sind.

Lösung

a) Um zu überprüfen, ob das Dreieck ABC rechtwinklig ist, verwenden wir die Umkehrung des Satzes des Pythagoras: Wenn in einem Dreieck ABC für die Seitenlängen $a^2 + b^2 = c^2$ gilt, dann ist das Dreieck rechtwinklig mit der Hypotenuse c, also einem rechten Winkel im Punkt C.

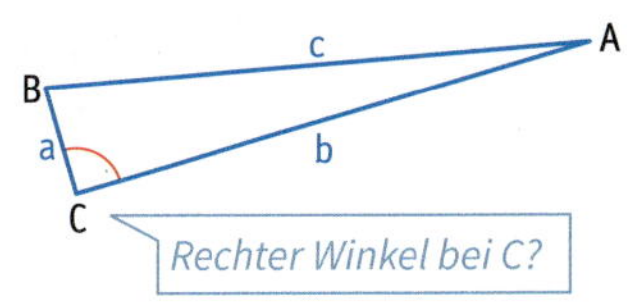

Wir berechnen zunächst die Längen a, b, c der Seiten des Dreiecks ABC.

$$a = |\overrightarrow{CB}| = \left|\begin{pmatrix} -1 \\ -2 \\ 2 \end{pmatrix}\right| = \sqrt{(-1)^2 + (-2)^2 + 2^2} = \sqrt{9} = 3$$

$$b = |\overrightarrow{CA}| = \left|\begin{pmatrix} -6 \\ 6 \\ 3 \end{pmatrix}\right| = \sqrt{(-6)^2 + 6^2 + 3^2} = \sqrt{81} = 9$$

$$c = |\overrightarrow{AB}| = |\overrightarrow{CB} - \overrightarrow{CA}| = \left|\begin{pmatrix} -1 \\ -2 \\ 2 \end{pmatrix} - \begin{pmatrix} -6 \\ 6 \\ 3 \end{pmatrix}\right| = \left|\begin{pmatrix} 5 \\ -8 \\ -1 \end{pmatrix}\right| = \sqrt{5^2 + (-8)^2 + (-1)^2} = \sqrt{90}$$

Für die Längen der Seitenvektoren gilt:
$a^2 + b^2 = 9^2 + 3^2 = 90 = c^2$.

Nach der Umkehrung des Satzes des Pythagoras ist das Dreieck rechtwinklig mit einem rechten Winkel im Punkt C.
Die Vektoren $\overrightarrow{CB}$ und $\overrightarrow{CA}$ sind zueinander orthogonal.

b) Wir machen uns die obigen Überlegungen zunutze. Dazu veranschaulichen wir die Vektoren $\vec{u} = \begin{pmatrix} u_1 \\ u_2 \\ u_3 \end{pmatrix}$ und $\vec{v} = \begin{pmatrix} v_1 \\ v_2 \\ v_3 \end{pmatrix}$ durch Pfeile, die vom Ursprung O aus bis zu den Punkten $U(u_1 \mid u_2 \mid u_3)$ bzw. $V(v_1 \mid v_2 \mid v_3)$ verlaufen, und erhalten ein Dreieck OVU.

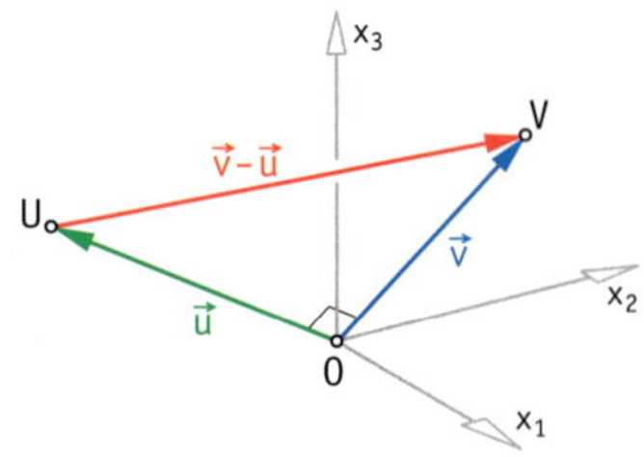

Wenn das Dreieck im Punkt O rechtwinklig ist, dann sind die Vektoren $\vec{u}$ und $\vec{v}$ orthogonal zueinander und nach dem Satz des Pythagoras gilt dann:

(1) $|\vec{v} - \vec{u}|^2 = |\vec{u}|^2 + |\vec{v}|^2$

Ist die Gleichung (1) erfüllt, dann sind die Vektoren $\vec{u}$ und $\vec{v}$ orthogonal zueinander. Somit haben wir ein Kriterium für die Orthogonalität zweier Vektoren gefunden. Es lohnt sich allerdings, die Gleichung (1) ein wenig zu vereinfachen, um ein einprägsameres Kriterium zu erhalten.
Nach der Formel für den Betrag (die Länge) eines Vektors ergibt sich:

$$|\vec{u}|^2 = u_1^2 + u_2^2 + u_3^2$$
$$|\vec{v}|^2 = v_1^2 + v_2^2 + v_3^2$$
$$|\overrightarrow{UV}|^2 = |\vec{v} - \vec{u}|^2 = (v_1 - u_1)^2 + (v_2 - u_2)^2 + (v_3 - u_3)^2$$

Setzen wir dies in (1) ein, so erhalten wir:

$$|\vec{v} - \vec{u}|^2 = |\vec{u}|^2 + |\vec{v}|^2$$
$$(v_1 - u_1)^2 + (v_2 - u_2)^2 + (v_3 - u_3)^2 = u_1^2 + u_2^2 + u_3^2 + v_1^2 + v_2^2 + v_3^2$$

Durch Termumformungen auf der linken Seite ergibt sich:

$$u_1^2 + u_2^2 + u_3^2 + v_1^2 + v_2^2 + v_3^2 - 2 \cdot (u_1 v_1 + u_2 v_2 + u_3 v_3) = u_1^2 + u_2^2 + u_3^2 + v_1^2 + v_2^2 + v_3^2$$

Äquivalenzumformungen führen zu der Gleichung:

(2) $u_1 v_1 + u_2 v_2 + u_3 v_3 = 0$

Statt zu prüfen, ob Gleichung (1) erfüllt ist, kann man also auch prüfen, ob Gleichung (2) erfüllt ist.

Zwei Vektoren $\vec{u}$ und $\vec{v}$ (mit $\vec{u} \neq \vec{o}$ und $\vec{v} \neq \vec{o}$) sind also genau dann zueinander orthogonal, wenn gilt:
$u_1 v_1 + u_2 v_2 + u_3 v_3 = 0$

INFORMATION

Skalarprodukt und Orthogonalität von Vektoren

Bei der Überprüfung, ob zwei Vektoren $\vec{u}$ und $\vec{v}$ orthogonal zueinander sind, berechnen wir aus ihren Koordinaten die Zahl $u_1 v_1 + u_2 v_2 + u_3 v_3$. Die Zahl $u_1 v_1 + u_2 v_2 + u_3 v_3$ hat für je zwei Vektoren $\vec{u} \neq \vec{o}$ und $\vec{v} \neq \vec{o}$ eine geometrische Bedeutung, deshalb führen wir für eine solche Zahl, die aus zwei Vektoren berechnet wird, einen eigenen Namen und die folgende Schreibweise ein.

Definition
Unter dem **Skalarprodukt** zweier Vektoren $\vec{u} = \begin{pmatrix} u_1 \\ u_2 \\ u_3 \end{pmatrix}$ und $\vec{v} = \begin{pmatrix} v_1 \\ v_2 \\ v_3 \end{pmatrix}$ versteht man die reelle Zahl $u_1 v_1 + u_2 v_2 + u_3 v_3$.
Das Skalarprodukt der Vektoren $\vec{u}$ und $\vec{v}$ wird mit $\vec{u} * \vec{v}$ bezeichnet:

$$\vec{u} * \vec{v} = \begin{pmatrix} u_1 \\ u_2 \\ u_3 \end{pmatrix} * \begin{pmatrix} v_1 \\ v_2 \\ v_3 \end{pmatrix} = u_1 v_1 + u_2 v_2 + u_3 v_3$$

Um das Skalarprodukt zweier Vektoren vom Produkt zweier reeller Zahlen zu unterscheiden, benutzen wir in diesem Buch das Zeichen $*$. In anderen Büchern findet man auch andere Schreibweisen wie z. B. $\vec{u} \bullet \vec{v}$ oder $\vec{u} \cdot \vec{v}$.

BEISPIEL

$$\begin{pmatrix} 3 \\ 4 \\ -1 \end{pmatrix} * \begin{pmatrix} 8 \\ 1 \\ 5 \end{pmatrix} = 3 \cdot 8 + 4 \cdot 1 + (-1) \cdot 5 = 23$$

Die Orthogonalitätsbedingung können wir nun kurz so formulieren:

Satz: Orthogonalitätskriterium für Vektoren
Zwei Vektoren $\vec{u}$ und $\vec{v}$ mit $\vec{u} \neq \vec{o}$ und $\vec{v} \neq \vec{o}$ sind genau dann zueinander orthogonal, wenn ihr Skalarprodukt den Wert null hat.
Für zwei Vektoren $\vec{u} \neq \vec{o}$ und $\vec{v} \neq \vec{o}$ gilt also: $\vec{u} \perp \vec{v}$ genau dann, wenn $\vec{u} * \vec{v} = 0$.

BEISPIELE

(1) $\vec{u} = \begin{pmatrix} 2 \\ -4 \\ 3 \end{pmatrix}$ und $\vec{v} = \begin{pmatrix} 8 \\ 1 \\ -4 \end{pmatrix}$

$\vec{u} * \vec{v} = \begin{pmatrix} 2 \\ -4 \\ 3 \end{pmatrix} * \begin{pmatrix} 8 \\ 1 \\ -4 \end{pmatrix} = 2 \cdot 8 + (-4) \cdot 1 + 3 \cdot (-4) = 0.$ Also $\vec{u} \perp \vec{v}$.

(2) $\vec{a} = \begin{pmatrix} 1 \\ -2 \\ 5 \end{pmatrix}$ und $\vec{b} = \begin{pmatrix} 4 \\ 3 \\ -5 \end{pmatrix}$

$\vec{a} * \vec{b} = \begin{pmatrix} 1 \\ -2 \\ 5 \end{pmatrix} * \begin{pmatrix} 4 \\ 3 \\ -5 \end{pmatrix} = 1 \cdot 4 + (-2) \cdot 3 + 5 \cdot (-5) = -27 \neq 0$

$\vec{a}$ und $\vec{b}$ sind also *nicht* orthogonal zueinander.

Skalarprodukt mithilfe eines Rechners bestimmen

Es ist auch möglich, das Skalarprodukt mithilfe eines Rechners zu bestimmen. Dazu benutzt man den Befehl *DotP*, der sich von der englischen Bezeichnung *Dot Product* für das Skalarprodukt ableitet.

```
DotP( [u], [v] )
                  -4
```

$\vec{u} = \begin{pmatrix} 1 \\ 4 \\ 0 \end{pmatrix}$, $\vec{v} = \begin{pmatrix} 0 \\ -1 \\ 3 \end{pmatrix}$

WEITERFÜHRENDE AUFGABEN

1. Skalarprodukt und Länge eines Vektors

Berechnen Sie das Skalarprodukt des Vektors $\vec{u} = \begin{pmatrix} u_1 \\ u_2 \\ u_3 \end{pmatrix}$ mit sich selbst und zeigen Sie:

Für die Länge (den Betrag) eines Vektors gilt: $|\vec{u}| = \sqrt{\vec{u} * \vec{u}}$.

Statt $\vec{u} * \vec{u}$ schreibt man auch kurz $\vec{u}^2$

2. Distributivgesetz des Skalarprodukts

Gegeben sind die Vektoren $\vec{u} = \begin{pmatrix} 2 \\ -4 \\ 3 \end{pmatrix}$, $\vec{v} = \begin{pmatrix} 8 \\ 1 \\ -4 \end{pmatrix}$ und $\vec{w} = \begin{pmatrix} -1 \\ 5 \\ 7 \end{pmatrix}$.

Berechnen Sie die Terme $\vec{u} * (\vec{v} + \vec{w})$ sowie $\vec{u} * \vec{v} + \vec{u} * \vec{w}$. Formulieren Sie aufgrund Ihres Ergebnisses eine Vermutung und beweisen Sie diese allgemein für $\vec{u} = \begin{pmatrix} u_1 \\ u_2 \\ u_3 \end{pmatrix}$, $\vec{v} = \begin{pmatrix} v_1 \\ v_2 \\ v_3 \end{pmatrix}$ und $\vec{w} = \begin{pmatrix} w_1 \\ w_2 \\ w_3 \end{pmatrix}$.

INFORMATION

Zur Bezeichnung Skalarprodukt

Wie Vektoren addiert bzw. subtrahiert werden, ist bereits bekannt. Der Namensteil *-produkt* legt nahe, dass nun über das Skalarprodukt *die* Multiplikation von Vektoren definiert sei, wie man sie von den reellen Zahlen her kennt. Das ist aber nicht der Fall, weil das Skalarprodukt sich in einer zentralen Eigenschaft vom Produkt zweier reeller Zahlen unterscheidet:

- Das Produkt zweier reeller Zahlen liefert wieder eine reelle Zahl. Das Skalarprodukt zweier Vektoren liefert hingegen nicht wieder einen Vektor, sondern eine reelle Zahl, also genau einen der Bausteine, aus denen die Vektoren zusammengesetzt sind. Diese Bausteine nennt man in der Mathematik *Skalare*, daher der Name *Skalar*produkt.

Der Name Skalar*produkt* rührt daher, dass für das Skalarprodukt und die Addition von Vektoren das Distributivgesetz gilt, wie bei der Multiplikation und Addition von reellen Zahlen.

Übungsaufgaben

Orthogonalitätsprüfungen

3. Prüfen Sie, ob die Vektoren $\vec{u}$ und $\vec{v}$ orthogonal zueinander sind.

a) $\vec{u} = \begin{pmatrix} -1 \\ 0 \\ 1 \end{pmatrix}$ und $\vec{v} = \begin{pmatrix} 0 \\ 5 \\ 0 \end{pmatrix}$ **c)** $\vec{u} = \begin{pmatrix} 1 \\ -2 \\ 3 \end{pmatrix}$ und $\vec{v} = \begin{pmatrix} 2 \\ 2 \\ 5 \end{pmatrix}$ **e)** $\vec{u} = \begin{pmatrix} 1 \\ -2 \\ 3 \end{pmatrix}$ und $\vec{v} = \begin{pmatrix} 5 \\ 4 \\ 1 \end{pmatrix}$

b) $\vec{u} = \begin{pmatrix} 2 \\ 1 \\ -3 \end{pmatrix}$ und $\vec{v} = \begin{pmatrix} 1 \\ 1 \\ 1 \end{pmatrix}$ **d)** $\vec{u} = \begin{pmatrix} 3 \\ 0 \\ -2 \end{pmatrix}$ und $\vec{v} = \begin{pmatrix} 2 \\ 11 \\ 3 \end{pmatrix}$ **f)** $\vec{u} = \begin{pmatrix} 0 \\ 0 \\ 0 \end{pmatrix}$ und $\vec{v} = \begin{pmatrix} 4 \\ -1 \\ 2 \end{pmatrix}$

4. Untersuchen Sie, ob die Diagonalen des Vierecks ABCD mit A(3|1|2), B(3|0|−3), C(7|3|−4) und D(6|3|0) zueinander orthogonal sind. Um was für ein Viereck handelt es sich hier?

5. Prüfen Sie, ob die Balken des Tragwerks (im Foto rechts) orthogonal zueinander sind.

6. Die Glaskuppel auf dem Dach eines mehrstöckigen Hauses besteht aus Glaselementen, die von Metallstreben zusammengehalten werden. Einige dieser Streben laufen von der Dachspitze strahlenförmig nach außen.
Den Bauplänen kann man die Koordinaten der Endpunkte zweier solcher Streben entnehmen:
A(0|0|15), B(4|−3|13,5) und C(4|3|13,5), gemessen in m.
Zeigen Sie, dass die beiden Dachstreben im Bild rechts keinen rechten Winkel einschließen.

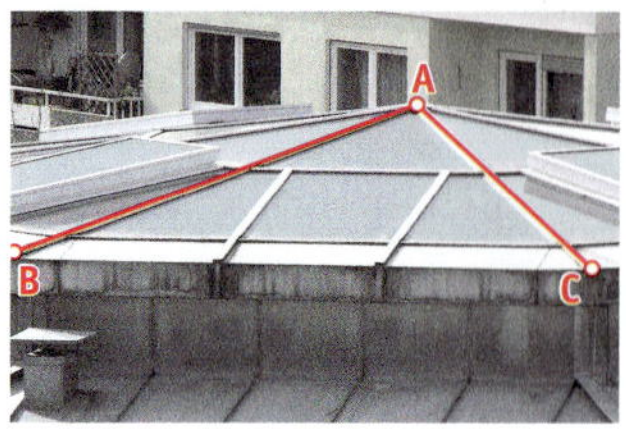

Orthogonale Vektoren finden

7. Geben Sie jeweils drei Werte für a und b an, sodass die Vektoren $\vec{u}$ und $\vec{v}$ orthogonal zueinander sind.

a) $\vec{u} = \begin{pmatrix} 2 \\ 4 \\ -1 \end{pmatrix}$, $\vec{v} = \begin{pmatrix} a \\ 2 \\ 3+b \end{pmatrix}$ **b)** $\vec{u} = \begin{pmatrix} a \\ 1 \\ 2 \end{pmatrix}$, $\vec{v} = \begin{pmatrix} 2 \\ b \\ -1 \end{pmatrix}$ **c)** $\vec{u} = \begin{pmatrix} a \\ b \\ 0 \end{pmatrix}$, $\vec{v} = \begin{pmatrix} 1 \\ 1 \\ 4 \end{pmatrix}$

8. Bestimmen Sie für den Dreieckspunkt C die dritte Koordinate so, dass das Dreieck ABC mit A(10|8|0), B(6|11|1) und C(2|8|c_3) rechtwinklig ist.

9. In einem Koordinatensystem sind die Punkte A(1|1|2), B(1|6|2) und C(4|6|6) gegeben.
Kann ein Punkt D so gewählt werden, dass das Viereck ABCD ein Quadrat ist?
Begründen Sie Ihre Entscheidung.

Einfache geometrische Figuren und Körper untersuchen

10. a) Zeigen Sie, dass das Dreieck mit den Eckpunkten A(13|−8|7), B(9|−4|9) und C(7|−8|13) ein gleichschenklig-rechtwinkliges Dreieck ist.

b) Berechnen Sie den Flächeninhalt des Dreiecks.

11. a) Untersuchen Sie, welche Besonderheiten die Dreiecke ABC aufweisen.

(1) $A(1|-3|1)$, $B(-1|-1|1)$ und $C(-1|-3|3)$

(2) $A(2|5|-3)$, $B(-2|2|0)$ und $C(3|1|3)$

(3) $A(3|1|-2)$, $B(3|-2|-5)$ und $C(3|1|-5)$

b) Geben Sie allgemeine Bedingungen für die Vektoren $\overrightarrow{AB}$, $\overrightarrow{BC}$ und $\overrightarrow{CA}$ an, damit ein Dreieck ABC (1) rechtwinklig, (2) gleichschenklig, (3) gleichseitig ist.

12. Auf einem Spielplatz stehen mehrere Stangengerüste als Klettertürme mit schrägen dreieckförmigen Dachflächen.
Die Eckpunkte einer der Dachflächen haben in einem lokalen Koordinatensystem die Koordinaten $A(2{,}45|1{,}3|2{,}25)$, $B(1{,}9|4{,}45|2{,}38)$ und $C(3{,}75|3{,}05|2{,}57)$.
Bei der Einweihung des Spielplatzes wurde von rechtwinkligen Dachflächen gesprochen.
Beurteilen Sie diese Aussage.

Einheiten in m

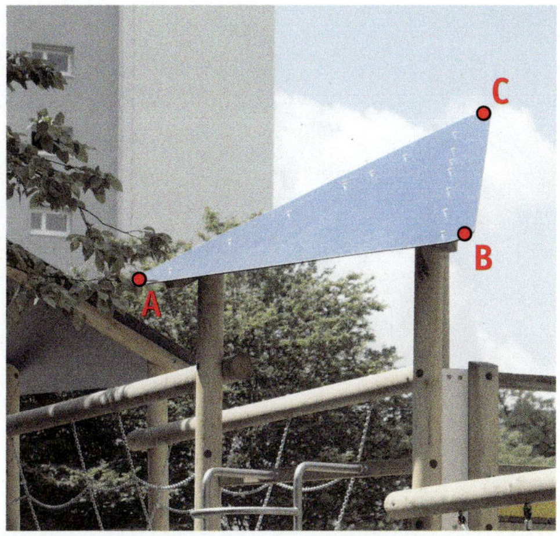

13. Das Viereck ABCD mit $A(11|-5|5)$, $B(7|-1|7)$, $C(5|-5|11)$ und $D(9|-9|9)$ ist die Grundfläche einer Pyramide, deren Spitze im Punkt $S(24|3|24)$ liegt.
Zeigen Sie, dass die Pyramide ABCDS eine quadratische senkrechte Pyramide ist.

Argumentieren mit dem Skalarprodukt

14. Begründen Sie die folgende Aussage: Sind die Vektoren $\vec{a}, \vec{b}$ orthogonal zueinander, dann sind es auch die Vektoren $r \cdot \vec{a}$ und $s \cdot \vec{b}$ mit $r \neq 0$ und $s \neq 0$.

15. Donia und Hakan wollen einen Vektor finden, der senkrecht zum Vektor $\vec{v} = \begin{pmatrix} 1 \\ 2 \\ 3 \end{pmatrix}$ steht.

Hakan: Ich habe den Vektor $\vec{w} = \begin{pmatrix} -4 \\ 2 \\ 0 \end{pmatrix}$ erhalten.

Donia: Ich komme auf den Vektor $\vec{u} = \begin{pmatrix} 3 \\ 0 \\ -1 \end{pmatrix}$.

a) Hat einer der beiden einen Fehler gemacht oder sind diese Vektoren tatsächlich orthogonal zu $\vec{v}$?

b) Wie viele zu $\vec{v}$ orthogonale Vektoren gibt es?

f **16.** Untersuchen Sie, was bei der Berechnung des Skalarprodukts falsch gemacht wurde.

a) $\begin{pmatrix} 2 \\ -1 \\ 3 \end{pmatrix} * \begin{pmatrix} 1 \\ 4 \\ 2 \end{pmatrix} = \begin{pmatrix} 2 \\ -4 \\ 6 \end{pmatrix}$ b) $\begin{pmatrix} 1 \\ 1 \\ 1 \end{pmatrix} * \begin{pmatrix} 1 \\ 1 \\ 1 \end{pmatrix} = 1$

17. Tim behauptet:

Der Vektor $(\vec{a} * \vec{b}) * \vec{c}$ ist ein Vielfaches des Vektors $\vec{c}$.

Jenny dagegen meint:

Der Term $(\vec{a} * \vec{b}) * \vec{c}$ ergibt keinen Sinn; man kann doch kein Skalarprodukt aus einer Zahl und einem Vektor bilden.

Nehmen Sie zu den beiden Meinungen Stellung.

2.2.2 Winkel zwischen Vektoren

Einstiegsaufgabe
ohne Lösung

→ Geometrische Deutung des Skalarprodukts

Zu zwei Vektoren $\vec{a}$ und $\vec{b}$ mit dem eingeschlossenen Winkel α kann man (wie rechts dargestellt) ein Rechteck festlegen.
Zeigen Sie, dass man den Flächeninhalt des Rechtecks wie angegeben berechnen kann.

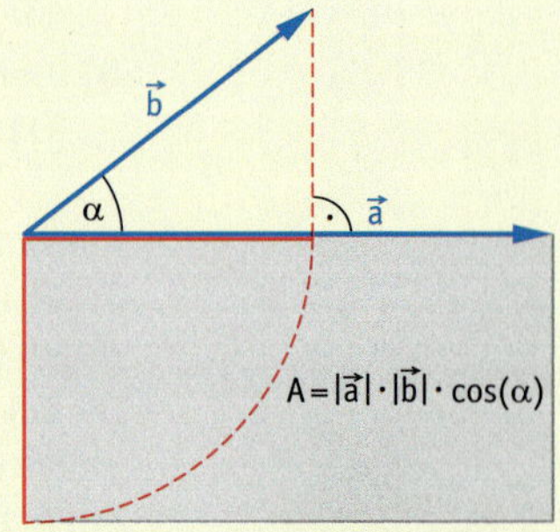

- Zeigen Sie, dass das Dreieck ABC mit A(5|3|2), B(1|7|2) und C(1|3|6) ein gleichseitiges Dreieck ist.
  Berechnen Sie den Flächeninhalt des Rechtecks, das so wie rechts durch die Vektoren $\overrightarrow{AB}$ und $\overrightarrow{AC}$ und den eingeschlossenen Winkel $\alpha = 60°$ festgelegt ist.
  Berechnen Sie auch $\overrightarrow{AB} * \overrightarrow{AC}$. Was stellen Sie fest?
- Verfahren Sie ebenso mit den Vektoren $\overrightarrow{CA}$ und $\overrightarrow{CB}$ und dem eingeschlossenen Winkel $\gamma = 60°$. Formulieren Sie eine Vermutung.
- Überprüfen Sie die Vermutung für weitere, selbst gewählte Vektoren, für die Sie die Größe des eingeschlossenen Winkels kennen.

Einstiegsaufgabe
mit Lösung

→ Skalarprodukt und Winkel zwischen zwei Vektoren

Zwei beliebige Vektoren $\vec{u} = \begin{pmatrix} u \\ 0 \end{pmatrix}$ und $\vec{v} = \begin{pmatrix} v_1 \\ v_2 \end{pmatrix}$ sind wie in der Zeichnung rechts vorgegeben.
Der Vektor $\vec{u}$ hat die Länge u, die Länge von $\vec{v}$ bezeichnen wir mit v.

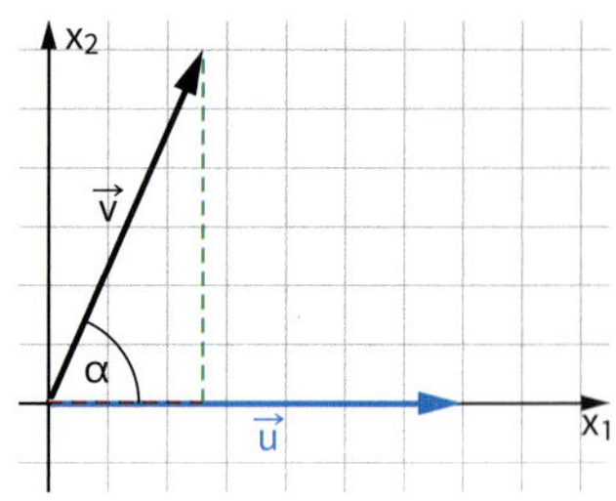

a) Begründen Sie: Der Vektor $\vec{v}$ hat die Koordinaten
$\vec{v} = \begin{pmatrix} v \cdot \cos(\alpha) \\ v \cdot \sin(\alpha) \end{pmatrix}$.

b) Untersuchen Sie dann, wie das Skalarprodukt von $\vec{u}$ und $\vec{v}$ mit dem von den beiden Vektoren eingeschlossenen Winkel α zusammenhängt. Formulieren Sie eine Vermutung, wie man den Winkel zwischen zwei Vektoren in der x_1x_2-Ebene ermitteln kann.

Lösung

a) Die Länge der roten Strecke gibt die erste Koordinate v_1 von $\vec{v}$ an, die Länge der grünen Strecke die zweite Koordinate v_2.
Die grüne und die rote Strecke und der Pfeil von $\vec{v}$ mit der Länge v bilden ein rechtwinkliges Dreieck.
Für den Winkel α gilt somit:

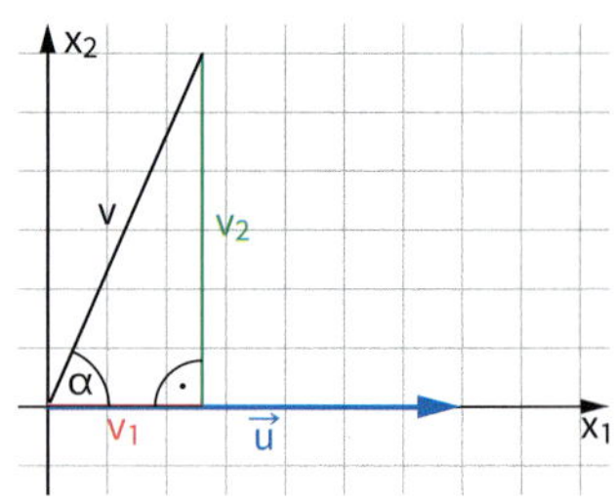

$\cos(\alpha) = \frac{v_1}{v}$ und $\sin(\alpha) = \frac{v_2}{v}$. Also gilt:

$v_1 = v \cdot \cos(\alpha)$ und $v_2 = v \cdot \sin(\alpha)$ und damit

$\vec{v} = \begin{pmatrix} v_1 \\ v_2 \end{pmatrix} = \begin{pmatrix} v \cdot \cos(\alpha) \\ v \cdot \sin(\alpha) \end{pmatrix}$.

Sinus $= \frac{\text{Gegenkathete}}{\text{Hypotenuse}}$
Kosinus $= \frac{\text{Ankathete}}{\text{Hypotenuse}}$

b) Für das Skalarprodukt der beiden Vektoren $\vec{u}$ und $\vec{v}$ gilt:

$\vec{u} * \vec{v} = \begin{pmatrix} u \\ 0 \end{pmatrix} * \begin{pmatrix} v \cdot \cos(\alpha) \\ v \cdot \sin(\alpha) \end{pmatrix} = u \cdot v \cdot \cos(\alpha)$, wobei u und v gerade die Längen von $\vec{u}$ und $\vec{v}$ sind.

Also ist das Skalarprodukt dieser beiden Vektoren gleich dem Produkt der Längen $|\vec{u}|$ und $|\vec{v}|$ der beiden Vektoren multpliziert mit dem Kosinus des eingeschlossenen Winkels:

$\vec{u} * \vec{v} = |\vec{u}| \cdot |\vec{v}| \cdot \cos(\alpha)$

Durch Umformen können wir damit den Winkel α gewinnen:

$\cos(\alpha) = \frac{\vec{u} * \vec{v}}{|\vec{u}| \cdot |\vec{v}|}$, also $\alpha = \cos^{-1}\left(\frac{\vec{u} * \vec{v}}{|\vec{u}| \cdot |\vec{v}|}\right)$

INFORMATION

Skalarprodukt beliebiger Vektoren $\vec{u}$ und $\vec{v}$ mit $\vec{u} \neq \vec{o}$ und $\vec{v} \neq \vec{o}$

Die Gleichung $\vec{u} * \vec{v} = |\vec{u}| \cdot |\vec{v}| \cdot \cos(\alpha)$ gilt nicht nur, wenn die beiden Vektoren $\vec{u}$ und $\vec{v}$ so in der x_1x_2-Ebene liegen wie in der Einstiegsaufgabe, sondern für alle Vektoren im Raum.
Diesen Sachverhalt kann man beweisen. Dazu betrachtet man zunächst das Skalarprodukt zueinander paralleler Vektoren.

(1) Skalarprodukt zweier paralleler Vektoren $\vec{u}$ und $\vec{v}$

Wenn zwei Vektoren $\vec{u}$ und $\vec{v}$ parallel zueinander sind, gibt es eine Zahl $k \in \mathbb{R}$, sodass gilt: $\vec{u} = k \cdot \vec{v}$
Für $|\vec{u}|$ gilt:

- Für $k > 0$: $|\vec{u}| = |k \cdot \vec{v}| = k \cdot |\vec{v}|$
- Für $k < 0$: $|\vec{u}| = |k \cdot \vec{v}| = -k \cdot |\vec{v}|$

Für das Skalarprodukt ergibt sich damit:

$$\vec{u} * \vec{v} = (k \cdot \vec{v}) * \vec{v} = k \cdot |\vec{v}|^2 = (k \cdot |\vec{v}|) \cdot |\vec{v}| = \begin{cases} |\vec{u}| \cdot |\vec{v}| & \text{für } k > 0 \\ -|\vec{u}| \cdot |\vec{v}| & \text{für } k < 0 \end{cases}$$

Bei zueinander parallelen Vektoren $\vec{u}$ und $\vec{v}$ gilt:

- Sind $\vec{u}$ und $\vec{v}$ gleichgerichtet, so ist $\vec{u} * \vec{v} = |\vec{u}| \cdot |\vec{v}|$.
- Sind $\vec{u}$ und $\vec{v}$ einander entgegengesetzt gerichtet, so ist $\vec{u} * \vec{v} = -|\vec{u}| \cdot |\vec{v}|$.

(2) Skalarprodukt zweier beliebiger Vektoren $\vec{u}$ und $\vec{v}$ mit $\vec{u} \neq \vec{o}$ und $\vec{v} \neq \vec{o}$

- Man kann im Fall $\alpha < 90°$ den Vektor $\vec{v}$ in einen Anteil $\vec{v}_\perp$ orthogonal zum Vektor $\vec{u}$ und einen Anteil $\vec{v}_\parallel$ parallel zu $\vec{u}$ zerlegen: $\vec{v} = \vec{v}_\perp + \vec{v}_\parallel$

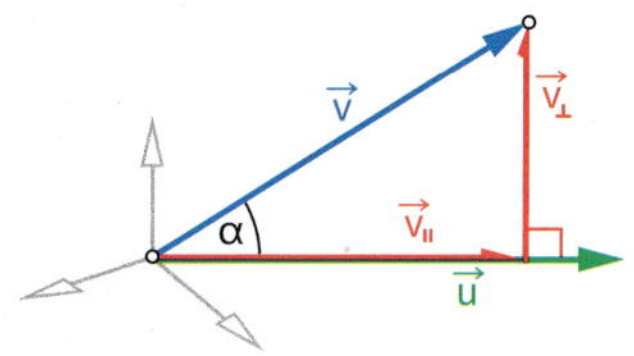

  Für das Skalarprodukt ergibt sich:

  $$\vec{u} * \vec{v} = \vec{u} * (\vec{v}_\perp + \vec{v}_\parallel)$$
  $$= \vec{u} * \vec{v}_\perp + \vec{u} * \vec{v}_\parallel = \vec{u} * \vec{v}_\parallel$$

  Denn es gilt $\vec{u} * \vec{v}_\perp = 0$, da $\vec{u}$ und $\vec{v}_\perp$ zueinander orthogonal sind.

  Weiter erhält man

  $$\vec{u} * \vec{v} = \vec{u} * \vec{v}_\parallel$$
  $$= |\vec{u}| \cdot |\vec{v}_\parallel|$$
  $$= |\vec{u}| \cdot |\vec{v}| \cdot \cos(\alpha).$$

  $\cos(\alpha) = \frac{|\vec{v}_\parallel|}{|\vec{v}|}$, also $|\vec{v}_\parallel| = |\vec{v}| \cdot \cos(\alpha)$

- Im Fall $90° < \alpha < 180°$ ist $\vec{v}_\parallel$ zu $\vec{u}$ entgegengesetzt gerichtet und man erhält: $\vec{u} * \vec{v} = \vec{u} * \vec{v}_\parallel = -|\vec{u}| \cdot |\vec{v}_\parallel|$

  $$= -|\vec{u}| \cdot (|\vec{v}| \cdot \cos(180° - \alpha))$$
  $$= |\vec{u}| \cdot |\vec{v}| \cdot \cos(\alpha)$$

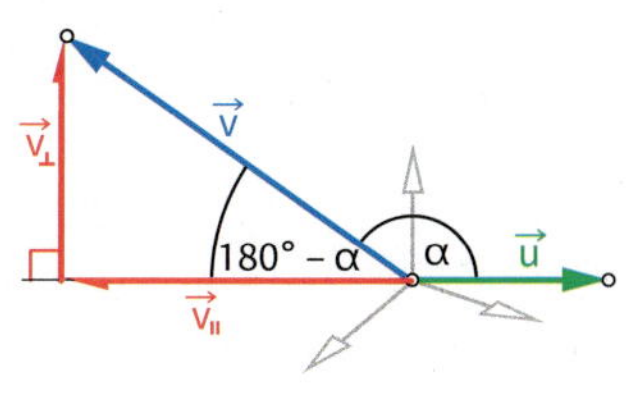

- Auch in den Fällen $\alpha = 0°$ und $\alpha = 180°$ gilt diese Formel:
  $\vec{u} * \vec{v} = |\vec{u}| \cdot |\vec{v}| \cdot \cos(0°) = |\vec{u}| \cdot |\vec{v}| \cdot 1 = |\vec{u}| \cdot |\vec{v}|$ und
  $\vec{u} * \vec{v} = |\vec{u}| \cdot |\vec{v}| \cdot \cos(180°) |\vec{u}| \cdot |\vec{v}| \cdot (-1) = -|\vec{u}| \cdot |\vec{v}|$
  Dies haben wir oben bei (1) bereits gezeigt, denn für $\alpha = 0°$ sind $\vec{u}$ und $\vec{v}$ zueinander parallel und gleichgerichtet und für $\alpha = 180°$ sind $\vec{u}$ und $\vec{v}$ parallel und entgegengesetzt gerichtet.

Satz
Für je zwei Vektoren $\vec{u} \neq \vec{o}$ und $\vec{v} \neq \vec{o}$ mit dem eingeschlossenen Winkel α gilt:
$\vec{u} * \vec{v} = |\vec{u}| \cdot |\vec{v}| \cdot \cos(\alpha)$

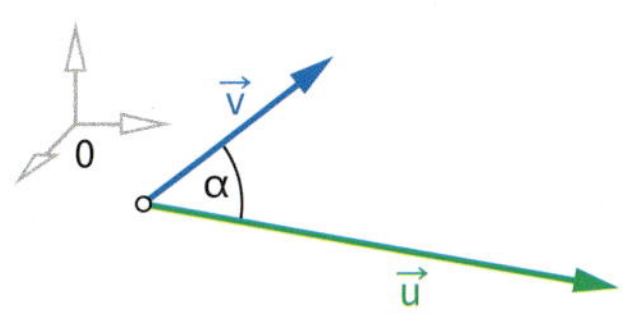

Winkel zwischen zwei Vektoren im Raum berechnen

Da man die Gleichung $\vec{u} * \vec{v} = |\vec{u}| \cdot |\vec{v}| \cdot \cos(\alpha)$ stets nach α umformen kann, erhält man damit auch eine Gleichung, mit der man den Winkel zwischen zwei beliebigen Vektoren berechnen kann.

Satz

Für den Winkel α zwischen zwei Vektoren $\vec{u}$ und $\vec{v}$ mit $\vec{u} \neq \vec{o}$ und $\vec{v} \neq \vec{o}$ gilt:

$$\cos(\alpha) = \frac{\vec{u} * \vec{v}}{|\vec{u}| \cdot |\vec{v}|} \quad \text{mit } 0° \leq \alpha \leq 180°$$

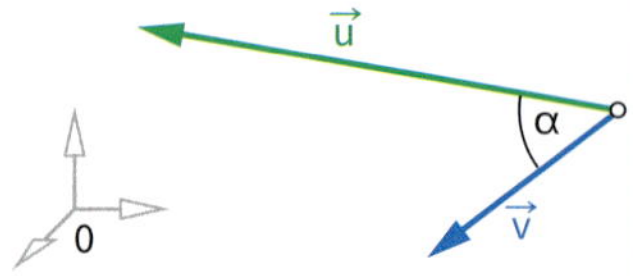

Beispiel

$\vec{u} = \begin{pmatrix} -2 \\ 2 \\ 1 \end{pmatrix}$; $\vec{v} = \begin{pmatrix} 4 \\ 0 \\ 3 \end{pmatrix}$. Es gilt: $|\vec{u}| = 3$; $|\vec{v}| = 5$; $\vec{u} * \vec{v} = -5$;

$\cos(\alpha) = \frac{\vec{u} * \vec{v}}{|\vec{u}| \cdot |\vec{v}|} = \frac{-5}{3 \cdot 5} = -\frac{1}{3}$; also

$\alpha = \cos^{-1}\left(-\frac{1}{3}\right) \approx 109{,}5°$.

Übungsaufgaben

Winkel zwischen zwei Vektoren

1. Berechnen Sie den Winkel, den die gegebenen Vektoren miteinander einschließen.

a) $\vec{u} = \begin{pmatrix} 2 \\ -1 \\ 2 \end{pmatrix}$; $\vec{v} = \begin{pmatrix} 4 \\ 0 \\ -3 \end{pmatrix}$ **b)** $\vec{u} = \begin{pmatrix} 1 \\ 1 \\ 1 \end{pmatrix}$; $\vec{v} = \begin{pmatrix} -5 \\ 3 \\ -1 \end{pmatrix}$ **c)** $\vec{u} = \begin{pmatrix} -3 \\ -2 \\ 5 \end{pmatrix}$; $\vec{v} = \begin{pmatrix} 7 \\ 1 \\ -4 \end{pmatrix}$

2. Bei der Planung eines Hauses wird der Lichteinfall im Dachgeschoss auch durch den Winkel am Giebel bestimmt.
In einem Koordinatensystem (Einheit 1 m) sind die Eckpunkte eines Giebels gegeben durch A(4|3|2), B(−5|3|2) und C(0|0|3).
Berechnen Sie den Winkel, den die Giebelkanten im Eckpunkt C miteinander einschließen.

3. Bestimmen Sie die Längen der Dreiecksseiten und die Innenwinkel des
a) Dreiecks in der Abbildung rechts;
b) Dreiecks ABC mit A(1|0|−4), B(2|−2|0) und C(4|4|5);
c) Dreiecks ABC mit A(−1|0|0), B(0|1|0) und C(−4|3|−2).

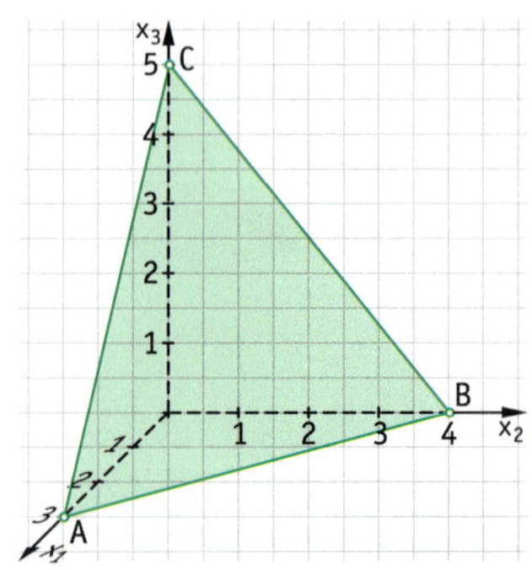

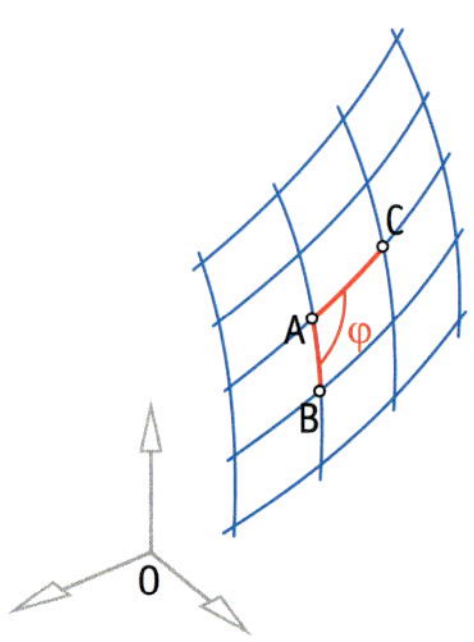

4. Mit A(50|−10|131), B(58|−18|127) und C(52|0|142) werden in einem Koordinatensystem die benachbarten Gitterpunkte im Netz eines Zeltdaches bezeichnet (Angaben in dm). Zur Herstellung der Seilverbindungen in den Gitterpunkten sowie der Abdeckplatten für die Maschen benötigt man den Winkel, den die Seilstücke miteinander einschließen. Die Verbindungslinien können dabei zur Vereinfachung als Strecken aufgefasst werden.
Bestimmen Sie den Winkel bei A.

5. Sven erklärt: „Wenn das Skalarprodukt zweier Vektoren einen negativen Wert ergibt, so ist der eingeschlossene Winkel ein stumpfer Winkel.
Ist der Wert dagegen positiv, so ist es ein spitzer Winkel."
Begründen Sie seine Aussage.

Untersuchungen an geometrischen Figuren

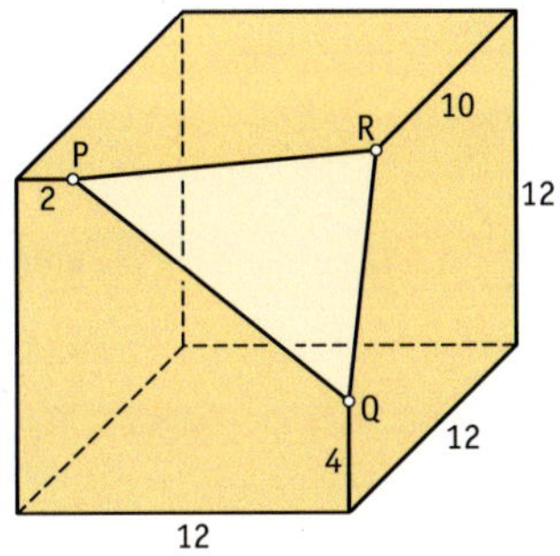

6. Bestimmen Sie die Innenwinkel des Dreiecks PQR in der Figur rechts.

7. Ein Viereck hat die Eckpunkte $A(-3\,|\,2\,|\,5)$, $B(4\,|\,-2\,|\,1)$, $C(5\,|\,6\,|\,8)$ und $D(-2\,|\,10\,|\,12)$.

a) Zeigen Sie, dass das Viereck ein Parallelogramm ist.

b) Berechnen Sie die Seitenlängen und die Größen der Innenwinkel.

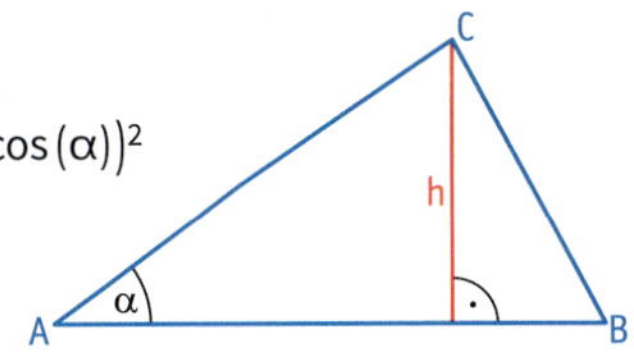

8. Zeigen Sie:
Für die Höhe h im abgebildeten Dreieck ABC gilt: $h^2 = |\overrightarrow{AC}|^2 - |\overrightarrow{AC}|^2 \cdot (\cos(\alpha))^2$

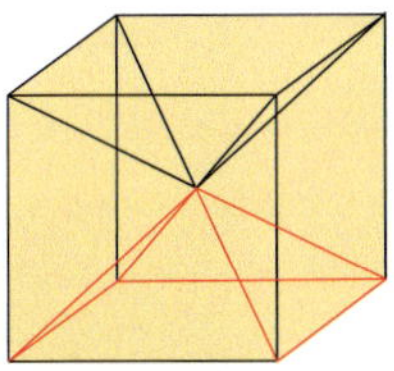

9. Die Grafik links zeigt einen Würfel mit einer Kantenlänge von 4 dm. Untersuchen Sie, unter welchem Winkel sich jeweils zwei Raumdiagonalen schneiden und ob die Schnittwinkel verschieden groß sind. Schätzen Sie zunächst.

10. a) Weisen Sie nach, dass durch die Vektoren

$$\vec{u} = \begin{pmatrix} 2 \\ -1 \\ 2 \end{pmatrix} \text{ und } \vec{v} = \begin{pmatrix} 1 \\ 2 \\ -2 \end{pmatrix}$$

und einen gemeinsamen Anfangspunkt $A(1\,|\,1\,|\,2)$ eine Raute bestimmt wird.

b) Ermitteln Sie die Eckpunkte der Raute sowie den Schnittpunkt und den Schnittwinkel der Diagonalen.

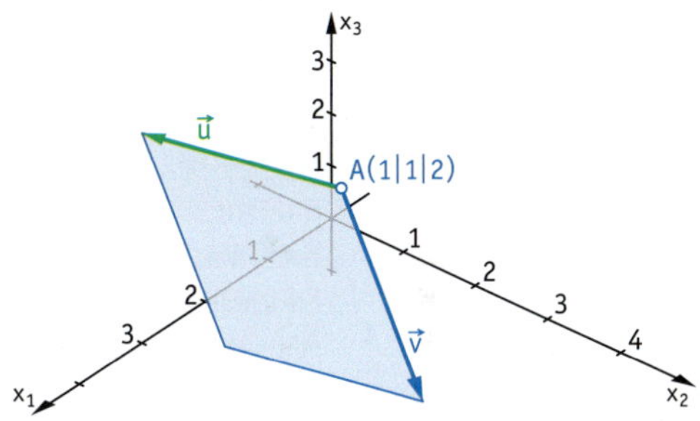

Winkel in Sachaufgaben

11. Eine Mutter zieht einen Schlitten mit ihren Kindern 300 m weit über eine schiefe ebene Schneefläche. (Die entstehenden Reibungskräfte können vernachlässigt werden.) Sie bringt dabei eine konstante Kraft von 120 N auf.
Bestimmen Sie, wie groß die Kraft ist, die in Wegrichtung wirksam wird und welche Arbeit verrichtet wird.

12. 1971 brachte Robert Moog den legendären Synthesizer Minimoog heraus, der die Musikwelt revolutionierte. Anfang der Siebziger Jahre waren Synthesizer noch sehr groß. Der Minimoog war dagegen besonders kompakt gebaut. Sein Kontrollfeld konnte aufgeklappt werden, um während des Spielens einen besseren Zugang zu den Knöpfen zu haben, mit denen man den Klang einstellt.

Bezüglich eines lokalen Koordinatensystems soll die Ebene, in der die Tastatur liegt, die x_1x_2-Ebene sein. Die obere linke Ecke des aufgeklappten Kontrollfeldes hat die Koordinaten $P(-6{,}1\,|\,0\,|\,16{,}7)$.
Bestimmen Sie den Winkel, in dem das Kontrollfeld aufgeklappt wurde.

2.3 Geraden im Raum

2.3.1 Parameterdarstellung einer Geraden

Einstiegsaufgabe
ohne Lösung

→ Kurs eines Tauchbootes mithilfe von Vektoren beschreiben

Bei einer Tauchfahrt startet ein Forschungstauchboot bezüglich eines Koordinatensystems mit der Einheit m im Punkt A(5234 | 805 | −34). Zur Vereinfachung gehen wir davon aus, dass es sich über eine längere Zeit nahezu konstant pro Minute um den Vektor $\vec{v} = \begin{pmatrix} 74 \\ 65 \\ -4 \end{pmatrix}$ vorwärts bewegt.

- Beschreiben Sie die Lage der Punkte, die das Tauchboot auf seiner Tauchfahrt nach einer Minute, nach 3 Minuten und nach 5 Minuten passiert. Bestimmen Sie die Koordinaten dieser Punkte.
- Erläutern Sie, wie man die Koordinaten eines beliebigen Punktes des Tauchbootkurses erhalten kann, vorausgesetzt, das Tauchboot ändert weder seinen Kurs noch seine Geschwindigkeit.
- Zeigen Sie, dass das Tauchboot auf seinem Kurs den Punkt B(6196 | 1650 | −86) erreicht. Wann ist dies der Fall?

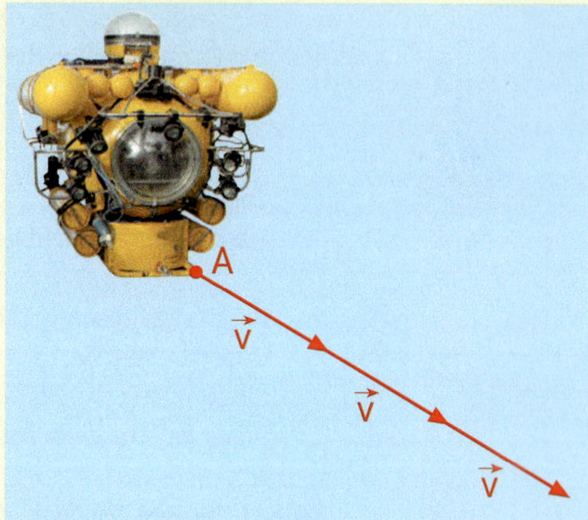

Einstiegsaufgabe
mit Lösung

→ Geraden im Raum durch Vektoren beschreiben

Ein Flugzeug wird bezüglich eines Koordinatensystems mit der Einheit 1 km von einer Radarstation im Punkt P(2 | 5 | 2) geortet. Eine Minute später befindet es sich im Punkt Q(12 | −7 | 3).
Wir setzen voraus, dass das Flugzeug seine Richtung und Geschwindigkeit nicht ändert.

a) Wo befindet es sich 3 Minuten nach Beobachtungsbeginn?

b) Untersuchen Sie, wo sich das Flugzeug eine halbe Minute vor Beobachtungsbeginn befand, wenn sich seine Richtung und Geschwindigkeit in dieser Zeit nicht geändert haben.

c) Später wird das Flugzeug noch in den Punkten A(82 | −91 | 10) und B(102 | −115 | 18) geortet. Hat das Flugzeug seine Richtung beibehalten?

Lösung

a) Die Flugrichtung kann durch den Vektor $\vec{u} = \overrightarrow{PQ}$ beschrieben werden. Aus den Koordinaten von P und Q erhalten wir $\vec{u} = \begin{pmatrix} 12-2 \\ -7-5 \\ 3-2 \end{pmatrix} = \begin{pmatrix} 10 \\ -12 \\ 1 \end{pmatrix}$.

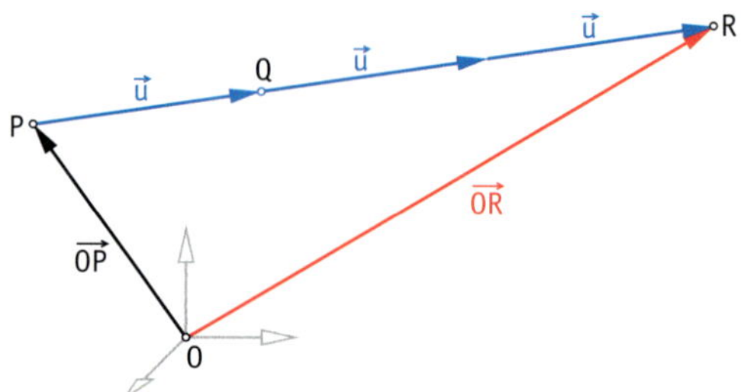

3 Minuten nach Beobachtungsbeginn hat das Flugzeug sich 3-mal so weit von P entfernt und befindet sich im Punkt R.
Den dabei zurückgelegten Weg können wir durch den Vektor $3 \cdot \begin{pmatrix} 10 \\ -12 \\ 1 \end{pmatrix}$ beschreiben.

Für den Punkt R gilt also:

$$\overrightarrow{OR} = \overrightarrow{OP} + 3 \cdot \vec{u} = \begin{pmatrix} 2 \\ 5 \\ 2 \end{pmatrix} + 3 \cdot \begin{pmatrix} 10 \\ -12 \\ 1 \end{pmatrix} = \begin{pmatrix} 2 \\ 5 \\ 2 \end{pmatrix} + \begin{pmatrix} 30 \\ -36 \\ 3 \end{pmatrix} = \begin{pmatrix} 32 \\ -31 \\ 5 \end{pmatrix}$$

Das Flugzeug befindet sich im Punkt R(32 | −31 | 5).

b) Der in einer halben Minute zurückgelegte Weg kann durch den Vektor $\frac{1}{2}\cdot\vec{u} = \frac{1}{2}\cdot\begin{pmatrix}10\\-12\\1\end{pmatrix}$ beschrieben werden, wenn Richtung und Geschwindigkeit in dieser Zeit nicht geändert wurden.
Um den Punkt S zu erreichen, in dem sich das Flugzeug eine halbe Minute vor Beobachtungsbeginn befand, müssen wir in die umgekehrte Richtung gehen. Es gilt also:

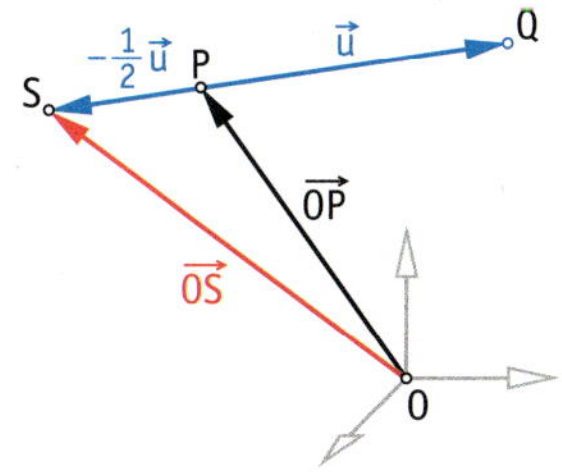

$$\overrightarrow{OS} = \overrightarrow{OP} - \frac{1}{2}\cdot\vec{u} = \begin{pmatrix}2\\5\\2\end{pmatrix} - \frac{1}{2}\cdot\begin{pmatrix}10\\-12\\1\end{pmatrix} = \begin{pmatrix}2\\5\\2\end{pmatrix} - \begin{pmatrix}5\\-6\\0{,}5\end{pmatrix} = \begin{pmatrix}-3\\11\\1{,}5\end{pmatrix}$$

Das Flugzeug befand sich $\frac{1}{2}$ Minute vor Beobachtungsbeginn im Punkt S(−3 | 11 | 1,5).

c) Wenn das Flugzeug seine Richtung $\vec{u}$ beibehält, kann die Flugbahn durch eine Gerade beschrieben werden, auf der die Punkte P, A und B liegen müssten.

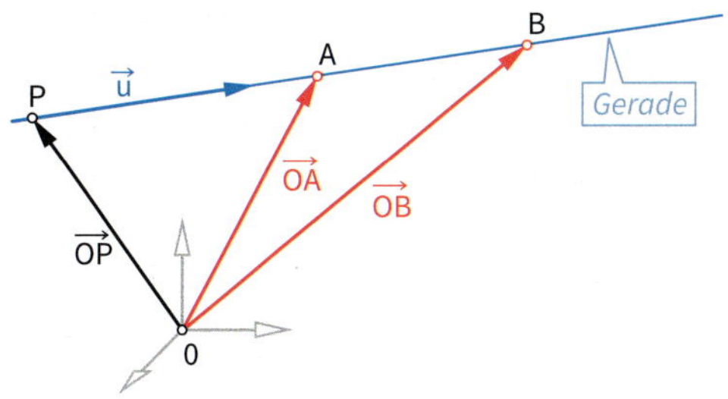

- Falls A auf dieser Geraden liegt, so müsste man A von P aus erreichen, indem man ein Vielfaches von $\vec{u}$ an $\overrightarrow{OP}$ anträgt, also:
  $\overrightarrow{OA} = \overrightarrow{OP} + k\cdot\vec{u}$

  Wir setzen ein: $\begin{pmatrix}82\\-91\\10\end{pmatrix} = \begin{pmatrix}2\\5\\2\end{pmatrix} + k\cdot\begin{pmatrix}10\\-12\\1\end{pmatrix} = \begin{pmatrix}2+10k\\5-12k\\2+k\end{pmatrix}$

  Das heißt, k müsste das folgende lineare Gleichungssystem erfüllen: $\left|\begin{matrix}82 = 2+10k\\-91 = 5-12k\\10 = 2+k\end{matrix}\right|$

  Durch Vereinfachen ergibt sich daraus: $\left|\begin{matrix}k=8\\k=8\\k=8\end{matrix}\right|$

  Für den Ortsvektor $\overrightarrow{OA}$ gilt also: $\overrightarrow{OA} = \overrightarrow{OP} + 8\cdot\vec{u}$
  Das Flugzeug erreicht also den Punkt A, ohne seine Richtung zu ändern.
- Falls B auf dieser Geraden liegt, so müsste man B von P aus erreichen, indem man ein Vielfaches von $\vec{u}$ an $\overrightarrow{OP}$ anträgt, also: $\overrightarrow{OB} = \overrightarrow{OP} + k\cdot\vec{u}$

  Wir setzen ein: $\begin{pmatrix}102\\-115\\18\end{pmatrix} = \begin{pmatrix}2\\5\\2\end{pmatrix} + k\cdot\begin{pmatrix}10\\-12\\1\end{pmatrix} = \begin{pmatrix}2+10k\\5-12k\\2+k\end{pmatrix}$

  Das heißt, k müsste das folgende lineare Gleichungssystem erfüllen: $\left|\begin{matrix}102 = 2+10k\\-115 = 5-12k\\18 = 2+k\end{matrix}\right|$

  Durch Vereinfachen ergibt sich daraus: $\left|\begin{matrix}k=10\\k=10\\k=16\end{matrix}\right|$

  Es gibt also kein k, sodass $\overrightarrow{OB} = \overrightarrow{OP} + k\cdot\vec{u}$ gilt. B liegt nicht auf der Geraden durch P und Q.
  Also hat das Flugzeug zwischen A und B seine Richtung geändert.

INFORMATION

Parameterdarstellung einer Geraden – Punktprobe

Satz: Parameterdarstellung einer Geraden
Durch einen Punkt A und einen Vektor $\vec{v} \neq \vec{o}$ ist eine Gerade g bestimmt. Die Gerade g kann wie folgt beschrieben werden:
g: $\overrightarrow{OX} = \overrightarrow{OA} + k\cdot\vec{v}$ mit $k \in \mathbb{R}$
Diese Vektorgleichung bezeichnet man als **Parameterdarstellung** der Geraden g mit dem **Parameter** k. Es gilt:

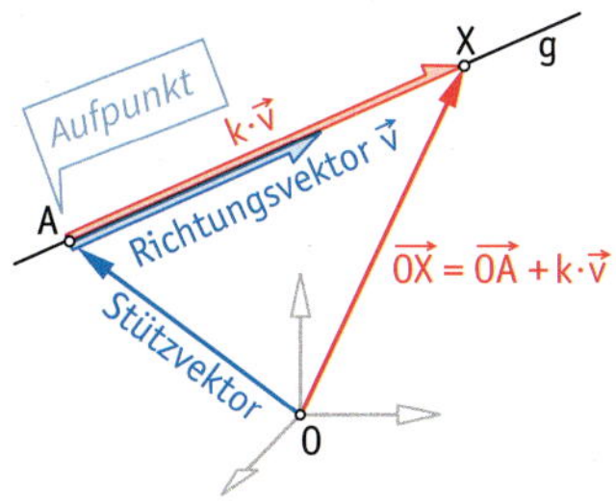

(1) Setzt man für k irgendeine Zahl in die Parameterdarstellung der Geraden g ein, so ergibt sich der Ortsvektor $\overrightarrow{OX}$ eines Punktes X der Geraden g.

Punktprobe

(2) Für jeden Punkt P der Geraden g gibt es eine Zahl $k \in \mathbb{R}$, sodass $\overrightarrow{OP} = \overrightarrow{OA} + k\cdot\vec{v}$.
Für Punkte außerhalb der Geraden g gibt es eine solche Zahl k nicht.

BEISPIEL

Punkte der Geraden besimmen

Die Gerade durch den Punkt A(−2|3|1) mit dem Richtungsvektor $\vec{v} = \begin{pmatrix} 2 \\ -5 \\ 7 \end{pmatrix}$ hat die Parameterdarstellung g: $\overrightarrow{OX} = \begin{pmatrix} -2 \\ 3 \\ 1 \end{pmatrix} + k \cdot \begin{pmatrix} 2 \\ -5 \\ 7 \end{pmatrix}$ mit $k \in \mathbb{R}$.

Wählt man zum Beispiel k = 3, so erhält man den Ortsvektor $\begin{pmatrix} -2 \\ 3 \\ 1 \end{pmatrix} + 3 \cdot \begin{pmatrix} 2 \\ -5 \\ 7 \end{pmatrix} = \begin{pmatrix} 4 \\ -12 \\ 22 \end{pmatrix}$ des Punktes P(4|−12|22) der Geraden g.

Punktprobe

Will man überprüfen, ob der Punkt Q(−12|23|−34) auf g liegt, muss man untersuchen, ob es einen Wert für k gibt, der die Gleichung $\begin{pmatrix} -2 \\ 3 \\ 1 \end{pmatrix} + k \cdot \begin{pmatrix} 2 \\ -5 \\ 7 \end{pmatrix} = \begin{pmatrix} -12 \\ 23 \\ -34 \end{pmatrix}$ erfüllt. Wir schreiben diese Vektorgleichung als Gleichungssystem $\left| \begin{matrix} -2 + 2k = -12 \\ 3 - 5k = 23 \\ 1 + 7k = -34 \end{matrix} \right|$ und formen dieses um zu $\left| \begin{matrix} k = -5 \\ k = -4 \\ k = -5 \end{matrix} \right|$.

Es gibt also keine Zahl k, die alle drei Gleichungen des Gleichungssystems erfüllt.
Der Punkt Q liegt somit nicht auf g.

WEITERFÜHRENDE AUFGABE

1. Geraden zeichnen – Spurpunkte einer Geraden

Hanna und Ben zeichnen die Gerade g mit $\overrightarrow{OX} = \begin{pmatrix} 2 \\ 2 \\ 1 \end{pmatrix} + k \cdot \begin{pmatrix} 1 \\ 2 \\ -1 \end{pmatrix}$ und $k \in \mathbb{R}$.

- Hanna sagt: Ich bestimme einfach die Koordinaten zweier Punkte, die auf g liegen und zeichne diese in das Koordinatensystem ein. Dazu setze ich zum Beispiel k = 0 ein und erhalte den Punkt A(2|2|1). Für k = 2 erhalte ich den Punkt B(4|6|−1).

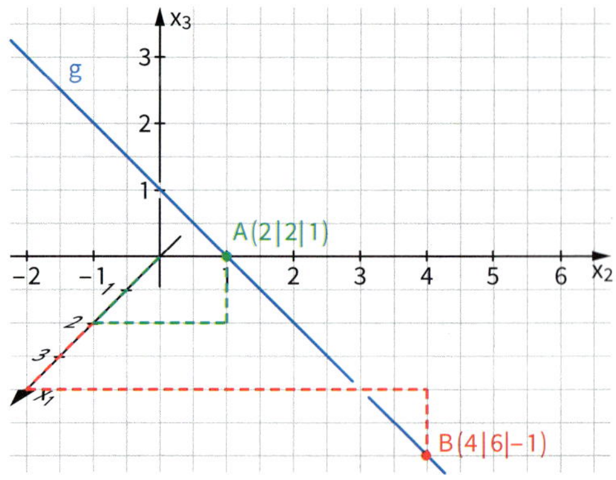

- Ben meint: Damit ich eine bessere Vorstellung von der Lage der Geraden bekomme, überlege ich mir, in welchen Punkten die Gerade g die Koordinatenebenen schneidet. Dazu bestimme ich den Parameter k so, dass immer jeweils eine Koordinate null wird.
  - Ein Punkt der Geraden liegt in der x_1x_2-Ebene, wenn $x_3 = 0$ gilt, hier also für $1 + k \cdot (-1) = 0$, also $k = 1$. Für $k = 1$ erhalte ich dann den Punkt $S_{12}(3\,|\,4\,|\,0)$, der in der x_1x_2-Ebene liegt.
  - Ebenso erhalte ich für $k = -1$ den Punkt $S_{13}(1\,|\,0\,|\,2)$, der in der x_1x_3-Ebene liegt.
  - Und mit $k = -2$ ergibt sich noch der Punkt $S_{23}(0\,|\,-2\,|\,3)$ in der x_2x_3-Ebene.

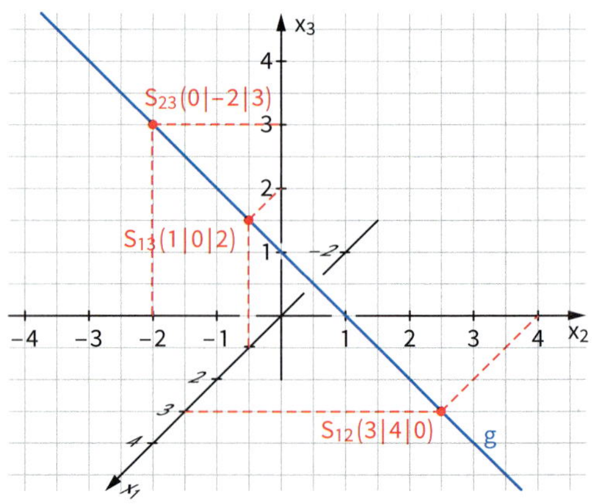

a) Beschreiben Sie die Lage der Geraden g im Koordinatensystem.

b) Zeichnen Sie die Gerade h mit $\overrightarrow{OX} = \begin{pmatrix} -4 \\ 1 \\ 3 \end{pmatrix} + k \cdot \begin{pmatrix} 2 \\ -1 \\ 3 \end{pmatrix}$ und $k \in \mathbb{R}$ nach dem Verfahren von Hanna und nach dem Verfahren von Ben und beschreiben Sie die Lage von h im Koordinatensystem.

INFORMATION

Spurpunkte einer Geraden bestimmen

Die Schnittpunkte einer Geraden mit den Koordinatenebenen bezeichnet man als Spurpunkte der Geraden. Mithilfe der **Spurpunkte** erhält man eine gute Vorstellung von der Lage der Geraden im Koordinatensystem. Die Spurpunkte einer Geraden werden üblicherweise wie folgt bezeichnet:

- S_{12} ist der Schnittpunkt der Geraden mit der x_1x_2-Ebene.
- S_{13} ist der Schnittpunkt der Geraden mit der x_1x_3-Ebene.
- S_{23} ist der Schnittpunkt der Geraden mit der x_2x_3-Ebene.

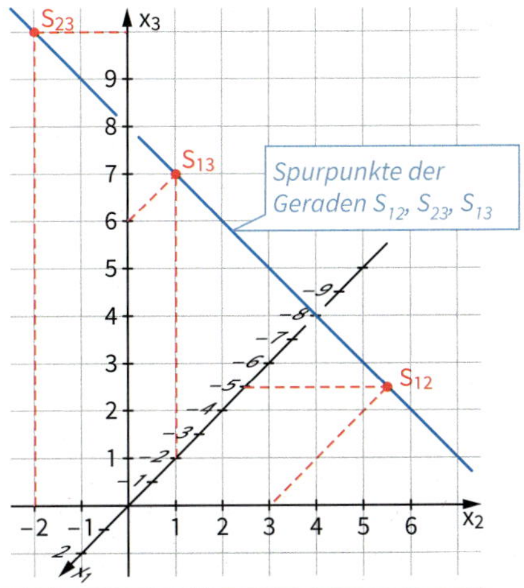

BEISPIEL

$g\colon \vec{x} = \begin{pmatrix} -3 \\ 1 \\ 4 \end{pmatrix} + k \cdot \begin{pmatrix} 1 \\ -1 \\ 2 \end{pmatrix}$ und $k \in \mathbb{R}$

Statt $\overrightarrow{OX}$ schreibt man auch $\vec{x}$.

- Wenn die x_3-Koordinate null ist, muss $4 + 2k = 0$ erfüllt sein. Daraus ergibt sich $k = -2$. Setzt man $k = -2$ ein, so erhält man den Spurpunkt $S_{12}(-5\,|\,3\,|\,0)$.
- Wenn die x_2-Koordinate null ist, muss $1 - k = 0$ erfüllt sein. Daraus ergibt sich $k = 1$. Setzt man $k = 1$ ein, so erhält man den Spurpunkt $S_{13}(-2\,|\,0\,|\,6)$.
- Wenn die x_1-Koordinate null ist, muss $-3 + k = 0$ erfüllt sein. Daraus ergibt sich $k = 3$. Setzt man $k = 3$ ein, so erhält man den Spurpunkt $S_{23}(0\,|\,-2\,|\,10)$.

ÜBUNGSAUFGABEN

Parameterdarstellungen einer Geraden bestimmen

Eine Gerade hat *verschiedene* Parameterdarstellungen. Der **Ortsvektor** jedes Geradenpunktes kann als Stützvektor für die Parameterdarstellung verwendet werden. Als **Richtungsvektor** kann jedes Vielfache eines Richtungsvektors der Geraden verwendet werden.

2. **a)** Gegeben sind die Punkte A und B. Bestimmen Sie eine Parameterdarstellung für die Gerade durch A und B.
(1) $A(-3\,|\,6\,|\,12)$, $B(5\,|\,0\,|\,1)$
(2) $A(-5\,|\,7\,|\,4)$, $B(1\,|\,-4\,|\,6)$
(3) $A(9\,|\,0\,|\,-5)$, $B(0\,|\,0\,|\,0)$
(4) $A(0\,|\,0\,|\,0)$, $B(7\,|\,7\,|\,8)$

b) Zeigen Sie, dass durch die Parameterdarstellung $\overrightarrow{OX} = \begin{pmatrix} 1 \\ 10 \\ -5 \end{pmatrix} + k \cdot \begin{pmatrix} -8 \\ -6 \\ 8 \end{pmatrix}$ mit $k \in \mathbb{R}$ dieselbe Gerade durch A und B wie im Beispiel oben rechts beschrieben wird.
Geben Sie auch für die Geraden durch A und B aus Teilaufgabe a) jeweils eine zweite Parameterdarstellung an.

c) Geben Sie noch jeweils eine dritte Parameterdarstellung für die Geraden durch A und B an.

BEISPIEL

$A(-7\,|\,4\,|\,3)$, $B(1\,|\,10\,|\,-5)$

- $\overrightarrow{OA}$ als Stützvektor wählen: $\overrightarrow{OA} = \begin{pmatrix} -7 \\ 4 \\ 3 \end{pmatrix}$
- $\overrightarrow{AB}$ als Richtungsvektor wählen:
$\overrightarrow{AB} = \begin{pmatrix} 1-(-7) \\ 10-\;\,4 \\ -5-\;\,3 \end{pmatrix} = \begin{pmatrix} 8 \\ 6 \\ -8 \end{pmatrix}$

Parameterdarstellung der Geraden durch A und B: $\overrightarrow{OX} = \begin{pmatrix} -7 \\ 4 \\ 3 \end{pmatrix} + k \cdot \begin{pmatrix} 8 \\ 6 \\ -8 \end{pmatrix}$

Eine Gerade durch den Koordinatenursprung heißt **Ursprungsgerade**.

3. **a)** Eine Gerade g geht durch den Koordinatenursprung O und den Punkt $A(3\,|\,-2\,|\,4)$.
Geben Sie drei verschiedene Parameterdarstellungen dieser Geraden an.

b) Erläutern Sie, wie man an der Parameterdarstellung einer Geraden feststellen kann, ob es sich um eine Ursprungsgerade handelt.

4. Eine Gerade g ist gegeben durch $g\colon \vec{x} = \begin{pmatrix} -5 \\ 3 \\ 1 \end{pmatrix} + k \cdot \begin{pmatrix} 2 \\ 1 \\ -4 \end{pmatrix}$.

a) Geben Sie eine zweite Parameterdarstellung von g an.

b) Zeigen Sie, dass $\vec{x} = \begin{pmatrix} 29 \\ 20 \\ -67 \end{pmatrix} + r \cdot \begin{pmatrix} -10 \\ -5 \\ 20 \end{pmatrix}$ ebenfalls eine Parameterdarstellung von g ist.

f **5.** Gegeben ist eine Gerade $g\colon \vec{x} = \begin{pmatrix} 6 \\ 3 \\ -12 \end{pmatrix} + k \cdot \begin{pmatrix} -4 \\ -2 \\ -6 \end{pmatrix}$.

Jannik erklärt: „Bei einer Parameterdarstellung einer Geraden kommt es nur auf die Richtung, nicht aber auf die Länge der Vektoren an. Die Parameterdarstellung von g kann man also z. B. auch so schreiben: $g\colon\ \vec{x} = \begin{pmatrix} 2 \\ 1 \\ -4 \end{pmatrix} + r \cdot \begin{pmatrix} 2 \\ 1 \\ 3 \end{pmatrix}$."

Nehmen Sie zu Janniks Behauptung Stellung.

6. Die Punkte P, Q und R sind Mittelpunkte von Seitenkanten. Bestimmen Sie für die eingezeichneten Geraden jeweils eine Parameterdarstellung. Legen Sie dazu ein geeignetes Koordinatensystem fest.

a)

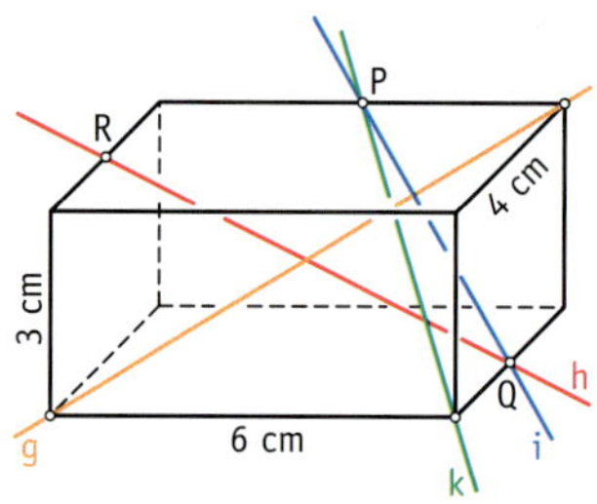

b)

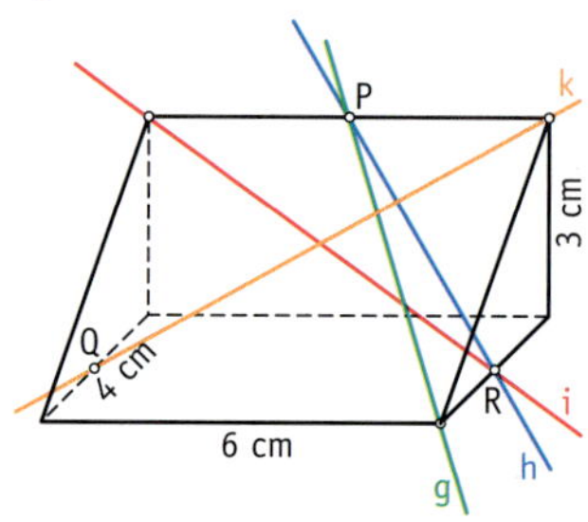

c)

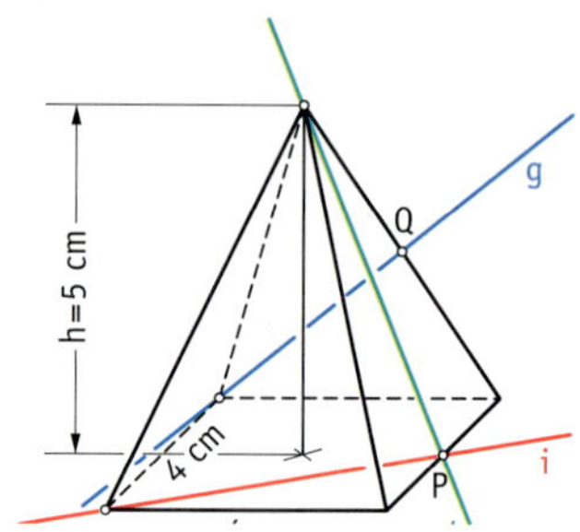

Beschreibung von Strecken – Punktprobe

7. Das Foto zeigt eine Tunnelbohrmaschine. Vom Tunnelanfang A(250 | 780 | 1 030) aus wird bei einem Tunnelbau der Bohrkopf täglich um den Vektor $\vec{v} = \begin{pmatrix} 4 \\ 4 \\ -2 \end{pmatrix}$ vorangetrieben (Einheit m).

a) Wie viel Meter schafft die Bohrmaschine pro Tag?

b) Nach 10 Tagen ist die Bohrung beendet. Geben Sie die Koordinaten des Tunnelendes an.

c) Erläutern Sie, warum die Parameterdarstellung mit $\overrightarrow{OX} = \begin{pmatrix} 250 \\ 780 \\ 1030 \end{pmatrix} + k \cdot \begin{pmatrix} 4 \\ 4 \\ -2 \end{pmatrix}$ mit $k \in \mathbb{R}$ und $0 \le k \le 10$ die Strecke beschreibt, die der Bohrkopf zurückgelegt hat. Geben Sie auch drei Punkte an, die auf dieser Strecke liegen.

Vergleichen Sie dazu das Beispiel zur Punktprobe in der Information auf Seite 54.

d) Prüfen Sie, ob die folgenden Punkte auf der Tunnelstrecke liegen:
E(270 | 800 | 1 020), F(300 | 820 | 1 010), G(310 | 840 | 1 000)

8. Die Gerade g geht durch die Punkte A und B. Geben Sie jeweils zwei verschiedene Parameterdarstellungen für g an. Prüfen Sie, ob der Punkt P auf g liegt. Liegt P zwischen A und B?

a) A(−2 | 5 | 3), B(2 | −3 | 1), P(−14 | 29 | 9) **b)** A(5 | −3 | −1), B(2 | −1 | 2), P(−1 | 1 | 6)

9. Erläutern Sie, welche Punkte durch die folgende Parameterdarstellung beschrieben werden.

a) $\vec{x} = \begin{pmatrix} -2 \\ 0 \\ 3 \end{pmatrix} + k \cdot \begin{pmatrix} 1 \\ 3 \\ 0 \end{pmatrix}$ mit $k \in \mathbb{R}$ und $-2 \le k \le 3$ **b)** $\vec{x} = \begin{pmatrix} 0 \\ 2 \\ -5 \end{pmatrix} + r \cdot \begin{pmatrix} 4 \\ -2 \\ 1 \end{pmatrix}$ mit $r \in \mathbb{R}$ und $1 < r < 5$

10. Prüfen Sie, ob die Punkte A, B und C auf der Geraden g liegen.

a) $g\colon \vec{x} = \begin{pmatrix} 0 \\ 3 \\ 1 \end{pmatrix} + k \cdot \begin{pmatrix} 2 \\ 1 \\ -2 \end{pmatrix}$
A(−4 | 1 | 5), B(2 | 4 | 2), C(10 | 8 | −9)

b) $g\colon \vec{x} = \begin{pmatrix} 1 \\ -2 \\ 5 \end{pmatrix} + t \cdot \begin{pmatrix} -1 \\ 1 \\ -1 \end{pmatrix}$
A(4 | −5 | 8), B(2 | −1 | 4), C(−4 | 1 | 2)

11. Zeigen Sie, dass die Punkte P, Q und R auf einer Geraden liegen. Welcher der drei Punkte liegt zwischen den beiden anderen? Begründen Sie.

a) P(−4|2|−2), Q(−6|−2|2), R(−1|8|−8)

b) P(−15|12|−20), Q(9|−20|−4), R(0|−8|−10)

Beispiel

P(5|−7|3), Q(11|0|−4), R(−1|−14|10)

1. Gerade g durch P und Q bestimmen

$$g: \vec{x} = \begin{pmatrix} 5 \\ -7 \\ 3 \end{pmatrix} + t \cdot \begin{pmatrix} 11-5 \\ 0-(-7) \\ -4-3 \end{pmatrix} = \begin{pmatrix} 5 \\ -7 \\ 3 \end{pmatrix} + t \cdot \begin{pmatrix} 6 \\ 7 \\ -7 \end{pmatrix}$$

P ist der Aufpunkt und $\overrightarrow{PQ}$ der Richtungsvektor.

2. Prüfen, ob R auf g liegt

$$\left| \begin{aligned} 5+6t &= -1 \\ -7+7t &= -14 \\ 3-7t &= 10 \end{aligned} \right|$$

Das lineare Gleichungssystem hat die Lösung $t = -1$. Somit liegt R auf g.

3. P ist der Aufpunkt in der Parameterdarstellung von g. Für $t = -1$ erhalten wir die Koordinaten von R und für $t = 1$ die Koordinaten von Q. Also liegt P zwischen Q und R.

12. Gegeben sind die Punkte A(11|1|6) und B(5|−1|2).

a) Bestimmen Sie eine Gleichung der Geraden g, die durch die Punkte A und B verläuft. Geben Sie die Koordinaten zweier Punkte auf der Geraden g an, die zwischen A und B liegen.

b) Untersuchen Sie, ob es einen Punkt mit drei gleichen Koordinaten auf der Geraden g gibt.

Alle Einheiten in m.

13. Ein Tauchboot befindet sich im Punkt A(−6 713|4 378|−236) und fährt auf einem Kurs in Richtung des Vektors $\vec{u} = \begin{pmatrix} 63 \\ -71 \\ -8 \end{pmatrix}$.

Es sucht nach einem Wrack, das in etwa 500 m Tiefe vermutet wird.

a) In welchem Punkt P erreicht das Tauchboot diese Tiefe, wenn es seinen Kurs beibehält?

b) Der Suchscheinwerfer des Tauchboots kann Objekte in circa 100 m Entfernung gerade noch sichtbar machen. Kann die Crew des Tauchboots im Punkt P das Wrack sehen, das sich im Punkt W(−4 565|2 115|−508) befindet? Begründen Sie durch eine Rechnung.

14. Prüfen Sie, ob die Punkte A und B auf der Geraden g liegen. Falls ja, beschreiben Sie die Strecke $\overline{AB}$ mithilfe der Parameterdarstellung von g.

a) $g: \vec{x} = \begin{pmatrix} -2 \\ 1 \\ 3 \end{pmatrix} + t \cdot \begin{pmatrix} -4 \\ -4 \\ 2 \end{pmatrix}$; A(−14|−11|9), B(18|21|−7)

b) $g: \vec{x} = \begin{pmatrix} 0 \\ 1 \\ -5 \end{pmatrix} + t \cdot \begin{pmatrix} 3 \\ 10 \\ 12 \end{pmatrix}$; A(30|101|115), B(300|1 001|1 195)

Geraden zeichnen – Lage von Geraden im Koordinatensystem

15. a) Geben Sie eine Parameterdarstellung der Geraden g durch den Punkt A mit dem Richtungsvektor $\vec{v}$ an. Zeichnen Sie die Gerade in ein Koordinatensystem ein.

(1) A(4|2|3), $\vec{v} = \begin{pmatrix} -2 \\ 3 \\ -4 \end{pmatrix}$ (2) A(2|1|−2), $\vec{v} = \begin{pmatrix} -4 \\ 2 \\ 4 \end{pmatrix}$ (3) A(−3|−3|1), $\vec{v} = \begin{pmatrix} 3 \\ 2 \\ -1 \end{pmatrix}$

b) Bestimmen Sie den Punkt auf g, dessen x_3-Koordinate null beträgt. Welche geometrische Bedeutung hat dieser Punkt?

16. Ermitteln Sie die Spurpunkte der Geraden g und zeichnen Sie damit die Gerade in ein Koordinatensystem.
Beschreiben Sie die Lage der Geraden.

a) $g: \vec{x} = \begin{pmatrix} -4 \\ 8 \\ 9 \end{pmatrix} + r \cdot \begin{pmatrix} -2 \\ 3 \\ 3 \end{pmatrix}$ **b)** $g: \vec{x} = \begin{pmatrix} 10 \\ -4 \\ 9 \end{pmatrix} + s \cdot \begin{pmatrix} 0 \\ 2 \\ -3 \end{pmatrix}$ **c)** $g: \vec{x} = \begin{pmatrix} 5 \\ -2 \\ 4 \end{pmatrix} + t \cdot \begin{pmatrix} 1 \\ 0 \\ 0 \end{pmatrix}$

17. Bestimmen Sie alle Spurpunkte der Geraden g und zeichnen Sie mithilfe der Spurpunkte die Gerade in ein Koordinatensystem.
Beschreiben Sie die Lage der Geraden im Koordinatensystem. Welcher besondere Fall liegt vor?

a) $g: \vec{x} = \begin{pmatrix} -18 \\ 8 \\ 20 \end{pmatrix} + r \cdot \begin{pmatrix} 6 \\ -2 \\ -5 \end{pmatrix}$ **b)** $g: \vec{x} = \begin{pmatrix} -20 \\ 10 \\ -15 \end{pmatrix} + r \cdot \begin{pmatrix} 4 \\ -2 \\ 3 \end{pmatrix}$ **c)** $g: \vec{x} = \begin{pmatrix} -6 \\ 5 \\ -9 \end{pmatrix} + r \cdot \begin{pmatrix} 2 \\ 1 \\ 3 \end{pmatrix}$

18. Die Gerade g verläuft parallel zur x_1x_2-Ebene. Bestimmen Sie eine Parameterdarstellung der Geraden g und geben Sie die Koordinaten der Spurpunkte an.

a)

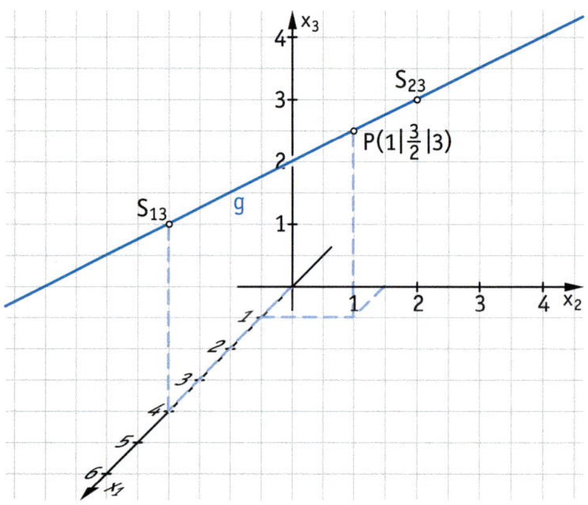

b)

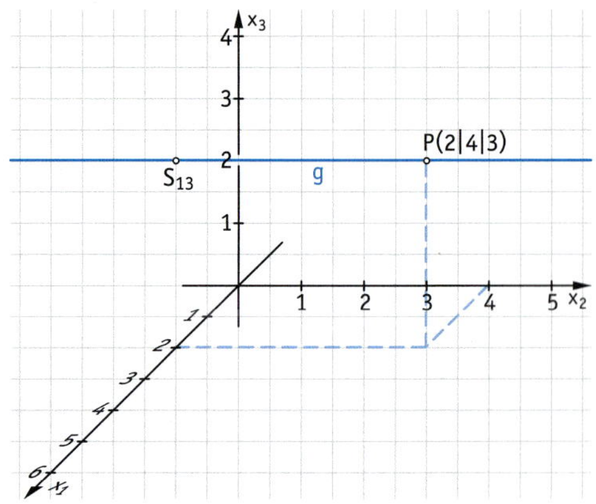

19. Untersuchen Sie, wie viele Spurpunkte eine Gerade besitzen kann.
Schreiben Sie eine Zusammenfassung dazu, in der Sie die verschiedenen Möglichkeiten durch Skizzen verdeutlichen.

20. Beschreiben Sie die Lage der Geraden g im Koordinatensystem. Geben Sie für g eine weitere Parameterdarstellung mit einem anderen Stützvektor an.

a) $g: \vec{x} = k \cdot \begin{pmatrix} 1 \\ 1 \\ 0 \end{pmatrix}$ **b)** $g: \vec{x} = r \cdot \begin{pmatrix} 0 \\ 1 \\ 0 \end{pmatrix}$ **c)** $g: \vec{x} = k \cdot \begin{pmatrix} 0 \\ 1 \\ -1 \end{pmatrix}$ **d)** $g: \vec{x} = \begin{pmatrix} 1 \\ 0 \\ 2 \end{pmatrix} + t \cdot \begin{pmatrix} 1 \\ 0 \\ 1 \end{pmatrix}$

21. Die Gerade g wird an der x_1x_3-Ebene gespiegelt. Bestimmen Sie eine Parameterdarstellung der Bildgeraden.

a) $\vec{x} = \begin{pmatrix} 4 \\ 3 \\ 2 \end{pmatrix} + k \cdot \begin{pmatrix} 1 \\ -1 \\ -2 \end{pmatrix}$ **b)** $\vec{x} = \begin{pmatrix} -5 \\ 2 \\ -2 \end{pmatrix} + r \cdot \begin{pmatrix} 0 \\ 1 \\ -1 \end{pmatrix}$ **c)** $\vec{x} = \begin{pmatrix} 2 \\ 2 \\ 1 \end{pmatrix} + k \cdot \begin{pmatrix} -2 \\ 0 \\ 3 \end{pmatrix}$

22. Bestimmen Sie eine Parameterdarstellung der Geraden g mit den angegeben Eigenschaften.

a) Die Gerade g liegt auf der x_2-Achse.
b) Die Gerade g verläuft parallel zur x_3-Achse durch den Punkt A(7|4|6).
c) Die Gerade g hat nur einen Spurpunkt $S_{13}(1|0|1)$.
d) Die Gerade g liegt in der x_2x_3-Ebene und die zweite und dritte Koordinate aller Geradenpunkte sind gleich.
e) Die Gerade g verläuft parallel im Abstand 3 zur x_1x_2-Ebene, schneidet die x_3-Achse und verläuft durch den Punkt P(3|3|3).

2.3.2 Lagebeziehungen zwischen Geraden

EINSTIEGSAUFGABE
OHNE LÖSUNG

→ Drei Geraden im Raum

In der nebenstehenden Zeichnung liegen die Geraden g_1, g_2 und g_3 auf den Kanten eines quadratischen Pyramidenstumpfs.

- Erläutern Sie anhand der Zeichnung, welche Lagebeziehungen zwischen zwei Geraden im Raum möglich sind.
- Die Eckpunkte des Pyramidenstumpfs haben folgende Koordinaten:
  A(6 | 0 | 0), B(6 | 6 | 0), C(0 | 6 | 0), D(0 | 0 | 0),
  E(5 | 1 | 4), F(5 | 5 | 4), G(1 | 5 | 4), H(1 | 1 | 4).
  Bestimmen Sie jeweils eine Parameterdarstellung für die Geraden g_1, g_2 und g_3 und untersuchen Sie, wie man die gegenseitige Lage zweier Geraden rechnerisch aus ihren Parameterdarstellungen ermitteln kann.

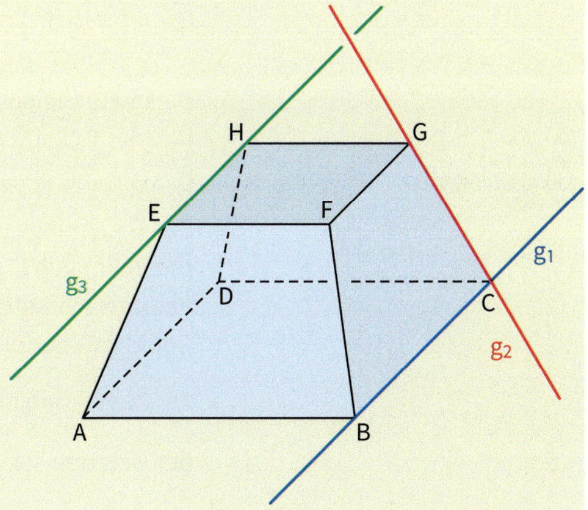

EINSTIEGSAUFGABE
MIT LÖSUNG

→ Lage von Geraden im Raum

In der Grafik sind die drei Geraden g, h und i mit den angegebenen Parameterdarstellungen zu sehen:

(1) $\vec{x} = \begin{pmatrix} 3 \\ 0 \\ 1 \end{pmatrix} + k \cdot \begin{pmatrix} 1 \\ 3 \\ 1 \end{pmatrix}$; (2) $\vec{x} = \begin{pmatrix} 4 \\ 3 \\ 5 \end{pmatrix} + s \cdot \begin{pmatrix} 2 \\ 6 \\ 2 \end{pmatrix}$; (3) $\vec{x} = \begin{pmatrix} 1 \\ 1 \\ 2 \end{pmatrix} + r \cdot \begin{pmatrix} 2 \\ -1 \\ 2 \end{pmatrix}$

a) Beschreiben Sie die Lage der Geraden g, h und i zueinander und untersuchen Sie, welche Parameterdarstellung zu welcher Geraden gehört. Berechnen Sie auch die Koordinaten des Schnittpunktes S.

b) In der Grafik soll die Gerade j mit der Parameterdarstellung $\vec{x} = \begin{pmatrix} 7 \\ -2 \\ 8 \end{pmatrix} + t \cdot \begin{pmatrix} 6 \\ -3 \\ 6 \end{pmatrix}$ ergänzt werden. Untersuchen Sie, wie diese Gerade zur Geraden g liegt.

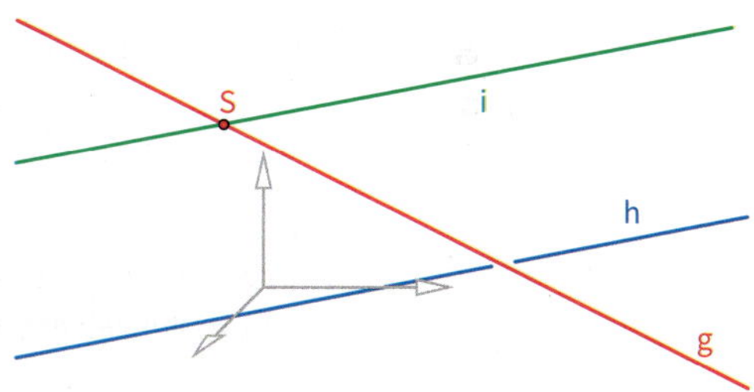

LÖSUNG

a) Offenbar sind die Geraden h und i parallel zueinander. Die Geraden g und i schneiden sich in einem Punkt S.
Dagegen scheinen g und h nicht zueinander parallel zu sein und sich auch nicht zu schneiden.

1. Schritt: Untersuchung auf Parallelität

Zwei Geraden sind zueinander parallel, wenn Sie dieselbe Richtung haben. Dies ist der Fall, wenn ein Richtungsvektor einer Geraden ein Vielfaches eines Richtungsvektors der anderen Geraden ist.

- Die Richtungsvektoren von (1) $\begin{pmatrix} 1 \\ 3 \\ 1 \end{pmatrix}$ und (2) $\begin{pmatrix} 2 \\ 6 \\ 2 \end{pmatrix}$ sind Vielfache voneinander, denn es gilt: $2 \cdot \begin{pmatrix} 1 \\ 3 \\ 1 \end{pmatrix} = \begin{pmatrix} 2 \\ 6 \\ 2 \end{pmatrix}$
- Der Richtungsvektor von (3) $\begin{pmatrix} 2 \\ -1 \\ 2 \end{pmatrix}$ ist kein Vielfaches von einem der beiden anderen Richtungsvektoren.
  Also gehört die Parameterdarstellung (3) zur Geraden g. Zu den Geraden h und i gehören die Parameterdarstellungen (1) und (2).
  Um zu klären, welche der Parameterdarstellungen (1) und (2) zu h oder zu i gehört, prüfen wir, ob es gemeinsame Punkte mit der Geraden g gibt.

2. Schritt: Untersuchung auf gemeinsame Punkte

- Die Parameterdarstellungen (1) und (3) gehören zu zwei Geraden, die nicht parallel zueinander sind. Falls sich diese Geraden in einem Punkt S schneiden, dann muss es Parameterwerte k und r geben, welche die Gleichungen
$\overrightarrow{OS} = \begin{pmatrix} 3 \\ 0 \\ 1 \end{pmatrix} + k \cdot \begin{pmatrix} 1 \\ 3 \\ 1 \end{pmatrix}$ und $\overrightarrow{OS} = \begin{pmatrix} 1 \\ 1 \\ 2 \end{pmatrix} + r \cdot \begin{pmatrix} 2 \\ -1 \\ 2 \end{pmatrix}$, also auch $\begin{pmatrix} 3 \\ 0 \\ 1 \end{pmatrix} + k \cdot \begin{pmatrix} 1 \\ 3 \\ 1 \end{pmatrix} = \begin{pmatrix} 1 \\ 1 \\ 2 \end{pmatrix} + r \cdot \begin{pmatrix} 2 \\ -1 \\ 2 \end{pmatrix}$ erfüllen.

Parameterdarstellungen gleichsetzen

Die letzte Gleichung führt auf das lineare Gleichungssystem
$\begin{vmatrix} 3 + k = 1 + 2r \\ 0 + 3k = 1 - r \\ 1 + k = 2 + 2r \end{vmatrix}$, also auf $\begin{vmatrix} k - 2r = -2 \\ 3k + r = 1 \\ k - 2r = 1 \end{vmatrix}$.
Das Gleichungssystem hat keine Lösung (siehe 1. und 3. Zeile). Die Geraden mit den Parameterdarstellungen (1) und (3) haben somit keine gemeinsamen Punkte. Wir wissen schon, dass die Parameterdarstellung (3) zur Geraden g gehört. Die Parameterdarstellung (1) muss somit zur Geraden h gehören. Also gehört die Parameterdarstellung (2) zur Geraden i.

- Wir berechnen nun den gemeinsamen Schnittpunkt S der Geraden $g\colon \vec{x} = \begin{pmatrix} 1 \\ 1 \\ 2 \end{pmatrix} + r \cdot \begin{pmatrix} 2 \\ -1 \\ 2 \end{pmatrix}$ und der Geraden $i\colon \vec{x} = \begin{pmatrix} 4 \\ 3 \\ 5 \end{pmatrix} + s \cdot \begin{pmatrix} 2 \\ 6 \\ 2 \end{pmatrix}$. Dazu setzen wir die Parameterdarstellungen gleich und erhalten so das folgende lineare Gleichungssystem: $\begin{vmatrix} 1 + 2r = 4 + 2s \\ 1 - r = 3 + 6s \\ 2 + 2r = 5 + 2s \end{vmatrix}$, also $\begin{vmatrix} 2r - 2s = 3 \\ -r - 6s = 2 \\ 2r - 2s = 3 \end{vmatrix}$.
Dieses Gleichungssystem hat $r = 1$ und $s = -\frac{1}{2}$ als einzige Lösung. Dies bedeutet, dass die Geraden g und i genau einen gemeinsamen Punkt S besitzen. Wir erhalten die Koordinaten von S, indem wir die Parameterwerte $r = 1$ oder $s = -\frac{1}{2}$ in die jeweilige Parameterdarstellung der Geraden g oder i einsetzen:
$g\colon \overrightarrow{OS} = \begin{pmatrix} 1 \\ 1 \\ 2 \end{pmatrix} + 1 \cdot \begin{pmatrix} 2 \\ -1 \\ 2 \end{pmatrix} = \begin{pmatrix} 3 \\ 0 \\ 4 \end{pmatrix}$ oder $i\colon \overrightarrow{OS} = \begin{pmatrix} 4 \\ 3 \\ 5 \end{pmatrix} + \left(-\frac{1}{2}\right) \cdot \begin{pmatrix} 2 \\ 6 \\ 2 \end{pmatrix} = \begin{pmatrix} 3 \\ 0 \\ 4 \end{pmatrix}$, also $S(3\,|\,0\,|\,4)$.

b) Zu prüfen ist die Lage der Geraden $g\colon \vec{x} = \begin{pmatrix} 1 \\ 1 \\ 2 \end{pmatrix} + r \cdot \begin{pmatrix} 2 \\ -1 \\ 2 \end{pmatrix}$ und $j\colon \vec{x} = \begin{pmatrix} 7 \\ -2 \\ 8 \end{pmatrix} + t \cdot \begin{pmatrix} 6 \\ -3 \\ 6 \end{pmatrix}$.

1. Schritt: Untersuchung auf Parallelität

Die Richtungsvektoren sind Vielfache voneinander, denn es gilt: $3 \cdot \begin{pmatrix} 2 \\ -1 \\ 2 \end{pmatrix} = \begin{pmatrix} 6 \\ -3 \\ 6 \end{pmatrix}$.
Die Geraden g und j sind also zueinander parallel. Wir wissen aber noch nicht, ob die Parameterdarstellungen von g und j zu derselben Geraden gehören.

Falls dies der Fall ist, ist jeder Punkt von g auch ein Punkt von j. Es genügt, dies für einen Punkt zu prüfen.

2. Schritt: Untersuchung auf gemeinsame Punkte

Wir untersuchen dies schnell, indem wir den Aufpunkt $(1\,|\,1\,|\,2)$ von g wählen und prüfen, ob dieser auch auf j liegt: $\begin{pmatrix} 7 \\ -2 \\ 8 \end{pmatrix} + t \cdot \begin{pmatrix} 6 \\ -3 \\ 6 \end{pmatrix} = \begin{pmatrix} 1 \\ 1 \\ 2 \end{pmatrix}$, also ob $\begin{vmatrix} 7 + 6t = 1 \\ -2 - 3t = 1 \\ 8 + 6t = 2 \end{vmatrix}$ erfüllt ist.
Dies ist für $t = -1$ der Fall. Die Geraden g und j sind also zueinander parallel *und* der Punkt $(1\,|\,1\,|\,2)$ liegt auf beiden Geraden. Also sind die beiden Geraden identisch.

INFORMATION

Zueinander windschiefe Geraden

In der Ebene haben zwei Geraden, die nicht zueinander parallel sind, stets einen Schnittpunkt.
Im Raum dagegen gibt es Geraden, die nicht zueinander parallel sind und dennoch keine gemeinsamen Punkte haben. Zwei solche Geraden heißen **windschief zueinander**.

Verdeutlichen Sie sich selbst die Lage zweier zueinander windschiefer Geraden mithilfe zweier Stifte.

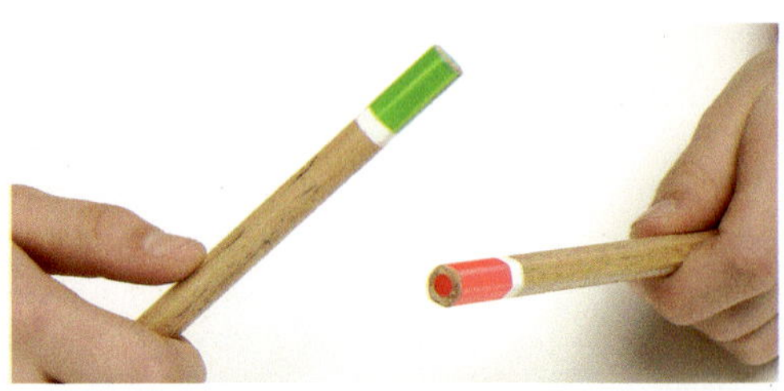

Wie können zwei Geraden im Raum zueinander liegen?

Gegeben sind die Geraden g und h durch $g: \vec{x} = \vec{a} + r \cdot \vec{u}$ bzw. $h: \vec{x} = \vec{b} + s \cdot \vec{v}$ mit $r, s \in \mathbb{R}$.
Folgende Fälle sind möglich:

(1) g und h sind identisch.

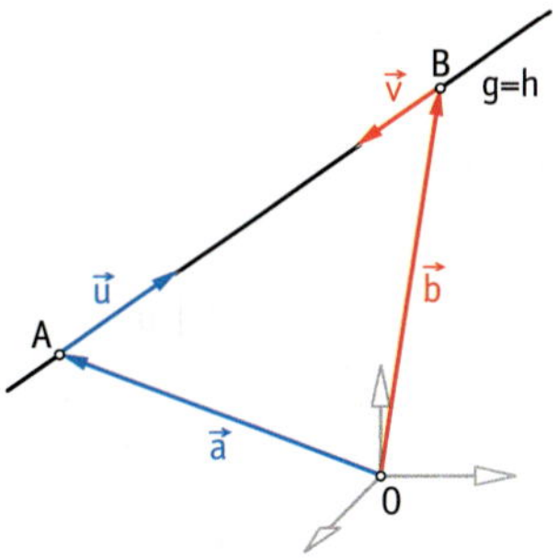

(2) g und h sind zueinander parallel und verschieden.

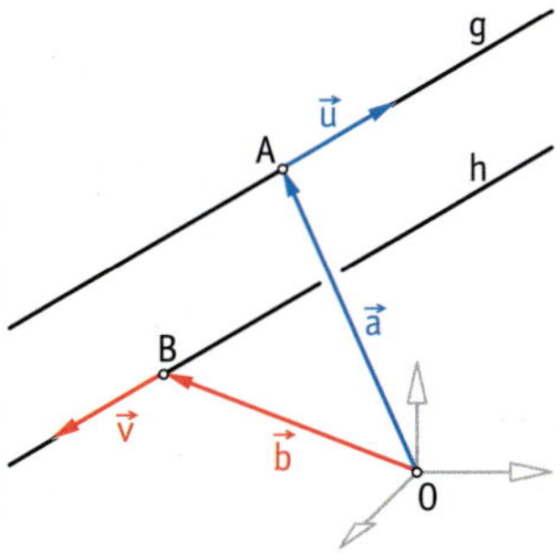

(3) g und h schneiden sich in einem Schnittpunkt S.

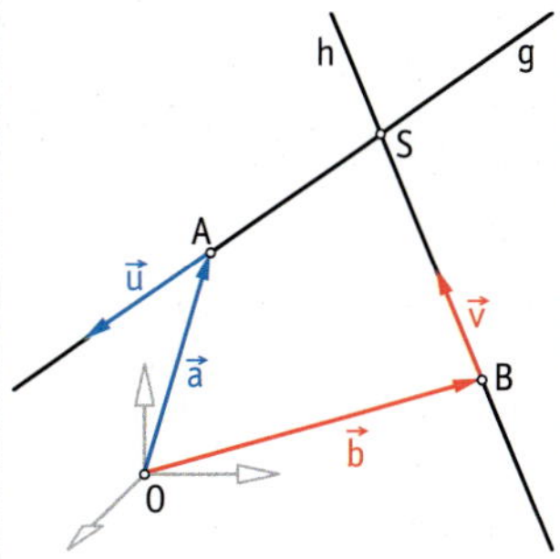

(4) g und h sind nicht zueinander parallel, besitzen aber keinen gemeinsamen Punkt.
Sie sind zueinander **windschief**.

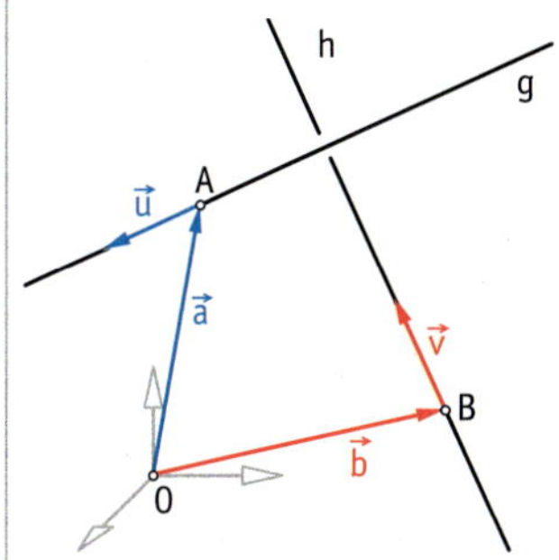

Strategie zur Bestimmung der Lage zweier Geraden zueinander

Da die Untersuchung auf Parallelität zweier Geraden rechnerisch einfacher ist als eine Schnittpunktbestimmung, bietet sich folgende Strategie an.

1. Schritt

Sind die Richtungsvektoren der Geraden g und h Vielfache voneinander?

- ja → $g \parallel h$
- nein → g und h sind nicht zueinander parallel: $g \nparallel h$

2. Schritt

Liegt ein Punkt von g auf h?

- ja → g und h sind identisch: g = h
- nein → g und h sind zueinander parallel, aber verschieden: $g \parallel h$ mit $g \neq h$

Haben g und h einen gemeinsamen Punkt S?

- ja → g und h schneiden sich in einem Punkt S.
- nein → g und h sind zueinander windschief.

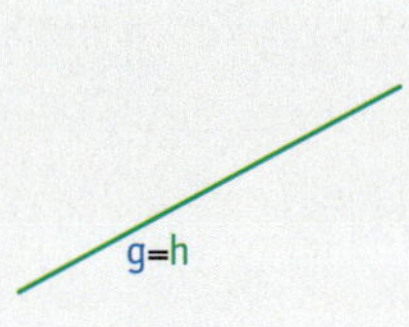

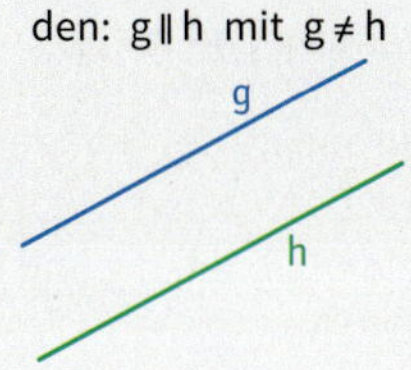

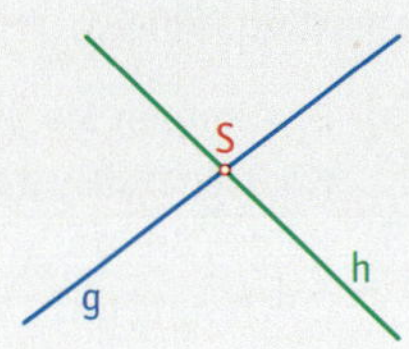

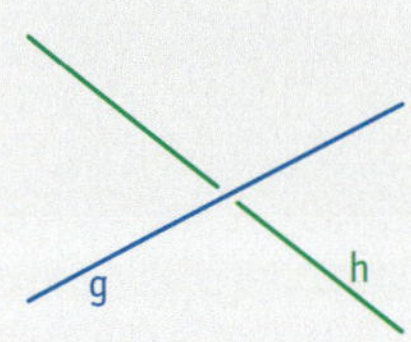

Beispiel

$g: \vec{x} = \begin{pmatrix} 2 \\ 1 \\ 3 \end{pmatrix} + r \cdot \begin{pmatrix} -1 \\ 0 \\ 2 \end{pmatrix}$

$h: \vec{x} = \begin{pmatrix} 1 \\ 1 \\ 5 \end{pmatrix} + s \cdot \begin{pmatrix} 2 \\ 0 \\ -4 \end{pmatrix}$

Beispiel

$g: \vec{x} = \begin{pmatrix} 2 \\ 1 \\ 3 \end{pmatrix} + r \cdot \begin{pmatrix} -1 \\ 0 \\ 2 \end{pmatrix}$

$h: \vec{x} = \begin{pmatrix} 2 \\ 2 \\ 1 \end{pmatrix} + s \cdot \begin{pmatrix} -2 \\ 0 \\ 4 \end{pmatrix}$

Beispiel

$g: \vec{x} = \begin{pmatrix} 2 \\ 1 \\ 3 \end{pmatrix} + r \cdot \begin{pmatrix} -1 \\ 0 \\ 2 \end{pmatrix}$

$h: \vec{x} = \begin{pmatrix} 1 \\ -1 \\ 4 \end{pmatrix} + s \cdot \begin{pmatrix} 0 \\ 2 \\ 1 \end{pmatrix}$

S(1 | 1 | 5)

Beispiel

$g: \vec{x} = \begin{pmatrix} 2 \\ 1 \\ 3 \end{pmatrix} + r \cdot \begin{pmatrix} -1 \\ 0 \\ 2 \end{pmatrix}$

$h: \vec{x} = \begin{pmatrix} 2 \\ 2 \\ 1 \end{pmatrix} + s \cdot \begin{pmatrix} 1 \\ 1 \\ 2 \end{pmatrix}$

Zueinander orthogonale Geraden im Raum

In der Ebene haben zueinander orthogonale Geraden immer einen Schnittpunkt. Im Raum kann es zueinander windschiefe Geraden geben, deren Richtungsvektoren zueinander orthogonal sind. Solche Geraden nennt man ebenfalls zueinander orthogonal, auch wenn sie keinen Schnittpunkt besitzen.

BEISPIEL

Ein Quader hat 12 Kanten. Wählt man eine Kantengerade aus, so ist sie zu drei weiteren Kantengeraden des Quaders *parallel* und zu den restlichen acht Kantengeraden *orthogonal*.
Im Bild sind die Geraden g und k zueinander orthogonal und besitzen einen Schnittpunkt, während die Geraden g und h zueinander orthogonal sind und keinen Schnittpunkt besitzen, da sie zueinander windschief sind.

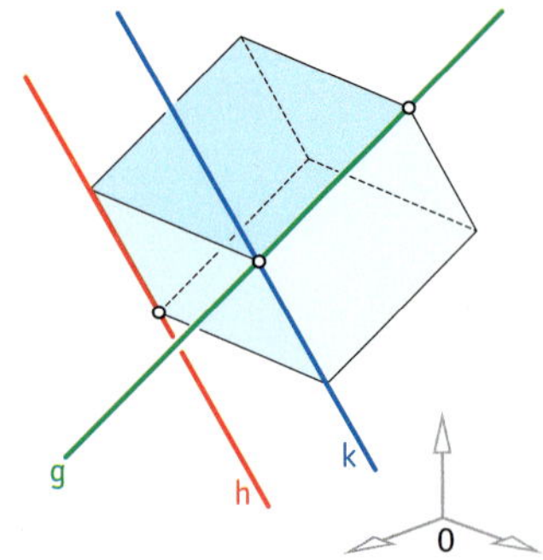

WEITERFÜHRENDE AUFGABE

1. Winkel zwischen zwei Geraden

Gegeben sind die beiden Geraden g und h mit den Parameterdarstellungen $g: \vec{x} = \begin{pmatrix} 3 \\ -5 \\ 4 \end{pmatrix} + r \cdot \begin{pmatrix} -2 \\ 2 \\ 1 \end{pmatrix}$ und $h: \vec{x} = \begin{pmatrix} 3 \\ -5 \\ 4 \end{pmatrix} + s \cdot \begin{pmatrix} 2 \\ 10 \\ 11 \end{pmatrix}$ mit $r, s \in \mathbb{R}$.

Die beiden Geraden schneiden einander im Punkt $S(3|-5|4)$ und schließen dort Winkel miteinander ein. Berechnen Sie die Größe des kleinsten eingeschlossenen Winkels, den man als den **Schnittwinkel** der beiden Geraden bezeichnet.

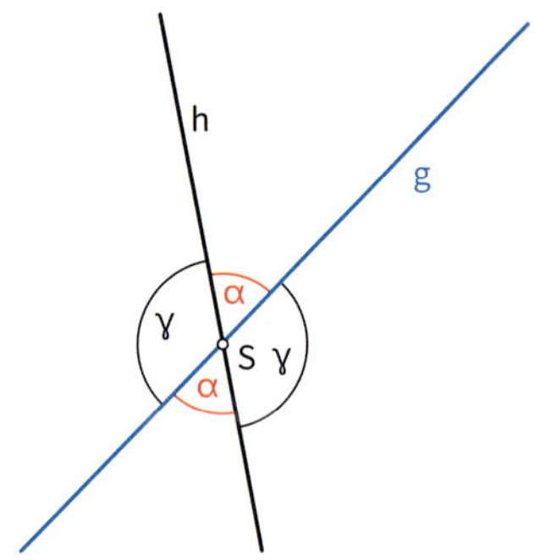

ÜBUNGSAUFGABEN

Lagebeziehungen von Geraden zueinander untersuchen

2. Untersuchen Sie die gegenseitige Lage der Geraden g und h. Geben Sie gegebenenfalls die Koordinaten ihres Schnittpunktes an.

a) $g: \vec{x} = \begin{pmatrix} -1 \\ 3 \\ 2 \end{pmatrix} + k \cdot \begin{pmatrix} 2 \\ 1 \\ -1 \end{pmatrix}$; $h: \vec{x} = \begin{pmatrix} -2 \\ 1 \\ 7 \end{pmatrix} + k \cdot \begin{pmatrix} 1 \\ 0 \\ 1 \end{pmatrix}$

b) $g: \vec{x} = \begin{pmatrix} -5 \\ 1 \\ 2 \end{pmatrix} + k \cdot \begin{pmatrix} -2 \\ 3 \\ -1 \end{pmatrix}$; $h: \vec{x} = \begin{pmatrix} 2 \\ 5 \\ 3 \end{pmatrix} + k \cdot \begin{pmatrix} 4 \\ -6 \\ 2 \end{pmatrix}$

c) $g: \vec{x} = \begin{pmatrix} 4 \\ 1 \\ -2 \end{pmatrix} + k \cdot \begin{pmatrix} 1 \\ -3 \\ 2 \end{pmatrix}$; $h: \vec{x} = \begin{pmatrix} 17 \\ -38 \\ 24 \end{pmatrix} + k \cdot \begin{pmatrix} -5 \\ 15 \\ -10 \end{pmatrix}$

d) $g: \vec{x} = \begin{pmatrix} 5 \\ 0 \\ 3 \end{pmatrix} + r \cdot \begin{pmatrix} 1 \\ 2 \\ -1 \end{pmatrix}$; $h: \vec{x} = \begin{pmatrix} -1 \\ -2 \\ 6 \end{pmatrix} + s \cdot \begin{pmatrix} 4 \\ -2 \\ -1 \end{pmatrix}$

e) $g: \vec{x} = \begin{pmatrix} 3 \\ 6 \\ 4 \end{pmatrix} + r \cdot \begin{pmatrix} 2 \\ 4 \\ 1 \end{pmatrix}$; $h: \vec{x} = \begin{pmatrix} 1 \\ 0 \\ 3 \end{pmatrix} + s \cdot \begin{pmatrix} 2 \\ 3 \\ -1 \end{pmatrix}$

f) $g: \vec{x} = \begin{pmatrix} 1 \\ 0 \\ 2 \end{pmatrix} + r \cdot \begin{pmatrix} 1 \\ -1 \\ 1 \end{pmatrix}$; $h: \vec{x} = \begin{pmatrix} 3 \\ -2 \\ 4 \end{pmatrix} + s \cdot \begin{pmatrix} 4 \\ 6 \\ 0 \end{pmatrix}$

3. Zueinander windschiefe Geraden zeichnen

Gegeben sind die zwei Geraden g und h. $g: \vec{x} = \begin{pmatrix} 3 \\ 3 \\ 4 \end{pmatrix} + s \cdot \begin{pmatrix} 1 \\ 1 \\ 2 \end{pmatrix}$; $h: \vec{x} = \begin{pmatrix} 2 \\ 2 \\ 3 \end{pmatrix} + t \cdot \begin{pmatrix} 0 \\ 1 \\ -1 \end{pmatrix}$

a) Bestimmen Sie die Spurpunkte der Geraden und zeichnen Sie die Geraden in ein Schrägbild eines Koordinatensystems ein.

b) Zeigen Sie, dass die beiden Geraden g und h windschief zueinander sind, auch wenn dies in der Zeichnung nicht so aussieht.

f **4.** Lena hat den Schnittpunkt S der beiden Geraden g und h berechnet.
Was hat sie dabei falsch gemacht?

$g: \vec{x} = \begin{pmatrix} 3 \\ 3 \\ 1 \end{pmatrix} + t \cdot \begin{pmatrix} 2 \\ 3 \\ 1 \end{pmatrix}$

$h: \vec{x} = \begin{pmatrix} 3 \\ 0 \\ 1 \end{pmatrix} + k \cdot \begin{pmatrix} 1 \\ 3 \\ 1 \end{pmatrix}$

$\begin{vmatrix} 3 + 2t = 3 + k \\ 3 + 3t = 3k \\ 1 + t = 1 + k \end{vmatrix}$ Aus der ersten Gleichung erhalte ich $k = 2t$. Dies setze ich in die zweite Gleichung ein. Löse ich dann die zweite Gleichung nach t auf, so erhalte ich $t = 1$. Setze ich $t = 1$ in die Parameterdarstellung von g ein, so erhalte ich den Schnittpunkt $S(5|6|2)$ der beiden Geraden.

f **5.** Gegeben sind zwei Geraden g und h durch

$g: \vec{x} = \begin{pmatrix} -2 \\ 6 \\ -3 \end{pmatrix} + k \cdot \begin{pmatrix} 3 \\ -2 \\ 2 \end{pmatrix}$ und

$h: \vec{x} = \begin{pmatrix} 7 \\ 4 \\ -4 \end{pmatrix} + k \cdot \begin{pmatrix} 1 \\ -2 \\ 3 \end{pmatrix}$.

Fabian untersucht die Lagebeziehungen der beiden Geraden. Überprüfen Sie seine Lösung und korrigieren Sie gegebenenfalls seine Fehler.

(1) Richtungsvektoren $\begin{pmatrix} 3 \\ -2 \\ 2 \end{pmatrix}$ und $\begin{pmatrix} 1 \\ -2 \\ 3 \end{pmatrix}$ sind keine Vielfachen, also sind g und h nicht parallel.

(2) $\left| \begin{array}{l} -2+3k = 7+k \\ 6-2k = 4-2k \\ -3+2k = -4+3k \end{array} \right|$

$\left| \begin{array}{l} 2k = 9 \\ 0 = -2 \\ -k = -1 \end{array} \right|$

g und h sind windschief.

6. Untersuchen Sie, ob die beiden Geraden sich schneiden.
Berechnen Sie den Winkel, in dem die beiden Geraden zueinander stehen.

Auch wenn sich zwei Geraden im Raum nicht schneiden, wird der Winkel zwischen ihren Richtungsvektoren als der Winkel bezeichnet, in dem die beiden Geraden im Raum zueinander stehen.

a) $g: \vec{x} = \begin{pmatrix} 1 \\ 1 \\ 1 \end{pmatrix} + s \cdot \begin{pmatrix} -2 \\ 3 \\ 1 \end{pmatrix}$; $h: \vec{x} = \begin{pmatrix} 3 \\ -2 \\ 0 \end{pmatrix} + t \cdot \begin{pmatrix} 1 \\ 0 \\ 4 \end{pmatrix}$

b) $g: \vec{x} = \begin{pmatrix} 1 \\ 3 \\ 1 \end{pmatrix} + s \cdot \begin{pmatrix} 1 \\ -4 \\ 6 \end{pmatrix}$;
$h: \vec{x} = \begin{pmatrix} 3 \\ -2 \\ 1 \end{pmatrix} + t \cdot \begin{pmatrix} -5 \\ 1 \\ 7 \end{pmatrix}$

c) $g: \vec{x} = s \cdot \begin{pmatrix} -6 \\ 1 \\ -2 \end{pmatrix}$; $h: \vec{x} = \begin{pmatrix} 2 \\ -4 \\ 6 \end{pmatrix} + t \cdot \begin{pmatrix} -1 \\ 2 \\ -3 \end{pmatrix}$

Beispiel

$g: \vec{x} = \begin{pmatrix} 2 \\ 1 \\ 4 \end{pmatrix} + s \cdot \begin{pmatrix} 2 \\ 1 \\ 6 \end{pmatrix}$, $h: \vec{x} = \begin{pmatrix} -2 \\ -1 \\ -8 \end{pmatrix} + t \cdot \begin{pmatrix} 2 \\ -1 \\ 2 \end{pmatrix}$

$$\cos(\alpha) = \frac{\begin{pmatrix} 2 \\ 1 \\ 6 \end{pmatrix} * \begin{pmatrix} 2 \\ -1 \\ 2 \end{pmatrix}}{\left|\begin{pmatrix} 2 \\ 1 \\ 6 \end{pmatrix}\right| \cdot \left|\begin{pmatrix} 2 \\ -1 \\ 2 \end{pmatrix}\right|} = \frac{15}{\sqrt{41} \cdot 3} = \frac{5}{\sqrt{41}} = \frac{5 \cdot \sqrt{41}}{41}$$

$$\alpha = \cos^{-1}\left(\frac{5}{\sqrt{41}}\right) \approx 38{,}7°$$

7. Prüfen Sie, ob die Geraden g und h zueinander orthogonal sind und ob sie sich schneiden.

a) $g: \vec{x} = \begin{pmatrix} 2 \\ 4 \\ -3 \end{pmatrix} + r \cdot \begin{pmatrix} -2 \\ 1 \\ 3 \end{pmatrix}$ $h: \vec{x} = \begin{pmatrix} 2 \\ 4 \\ -3 \end{pmatrix} + s \cdot \begin{pmatrix} 1 \\ -1 \\ 1 \end{pmatrix}$ mit $r, s \in \mathbb{R}$

b) $g: \vec{x} = \begin{pmatrix} 1 \\ 4 \\ 6 \end{pmatrix} + r \cdot \begin{pmatrix} -1 \\ 3 \\ 5 \end{pmatrix}$ $h: \vec{x} = \begin{pmatrix} -5 \\ 2 \\ -1 \end{pmatrix} + s \cdot \begin{pmatrix} 7 \\ -1 \\ 2 \end{pmatrix}$ mit $r, s \in \mathbb{R}$

c) $g: \vec{x} = \begin{pmatrix} 3 \\ 0 \\ 1 \end{pmatrix} + r \cdot \begin{pmatrix} 4 \\ 2 \\ -1 \end{pmatrix}$ $h: \vec{x} = \begin{pmatrix} 3 \\ 1 \\ 4 \end{pmatrix} + s \cdot \begin{pmatrix} 5 \\ -7 \\ 5 \end{pmatrix}$ mit $r, s \in \mathbb{R}$

d) $g: \vec{x} = \begin{pmatrix} -2 \\ 1 \\ 3 \end{pmatrix} + r \cdot \begin{pmatrix} 1 \\ -1 \\ 2 \end{pmatrix}$ $h: \vec{x} = \begin{pmatrix} 0 \\ 1 \\ 3 \end{pmatrix} + s \cdot \begin{pmatrix} 2 \\ 2 \\ 0 \end{pmatrix}$ mit $r, s \in \mathbb{R}$

8. Der Schnittpunkt zweier Geraden im Raum kann nicht aus der Zeichnung bestimmt werden
Gegeben sind die zwei Geraden g und h.

$g: \vec{x} = \begin{pmatrix} 0 \\ -1 \\ 0 \end{pmatrix} + s \cdot \begin{pmatrix} 2 \\ 1 \\ 1 \end{pmatrix}$; $h: \vec{x} = \begin{pmatrix} 3 \\ 1 \\ 1 \end{pmatrix} + t \cdot \begin{pmatrix} 1 \\ 0 \\ 1 \end{pmatrix}$

a) Bestimmen Sie die Spurpunkte der Geraden und zeichnen Sie die Geraden in ein Schrägbild eines Koordinatensystems ein.
Zeichnen Sie auch den Schnittpunkt S der Geraden g und h ein.

b) Berechnen Sie die Koordinaten des Schnittpunktes S.
Geben Sie drei weitere Punkte an, die im Schrägbild des Koordinatensystems an derselben Stelle wie S liegen.

Geraden mit vorgegebenen Lagen zueinander bestimmen

9. Geben Sie eine Parameterdarstellung der Geraden h an, die parallel zu g durch den Punkt P verläuft.

a) $g: \vec{x} = \begin{pmatrix} 3 \\ 8 \\ 4 \end{pmatrix} + k \cdot \begin{pmatrix} -2 \\ -3 \\ 5 \end{pmatrix}$; P(15|26|31)

b) $g: \vec{x} = \begin{pmatrix} -2 \\ 3 \\ 1 \end{pmatrix} + k \cdot \begin{pmatrix} 1 \\ -4 \\ 0 \end{pmatrix}$; P(8|16|5)

10. Gegeben ist die Gerade g mit der Parameterdarstellung $g: \vec{x} = \begin{pmatrix} 1 \\ 1 \\ 0 \end{pmatrix} + t \cdot \begin{pmatrix} 4 \\ 2 \\ 1 \end{pmatrix}$.

Geben Sie eine Parameterdarstellung einer Geraden an, die

a) zu g windschief ist; **b)** zu g parallel ist; **c)** g schneidet.

11. Wie muss man den Parameter p wählen, damit sich die Geraden g und h schneiden? Bestimmen Sie den Schnittpunkt und die Größe des Schnittwinkels.

$g: \vec{x} = \begin{pmatrix} -p \\ 1 \\ -2 \end{pmatrix} + t \cdot \begin{pmatrix} 2 \\ -8 \\ -4 \end{pmatrix}$, $h: \vec{x} = \begin{pmatrix} 2 \\ 6 \\ 4p \end{pmatrix} + t \cdot \begin{pmatrix} 2 \\ -2 \\ -4 \end{pmatrix}$

12. Gegeben ist die Gerade g durch die Parameterdarstellung $g: \vec{x} = \begin{pmatrix} 6 \\ -10 \\ -3 \end{pmatrix} + r \cdot \begin{pmatrix} 2 \\ -1 \\ 3 \end{pmatrix}$.

Bestimmen Sie a so, dass die Gerade h mit $h: \vec{x} = \begin{pmatrix} 4 \\ -2 \\ 1 \end{pmatrix} + s \cdot \begin{pmatrix} 1 \\ 3 \\ a \end{pmatrix}$ die Gerade g schneidet.

Berechnen Sie die Koordinaten des Schnittpunkts und den Schnittwinkel der beiden Geraden.

Geraden in geometrischen Figuren

13. Untersuchen Sie, ob die Geraden a, b und c ein Dreieck bilden. Berechnen Sie gegebenenfalls die Koordinaten der Eckpunkte, die Längen der Seiten des Dreiecks und die Größe der Innenwinkel.

a) $a: \vec{x} = \begin{pmatrix} -11 \\ 16 \\ -7 \end{pmatrix} + k \cdot \begin{pmatrix} 6 \\ -5 \\ 5 \end{pmatrix}$; $b: \vec{x} = \begin{pmatrix} 7 \\ -18 \\ 6 \end{pmatrix} + r \cdot \begin{pmatrix} 2 \\ -1 \\ 8 \end{pmatrix}$; $c: \vec{x} = \begin{pmatrix} 15 \\ 7 \\ 16 \end{pmatrix} + s \cdot \begin{pmatrix} 4 \\ 3 \\ 4 \end{pmatrix}$

b) $a: \vec{x} = \begin{pmatrix} -14 \\ -17 \\ -28 \end{pmatrix} + k \cdot \begin{pmatrix} 10 \\ 13 \\ 26 \end{pmatrix}$; $b: \vec{x} = \begin{pmatrix} -3 \\ -2 \\ -5 \end{pmatrix} + r \cdot \begin{pmatrix} 1 \\ 2 \\ -3 \end{pmatrix}$; $c: \vec{x} = \begin{pmatrix} 8 \\ 12 \\ 26 \end{pmatrix} + s \cdot \begin{pmatrix} 2 \\ 3 \\ 2 \end{pmatrix}$

14. Gegeben sind die Gerade $g: \vec{x} = \begin{pmatrix} 2 \\ 1 \\ 8 \end{pmatrix} + r \cdot \begin{pmatrix} 2 \\ 0 \\ -1 \end{pmatrix}$ und die Punkte A(3 | 1 | 4), B(−2 | 4 | 1), C(−2 | 1 | 3) und D(3 | −2 | 6).

a) Untersuchen Sie, wie die Gerade g und die Gerade durch die Punkte A und B zueinander liegen. Zeichnen Sie auch.

b) Zeigen Sie, dass die vier Punkte A, B, C und D Eckpunkte eines Parallelogramms sind. In welchem Punkt schneiden sich die Diagonalen dieses Parallelogramms?

15. Vom Parallelogramm ABCD sind die Eckpunkte A(3 | 1 | −2), B(5 | −3 | 4) und C(1 | −5 | 8) gegeben.

a) Bestimmen Sie die Koordinaten des fehlenden Eckpunktes D.

b) M_1 ist der Mittelpunkt der Seite $\overline{AB}$, M_2 der Mittelpunkt der Seite $\overline{BC}$. Berechnen Sie die Koordinaten des Schnittpunktes der Geraden M_1C und M_2D.

Spat: schiefes Prisma mit Parallelogramm als Grundfläche

16. Ein Spat, wie rechts abgebildet, ist gegeben durch die Punkte A(3 | 4 | 2), B(5 | 4 | 1), D(3 | 5 | 1) und E(4 | 5 | 2).

a) Bestimmen Sie die Koordinaten der restlichen Eckpunkte des Spats.

b) Untersuchen Sie, ob die Raumdiagonalen AG und EC zueinander windschief sind.

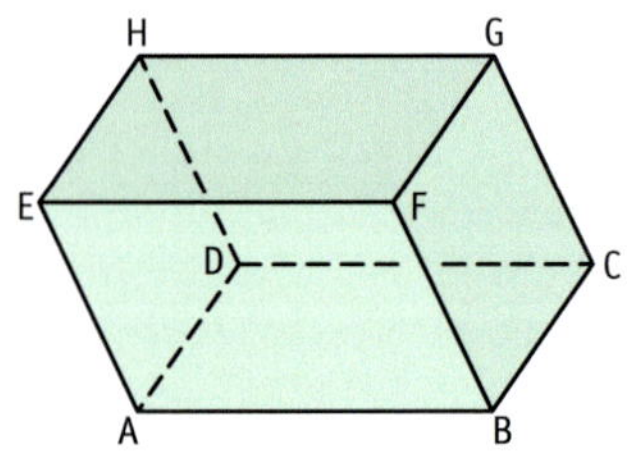

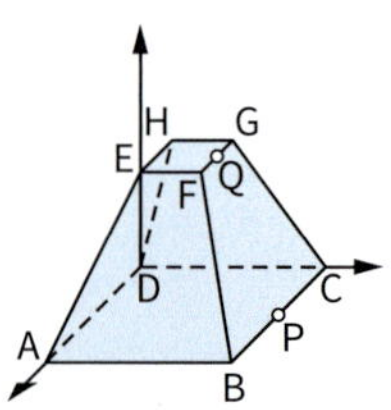

17. Von dem abgebildeten Pyramidenstumpf sind die Punkte A(6 | 0 | 0), B(6 | 6 | 0), C(0 | 6 | 0), E(4 | 2 | 5) und F(4 | 4 | 5) gegeben. Die Deckfläche EFGH ist ein Quadrat.
P und Q sind die Mittelpunkte der Seiten $\overline{BC}$ und $\overline{FG}$.

a) Ermitteln Sie die Koordinaten der Punkte G und H. Zeichnen Sie das Schrägbild des Pyramidenstumpfes in ein Koordinatensystem.

b) Untersuchen Sie die gegenseitige Lage der drei Geraden AQ, BH und EP zueinander.

c) Ergänzen Sie den Pyramidenstumpf zu einer Pyramide. Bestimmen Sie die Koordinaten der Pyramidenspitze S.

Geraden in Anwendungen

18. Bezogen auf ein lokales Koordinatensystem mit der Einheit m kann die Flugroute eines Sportflugzeugs nach dem Start näherungsweise durch die Gerade $g\colon \vec{x} = \begin{pmatrix} 420 \\ -630 \\ 120 \end{pmatrix} + r \cdot \begin{pmatrix} 40 \\ 50 \\ 11 \end{pmatrix}$ angegeben werden.

In der Nähe des Flugplatzes steht ein Windrad.

Der Fußpunkt des Windrads befindet sich im Punkt P (1 380 | 570 | 0), der höchste Punkt der Umlaufbahn der Rotorblätter liegt 170 m über dem Boden.

Überprüfen Sie, ob das Flugzeug bei gleichbleibendem Kurs genau über das Windrad hinweg fliegt.

Wenn ja, in welchem Abstand überfliegt es das Windrad?

19.

Das Grubenunglück von Lengede

Am 24. Oktober 1963 ereignete sich im niedersächsischen Lengede ein Grubenunglück, als ein Klärteich einbrach und sich ca. 460 000 Kubikmeter Wasser und Schlamm in die Grube „Mathilde" ergossen. Zu diesem Zeitpunkt befanden sich 129 Männer unter Tage. 19 Männer wurden unmittelbar durch den Wassereinbruch getötet, 79 Bergleute konnten am nächsten Tag über Wasserbohrlöcher gerettet werden. Am 1. November wurden 3 weitere Bergleute gerettet, sie befanden sich in einer Luftblase und hatten sich durch Klopfzeichen bemerkbar gemacht. Die am 4. November geplante Trauerfeier für die Totgeglaubten wurde abgesagt, als man am 3. November Lebenszeichen von weiteren Männern aus einem Hohlraum, dem sogenannten „Alten Mann", vernahm. 21 Kumpel hatten sich bei dem Wassereinbruch in den „Alten Mann" retten können. Eine Bohrung in diesen Bereich war schwierig. Erst 14 Tage nach dem Wassereinbruch, am 7. November 1963, konnten noch 11 Männer gerettet werden. Dabei kam die sogenannte „Dahlbuschbombe", eine Rettungskapsel, zum Einsatz, mit der die Männer über ein 522 mm dickes Bohrloch zu Tage befördert wurden.

Die Geschichte des tragischen Unglücks wurde 2003 in dem zweiteiligen Fernsehdrama „Das Wunder von Lengede" verfilmt.

In einem Bergwerk kam es zu einem Wassereinbruch. Doch die Bergleute konnten sich aus dem Stollen in eine Höhle retten, deren Eingang die Koordinaten (120 | 315 | −80) in Metern hat. Das Wasser stand bei −90 m. Der Stollen verläuft vom Höhleneingang in Richtung $\begin{pmatrix} -25 \\ -36 \\ -12 \end{pmatrix}$.

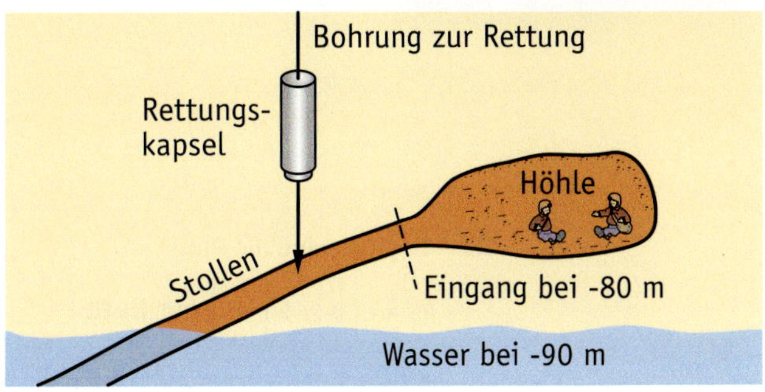

Die Rettungsbohrung soll nicht durch die Höhlendecke erfolgen, da dadurch die Bergleute möglicherweise verletzt werden könnten.

Es soll versucht werden, mit einer senkrechten Bohrung von der Erdoberfläche (x_1x_2-Ebene) den Stollen auf dem Teilstück zu treffen, das nicht geflutet ist.

Finden Sie den Bereich auf der Erdoberfläche, von dem aus die Bohrungen den Stollen zwischen dem Wasser und dem Höhleneingang treffen.

20. Die Positionen von Flugzeugen im Luftraum kann man durch Punkte in einem räumlichen Koordinatensystem mit der Einheit km beschreiben, bei dem die als Ebene betrachtete Erdoberfläche in der x_1x_2-Ebene liegt.
Ein Passagierflugzeug bewegt sich auf einem als geradlinig angenommenen Kurs von Punkt $P(8{,}5\,|-28\,|\,7{,}5)$ pro Sekunde um $\begin{pmatrix}-0{,}12\\0{,}175\\0\end{pmatrix}$.
Zum gleichen Zeitpunkt, in dem sich das Passagierflugzeug im Punkt P befindet, fliegt ein zweites Flugzeug vom Punkt $Q(22\,|\,15{,}5\,|\,7{,}3)$ aus geradlinig so weiter, dass es sich pro Sekunde um den Vektor $\begin{pmatrix}0{,}1\\-0{,}05\\0{,}001\end{pmatrix}$ bewegt.

a) Untersuchen Sie, ob es auf den beiden Flugbahnen zu einer Kollision kommen kann.
b) Geben Sie die Geschwindigkeiten der beiden Flugzeuge an.

Geradenscharen

LK **21.** Gegeben ist die Gerade h durch die Parameterdarstellung $h\colon \vec{x} = \begin{pmatrix}2\\1\\-1\end{pmatrix} + t\cdot\begin{pmatrix}1\\-1\\3\end{pmatrix}$.

Außerdem ist die Geradenschar g_k mit $k \in \mathbb{R}$ gegeben.
Für welchen Wert von k verläuft g_k orthogonal zu h?
Prüfen Sie, ob sich die beiden Geraden dann auch in einem Punkt schneiden.

a) $g_k\colon \vec{x} = \begin{pmatrix}3\\1\\2\end{pmatrix} + s\cdot\begin{pmatrix}k\\1\\-3\end{pmatrix}$

b) $g_k\colon \vec{x} = \begin{pmatrix}1\\0\\2\end{pmatrix} + s\cdot\begin{pmatrix}2\\-1\\k\end{pmatrix}$

c) $g_k\colon \vec{x} = \begin{pmatrix}-3\\-1\\0\end{pmatrix} + s\cdot\begin{pmatrix}-1\\2k\\-3\end{pmatrix}$

d) $g_k\colon \vec{x} = s\cdot\begin{pmatrix}2\\k\\3\end{pmatrix}$

BEISPIEL

$h\colon \vec{x} = \begin{pmatrix}2\\1\\-1\end{pmatrix} + t\cdot\begin{pmatrix}1\\-1\\3\end{pmatrix}$; $g_k\colon \vec{x} = \begin{pmatrix}3\\1\\0\end{pmatrix} + s\cdot\begin{pmatrix}2\\k\\6\end{pmatrix}$

Die Geraden verlaufen zueinander orthogonal, wenn das Skalarprodukt ihrer Richtungsvektoren den Wert null hat, also wenn gilt: $1\cdot 2 - 1\cdot k + 3\cdot 6 = 0$

Dies ist für $k = 20$ der Fall. Die Gerade g_{20} verläuft somit orthogonal zur Geraden h.

Wir prüfen nun, ob sich die beiden Geraden h und g_{20} schneiden.
Durch Gleichsetzen der Geradengleichungen ergibt sich ein lineares Gleichungssystem mit zwei Variablen und drei Gleichungen:

$$\left|\begin{array}{rcl} 2+t &=& 3+2s \\ 1-t &=& 1+20s \\ -1+3t &=& 6s \end{array}\right| \quad \text{also} \quad \left|\begin{array}{rcl} 2s-t &=& -1 \\ 20s+t &=& 0 \\ 6s-3t &=& 1 \end{array}\right|$$

Durch Umformen erhält man daraus: $\left|\begin{array}{rcl} 2s-t &=& -1 \\ 11t &=& 10 \\ 0 &=& 4 \end{array}\right|$

Das lineare Gleichungssystem hat keine Lösung.
Die Geraden h und g_{20} haben keine gemeinsamen Punkte.
Somit sind g_{20} und h zueinander windschief.

LK **22.** Gegeben sind die Punkte $A(-1\,|\,1\,|\,2)$ und $B(5\,|\,4\,|\,7)$ sowie die Geradenschar g_k mit

$g_k\colon \vec{x} = \begin{pmatrix}0\\0\\2\end{pmatrix} + t\cdot\begin{pmatrix}k\\2\\2k\end{pmatrix}$ mit $k \in \mathbb{R}$.

a) Die Gerade h verläuft durch die Punkte A und B. Für welchen Wert von k verläuft g_k orthogonal zu h?
b) Untersuchen Sie, ob es eine Gerade g_k gibt, die parallel zur x_2-Achse verläuft. Begründen Sie, dass keine Gerade der Schar parallel zur x_1-Achse und auch keine parallel zur x_3-Achse verläuft.
c) Gibt es einen Wert k, für den sich die Gerade g_k und die Gerade h aus Teilaufgabe a) in einem Punkt S schneiden? Falls ja, bestimmen Sie die Koordinaten von S.
d) Bestimmen Sie den Spurpunkt der Geraden g_k mit der x_1x_2-Ebene in Abhängigkeit von k.

LK **23.** Gegeben sind die Gerade h und die Geradenschar g_k mit $k \in \mathbb{R}$.

$$h: \vec{x} = \begin{pmatrix} 2 \\ 4 \\ 4 \end{pmatrix} + s \cdot \begin{pmatrix} 2 \\ -4 \\ 4 \end{pmatrix}; \quad g_k: \vec{x} = \begin{pmatrix} 2 \\ 1 \\ 4 \end{pmatrix} + t \cdot \begin{pmatrix} 1 \\ -1 \\ k \end{pmatrix}$$

a) Bestimmen Sie den Schnittpunkt S der Geraden g_2 mit der Geraden h.

b) Geben Sie eine Gleichung für die Gerade j an, die durch den Schnittpunkt S aus Teilaufgabe a) geht und die orthogonal zu g_2 und h verläuft.

c) Gibt es einen Wert für k, für den die Geraden g_k und h orthogonal zueinander sind? Falls ja, untersuchen Sie auch, ob sich die beiden Geraden dann auch in einem Punkt schneiden.

d) In welchem Punkt durchstößt die Gerade h die x_1x_3-Ebene? Bestimmen Sie auch die Koordinaten der Spurpunkte der Geradenschar g_k mit der x_1x_3-Ebene in Abhängigkeit von k.

LK **24.** Gegeben ist ein Würfel mit der Kantenlänge 4. Die Gerade g verbindet die Seitenmitten M_1 und M_2 der Kanten $\overline{EH}$ und $\overline{BF}$ (siehe nebenstehende Grafik).
Eine Schar h_t von Geraden geht durch den Punkt E und einen Punkt P_t auf der Kante $\overline{CG}$.
Untersuchen Sie, ob eine Gerade dieser Schar die Gerade g schneidet.

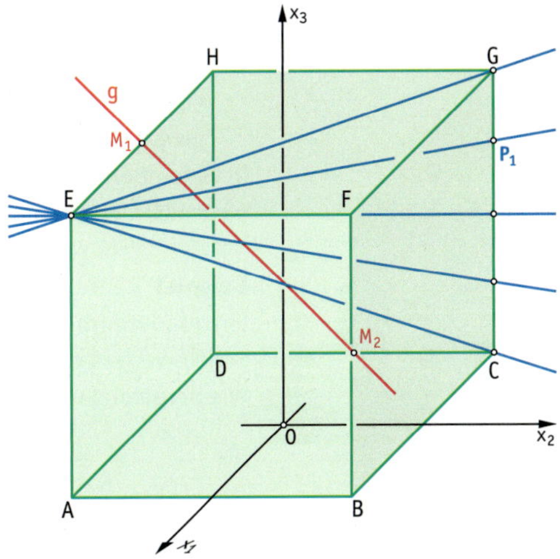

25. Gegeben sind die Gerade

$$g: x = \begin{pmatrix} 0{,}5 \\ 2 \\ -4 \end{pmatrix} + k \cdot \begin{pmatrix} 0 \\ -1 \\ 2 \end{pmatrix} \text{ und für } t \in \mathbb{R}$$

der Punkt $P_t(1\,|\,2t+5\,|\,-10-4t)$.
Bestimmen Sie eine Gleichung der Geraden h, auf der alle möglichen Punkte P_t liegen.
Wie liegen die Geraden g und h zueinander?

LK **26.** Eine Geradenschar g_t ist durch die Parameterdarstellung $g_t: \vec{x} = \begin{pmatrix} 5+t \\ -10-3t \\ 33+11t \end{pmatrix} + k \cdot \begin{pmatrix} 2 \\ -1 \\ 2 \end{pmatrix}$ mit $k, t \in \mathbb{R}$ gegeben.

a) Wie liegen die Geraden der Schar zueinander? Welche Gerade der Schar schneidet die x_3-Achse?

b) Auf welcher der Geraden liegt der Punkt $A(-10\,|\,-15\,|\,68)$?
Bestimmen Sie die Koordinaten eines Punktes B auf dieser Geraden, sodass der Abstand der Punkte A und B 12 LE beträgt.

LK **27.** Gegeben sind eine Gerade g und eine Geradenschar h_t.

$$g: \vec{x} = \begin{pmatrix} 2 \\ 1 \\ -1 \end{pmatrix} + r \cdot \begin{pmatrix} -1 \\ 2 \\ 1 \end{pmatrix}, \text{ mit } r \in \mathbb{R} \qquad h_t: \vec{x} = \begin{pmatrix} 1-t \\ 3+2t \\ 1+t \end{pmatrix} + s \cdot \begin{pmatrix} 1 \\ -2 \\ -2 \end{pmatrix}, \text{ mit } s, t \in \mathbb{R}$$

a) Zeigen Sie, dass jede Gerade der Geradenschar h_t die Gerade g in einem Punkt schneidet. Bestimmen Sie die Koordinaten des Schnittpunkts.

b) Welche Gerade der Geradenschar h_t schneidet die Gerade g im Punkt $S(-13\,|\,31\,|\,14)$?

LK **28.** Die Gerade g im Bild rechts verläuft im Abstand von 3 Einheiten parallel zur x_2-Achse und liegt in der x_2x_3-Ebene. Eine Schar h_t von Geraden geht durch den Punkt $P(4\,|\,2\,|\,0)$ und einen Punkt Q_t auf der Geraden g.

a) Geben Sie eine Parameterdarstellung der Geradenschar h_t an.

b) h_t^* ist diejenige Gerade der Schar, welche die x_3-Achse schneidet. Bestimmen Sie den Flächeninhalt des Dreiecks OPQ_t^*.

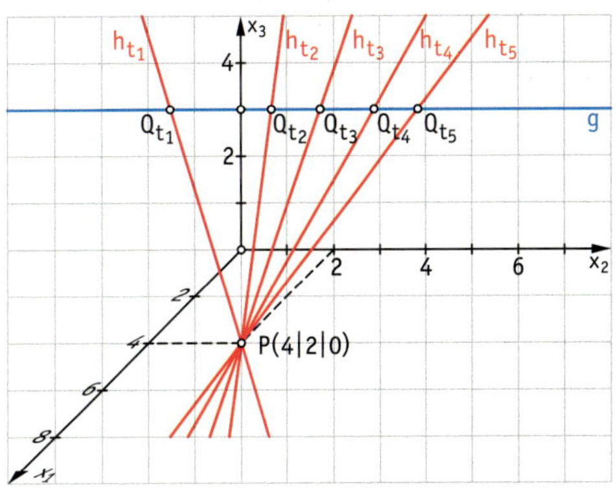

Blickpunkt: Licht und Schatten

Wenn Licht auf einen Gegenstand fällt, dann entsteht am Boden oder an der nebenstehenden Wand ein Schatten. Dieses Schattenbild entsteht durch eine geometrische Abbildung des Gegenstandes. Dabei müssen zwei Fälle unterschieden werden:

- Fällt das Licht parallel ein (z. B. Sonnenlicht), spricht man von **Parallelprojektion**.
- Geht das Licht von einer punktförmigen Lichtquelle aus, spricht man von **Zentralprojektion**.

In vielen Bereichen der Computeranimation werden Lichteffekte mit den entsprechenden Schatten eingesetzt. Wie berechnet man solche Schattenbilder?

Beispiel

Ein quaderförmiges Kunstobjekt wird tagsüber von der Sonne angestrahlt und nachts von einem Scheinwerfer beleuchtet.
Wie berechnet und zeichnet man jeweils den Schatten?

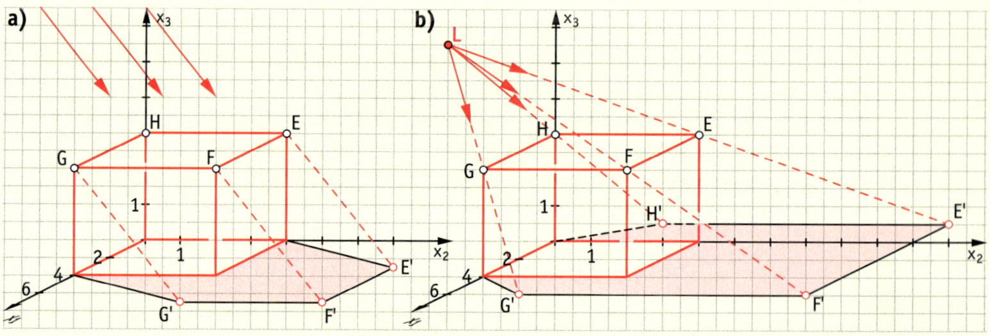

a) Der Quader hat eine Grundfläche von 4 m · 4 m und eine Höhe von 3 m. Eine Ecke liegt im Koordinatenursprung. Bestimmen Sie zunächst die Koordinaten der übrigen Eckpunkte des Quaders.

Die parallelen Sonnenstrahlen treffen mit der Richtung $\vec{v} = \begin{pmatrix} 2 \\ 3 \\ -2 \end{pmatrix}$ auf den Quader.

Zunächst machen wir uns klar, dass die Eckpunkte G, F und E den Schatten bestimmen.
Der Lichtstrahl durch den Punkt G (eine Gerade mit dem Richtungsvektor $\vec{v}$) trifft die x_1x_2-Ebene in G′, d. h. für G′ gilt: $x_3 = 0$. G′ liegt auf der Geraden mit $\overrightarrow{OX} = \begin{pmatrix} 4 \\ 0 \\ 3 \end{pmatrix} + s \cdot \begin{pmatrix} 2 \\ 3 \\ -2 \end{pmatrix}$ mit der Bedingung $x_3 = 0$, also $0 = 3 - 2s$. Daraus folgt $s = 1{,}5$.
Setzen wir diesen Wert in die Geradengleichung ein, so erhalten wir G′(7 | 4,5 | 0). Durch analoges Vorgehen erhält man die anderen Schattenpunkte F′(7 | 8,5 | 0) und E′(3 | 8,5 | 0).

b) Nachts befindet sich die Lichtquelle L an der Position L(2 | −2 | 6). In diesem Fall hat jeder Lichtstrahl einen anderen Richtungsvektor. Beispielsweise liegt der Schattenpunkt G auf der Geraden LG mit $\overrightarrow{OX} = \begin{pmatrix} 2 \\ -2 \\ 6 \end{pmatrix} + t \cdot \begin{pmatrix} 4-2 \\ 0+2 \\ 3-6 \end{pmatrix} = \begin{pmatrix} 2 \\ -2 \\ 6 \end{pmatrix} + t \cdot \begin{pmatrix} 2 \\ 2 \\ -3 \end{pmatrix}$.

Aus der Bedingung $x_3 = 0$ gewinnen wir $t = 2$ und somit G′(6 | 2 | 0).
Die anderen Schattenpunkte sind F′(6 | 10 | 0), E′(−2 | 10 | 0) und H′(−2 | 2 | 0), wobei H′ von uns aus nicht sichtbar ist.

1. Ein Carport mit den angegebenen Maßen steht auf der Grundstücksgrenze und wirft auf das Nachbargrundstück einen Schatten. Wählt man den Koordinatenursprung wie im Foto, so kann der Lichteinfall bei niedrigem Sonnenstand durch den Vektor $\vec{v} = \begin{pmatrix} 2 \\ 3 \\ -2 \end{pmatrix}$ beschrieben werden und bei hohem Sonnenstand durch $\vec{u} = \begin{pmatrix} 1 \\ 2 \\ -3 \end{pmatrix}$.
Berechnen Sie jeweils die Größe der Schattenfläche auf dem Nachbargrundstück.

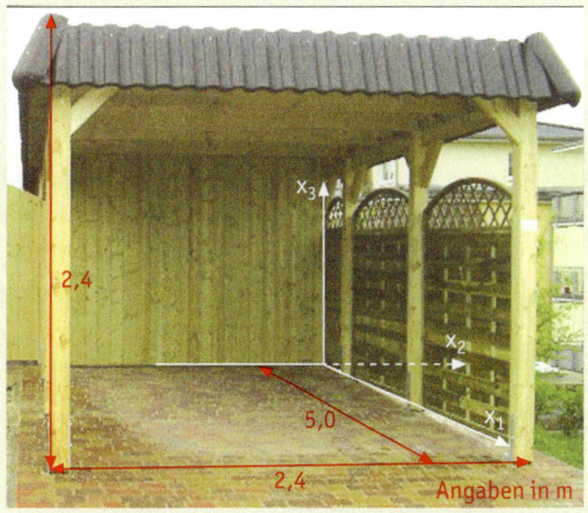

2. Vor einer Wand steht die gerade quadratische Pyramide mit der Kantenlänge 4 Koordinateneinheiten und der Höhe 5 Koordinateneinheiten.

a) Die Pyramide wird von der Sonne beschienen und die Sonnenstrahlen treffen mit der Richtung $\vec{v} = \begin{pmatrix} 2 \\ 3 \\ -2 \end{pmatrix}$ auf die Pyramide.
Berechnen und zeichnen Sie den Schatten am Boden.

b) Parallele Lichtstrahlen fallen aus der Richtung $\vec{v} = \begin{pmatrix} 0{,}5 \\ -2 \\ -1 \end{pmatrix}$ auf die Pyramide.
Berechnen und zeichnen Sie den Schatten, der am Boden und an der Wand (x_1x_3-Ebene) entsteht. *Hinweis:* Berechnen Sie zunächst den Schattenpunkt von S am Boden, um die „Knickstellen“ an der x_1-Achse zu erhalten.

c) Bearbeiten Sie die Fragestellung für eine Zentralprojektion mit einer Lichtquelle in L (0 | 2 | 10).

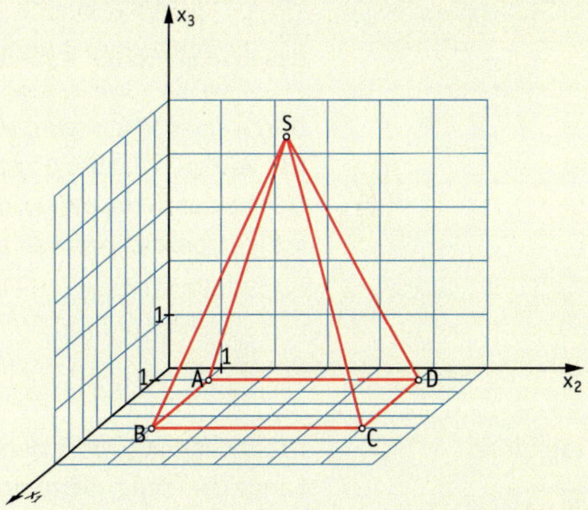

3. Vor einer Wand (x_2x_3-Ebene) steht ein kleiner Turm mit quadratischer Grundfläche und der Höhe 6 m.

a) Bestimmen Sie die Eckpunkte.

b) Der Turm wirft einen Schatten auf die Wand und den Boden. Berechnen Sie die Schattenpunkte, wenn die Richtung der Sonnenstrahlen durch $\vec{v} = \begin{pmatrix} -5 \\ 3 \\ -3 \end{pmatrix}$ gegeben ist.

c) Berechnen und zeichnen Sie den Schatten für den Fall, dass der Turm von einer Lichtquelle in L (2 | 0 | 10) beleuchtet wird.

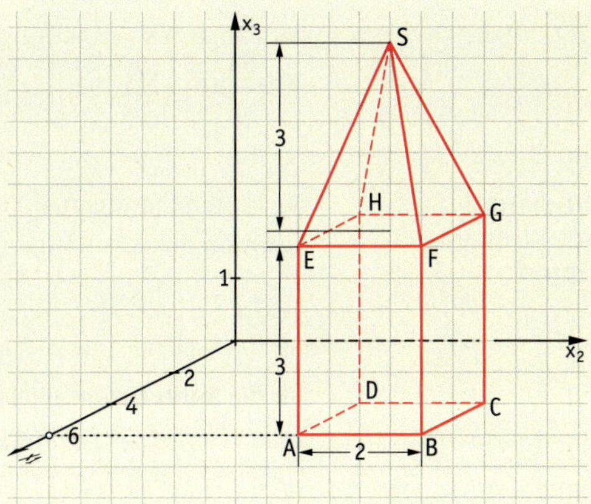

4. Große Windräder können eine Gesamthöhe von 200 m haben. In Wohngebieten und auch auf Landstraßen werden bewegliche Schatten als störend empfunden. Wie weit reicht der Schatten solcher Anlagen? Die Schatten sind besonders lang, wenn die Sonne weit östlich oder westlich am Himmel steht. Berechnen Sie die Schattenlängen für Sonnenstrahlen, die mit den folgenden beiden Richtungen auf das Windrad treffen: $\vec{v} = \begin{pmatrix} 1 \\ 4 \\ -1 \end{pmatrix}$ und $\vec{u} = \begin{pmatrix} 2 \\ -6 \\ -1 \end{pmatrix}$.

Das Wichtigste im Überblick

Koordinatensystem

Ein **räumliches kartesisches Koordinatensystem** besteht aus drei Koordinatenachsen, die als **x_1-Achse, x_2-Achse** und **x_3-Achse** bezeichnet werden. Diese Achsen sind paarweise orthogonal zueinander. Je zwei Koordinatenachsen spannen eine **Koordinatenebene** auf: die x_1x_2-Ebene, die x_2x_3-Ebene und die x_1x_3-Ebene.
Zu jedem Zahlentripel $(x_1 \,|\, x_2 \,|\, x_3)$ gehört ein Punkt $\mathbf{P(x_1 \,|\, x_2 \,|\, x_3)}$ im Koordinatensystem.

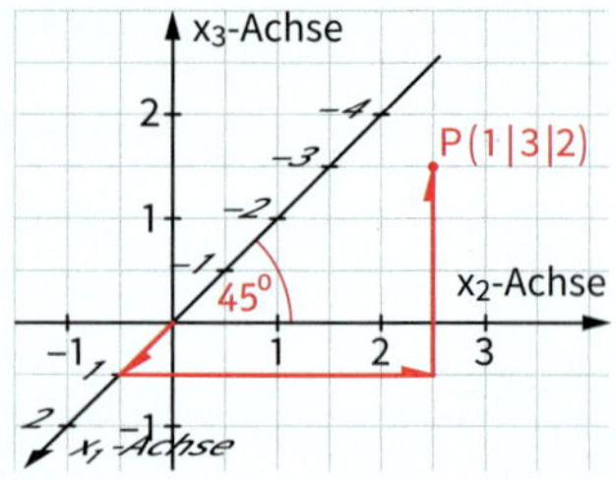

Vektoren

Ein Vektor $\vec{v}$ mit drei Koordinaten ist ein geordnetes Zahlentripel, das man als Spalte schreibt: $\vec{v} = \begin{pmatrix} v_1 \\ v_2 \\ v_3 \end{pmatrix}$.
Durch einen Vektor wird ein Verschiebung im Raum beschrieben.
Der Vektor $-\vec{v}$ ist der **Gegenvektor des Vektors** $\vec{v}$.
Den Vektor $\vec{p}$, der den Koordinatenursprung O in den Punkt P verschiebt, bezeichnet man als **Ortsvektor des Punktes P:** $\vec{p} = \overrightarrow{OP}$.

$A(-1 \,|\, 4 \,|\, 5)$; $B(3 \,|\, -2 \,|\, 6)$
Verschiebung von A nach B mit dem Vektor:
$\vec{v} = \overrightarrow{AB} = \begin{pmatrix} 3-(-1) \\ -2-4 \\ 6-5 \end{pmatrix} = \begin{pmatrix} 4 \\ -6 \\ 1 \end{pmatrix}$
Gegenvektor: $-\vec{v} = \begin{pmatrix} -4 \\ 6 \\ -1 \end{pmatrix}$
Ortsvektoren:
$\vec{a} = \overrightarrow{OA} = \begin{pmatrix} -1 \\ 4 \\ 5 \end{pmatrix}$; $\vec{b} = \overrightarrow{OB} = \begin{pmatrix} 3 \\ -2 \\ 6 \end{pmatrix}$

Betrag eines Vektors

Unter der **Länge** oder dem **Betrag** eines Vektors $\vec{v}$ versteht man die Länge der Pfeile, die zu dem Vektor gehören.
Man schreibt: $|\vec{v}|$. Für die Länge $|\vec{v}|$ eines Vektors $\vec{v} = \begin{pmatrix} v_1 \\ v_2 \\ v_3 \end{pmatrix}$ gilt:
$|\vec{v}| = \sqrt{v_1^2 + v_2^2 + v_3^2}$.

$\vec{v} = \begin{pmatrix} 4 \\ -6 \\ 1 \end{pmatrix}$

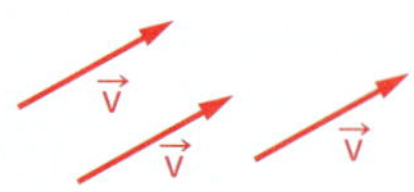

$|\vec{v}| = \sqrt{4^2 + (-6)^2 + 1^2} = \sqrt{53}$
$\approx 7{,}28$

Abstand zweier Punkte

Der Abstand zweier Punkte $A(a_1 \,|\, a_2 \,|\, a_3)$ und $B(b_1 \,|\, b_2 \,|\, b_3)$ ist gleich der Länge des Verbindungsvektors $\overrightarrow{AB}$. Es gilt also:
$|AB| = |\overrightarrow{AB}| = \sqrt{(b_1 - a_1)^2 + (b_2 - a_2)^2 + (b_3 - a_3)^2}$

$|\overrightarrow{AB}| = \left| \begin{pmatrix} 3-(-1) \\ -2-4 \\ 6-5 \end{pmatrix} \right| = \sqrt{53}$
$\approx 7{,}28$

Addition und Subtraktion von Vektoren

Die Hintereinanderausführung zweier Verschiebungen entspricht der **Addition** der zugehörigen Vektoren $\vec{a}$ und $\vec{b}$. Es gilt:
$\vec{s} = \vec{a} + \vec{b} = \begin{pmatrix} a_1 \\ a_2 \\ a_3 \end{pmatrix} + \begin{pmatrix} b_1 \\ b_2 \\ b_3 \end{pmatrix} = \begin{pmatrix} a_1 + b_1 \\ a_2 + b_2 \\ a_3 + b_3 \end{pmatrix}$.

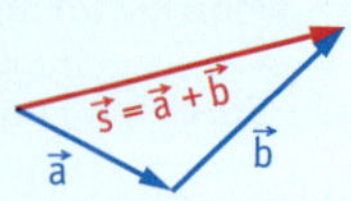

Für die **Subtraktion** zweier Vektoren $\vec{a}$ und $\vec{b}$ gilt:
$\vec{d} = \vec{a} - \vec{b} = \begin{pmatrix} a_1 \\ a_2 \\ a_3 \end{pmatrix} - \begin{pmatrix} b_1 \\ b_2 \\ b_3 \end{pmatrix} = \begin{pmatrix} a_1 - b_1 \\ a_2 - b_2 \\ a_3 - b_3 \end{pmatrix}$.

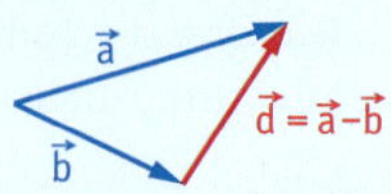

$\vec{a} = \begin{pmatrix} 4 \\ -3 \\ 2 \end{pmatrix}$, $\vec{b} = \begin{pmatrix} -7 \\ 6 \\ -4 \end{pmatrix}$
$\vec{a} + \vec{b} = \begin{pmatrix} 4+(-7) \\ -3+6 \\ 2+(-4) \end{pmatrix} = \begin{pmatrix} -3 \\ 3 \\ -2 \end{pmatrix}$
$\vec{a} - \vec{b} = \begin{pmatrix} 4-(-7) \\ -3-6 \\ 2-(-4) \end{pmatrix} = \begin{pmatrix} 11 \\ -9 \\ 6 \end{pmatrix}$

Vervielfachen eines Vektors

Ein Vektor $\vec{v} = \begin{pmatrix} v_1 \\ v_2 \\ v_3 \end{pmatrix}$ wird koordinatenweise mit einer reellen Zahl r **vervielfacht**. Es gilt: $r \cdot \vec{v} = r \cdot \begin{pmatrix} v_1 \\ v_2 \\ v_3 \end{pmatrix} = \begin{pmatrix} r \cdot v_1 \\ r \cdot v_2 \\ r \cdot v_3 \end{pmatrix}$.
Die Pfeile der Vektoren $\vec{v}$ und $r \cdot \vec{v}$ sind parallel zueinander.

$3 \cdot \begin{pmatrix} 4 \\ -6 \\ 1 \end{pmatrix} = \begin{pmatrix} 3 \cdot 4 \\ 3 \cdot (-6) \\ 3 \cdot 1 \end{pmatrix} = \begin{pmatrix} 12 \\ -18 \\ 3 \end{pmatrix}$

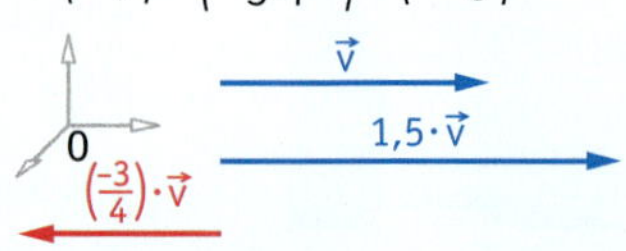

Parameterdarstellung einer Geraden

Eine Gerade g durch einen Punkt A mit einem Richtungsvektor $\vec{v} \neq \vec{o}$ kann durch eine **Parametergleichung** mit dem **Parameter k** beschrieben werden:

g: $\overrightarrow{OX} = \overrightarrow{OA} + k \cdot \vec{v}$ mit $k \in \mathbb{R}$.

Eine Gerade kann durch verschiedene Parameterdarstellungen beschrieben werden.

$A(6|6|-1)$, $\vec{v} = \begin{pmatrix} 3 \\ 2 \\ -1 \end{pmatrix}$

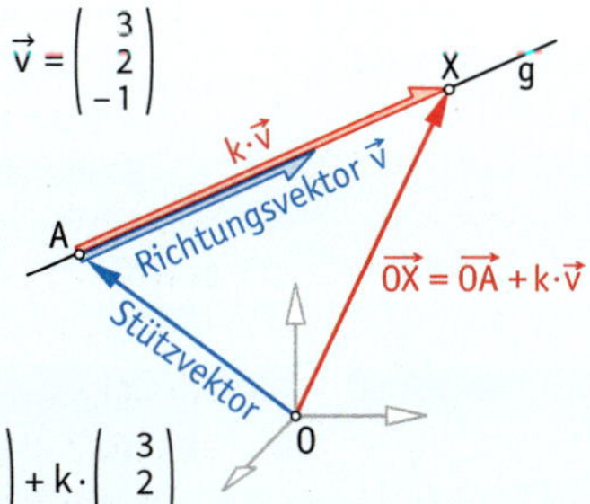

g: $\overrightarrow{OX} = \begin{pmatrix} 6 \\ 6 \\ -1 \end{pmatrix} + k \cdot \begin{pmatrix} 3 \\ 2 \\ -1 \end{pmatrix}$

Gerade durch zwei Punkte

Eine Gerade g durch die Punkte A und B hat die Parameterdarstellung

g: $\overrightarrow{OX} = \overrightarrow{OA} + k \cdot (\overrightarrow{OB} - \overrightarrow{OA})$ mit $k \in \mathbb{R}$.

$A(6|6|-1)$, $B(0|2|1)$

g : $\overrightarrow{OX} = \begin{pmatrix} 6 \\ 6 \\ -1 \end{pmatrix} + k \cdot \begin{pmatrix} -6 \\ -4 \\ 2 \end{pmatrix}$

Lagebeziehungen von Geraden

Für die **Lagebeziehung** zweier Geraden g und h im Raum sind folgende Fälle möglich:

(1) g und h sind identisch: g = h	(2) g und h sind zueinander parallel, aber verschieden: $g \parallel h$ mit $g \neq h$	(3) g und h schneiden sich in einem Punkt S.	(4) g und h sind zueinander windschief.

Strategie zum Ermitteln der Lagebeziehung

1. Schritt

Sind die Richtungsvektoren der Geraden g und h Vielfache voneinander?

ja → $g \parallel h$

nein → g und h sind nicht zueinander parallel: $g \nparallel h$

2. Schritt

(bei $g \parallel h$) Liegt ein Punkt von g auf h? ja / nein

(bei $g \nparallel h$) Haben g und h einen gemeinsamen Punkt S? ja / nein

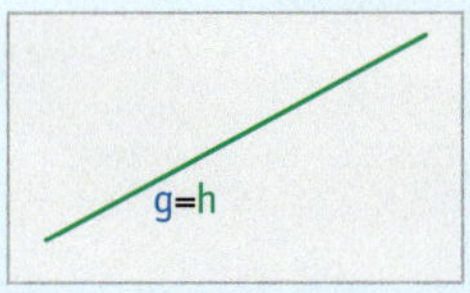

g: $\vec{x} = \begin{pmatrix} 2 \\ 1 \\ 3 \end{pmatrix} + r \cdot \begin{pmatrix} -1 \\ 0 \\ 2 \end{pmatrix}$

h: $\vec{x} = \begin{pmatrix} 1 \\ 1 \\ 5 \end{pmatrix} + s \cdot \begin{pmatrix} 2 \\ 0 \\ -4 \end{pmatrix}$

g und h sind identisch.

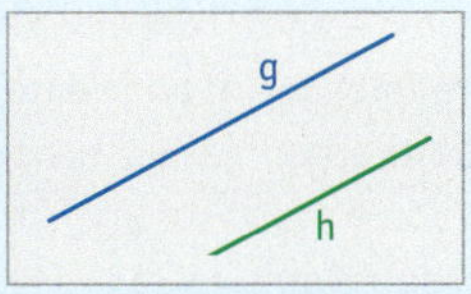

g: $\vec{x} = \begin{pmatrix} 2 \\ 1 \\ 3 \end{pmatrix} + r \cdot \begin{pmatrix} -1 \\ 0 \\ 2 \end{pmatrix}$

h: $\vec{x} = \begin{pmatrix} 2 \\ 2 \\ 1 \end{pmatrix} + s \cdot \begin{pmatrix} -2 \\ 0 \\ 4 \end{pmatrix}$

g und h sind zueinander parallel und nicht identisch.

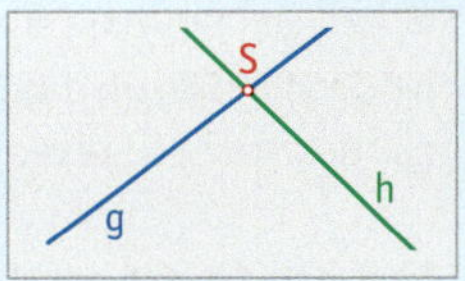

g: $\vec{x} = \begin{pmatrix} 2 \\ 1 \\ 3 \end{pmatrix} + r \cdot \begin{pmatrix} -1 \\ 0 \\ 2 \end{pmatrix}$

h: $\vec{x} = \begin{pmatrix} 1 \\ -1 \\ 4 \end{pmatrix} + s \cdot \begin{pmatrix} 0 \\ 2 \\ 1 \end{pmatrix}$

$S(1|1|5)$

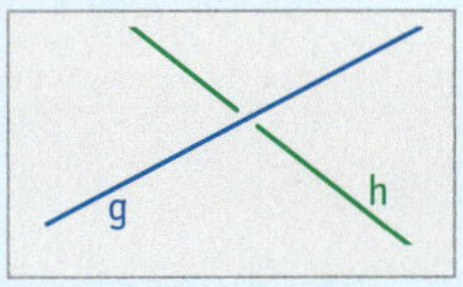

g: $\vec{x} = \begin{pmatrix} 2 \\ 1 \\ 3 \end{pmatrix} + r \cdot \begin{pmatrix} -1 \\ 0 \\ 2 \end{pmatrix}$

h: $\vec{x} = \begin{pmatrix} 2 \\ 2 \\ 1 \end{pmatrix} + s \cdot \begin{pmatrix} 1 \\ 1 \\ 2 \end{pmatrix}$

g und h sind windschief zueinander.

Skalaprodukt

Für das **Skalarprodukt** der Vektoren $\vec{u} = \begin{pmatrix} u_1 \\ u_2 \\ u_3 \end{pmatrix}$ und $\vec{v} = \begin{pmatrix} v_1 \\ v_2 \\ v_3 \end{pmatrix}$ gilt:

$$\vec{u} * \vec{v} = \begin{pmatrix} u_1 \\ u_2 \\ u_3 \end{pmatrix} * \begin{pmatrix} v_1 \\ v_2 \\ v_3 \end{pmatrix} = u_1 \cdot v_1 + u_2 \cdot v_2 + u_3 \cdot v_3$$

$\vec{u} = \begin{pmatrix} -2 \\ 3 \\ 1 \end{pmatrix}$, $\vec{v} = \begin{pmatrix} 4 \\ -1 \\ 8 \end{pmatrix}$;

$$\begin{pmatrix} -2 \\ 3 \\ 1 \end{pmatrix} * \begin{pmatrix} 4 \\ -1 \\ 8 \end{pmatrix} = (-2) \cdot 4 + 3 \cdot (-1) + 1 \cdot 8 = -3$$

Orthogonalität von Vektoren	Zwei Vektoren $\vec{u}$ und $\vec{v}$ mit $\vec{u} \neq \vec{o}$ und $\vec{v} \neq \vec{o}$ sind genau dann zueinander **orthogonal**, wenn ihr **Skalarprodukt den Wert null** hat.	$\vec{u} = \begin{pmatrix} -2 \\ 3 \\ 1 \end{pmatrix}, \vec{w} = \begin{pmatrix} 4 \\ 0 \\ 8 \end{pmatrix}; \begin{pmatrix} -2 \\ 3 \\ 1 \end{pmatrix} * \begin{pmatrix} 4 \\ 0 \\ 8 \end{pmatrix}$ $= (-2) \cdot 4 + 3 \cdot 0 + 1 \cdot 8 = 0$, also $u \perp v$
Winkel zwischen zwei Vektoren	Für je zwei Vektoren $\vec{u} \neq \vec{o}$ und $\vec{v} \neq \vec{o}$ mit dem eingeschlossenen Winkel α gilt: $\vec{u} * \vec{v} = \lvert\vec{u}\rvert \cdot \lvert\vec{v}\rvert \cdot \cos(\alpha)$.	$\vec{u} = \begin{pmatrix} -2 \\ 3 \\ 1 \end{pmatrix}, \vec{v} = \begin{pmatrix} 4 \\ -1 \\ 8 \end{pmatrix}$ $\vec{u} = \sqrt{14}, \vec{v} = 9, \vec{u} * \vec{v} = -3$
	Für den Winkel zwischen diesen Vektoren gilt also: $\cos(\alpha) = \frac{\vec{u} * \vec{v}}{\lvert\vec{u}\rvert \cdot \lvert\vec{v}\rvert}$ mit $0° \leq \alpha \leq 180°$.	$\cos(\alpha) = \frac{-3}{\sqrt{14 \cdot 9}}$ $\alpha = \cos^{-1}\left(\frac{-3}{\sqrt{14 \cdot 9}}\right) \approx 95°$

Klausurtraining

TEIL A

Lösen Sie die folgenden Aufgaben ohne Formelsammlung und Taschenrechner.

1. Geben Sie die Koordinaten eines Punktes an, der nicht der Ursprung ist und der
a) in der x_1x_2-Ebene und in der x_2x_3-Ebene liegt;
b) in der x_1x_2-Ebene liegt und gleich weit von der x_1-Achse und der x_2-Achse entfernt ist;
c) gleich weit von der x_2-Achse und der x_3-Achse entfernt ist.

2. Bestimmen Sie die Koordinaten der Bildpunkte des Punktes $A(3|-2|4)$, wenn dieser
a) an der x_1x_3-Ebene
b) an der x_1-Achse
c) zuerst an der x_1x_2-Ebene und anschließend an der x_2x_3-Ebene
gespiegelt wird.

3. Gegeben sind die Punkte $A(3|-1|4)$, $B(7|3|1)$, $C(5|4|2)$ und $D(1|0|5)$.
a) Zeigen Sie, dass die Punkte A bis D die Eckpunkte eines Parallelogramms sind.
b) Prüfen Sie, ob das Parallelogramm auch eine Raute ist.
c) Bestimmen Sie die Koordinaten des Schnittpunktes der Diagonalen.

4. Eine Gerade g ist gegeben durch $g: \vec{x} = \begin{pmatrix} 2 \\ -3 \\ 4 \end{pmatrix} + k \cdot \begin{pmatrix} 4 \\ 1 \\ -2 \end{pmatrix}$.
a) Geben Sie eine zweite Parameterdarstellung von g an.
b) Zeigen Sie, dass die Gerade g ebenfalls durch $\vec{x} = \begin{pmatrix} 86 \\ 18 \\ -38 \end{pmatrix} + r \cdot \begin{pmatrix} -20 \\ -5 \\ 10 \end{pmatrix}$ dargestellt wird.

5. Untersuchen Sie, ob die Punkte $A(2|3|1)$, $B(5|1|-2)$ und $C(-4|7|7)$ auf einer Geraden liegen.

6. Die Gerade g geht durch die Punkte $P(-5|-11|6)$ und $Q(10|10|-3)$.
a) Bestimmen Sie die Koordinaten der Spurpunkte von g, d.h. die Koordinaten der Schnittpunkte von g mit den Koordinatenebenen.
b) Zeichnen Sie die Gerade in ein Koordinatensystem.

7. **a)** Welche der folgenden Vektoren sind orthogonal zueinander? Begründen Sie.
$\vec{u} = \begin{pmatrix} 1 \\ -2 \\ 3 \end{pmatrix}, \vec{v} = \begin{pmatrix} 2 \\ 1 \\ 3 \end{pmatrix}, \vec{w} = \begin{pmatrix} -1 \\ 1 \\ 1 \end{pmatrix}$
b) Geben Sie einen Vektor $\vec{a}$ an, der zu $\vec{u}$ und zu $\vec{v}$ aus Teilaufgabe a) orthogonal ist.

8. Gegeben sind die beiden Geraden $g: \vec{x} = \begin{pmatrix} 2 \\ -1 \\ 0 \end{pmatrix} + r \cdot \begin{pmatrix} 3 \\ -1 \\ 2 \end{pmatrix}$ und $h: \vec{x} = \begin{pmatrix} 1 \\ 1 \\ -1 \end{pmatrix} + s \cdot \begin{pmatrix} 2 \\ b \\ c \end{pmatrix}$.
Für welche Werte von b und c

a) sind die Geraden g und h zueinander parallel,

b) schneiden sich g und h im Punkt $P(-13|4|-10)$?

9. Gegeben sind die Punkte $A(4|0|0)$, $B(3|6|0)$ und $C_t(2|2|t)$. Untersuchen Sie, für welche Werte von t

a) das Dreieck ABC_t rechtwinklig ist;

b) das Dreieck ABC_t gleichschenklig ist.

10. Gegeben sind die Punkte $A(3|2|-1)$ und $B(7|-4|6)$ sowie die Gerade $g: \vec{x} = \begin{pmatrix} 6 \\ 4 \\ 5 \end{pmatrix} + r \cdot \begin{pmatrix} -2 \\ 1 \\ 2 \end{pmatrix}$.

a) Bestimmen Sie einen Punkt C auf der Geraden g so, dass das Dreieck ABC einen rechten Winkel bei C hat.

b) Berechnen Sie den Flächeninhalt des Dreiecks ABC.

11. Gegeben ist eine Schar von Geraden mit $g_t: \vec{x} = \begin{pmatrix} 4 \\ 1-2t \\ 0 \end{pmatrix} + k \cdot \begin{pmatrix} 11 \\ 9 \\ 2t+1 \end{pmatrix}$ mit $t \in \mathbb{R}$.

a) Untersuchen Sie, ob die Geraden $h: \vec{x} = \begin{pmatrix} 26 \\ 15 \\ 10 \end{pmatrix} + r \cdot \begin{pmatrix} 11 \\ 9 \\ 5 \end{pmatrix}$ und $k: \vec{x} = \begin{pmatrix} 37 \\ 25 \\ -1 \end{pmatrix} + s \cdot \begin{pmatrix} 11 \\ 9 \\ -2 \end{pmatrix}$ Geraden dieser Schar sind.

b) Zeigen Sie, dass die Geraden h und k windschief zueinander sind.

TEIL B

Bei der Lösung dieser Aufgaben können Sie die Formelsammlung und einen Taschenrechner verwenden.

12. Gegeben sind die Punkte $A(11|1|6)$ und $B(5|-1|2)$.

a) Stellen Sie eine Gleichung der Geraden g auf, die durch die Punkte A und B verläuft.
Geben Sie die Koordinaten zweier Punkte auf der Geraden g an, die zwischen A und B liegen.

b) Untersuchen Sie, ob es einen Punkt mit drei gleichen Koordinaten auf der Geraden g gibt.

13. Ein Heißluftballon bewegt sich nach dem Start einige Minuten lang nahezu konstant pro Sekunde um den Vektor $v = \begin{pmatrix} 1{,}2 \\ -1{,}8 \\ 0{,}5 \end{pmatrix}$ vorwärts (Koordinaten in Meter).

a) Geben Sie die Geschwindigkeit des Ballons nach dem Start in $\frac{km}{h}$ an.

b) Der Startpunkt des Ballons befand sich im Punkt $P_1(232|98|159)$.
Bestimmen Sie die Koordinaten des Punktes P_2, in dem sich der Ballon zwei Minuten nach dem Start befindet.

c) Prüfen Sie, ob der Ballon auf dem Weg von P_1 nach P_2 auch den Punkt $Q(340|-80|204)$ passiert hat.

14. Von einem Flugplatz, der in der x_1x_2-Ebene liegt, hebt ein Sportflugzeug im Punkt $A(4|1|0)$ von der Startbahn ab. Es fliegt in den ersten drei Minuten auf einem Kurs, der annähernd durch die Gerade $g: \vec{x} = \begin{pmatrix} 4 \\ 1 \\ 0 \end{pmatrix} + r \cdot \begin{pmatrix} 18 \\ 14 \\ 3 \end{pmatrix}$ (r in Minuten ab dem Abheben) beschrieben werden kann. Die Längeneinheit beträgt 100 m. Nach drei Minuten ändert der Pilot seinen Kurs und fliegt in den nächsten 20 Minuten ohne weitere Kursänderung pro Minute um den Vektor $\vec{u} = \begin{pmatrix} 22 \\ 19 \\ 1{,}2 \end{pmatrix}$ weiter.

a) Mit welcher Geschwindigkeit hebt die Maschine vom Boden ab? In welchem Punkt befindet sich das Flugzeug 10 Minuten nach dem Abheben? Welche Geschwindigkeit hat es dort?

b) Ein zweites Flugzeug befindet sich in dem Moment, in dem das Sportflugzeug in A abhebt, im Punkt B(220 | −180 | 32). Es bewegt sich über längere Zeit pro Minute um den Vektor $\vec{v} = \begin{pmatrix} 14 \\ 25 \\ 0 \end{pmatrix}$ weiter.
Bestimmen Sie den Abstand der beiden Flugzeuge 10 Minuten nach dem Abheben des Sportflugzeugs.

c) Untersuchen Sie, ob es zu einer Kollision kommen könnte, wenn die beiden Flugzeuge ihren Kurs beibehalten.

LK **15.** Gegeben sind die Gerade h durch die Punkte A(3 | 0 | 4) und B(7 | −8 | 0) sowie die Geradenschar g_k mit g_k: $x = \begin{pmatrix} 3 \\ 4 \\ 4 \end{pmatrix} + t \cdot \begin{pmatrix} -1 \\ 2k \\ k \end{pmatrix}$, $k \in \mathbb{R}$.

a) Bestimmen Sie denjenigen Wert für k, für den die Gerade g_k durch den Punkt P(1 | 12 | 8) verläuft.

b) Wie muss k gewählt werden, damit die Gerade g_k parallel zur Geraden h verläuft?
Untersuchen Sie auch, ob die Gerade h eine Gerade der Geradenschar g_k ist.

c) Begründen Sie, dass keine Gerade der Schar g_k die Gerade h schneidet.

d) Bestimmen Sie diejenige Gerade aus der Schar g_k, welche die x_3-Achse schneidet.

LK **16.** Gegeben ist eine Geradenschar g_a: $\vec{x} = \begin{pmatrix} 2 \\ -5 \\ 3 \end{pmatrix} + t \cdot \begin{pmatrix} a \\ -2 \\ 3a \end{pmatrix}$.

a) Bestimmen Sie a so, dass die Schargerade parallel zur x_2x_3-Ebene und zur x_1x_2-Ebene liegt.

b) In welchen Punkten P_a schneiden die Geraden g_a die x_1x_3-Ebene? Zeigen Sie, dass alle Punkte P_a auf einer Geraden liegen.

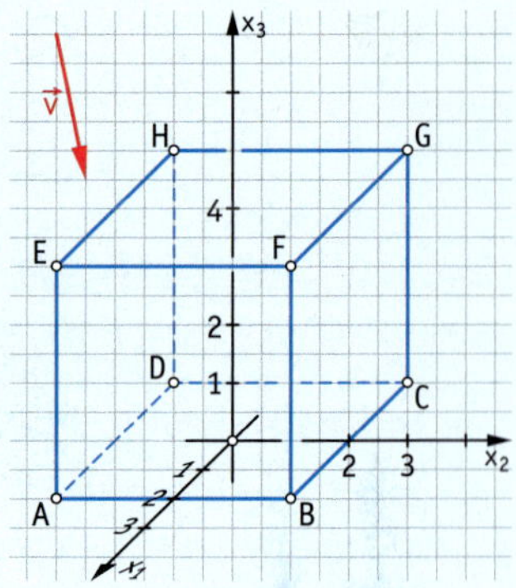

17. Auf den abgebildeten Würfel der Kantenlänge 4 fallen parallele Sonnenstrahlen in Richtung des Vektors $\vec{v} = \begin{pmatrix} 1 \\ 1 \\ -2 \end{pmatrix}$ ein.

a) Bestimmen Sie die Koordinaten der Eckpunkte des Schattens, der von dem Würfel geworfen wird.

b) Bestimmen Sie den Flächeninhalt der Schattenfläche.

18. Eine Gerade g ist gegeben durch g: $\vec{x} = \begin{pmatrix} 2 \\ -3 \\ 4 \end{pmatrix} + k \cdot \begin{pmatrix} 4 \\ 1 \\ -2 \end{pmatrix}$.

a) Geben Sie eine zweite Parameterdarstellung von g an.

b) Zeigen Sie, dass die Gerade g ebenfalls durch g: $\vec{x} = \begin{pmatrix} 86 \\ 18 \\ -38 \end{pmatrix} + r \cdot \begin{pmatrix} -20 \\ -5 \\ 10 \end{pmatrix}$ dargestellt wird.

c) Bestimmen Sie die Spurpunkte der Geraden g und skizzieren Sie die Lage von g im Koordinatensystem.

d) Bestimmen Sie den Schnittpunkt der Geraden g mit der Geraden h, die durch h: $\vec{x} = \begin{pmatrix} -6 \\ -5 \\ 8 \end{pmatrix} + t \cdot \begin{pmatrix} 3 \\ 2 \\ 1 \end{pmatrix}$ gegeben ist.
Bestimmen Sie auch den Schnittwinkel, den beide Geraden miteinander einschließen.

e) Zeigen Sie, dass der Punkt P(3 | 1 | 11) auf der Geraden h aus Teilaufgabe c) liegt.
Bestimmen Sie eine Gerade k durch P, die parallel zur Geraden g verläuft.

LK **19. a)** Bestimmen Sie den Parameter t so, dass das Dreieck ABC_t mit den Eckpunkten A(3 | −2 | 4), B(5 | 0 | 5) und C_t(1 | t | 2) einen rechten Winkel bei A hat. (Ergebnis t = 1)
Berechnen Sie die Größen der Innenwinkel des Dreiecks ABC_t.

b) Die Gerade g verläuft im Punkt A orthogonal zu den Katheten des Dreiecks ABC_t.
Zeigen Sie, dass der Punkt S(−11 | 2 | 24) auf g liegt.

c) S ist die Spitze der Pyramide ABC_tS. Berechnen Sie das Volumen dieser Pyramide.

Ebenen im Raum

3

Bei der Gestaltung moderner Gebäude werden geometrische Objekte auf vielfältige Art und Weise miteinander kombiniert. Bei der Planung und Konstruktion muss man daher mit räumlichen Koordinaten rechnen und geometrische Objekte, wie Flächen und Kanten, mithilfe von Vektoren beschreiben. Auch Abstände und Winkel im Raum müssen bestimmt werden.

Beschreiben Sie bei den einzelnen Gebäuden die Lage der ebenen Flächen und der Kanten zueinander.

In diesem Kapitel …

… erfahren Sie, wie man Ebenen im Raum mithilfe von Vektoren mathematisch beschreibt;
… lernen Sie, wie man mit diesen mathematischen Modellen rechnet;
… erarbeiten Sie Methoden, um die Lage von Ebenen im Raum und die Lage von Geraden und Ebenen zueinander zu bestimmen.

3.1 Parameterdarstellung einer Ebene

Einstiegsaufgabe ohne Lösung

→ Solaranlage auf dem Dach

Familie Müller hat auf dem Dach ihres Hauses eine Solaranlage anbringen lassen. Sie möchte die Kollektoren vermessen lassen. Dazu werden die Positionen der Kollektoren mithilfe von Koordinaten beschrieben. Für die untere linke Ecke der Solaranlage A auf dem Satteldach legt man die Koordinaten A(0|0|4) fest, mit der Einheit Meter.
Ein Kollektor ist 50 cm breit und 1 m lang.
Auf dem Dach angebracht, kann ein Kollektor in dem gewählten Koordinatensystem durch die beiden Vektoren $\vec{u} = \begin{pmatrix} 0 \\ 0{,}5 \\ 0 \end{pmatrix}$ und $\vec{v} = \begin{pmatrix} -0{,}8 \\ 0 \\ 0{,}6 \end{pmatrix}$ beschrieben werden.
Wir nehmen an, dass die Kollektoren auf dem Dach ohne Zwischenräume angebracht sind.

- Fertigen Sie eine Skizze der abgebildeten Dachebene mit den angegebenen Punkten und Vektoren in einem Koordinatensystem an.
- Bestimmen Sie die Koordinaten des auf der Dachfläche eingezeichneten Punktes B. Geben Sie die Koordinaten eines weiteren Punktes der Solaranlage an und zeichnen Sie diesen in Ihre Skizze ein.
- Geben Sie die beiden Geraden mit den Richtungsvektoren $\vec{u}$ und $\vec{v}$ an, die sich im Punkt A schneiden.
- Erläutern Sie, wie man die Koordinaten eines beliebigen Punktes der Solaranlage erhalten kann.

Einstiegsaufgabe mit Lösung

→ Eimerkettenbagger erzeugt eine ebene Fläche

Auf einer Halbinsel im Gremminer See bei Gräfenhainichen in Sachsen-Anhalt kann man fünf ausgediente Schaufelrad- und Eimerkettenbagger besichtigen. Die fünf Bagger, die bis 1991 im Braunkohletagebau eingesetzt wurden, wiegen zusammen etwa 7000 t. Der Standort erhielt wohl auch deshalb den Namen Ferropolis – Stadt aus Eisen.

Beim Schürfen wird die Eimerkette in Richtung des Vektors $\vec{v}$ nach oben gezogen, während sich der Bagger, der sich anfangs im Punkt A(8|3|6) befindet, langsam in Richtung des Vektors $\vec{u}$ bewegt.
Die Vektoren $\vec{u}$ und $\vec{v}$ haben die Koordinaten $\vec{u} = \begin{pmatrix} -1 \\ 4 \\ 0 \end{pmatrix}$ und $\vec{v} = \begin{pmatrix} -1 \\ 2 \\ 1 \end{pmatrix}$. Durch die Bewegung der Eimerkette und die Bewegung des Baggers wird eine ebene Fläche erzeugt.

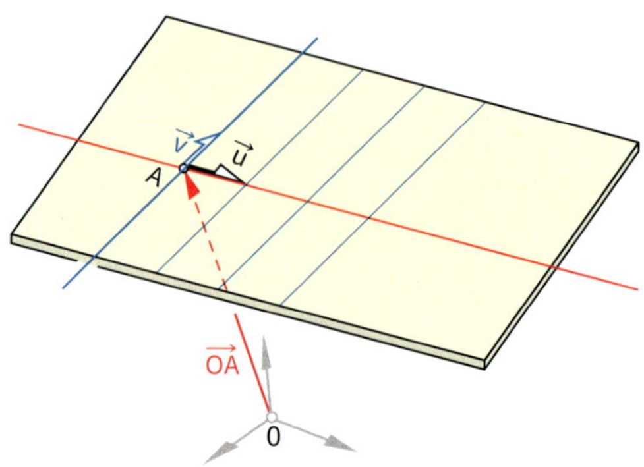

a) Berechnen Sie mit diesen Daten den Ortsvektor des Punktes B in der Figur rechts.
b) Geben Sie den Ortsvektor eines beliebigen Punktes X in der Ebene E an.
c) Entscheiden Sie begründet, welcher der beiden Punkte P (9 | 7 | 4) und Q (7 | 1 | 9) in der Ebene liegt und welcher nicht.

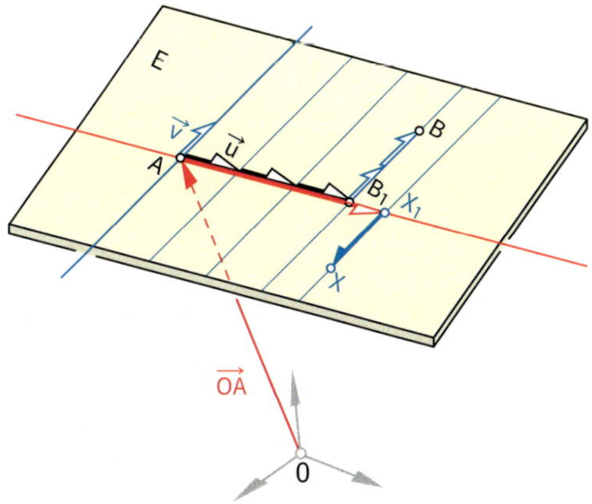

LÖSUNG

a) Wir modellieren die Fahrbahn des Baggers und den Weg der Eimerkette jeweils durch eine Gerade. Der Bagger bewegt sich entlang einer Geraden von A nach B_1. Die Eimerkette bewegt sich entlang einer Geraden, die durch B_1 und B verläuft.
Es ist

$$\begin{aligned}\overrightarrow{OB} &= \overrightarrow{OA} + \overrightarrow{AB_1} + \overrightarrow{B_1B}\\ &= \overrightarrow{OA} + 3\cdot\vec{u} + 2\cdot\vec{v}\\ &= \begin{pmatrix}8\\3\\6\end{pmatrix} + 3\cdot\begin{pmatrix}-1\\4\\0\end{pmatrix} + 2\cdot\begin{pmatrix}-1\\2\\1\end{pmatrix} = \begin{pmatrix}3\\19\\8\end{pmatrix}\end{aligned}$$

b) Wir beschreiben die Positionen, die ein Eimer des Baggers einnehmen kann, durch die Punkte einer Ebene, die durch die Bewegungen des Baggers und der Eimerkette aufgespannt wird.
Wir können jeden Punkt X dieser Ebene erreichen, indem wir vom Punkt A aus zunächst ein Vielfaches des Vektors $\vec{u}$, also $s\cdot\vec{u}$, zurücklegen und danach ein Vielfaches des Vektors $\vec{v}$, also $t\cdot\vec{v}$.
Für jeden Punkt X der Ebene gibt es also zwei Zahlen s und t, für die gilt: $\overrightarrow{OX} = \overrightarrow{OA} + s\cdot\vec{u} + t\cdot\vec{v}$.

c) Liegt der Punkt P (9 | 7 | 4) in der Ebene, so gibt es zwei Zahlen s und t, sodass gilt:
$\overrightarrow{OP} = \overrightarrow{OA} + s\cdot\vec{u} + t\cdot\vec{v}$
Eingesetzt ergibt sich:

$$\begin{pmatrix}9\\7\\4\end{pmatrix} = \begin{pmatrix}8\\3\\6\end{pmatrix} + s\cdot\begin{pmatrix}-1\\4\\0\end{pmatrix} + t\cdot\begin{pmatrix}-1\\2\\1\end{pmatrix} \text{ und umgeformt}$$

$$s\cdot\begin{pmatrix}-1\\4\\0\end{pmatrix} + t\cdot\begin{pmatrix}-1\\2\\1\end{pmatrix} = \begin{pmatrix}1\\4\\-2\end{pmatrix}.$$

Wir suchen also zwei Zahlen s und t, die das Gleichungssystem $\left|\begin{array}{rl}-s-t= & 1\\ 4s+2t= & 4\\ t= & -2\end{array}\right|$ lösen.

Durch Einsetzen von $t=-2$ erhalten wir: $\left|\begin{array}{l}s=1\\ s=2\\ t=-2\end{array}\right|$.

Das Gleichungssystem besitzt keine Lösung, d. h. es gibt keine zwei Zahlen s und t, die die Vektorgleichung erfüllen. Der Punkt P liegt also nicht in der Ebene.

Analog erhalten wir für Q die Vektorgleichung:

$$\begin{pmatrix}7\\1\\9\end{pmatrix} = \begin{pmatrix}8\\3\\6\end{pmatrix} + s\cdot\begin{pmatrix}-1\\4\\0\end{pmatrix} + t\cdot\begin{pmatrix}-1\\2\\1\end{pmatrix} \text{ und umgeformt}$$

$$s\cdot\begin{pmatrix}-1\\4\\0\end{pmatrix} + t\cdot\begin{pmatrix}-1\\2\\1\end{pmatrix} = \begin{pmatrix}-1\\-2\\3\end{pmatrix}$$

Das Gleichungssystem $\left|\begin{array}{rl}-s-t= & -1\\ 4s+2t= & -2\\ t= & 3\end{array}\right|$ ergibt umgeformt $\left|\begin{array}{l}s=-2\\ s=-2\\ t=3\end{array}\right|$; es hat also die Lösung $s=-2$ und $t=3$. Der Punkt Q (7 | 1 | 9) liegt also in der Ebene.

INFORMATION

Parameterdarstellung einer Ebene – Punktprobe

Satz: Parameterdarstellung einer Ebene

Durch einen Punkt A und zwei Vektoren $\vec{u} \neq \vec{o}$ und $\vec{v} \neq \vec{o}$, die nicht parallel zueinander sind, ist eine Ebene E bestimmt. Die Ebene E kann wie folgt beschrieben werden: $E: \overrightarrow{OX} = \overrightarrow{OA} + s \cdot \vec{u} + t \cdot \vec{v}$ mit $s, t \in \mathbb{R}$

Statt $\overrightarrow{OX}$ schreibt man auch $\vec{x}$.

Diese Vektorgleichung bezeichnet man als **Parameterdarstellung** der Ebene E mit den **Parametern** s und t.

Es gilt:

(1) Setzt man für s und t zwei beliebige Zahlen in die Parameterdarstellung der Ebene E ein, so ergibt sich der Ortsvektor $\overrightarrow{OX}$ eines Punktes X der Ebene E.

(2) Für jeden Punkt P der Ebene E gibt es zwei Zahlen $s, t \in \mathbb{R}$, sodass $\overrightarrow{OP} = \overrightarrow{OA} + s \cdot \vec{u} + t \cdot \vec{v}$ gilt.
Liegt ein Punkt nicht in der Ebene, gibt es solche Zahlen nicht.

Punktprobe

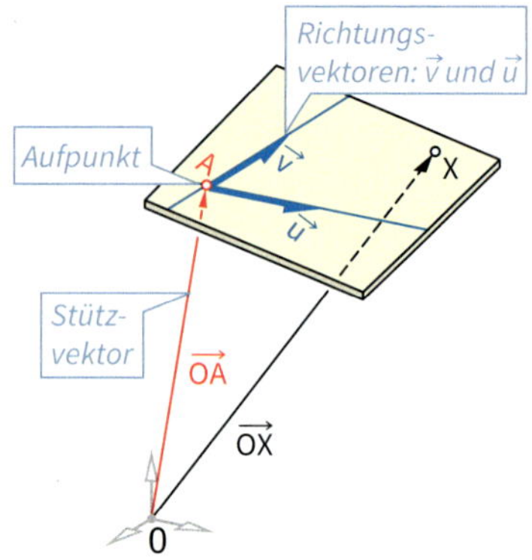

BEISPIEL

Zwei Vektoren sind zueinander parallel, wenn sie Vielfache voneinander sind.

Gegeben sind A(2|−1|3), $\vec{u} = \begin{pmatrix} 1 \\ 0 \\ -2 \end{pmatrix}$ und $\vec{v} = \begin{pmatrix} -6 \\ 5 \\ 9 \end{pmatrix}$. $\vec{u}$ ist nicht parallel zu $\vec{v}$.

Da $\vec{u}$ und $\vec{v}$ *nicht* parallel zueinander sind, erhält man eine Parameterdarstellung der Ebene

$E: \overrightarrow{OX} = \begin{pmatrix} 2 \\ -1 \\ 3 \end{pmatrix} + s \cdot \begin{pmatrix} 1 \\ 0 \\ -2 \end{pmatrix} + t \cdot \begin{pmatrix} -6 \\ 5 \\ 9 \end{pmatrix}$.

Wählt man z. B. $s = 2$ und $t = -1$, erhält man den Ortsvektor eines Punktes P

$\overrightarrow{OP} = \begin{pmatrix} 2 \\ -1 \\ 3 \end{pmatrix} + 2 \cdot \begin{pmatrix} 1 \\ 0 \\ -2 \end{pmatrix} - \begin{pmatrix} -6 \\ 5 \\ 9 \end{pmatrix} = \begin{pmatrix} 10 \\ -6 \\ -10 \end{pmatrix}$, also den Punkt P(10|−6|−10) der Ebene.

BEISPIEL

Punktprobe: Der Punkt Q(1|4|4) liegt nicht in der Ebene E, da man aus der Vektorgleichung

$\begin{pmatrix} 1 \\ 4 \\ 4 \end{pmatrix} = \begin{pmatrix} 2 \\ -1 \\ 3 \end{pmatrix} + s \cdot \begin{pmatrix} 1 \\ 0 \\ -2 \end{pmatrix} + t \cdot \begin{pmatrix} -6 \\ 5 \\ 9 \end{pmatrix}$ das lineare Gleichungssystem $\left| \begin{array}{r} s - 6t = -1 \\ 5t = 5 \\ -2s + 9t = 1 \end{array} \right|$ erhält, das mit

$\left| \begin{array}{l} s = 5 \\ t = 1 \\ s = 4 \end{array} \right|$ keine Lösung hat; es gibt keine zwei Zahlen s und t, die die Vektorgleichung erfüllen.

BEISPIEL

Gegeben sind A(3|−6|5), $\vec{u} = \begin{pmatrix} 3 \\ -5 \\ 1 \end{pmatrix}$ und $\vec{v} = \begin{pmatrix} -6 \\ 10 \\ -2 \end{pmatrix}$. Durch A, $\vec{u}$ und $\vec{v}$ ist keine Ebene bestimmt, da die beiden Vektoren parallel zueinander sind. Es gilt nämlich $\vec{v} = -2 \cdot \vec{u}$.

$\overrightarrow{OX} = \begin{pmatrix} 3 \\ -6 \\ 5 \end{pmatrix} + s \cdot \begin{pmatrix} 3 \\ -5 \\ 1 \end{pmatrix} + t \cdot \begin{pmatrix} -6 \\ 10 \\ -2 \end{pmatrix} = \begin{pmatrix} 3 \\ -6 \\ 5 \end{pmatrix} + (s - 2t) \cdot \begin{pmatrix} 3 \\ -5 \\ 1 \end{pmatrix}$ beschreibt daher eine Gerade.

WEITERFÜHRENDE AUFGABEN

1. Verschiedene Parameterdarstellungen derselben Ebene

Gegeben sind die drei Punkte A(2|3|−2), B(−2|5|6) und C(7|0|−7). Maren und Janik haben die folgenden Parameterdarstellungen für die Ebene E bestimmt, die durch die drei Punkte A, B und C festgelegt ist. Erläutern Sie, wie die Ebenengleichungen von Maren und Janik zustande gekommen sind. Geben Sie selbst zwei weitere Parameterdarstellungen für die Ebene E an.

Maren:
$E: \vec{x} = \begin{pmatrix} 2 \\ 3 \\ -2 \end{pmatrix} + r \cdot \begin{pmatrix} -4 \\ 2 \\ 8 \end{pmatrix} + t \cdot \begin{pmatrix} 5 \\ -3 \\ -5 \end{pmatrix}$

Janik:
$E: \vec{x} = \begin{pmatrix} -2 \\ 5 \\ 6 \end{pmatrix} + s \cdot \begin{pmatrix} 2 \\ -1 \\ -4 \end{pmatrix} + t \cdot \begin{pmatrix} 9 \\ -5 \\ -13 \end{pmatrix}$

2. Festlegen einer Ebene durch Punkte und Geraden

Eine Gerade im Raum ist eindeutig festgelegt durch: (1) zwei Punkte, oder (2) einen Punkt und einen Richtungsvektor. Überlegen Sie, wodurch eine Ebene eindeutig festgelegt werden kann.
Die Fotos zeigen verschiedene Möglichkeiten, eine Glasplatte auf Füße und Latten zu legen. Unterscheiden Sie verschiedene Fälle voneinander und erläutern Sie, wie man eine Parameterdarstellung der Ebene erhält.

(1) 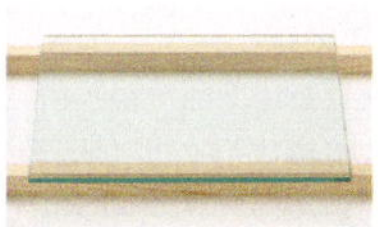
(2) 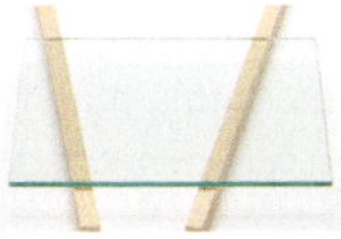
(3) 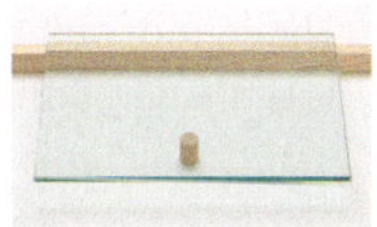
(4) 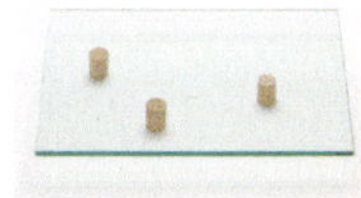

ÜBUNGSAUFGABEN

Punkte einer Ebene bestimmen – Punktprobe

3. Gegeben ist die Parameterdarstellung der Ebene $E: \vec{x} = \begin{pmatrix} 3 \\ -5 \\ 10 \end{pmatrix} + s \cdot \begin{pmatrix} -1 \\ 6 \\ 2 \end{pmatrix} + t \cdot \begin{pmatrix} 3 \\ -0{,}5 \\ 12 \end{pmatrix}$.

a) Bestimmen Sie die Punkte der Ebene zu den folgenden Parameterwerten.
(1) $s = 2;\ t = 3$ (2) $s = -4;\ t = 12$ (3) $s = 0{,}6;\ t = -2{,}4$ (4) $s = \frac{1}{5};\ t = -\frac{3}{8}$

b) Überprüfen Sie, ob die folgenden Punkte in der Ebene E liegen.
(1) $A(2\,|\,1\,|\,12)$ (2) $B(-3\,|\,5\,|\,-10)$ (3) $C(8\,|\,0\,|\,35)$ (4) $B(-4\,|\,2\,|\,-12)$

4. Timo hat überprüft, ob der Punkt $P(5\,|\,0\,|\,11)$ in der Ebene mit der Parametergleichung $\vec{x} = \begin{pmatrix} 3 \\ 1 \\ 4 \end{pmatrix} + s \cdot \begin{pmatrix} -2 \\ 3 \\ 1 \end{pmatrix} + t \cdot \begin{pmatrix} 0 \\ 1 \\ 3 \end{pmatrix}$ liegt. Erläutern Sie, was Timo dabei falsch gemacht hat.

$\begin{pmatrix} 5 \\ 0 \\ 11 \end{pmatrix} = \begin{pmatrix} 3 \\ 1 \\ 4 \end{pmatrix} + s \cdot \begin{pmatrix} -2 \\ 3 \\ 1 \end{pmatrix} + t \cdot \begin{pmatrix} 0 \\ 1 \\ 3 \end{pmatrix}$, also $\left| \begin{array}{l} 2 = -2s \\ -1 = 3s + t \\ 7 = s + 3t \end{array} \right|$

Aus der ersten Zeile erhalte ich $s = -1$.
Eingesetzt in die zweite Zeile erhalte ich daraus $t = 2$.
Also liegt P in der Ebene.

Parameterdarstellung einer Ebene aus drei Punkten bestimmen

5. Geben Sie eine Parameterdarstellung für die Ebene durch die drei Punkte an.
a) $P(0\,|\,1\,|\,2);\ Q(2\,|\,0\,|\,4);\ R(4\,|\,8\,|\,0)$
b) $P(1\,|\,1\,|\,1);\ Q(2\,|\,2\,|\,3);\ R(10\,|\,4\,|\,6)$
c) $A(1\,|\,-2\,|\,3);\ B(3\,|\,4\,|\,-2);\ C(3\,|\,4\,|\,5)$
d) $E(0\,|\,7\,|\,2);\ F(-10\,|\,0\,|\,8);\ G(-4\,|\,-4\,|\,0)$

Eine Ebene kann festgelegt werden durch drei Punkte, die nicht auf einer Geraden liegen.

6. Kim hat versucht, zu drei gegebenen Punkten A, B, und C eine Parameterdarstellung einer Ebene aufzustellen, in der diese drei Punkte liegen. Beurteilen Sie die Lösung.

$A(2\,|\,4\,|\,0);\ B(5\,|\,7\,|\,-2);\ C(11\,|\,13\,|\,-6)$

$\overrightarrow{OX} = \begin{pmatrix} 2 \\ 4 \\ 0 \end{pmatrix} + r \cdot \begin{pmatrix} 5-2 \\ 7-4 \\ -2-0 \end{pmatrix} + s \cdot \begin{pmatrix} 11-2 \\ 13-4 \\ -6-0 \end{pmatrix}$

$\overrightarrow{OX} = \begin{pmatrix} 2 \\ 4 \\ 0 \end{pmatrix} + r \cdot \begin{pmatrix} 3 \\ 3 \\ -2 \end{pmatrix} + s \cdot \begin{pmatrix} 9 \\ 9 \\ -6 \end{pmatrix}$

7. Untersuchen Sie, ob die vier Punkte ein ebenes Viereck bestimmen, also ein Viereck, das in einer Ebene liegt. Erläutern Sie, wie Sie dabei vorgegangen sind.

a) $P_1(7\,|\,2\,|\,-1)$ $P_3(0\,|\,-2\,|\,2)$
$P_2(-1\,|\,2\,|\,3)$ $P_4(3\,|\,2\,|\,1)$

b) $P_1(2\,|\,1\,|\,3)$ $P_3(0\,|\,0\,|\,4)$
$P_2(-2\,|\,2\,|\,1)$ $P_4(-2\,|\,-1\,|\,5)$

c) $P_1(5\,|\,-1\,|\,5)$ $P_3(3\,|\,2\,|\,-5)$
$P_2(1\,|\,1\,|\,-1)$ $P_4(7\,|\,0\,|\,-1)$

8. Gegeben ist die Parameterdarstellung einer Ebene $E: \vec{x} = \begin{pmatrix} -2 \\ 0 \\ 1 \end{pmatrix} + s \cdot \begin{pmatrix} 1 \\ 1 \\ 1 \end{pmatrix} + t \cdot \begin{pmatrix} -1 \\ 2 \\ 0 \end{pmatrix}$.
Wählen Sie drei Punkte in der Ebene. Entwickeln Sie aus den Koordinaten dieser drei Punkte eine andere Parameterdarstellung der Ebene.

9. Im Fahrzeugbau, bei der Landschaftsgestaltung oder auch beim Industriedesign nähert man gekrümmte Flächen, wie z. B. rechts den Kotflügel eines Autos, durch kleinere ebene Flächenstücke an, zu denen man aus den Koordinaten dreier Eckpunkte eine Ebene bestimmen kann.

Drei solche Punkte sind P(4 | 3 | 1), Q(5 | 1 | 4) und R(7 | 3 | 2). Geben Sie eine Parameterdarstellung der Ebene an, die durch diese drei Punkte festgelegt ist.

10. Gegeben sind die drei Punkte A(2 | 3 | −2), B(−2 | 5 | 6) und C(7 | 0 | −7). Geben Sie vier verschiedene Parameterdarstellungen für die Ebene an, in der diese drei Punkte liegen.

Parameterdarstellungen von Ebenen durch Geraden und Punkte bestimmen

11. Geben Sie eine Parameterdarstellung der Ebene an, in der die Gerade g und der Punkt P liegen.

a) $g: \vec{x} = \begin{pmatrix} 4 \\ 0 \\ 2 \end{pmatrix} + s \cdot \begin{pmatrix} 3 \\ -1 \\ -3 \end{pmatrix}$; P(1 | 4 | −1)

b) $g: \vec{x} = \begin{pmatrix} 1 \\ 0 \\ 0 \end{pmatrix} + s \cdot \begin{pmatrix} 5 \\ 2 \\ -3 \end{pmatrix}$; P(2 | 4 | −3)

c) $g: \vec{x} = \begin{pmatrix} -200 \\ 150 \\ 30 \end{pmatrix} + t \cdot \begin{pmatrix} 10 \\ -10 \\ 5 \end{pmatrix}$; P(0 | 0 | 0)

Eine Ebene kann festgelegt werden durch eine Gerade und einen Punkt, der nicht auf dieser Geraden liegt.

12. Gegeben sind zwei Geraden g und h.
$g: \vec{x} = \begin{pmatrix} -3 \\ 2 \\ -1 \end{pmatrix} + s \cdot \begin{pmatrix} -1 \\ 2 \\ 1 \end{pmatrix}$; $h: \vec{x} = \begin{pmatrix} -2 \\ 0 \\ -2 \end{pmatrix} + t \cdot \begin{pmatrix} 2 \\ 1 \\ -1 \end{pmatrix}$
Zeigen Sie, dass sich die Geraden g und h in einem Punkt schneiden.
Geben Sie eine Parameterdarstellung der Ebene an, die durch diese beiden Geraden festgelegt ist.

Eine Ebene kann festgelegt werden durch zwei verschiedene Geraden, die nicht windschief zueinander sind.

13. Zeigen Sie, dass die beiden Geraden zueinander parallel sind.
Geben Sie eine Parameterdarstellung für die Ebene an, in der beide Geraden liegen.

a) $g_1: \vec{x} = \begin{pmatrix} 5 \\ 0 \\ 2 \end{pmatrix} + s \cdot \begin{pmatrix} 3 \\ -1 \\ 4 \end{pmatrix}$; $g_2: \vec{x} = \begin{pmatrix} 0 \\ -1 \\ -1 \end{pmatrix} + t \cdot \begin{pmatrix} -3 \\ 1 \\ -4 \end{pmatrix}$

b) $g_1: \vec{x} = \begin{pmatrix} 2 \\ 1 \\ 3 \end{pmatrix} + s \cdot \begin{pmatrix} 1 \\ 1 \\ -2 \end{pmatrix}$; $g_2: \vec{x} = \begin{pmatrix} 3 \\ -4 \\ 1 \end{pmatrix} + t \cdot \begin{pmatrix} -3 \\ -3 \\ 6 \end{pmatrix}$

c) $g_1: \vec{x} = \begin{pmatrix} 0 \\ 4 \\ 0 \end{pmatrix} + s \cdot \begin{pmatrix} 1 \\ -5 \\ 6 \end{pmatrix}$; $g_2: \vec{x} = \begin{pmatrix} 3 \\ -1 \\ 2 \end{pmatrix} + t \cdot \begin{pmatrix} -0{,}5 \\ 2{,}5 \\ -3 \end{pmatrix}$

14. „Zwei windschiefe Geraden bestimmen keine Ebene."
Geben Sie ein Beispiel an und begründen Sie diese Aussage allgemein.

15. Prüfen Sie, ob durch die folgende Angabe eine Ebene festgelegt ist. Formulieren Sie die jeweils zu prüfenden Kriterien.

a) Gegeben sind drei Punkte P, Q und R:
(1) $P(1\,|\,2\,|\,3)$, $Q(2\,|\,3\,|\,4)$, $R(3\,|\,4\,|\,5)$
(2) $P(4\,|\,0\,|\,1)$, $Q(-1\,|\,0\,|\,-2)$, $R(-6\,|\,0\,|\,-5)$

b) Gegeben sind eine Gerade g und ein Punkt P:
(1) $g: \vec{x} = \begin{pmatrix} 1 \\ 0 \\ 0 \end{pmatrix} + s \cdot \begin{pmatrix} 5 \\ 2 \\ -3 \end{pmatrix}$; $P(14\,|\,6\,|\,9)$
(2) $g: \vec{x} = \begin{pmatrix} 1 \\ -1 \\ 2 \end{pmatrix} + s \cdot \begin{pmatrix} -1 \\ 0 \\ 3 \end{pmatrix}$; $P(-9\,|\,-1\,|\,32)$

c) Gegeben sind zwei Geraden g_1 und g_2:
(1) $g_1: \vec{x} = \begin{pmatrix} 2 \\ 1 \\ 4 \end{pmatrix} + s \cdot \begin{pmatrix} 3 \\ 0 \\ 1 \end{pmatrix}$; $g_2: x = \begin{pmatrix} 1 \\ 2 \\ 3 \end{pmatrix} + t \cdot \begin{pmatrix} -1 \\ 2 \\ 1 \end{pmatrix}$
(2) $g_1: \vec{x} = \begin{pmatrix} 1 \\ 1 \\ 0 \end{pmatrix} + s \cdot \begin{pmatrix} -1 \\ 1 \\ 2 \end{pmatrix}$; $g_2: \vec{x} = \begin{pmatrix} 2 \\ 1 \\ -1 \end{pmatrix} + t \cdot \begin{pmatrix} 0 \\ 1 \\ 1 \end{pmatrix}$
(3) $g_1: \vec{x} = \begin{pmatrix} 5 \\ 0 \\ 2 \end{pmatrix} + s \cdot \begin{pmatrix} 3 \\ -1 \\ 4 \end{pmatrix}$; $g_2: \vec{x} = \begin{pmatrix} -1 \\ 2 \\ -6 \end{pmatrix} + t \cdot \begin{pmatrix} 6 \\ -2 \\ 8 \end{pmatrix}$
(4) $g_1: \vec{x} = s \cdot \begin{pmatrix} 2 \\ -1 \\ 0 \end{pmatrix}$; $g_2: \vec{x} = \begin{pmatrix} 2 \\ 3 \\ 1 \end{pmatrix} + t \cdot \begin{pmatrix} 4 \\ -2 \\ 0 \end{pmatrix}$
(5) $g_1: \vec{x} = \begin{pmatrix} 2 \\ 1 \\ 1 \end{pmatrix} + s \cdot \begin{pmatrix} -1 \\ 2 \\ 0 \end{pmatrix}$; $g_2: \vec{x} = \begin{pmatrix} 1 \\ 3 \\ 1 \end{pmatrix} + t \cdot \begin{pmatrix} 7 \\ -14 \\ 0 \end{pmatrix}$

16. a) Stellen Sie alle Möglichkeiten zusammen, wie man eine Ebene festlegen kann.
Geben Sie jeweils ein Beispiel an.

b) Geben Sie eine Parameterdarstellung für eine Ebene an.
Bestimmen Sie dann drei Punkte, die in der Ebene liegen, und drei Punkte, die nicht in der Ebene liegen. Beschreiben Sie Ihr Vorgehen.

Parameterdarstellungen von Ebenen in Figuren bestimmen

17. Geben Sie eine Parameterdarstellung für die Ebene an, in der das Dreieck bzw. das Viereck liegt.
Die Punkte liegen entweder in den Koordinatenebenen oder ihr Abstand von der x_1x_2-Ebene ist eingezeichnet. Eine Kästchenlänge entspricht einer Koordinateneinheit.

a)

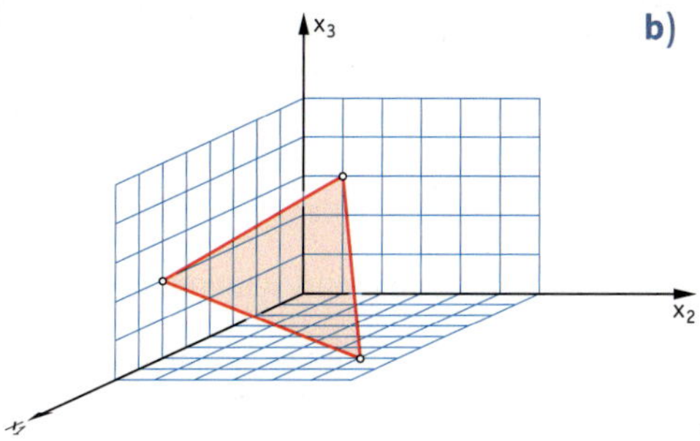

b)

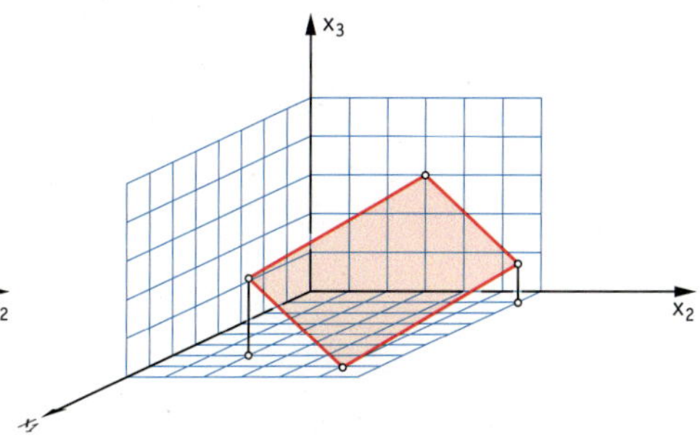

18. Das Dach einer Kirche hat die Form einer geraden quadratischen Pyramide mit einer Höhe von 12 m und einer Breite von 5 m.
Legen Sie selbst ein Koordinatensystem fest, in dem die Pyramide liegen soll.
Bestimmen Sie Parameterdarstellungen für die Ebenen, in denen jeweils eine der vier Seitenflächen oder die Grundfläche der Pyramide liegen.

3.2 Lagebeziehungen zwischen Gerade und Ebene

EINSTIEGSAUFGABE OHNE LÖSUNG

→ Lagebeziehungen von Ebene und Geraden

Die Wand eines Hochhauses wird während einer Lasershow angestrahlt. Für die Show werden mehrere Laserquellen oberhalb und gegenüber des Hauses eingesetzt. Ein Laserstrahler befindet sich im Punkt A(5|6|1) und strahlt in Richtung $\vec{u} = \begin{pmatrix} -1 \\ -2 \\ 3 \end{pmatrix}$, alle Angaben in 10 m.

Ein weiterer Laser ist im Punkt B(0|7|10) angebracht und nach oben ausgerichtet in Richtung $\vec{v} = \begin{pmatrix} 0 \\ 0 \\ 1 \end{pmatrix}$.

Die Hauswand liegt in der Ebene E mit der Parameterdarstellung $E: \vec{x} = \begin{pmatrix} 1 \\ 0 \\ 0 \end{pmatrix} + r \cdot \begin{pmatrix} -1 \\ 6 \\ 0 \end{pmatrix} + s \cdot \begin{pmatrix} 0 \\ 0 \\ 20 \end{pmatrix}$.

- Beschreiben Sie, wie die Strahlen der beiden Laser zur Ebene der Hauswand liegen.
- Trifft ein Laserstrahl auf diese Ebene? Bestimmen Sie gegebenenfalls die Position.

EINSTIEGSAUFGABE MIT LÖSUNG

→ Schnittpunkt einer Geraden mit einer Ebene berechnen

Schwimmende Windkrafträder auf dem Meer

Eine neue Technologie soll es ermöglichen, Offshore-Windkrafträder wesentlich günstiger zu errichten. Statt teure Röhrenfundamente auf dem Meeresboden zu befestigen, werden jetzt schwimmende Plattformen diagonal am Meeresboden verankert.

Dank dieser neuen Verankerungstechnologie können Windkrafträder auch bei einer Meerestiefe bis zu 700 Metern errichtet werden. Bei Röhrenfundamenten beträgt die maximale Tiefe lediglich 60 Meter. Dadurch können die Windräder in einem größeren Abstand zur Küste positioniert werden, wo höhere Windstärken zu erwarten sind.

Von einem Punkt P(826|722|−12) am Boden einer Plattform verläuft eine Verankerung in Richtung $\begin{pmatrix} 37 \\ 39 \\ -280 \end{pmatrix}$ zum Meeresboden (in einem Koordinatensystem mit der Einheit Meter). Der Meeresboden wird in diesem Bereich durch eine Ebene E mit der Parameterdarstellung

$E: \vec{x} = \begin{pmatrix} 0 \\ 0 \\ -200 \end{pmatrix} + s \cdot \begin{pmatrix} 413 \\ 361 \\ -42 \end{pmatrix} + t \cdot \begin{pmatrix} 9 \\ 8 \\ -1 \end{pmatrix}$ modelliert.

Berechnen Sie die Koordinaten des Punktes S, in dem die Verankerung auf den Meeresboden trifft.

LÖSUNG

Die Verankerung der Plattform modellieren wir durch eine Gerade g mit $g: \vec{x} = \begin{pmatrix} 826 \\ 722 \\ -12 \end{pmatrix} + r \cdot \begin{pmatrix} 37 \\ 39 \\ -280 \end{pmatrix}$.

S ist der gemeinsame Punkt der Ebene E und der Geraden g. Wir bestimmen den Schnittpunkt S, indem wir die beiden Parameterdarstellungen von E und von g gleichsetzen:

$$\begin{pmatrix} 0 \\ 0 \\ -200 \end{pmatrix} + s \cdot \begin{pmatrix} 413 \\ 361 \\ -42 \end{pmatrix} + t \cdot \begin{pmatrix} 9 \\ 8 \\ -1 \end{pmatrix} = \begin{pmatrix} 826 \\ 722 \\ -12 \end{pmatrix} + r \cdot \begin{pmatrix} 37 \\ 39 \\ -280 \end{pmatrix}$$

Wir suchen also drei Zahlen s, t und r, die das folgende Gleichungssystem lösen:

$$\left| \begin{array}{l} 413\cdot s + 9\cdot t - 37\cdot r = 826 \\ 361\cdot s + 8\cdot t - 39\cdot r = 722 \\ -42\cdot s - t + 280\cdot r = 188 \end{array} \right|$$

Als Lösung ergibt sich: $\left| \begin{array}{l} s = 1 \\ t = 50 \\ r = 1 \end{array} \right|$

Durch Einsetzen von r in die Parameterdarstellung von g oder s und t in die Parameterdarstellung von E erhalten wir: $\overrightarrow{OS} = \begin{pmatrix} 826 \\ 722 \\ -12 \end{pmatrix} + 1\cdot \begin{pmatrix} 37 \\ 39 \\ -280 \end{pmatrix} = \begin{pmatrix} 863 \\ 761 \\ -292 \end{pmatrix}$ oder $\overrightarrow{OS} = \begin{pmatrix} 0 \\ 0 \\ -200 \end{pmatrix} + 1\cdot \begin{pmatrix} 413 \\ 361 \\ -42 \end{pmatrix} + 50\cdot \begin{pmatrix} 9 \\ 8 \\ -1 \end{pmatrix} = \begin{pmatrix} 863 \\ 761 \\ -292 \end{pmatrix}$

Die Koordinaten des Punktes S sind $S(863\,|\,761\,|\,-292)$.

WEITERFÜHRENDE AUFGABE

1. Lage von Geraden und Ebenen zueinander

a) Untersuchen Sie, wie eine Gerade und eine Ebene zueinander liegen können. Bei der Untersuchung entsteht stets ein lineares Gleichungssystem. Wie kann man die Lage von Gerade und Ebene zueinander an der Lösung des Gleichungssystems ablesen?

b) Welcher Fall liegt hier vor?

$g\colon \vec{x} = \begin{pmatrix} 1 \\ -1 \\ 4 \end{pmatrix} + t\cdot \begin{pmatrix} 2 \\ 1 \\ -6 \end{pmatrix}$; $E\colon \vec{x} = \begin{pmatrix} 1 \\ 2 \\ 1 \end{pmatrix} + r\cdot \begin{pmatrix} 1 \\ 2 \\ -4 \end{pmatrix} + s\cdot \begin{pmatrix} 0 \\ -3 \\ 2 \end{pmatrix}$; $r, s, t \in \mathbb{R}$

c) Zeigen Sie, dass die Gerade $h\colon \vec{x} = \begin{pmatrix} 2 \\ 1 \\ -1 \end{pmatrix} + t\cdot \begin{pmatrix} 1 \\ -4 \\ 0 \end{pmatrix}$ mit $t \in \mathbb{R}$ in der Ebene E liegt.

d) Geben Sie drei Parameterdarstellungen für Geraden an, die nicht parallel zueinander sind und die alle in der Ebene E liegen.

INFORMATION

Die gemeinsamen Punkte einer Geraden mit einer Ebene bestimmen

Das Bestimmen der gemeinsamen Punkte einer Geraden und einer Ebene führt auf die Aufgabe, ein 3 × 3-Gleichungssystem zu lösen. Es gibt genau drei verschiedene Fälle:

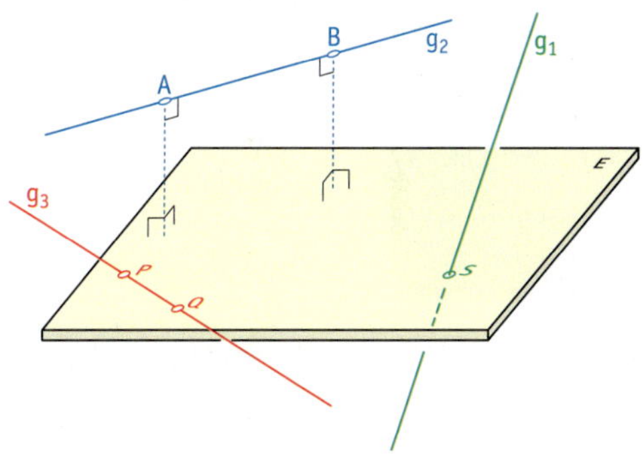

- Das lineare Gleichungssystem hat genau eine Lösung, d. h. die Gerade schneidet die Ebene in einem Punkt S.
- Das lineare Gleichungssystem hat keine Lösung, d. h. die Gerade verläuft parallel zur Ebene und hat mit dieser keinen gemeinsamen Punkt.
- Das lineare Gleichungssystem hat unendlich viele Lösungen, d. h. die Gerade liegt in der Ebene.

BEISPIEL

Gegeben sind die Ebene $E\colon \vec{x} = \begin{pmatrix} 2 \\ 0 \\ 1 \end{pmatrix} + s\cdot \begin{pmatrix} -1 \\ 3 \\ 3 \end{pmatrix} + t\cdot \begin{pmatrix} 0 \\ 4 \\ 1 \end{pmatrix}$ und die drei Geraden g_1, g_2 und g_3.

- $g_1\colon \vec{x} = \begin{pmatrix} 1 \\ 0 \\ 5 \end{pmatrix} + r\cdot \begin{pmatrix} 0 \\ 7 \\ 0 \end{pmatrix}$, also $\left| \begin{array}{l} 2 - s = 1 \\ 3s + 4t = 7r \\ 5 + 3s + t = 5 \end{array} \right|$ mit der Lösung $r = 1;\ s = 1;\ t = 1$ — g_1 schneidet die Ebene E im Punkt $S(1\,|\,7\,|\,5)$.
- $g_2\colon \vec{x} = \begin{pmatrix} 0 \\ 7 \\ 5 \end{pmatrix} + r\cdot \begin{pmatrix} -2 \\ 10 \\ 7 \end{pmatrix}$, also $\left| \begin{array}{l} 2 - s = -2r \\ 3s + 4t = 7 + 10r \\ 5 + 3s + t = 5 + 7r \end{array} \right|$. Das lineare Gleichungssystem hat keine Lösung. Die Gerade g_2 ist parallel zu E und liegt nicht in E.
- $g_3\colon \vec{x} = \begin{pmatrix} 1 \\ 7 \\ 5 \end{pmatrix} + r\cdot \begin{pmatrix} -1 \\ 7 \\ 4 \end{pmatrix}$, also $\left| \begin{array}{l} 2 - s = 1 - r \\ 3s + 4t = 7 + 7r \\ 5 + 3s + t = 5 + r \end{array} \right|$. Das lineare Gleichungssystem hat unendlich viele Lösungen. Die Gerade g_3 liegt in E.

ÜBUNGSAUFGABEN

Gemeinsame Punkte von Geraden mit Ebenen bestimmen

2. Untersuchen Sie, ob die Gerade g und die Ebene E gemeinsame Punkte haben.

a) (1) $g\colon \vec{x} = \begin{pmatrix} 3 \\ 2 \\ 1 \end{pmatrix} + r \cdot \begin{pmatrix} 1 \\ -1 \\ 0 \end{pmatrix}$; $\quad E\colon \vec{x} = \begin{pmatrix} 2 \\ 0 \\ -1 \end{pmatrix} + s \cdot \begin{pmatrix} 2 \\ 1 \\ 1 \end{pmatrix} + t \cdot \begin{pmatrix} -1 \\ 3 \\ 1 \end{pmatrix}$

(2) $g\colon \vec{x} = \begin{pmatrix} -1 \\ -2 \\ 4 \end{pmatrix} + r \cdot \begin{pmatrix} 1 \\ 0 \\ 1 \end{pmatrix}$; $\quad E\colon \vec{x} = \begin{pmatrix} 4 \\ -1 \\ 3 \end{pmatrix} + s \cdot \begin{pmatrix} 2 \\ 1 \\ -1 \end{pmatrix} + t \cdot \begin{pmatrix} 3 \\ 1 \\ 0 \end{pmatrix}$

(3) g geht durch $A(1\,|-6\,|-3)$ und hat den Richtungsvektor $\vec{v} = \begin{pmatrix} 0 \\ -3 \\ -1 \end{pmatrix}$;

$E\colon \vec{x} = \begin{pmatrix} -1 \\ 3 \\ 2 \end{pmatrix} + s \cdot \begin{pmatrix} 1 \\ -1 \\ 0 \end{pmatrix} + t \cdot \begin{pmatrix} 2 \\ 1 \\ 1 \end{pmatrix}$

(4) g geht durch $A(2\,|-3\,|\,5)$ und hat den Richtungsvektor $\vec{v} = \begin{pmatrix} 4 \\ -1 \\ -3 \end{pmatrix}$;

$E\colon \vec{x} = \begin{pmatrix} 2 \\ -3 \\ 5 \end{pmatrix} + r \cdot \begin{pmatrix} 12 \\ -3 \\ -9 \end{pmatrix} + s \cdot \begin{pmatrix} 2 \\ -3 \\ 4 \end{pmatrix}$

b) Warum muss man bei (4) aus Teilaufgabe a) nicht rechnen?

3. Ein Lichtstrahl aus Punkt $A(1\,|\,1\,|-9)$ ist auf den Punkt $B(-2\,|\,4\,|\,6)$ gerichtet.
Welcher Punkt der von den Punkten $P_1(-1\,|\,3\,|\,5)$, $P_2(-8\,|\,8\,|\,2)$, $P_3(13\,|-7\,|\,3)$ aufgespannten Ebene wird von diesem Lichtstrahl getroffen?

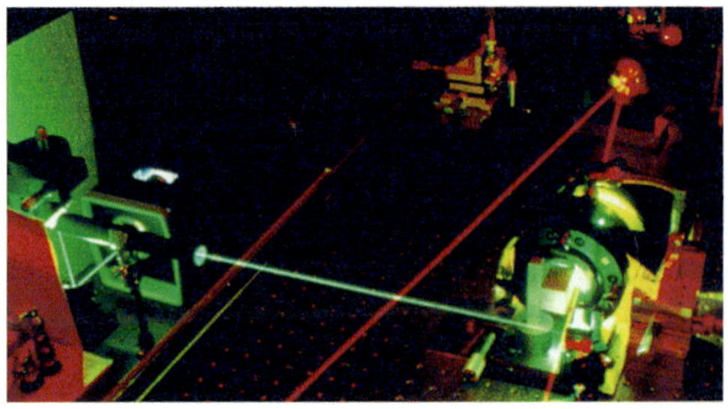

4. Ein Tauchboot befindet sich im Punkt $P(25\,|-12\,|-4)$ unter Wasser und bewegt sich in Richtung des Vektors $\vec{v} = \begin{pmatrix} -2 \\ 3 \\ 1 \end{pmatrix}$.
Die Wassertiefe beträgt 800 m. Die Wasseroberfläche wird durch die x_1x_2-Ebene dargestellt.
Die Koordinateneinheiten sind in 100 m angegeben. Taucht das Boot auf oder ab?
In welchem Punkt der Wasseroberfläche taucht das Boot auf oder in welchem Punkt trifft es auf den Meeresboden auf?

Geraden und Ebenen mit zueinander vorgegebener Lage bestimmen

5. Die Lage von $g\colon \vec{x} = \begin{pmatrix} -1 \\ -1 \\ 4 \end{pmatrix} + r \cdot \begin{pmatrix} 2 \\ 3 \\ -3 \end{pmatrix}$ und $E\colon \vec{x} = \begin{pmatrix} 0 \\ 16 \\ -1 \end{pmatrix} + r \cdot \begin{pmatrix} -1 \\ 1 \\ -2 \end{pmatrix} + s \cdot \begin{pmatrix} 2 \\ -1 \\ 0 \end{pmatrix}$ zueinander soll untersucht werden.
Was wurde dabei in der Rechnung rechts falsch gemacht? Erklären Sie.

$\begin{pmatrix} -1 \\ -1 \\ 4 \end{pmatrix} + r \cdot \begin{pmatrix} 2 \\ 3 \\ -3 \end{pmatrix} = \begin{pmatrix} 0 \\ 16 \\ -1 \end{pmatrix} + r \cdot \begin{pmatrix} -1 \\ 1 \\ -2 \end{pmatrix} + s \cdot \begin{pmatrix} 2 \\ -1 \\ 0 \end{pmatrix}$

$r \cdot \begin{pmatrix} -3 \\ -2 \\ 1 \end{pmatrix} + s \cdot \begin{pmatrix} 2 \\ -1 \\ 0 \end{pmatrix} = \begin{pmatrix} -1 \\ -17 \\ 5 \end{pmatrix}$

$\left| \begin{array}{rcrcr} -3r & + & 2s & = & -1 \\ -2r & - & s & = & -17 \\ r & & & = & 5 \end{array} \right|$

Das Gleichungssystem hat die einzige Lösung $r = 5$, $s = 7$.
Damit ergibt sich für den gesuchten Schnittpunkt S der Ortsvektor

$\overrightarrow{OS} = \begin{pmatrix} -1 \\ -1 \\ 4 \end{pmatrix} + 5 \cdot \begin{pmatrix} 2 \\ 3 \\ -3 \end{pmatrix} = \begin{pmatrix} 9 \\ 14 \\ -11 \end{pmatrix}$

6. Es sind $g_a\colon \vec{x} = \begin{pmatrix} 1 \\ -6 \\ -3 \end{pmatrix} + t \cdot \begin{pmatrix} 0 \\ -3 \\ a \end{pmatrix}$ und $E\colon \vec{x} = \begin{pmatrix} -1 \\ 3 \\ 2 \end{pmatrix} + r \cdot \begin{pmatrix} 1 \\ -1 \\ 0 \end{pmatrix} + s \cdot \begin{pmatrix} 2 \\ 1 \\ 1 \end{pmatrix}$ gegeben.
Bestimmen Sie a so, dass g_a mit E keinen gemeinsamen Punkt hat.

7. Gegeben sind eine Ebene $E: \vec{x} = \begin{pmatrix} 3 \\ -2 \\ 5 \end{pmatrix} + r \cdot \begin{pmatrix} 3 \\ -2 \\ 1 \end{pmatrix} + s \cdot \begin{pmatrix} 2 \\ -2 \\ 5 \end{pmatrix}$ und ein Punkt $A(-1\,|\,2\,|\,3)$.

a) Geben Sie eine Parameterdarstellung einer Geraden an, die durch A verläuft und E schneidet.

b) Geben Sie eine Parameterdarstellung einer Geraden an, die durch A verläuft und zu E parallel verläuft.

c) Geben Sie eine Parameterdarstellung einer Geraden an, die ganz in E liegt.

8. Gegeben ist eine Ebene E durch folgende Parameterdarstellung: $E: \vec{x} = \begin{pmatrix} 3 \\ 1 \\ 2 \end{pmatrix} + s \cdot \begin{pmatrix} 1 \\ -1 \\ 2 \end{pmatrix} + t \cdot \begin{pmatrix} 2 \\ 1 \\ 4 \end{pmatrix}$

a) Woran erkennt man leicht, dass die Geraden g_1 und g_2 in der Ebene liegen?

$g_1: \vec{x} = \begin{pmatrix} 3 \\ 1 \\ 2 \end{pmatrix} + t \cdot \begin{pmatrix} 1 \\ -1 \\ 2 \end{pmatrix}$; $g_2: \vec{x} = \begin{pmatrix} 3 \\ 1 \\ 2 \end{pmatrix} + t \cdot \begin{pmatrix} -2 \\ -1 \\ -4 \end{pmatrix}$

b) Geben Sie einen Punkt P an, der nicht in der Ebene E liegt. Bestimmen Sie eine Parameterdarstellung einer Ebene, die den Punkt P enthält und die parallel zu E verläuft. Erläutern Sie Ihr Vorgehen.

c) Bestimmen Sie eine Parameterdarstellung einer Ebene, die den Punkt P aus Teilaufgabe b) enthält und die Ebene E in der Geraden g_1 schneidet. Fertigen Sie eine Skizze an und erläutern Sie Ihr Vorgehen.

9. Die Gerade g verläuft auf der x_2-Achse.

a) Geben Sie die Parameterdarstellung einer Ebene E an, sodass $A(0\,|\,2\,|\,0)$ der Schnittpunkt der Geraden g mit der Ebene E ist.

b) Geben Sie die Parameterdarstellung einer Ebene E an, zu der g parallel ist.

Geraden und Ebenen in geometrischen Figuren

10. Gegeben sind die Gerade $g: \vec{x} = \begin{pmatrix} 2 \\ -3 \\ 5 \end{pmatrix} + t \cdot \begin{pmatrix} 4 \\ -1 \\ -3 \end{pmatrix}$ und die Punkte $A(1\,|\,2\,|\,0)$, $B(3\,|\,5\,|\,0)$, $D(1\,|\,4\,|\,6)$.

Geben Sie den Punkt C so an, dass ABCD ein Parallelogramm ist.
Untersuchen Sie, ob die Gerade g das Parallelogramm ABCD trifft.

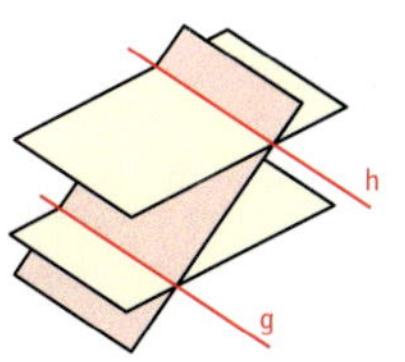

11. Fassen Sie die Geraden $g: \vec{x} = \begin{pmatrix} 1 \\ 1 \\ 3 \end{pmatrix} + t \cdot \begin{pmatrix} -1 \\ 1 \\ 2 \end{pmatrix}$ und $h: \vec{x} = \begin{pmatrix} 3 \\ 1 \\ -2 \end{pmatrix} + t \cdot \begin{pmatrix} -1 \\ 1 \\ 2 \end{pmatrix}$ als Schnittgeraden der links abgebildeten Figur auf.
Geben Sie drei geeignete Ebenen an.

12. Bei der Planung und dem Bau eines Daches sind viele Berechnungen erforderlich.
Die Maßangaben in der Zeichnung sind in Meter angegeben.
Erstellen Sie für die Dachflächen E_1 und E_2 jeweils eine Parameterdarstellung.
Ermitteln Sie für das Schornsteinrohr die Koordinaten des Punktes, an dem es die Dachfläche E_1 durchstößt.
Der Durchmesser des Schornsteinrohres soll dabei vernachlässigt werden.

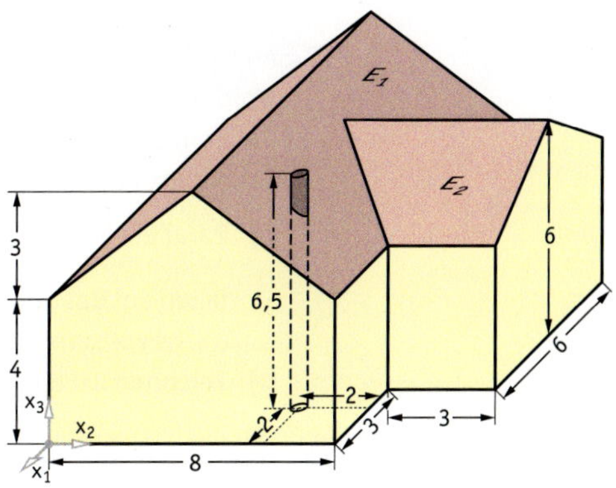

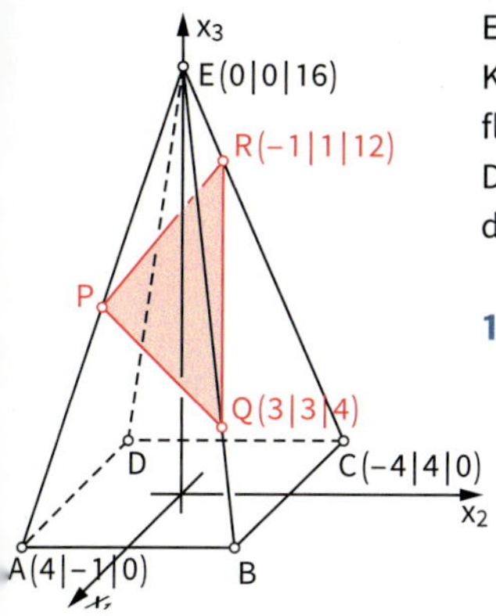

13. Die Grafik zeigt eine gerade quadratische Pyramide, deren Grundfläche in der x_1x_2-Ebene liegt.

a) Bestimmen Sie die fehlenden Koordinaten der Eckpunkte B und D sowie des Mittelpunktes P der Kante $\overline{AE}$.

b) Die Ebene F enthält die Punkte P, Q und R. Sie schneidet die Kante $\overline{DE}$ im Punkt S. Berechnen Sie die Koordinaten von S.

c) Bestimmen Sie den Schnittwinkel der Geraden BE und QR.

Lineare Gleichungssysteme geometrisch interpretieren

14. Das lineare Gleichungssystem ist Teil der Lösung einer Geometrieaufgabe. Formulieren Sie eine passende Aufgabenstellung.
Bestimmen Sie die Lösungsmenge des linearen Gleichungssystems und interpretieren Sie das Ergebnis geometrisch.

a) $\left|\begin{array}{l} 1+r = 1+2t \\ 2+2r-3s = -1+t \\ 1-4r+2s = 4-6t \end{array}\right|$ **b)** $\left|\begin{array}{l} 2+2r-s = -2+7t \\ r+3s = 5-7t \\ -1+r+s = -t \end{array}\right|$ **c)** $\left|\begin{array}{l} 4+2r+3s = -1+t \\ -1+r+s = -2 \\ 3-r = 4+t \end{array}\right|$

15. a) Bei der Untersuchung auf die gemeinsamen Punkte der Ebene E und einer Geraden g stößt man auf das folgende lineare Gleichungssystem:

(1) $\left|\begin{array}{l} r-2s-4t = -1 \\ s+3t = -1 \\ r+3s-t = 6 \end{array}\right|$ (2) $\left|\begin{array}{l} r-2s-4t = -5 \\ s+t = 2 \\ r+3s+t = 5 \end{array}\right|$

Bestimmen Sie die Lösungsmenge des linearen Gleichungssystems. Erläutern Sie, wie die Gerade und die Ebene zueinander liegen.

b) Die Ebene E aus Teilaufgabe a) hat die Parameterdarstellung $\vec{x} = \begin{pmatrix} 2 \\ -1 \\ 2 \end{pmatrix} + r \cdot \begin{pmatrix} 1 \\ 0 \\ 1 \end{pmatrix} + s \cdot \begin{pmatrix} -2 \\ 1 \\ 3 \end{pmatrix}$. Geben Sie eine mögliche Parameterdarstellung der Geraden g an.

c) Ändern Sie das Gleichungssystem (2) aus Teilaufgabe a) an einer Stelle so ab, dass g parallel zu E verläuft, aber nicht in E liegt. Erläutern Sie Ihr Vorgehen.

Schattenwürfe

16. Eine Dachfläche hat die Eckpunkte A (12 | 8 | 4), B (0 | 8 | 4), C (0 | 4 | 8) und D (12 | 4 | 8). Im Punkt F (2 | 7 | 5) der Dachfläche steht ein 2 m hoher Antennenstab. (Alle Einheiten in Meter)

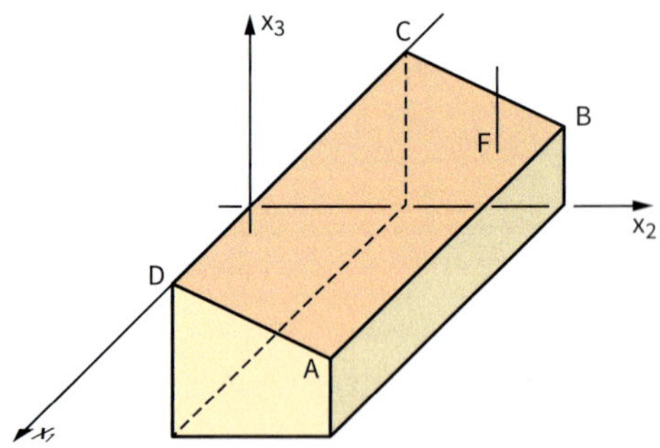

a) Parallel in Richtung des Vektors $\vec{u} = \begin{pmatrix} 8 \\ -1 \\ -1 \end{pmatrix}$ einfallende Sonnenstrahlen werfen einen Schatten des Stabs auf das Dach.
Zeigen Sie, dass der Schatten vollständig auf der Dachfläche liegt.

b) Bestimmen Sie die Länge des Schattens.

17. An einer 10 m breiten und 6 m hohen Hauswand ist ein rechteckiges Vordach angebracht. (siehe Abbildung)
Die Punkte A (0 | 8 | 4), B (0 | 2 | 4), C (3 | 2 | 3) und D (3 | 8 | 3) sind die Eckpunktes des Vordachs. (Alle Einheiten in Meter)

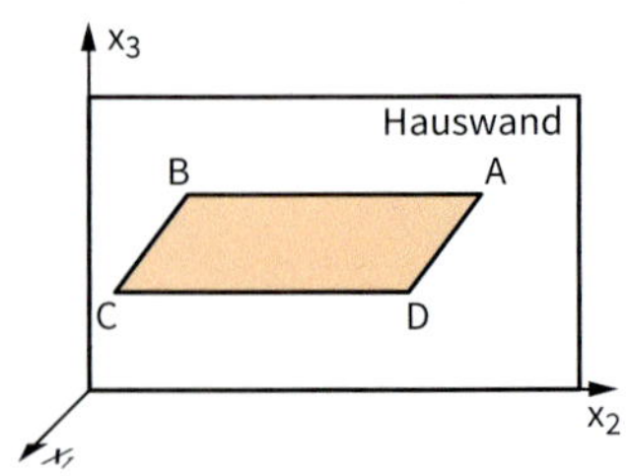

a) Parallele Sonnenstrahlen mit dem Richtungsvektor $\vec{u} = \begin{pmatrix} -3 \\ 1 \\ -2 \end{pmatrix}$ fallen auf das Vordach. Zeigen Sie, dass der Schatten des Vordachs vollständig auf der Hauswand liegt.

b) Zeichnen Sie die Hauswand, das Vordach und die Schattenfläche in ein Koordinatensystem.

LK **18.** Das Dreieck ABC mit A (12 | 0 | 0), B (0 | 8 | 0) und C (0 | 0 | 6) ist eine Seitenfläche einer Pyramide. Ein Pfosten der Länge 3 m steht im Punkt D (8 | 16 | 0) orthogonal zur x_1x_2-Ebene.
(Alle Einheiten in Meter)
Der Pfosten wird von einer punktförmigen Lichtquelle beleuchtet, die sich im Punkt L (29 | 58 | 0) befindet.
Der Pfosten wirft einen Schatten, der teilweise in der x_1x_2-Ebene und teilweise auf dem Dreieck ABC liegt.
Berechnen Sie die Länge des Schattens.

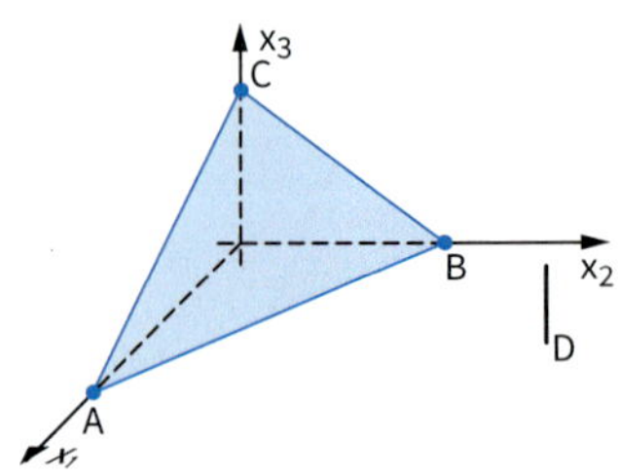

Blickpunkt: Die Entstehung der Analytischen Geometrie – FERMAT und DESCARTES

Begründer der Analytischen Geometrie

Als Begründer der Analytischen Geometrie gelten RENÉ DESCARTES und PIERRE DE FERMAT. Beide wandten zu Beginn des 17. Jahrhunderts als Erste das Rechnen mit Buchstaben (= Algebra, damals „Ars analytica“ genannt) systematisch auf geometrische Probleme an.

RENÉ DESCARTES (1596–1650)

RENÉ DESCARTES wuchs wegen des frühen Todes seiner Mutter im Internat des Jesuitenkollegs in La Flèche auf. Wegen seiner schlechten Gesundheit genoss er dort das Privileg, bis 11 Uhr morgens im Bett bleiben zu dürfen – eine Gewohnheit, die er Zeit seines Lebens nicht änderte.

1628 ließ er sich – wegen der erhofften größeren Gedankenfreiheit – in Holland nieder und begann ein Werk, das den Titel „Traité du monde“ (Abhandlung über die Welt) erhalten sollte. Er brach die Arbeit aber wieder ab, als er Kenntnis von den Problemen erhielt, die GALILEI mit der Inquisition hatte. Schließlich überredeten seine Freunde ihn, seine philosophischen Gedanken zu veröffentlichen.

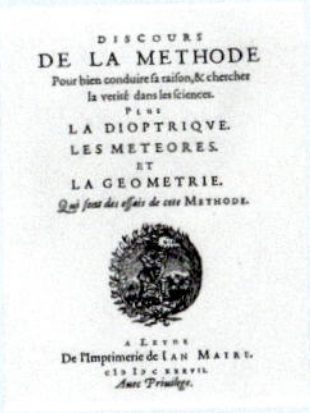
DISCOURS
DE LA METHODE
Pour bien conduire sa raison, & chercher la verité dans les sciences.
PLUS
LA DIOPTRIQUE.
LES METEORES.
ET
LA GEOMETRIE.
Qui sont des essais de cete METHODE.
A LEYDE
De l'Imprimerie de IAN MAIRE.
CIƆ IƆ C XXXVII.
Avec Privilege.

1637 endlich erschien – zunächst anonym – „Discours de la méthode pour bien conduire sa raison et chercher la vérité dans les sciences“ (Abhandlung über die Methode, seine Vernunft richtig zu gebrauchen und die Wahrheit in den Wissenschaften zu suchen). In einem der drei Anhänge, betitelt „La Géometrie“, zeigte DESCARTES, dass sich algebraische Gleichungen durch geometrische Konstruktionen lösen und umgekehrt geometrische Objekte durch algebraische Gleichungen beschreiben lassen.
Das historische Verdienst von DESCARTES ist die Einführung von Koordinateneinheiten, durch welche die Lage eines Punktes bestimmt werden kann. Deswegen heißt das heute verwendete Koordinatensystem „kartesisches“ Koordinatensystem.

1641 folgten die „Meditationes“ mit dem berühmten Satz „Cogito ergo sum“ (Ich denke, also bin ich).

DESCARTES' Methode des wissenschaftlichen Denkens enthält folgende Regeln:

- Halte nichts für wahr, was in Zweifel gezogen werden kann.
- Zerlege schwierige Probleme in Teilprobleme; beginne beim Einfachen und schreite zum Schwierigen fort; prüfe, ob die Untersuchung vollständig ist.

DESCARTES war der Überzeugung, dass alle Naturerscheinungen rational erfasst und erklärt werden können.

1649 folgte DESCARTES einer Einladung der Königin CHRISTINA VON SCHWEDEN nach Stockholm, wo er mit seiner Gewohnheit brechen musste, lange im Bett zu bleiben, da die Königin ihn um 5 Uhr zum Frühstück erwartete, um mit ihm über mathematische und philosophische Probleme zu diskutieren.
DESCARTES zog sich aufgrund des strengen schwedischen Winters bei den frühen Spaziergängen mit der Königin eine Lungenentzündung zu und starb kurze Zeit später.

PIERRE DE FERMAT (1608–1665)

PIERRE FERMAT wurde wahrscheinlich um 1607/08 in Beaumont-de-Lomagne (nahe Toulouse) geboren. Er besuchte die Universitäten in Toulouse und Bordeaux – mit großem Interesse an mathematischen Themen. In Orléans schloss er ein Jura-Studium an.
1631 wurde er als Anwalt in Toulouse zugelassen. Zum *Conseiller au Parlement* (Gericht) ernannt, kümmerte er sich um Petitionen der Bürger an die Regierung in Paris. Wegen der Bedeutung des Amtes durfte er sich jetzt de FERMAT nennen. In einem internen Bericht wird der Jurist FERMAT als gelehrt, aber gelegentlich als verwirrt und gedankenverloren beschrieben. Vermutlich hatte dies einen einfachen Grund: FERMAT war stets durch seine Beschäftigung mit komplizierten mathematischen Fragen abgelenkt.

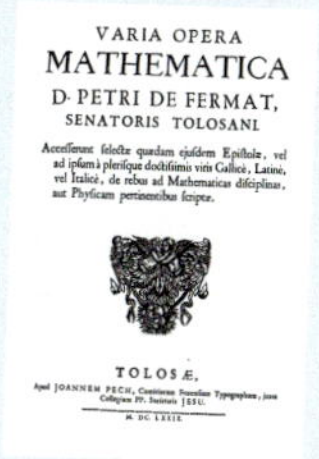
VARIA OPERA
MATHEMATICA
D. PETRI DE FERMAT,
SENATORIS TOLOSANI.
Accesserunt selectæ quædam ejusdem Epistolæ, vel ad ipsum à plerisque doctissimis viris Gallicè, Latinè, vel Italicè, de rebus ad Mathematicas disciplinas, aut Physicam pertinentibus scriptæ.
TOLOSÆ,
Apud JOANNEM PECH, Comitiorum Fuxensium Typographum, juxta Collegium PP. Societatis JESU.
M. DC. LXXIX.

Zu seinen Lebzeiten veröffentlichte er seine Ideen nur in Briefform, zum Beispiel in einem Briefwechsel mit der Gruppe um MARIN MERSENNE, zu der auch DESCARTES zählte. Trotz wiederholter Aufforderung nahm FERMAT sich nie die Zeit, die von ihm entwickelten Verfahren und Beweise detailliert schriftlich auszuarbeiten. Aus diesem Grund wurde erst viele Jahre nach seinem Tod erkannt, welch bedeutender Mathematiker er war.

Neben den Problemen der Analytischen Geometrie beschäftigte sich FERMAT mit ganz unterschiedlichen Gebieten der Mathematik und Physik: FERMAT leitete ein grundlegendes Gesetz der Optik her, das den Weg eines Lichtstrahls beim Übergang zwischen zwei Medien beschreibt: Das Licht wählt den „schnellsten“, nicht den kürzesten Weg zwischen zwei Punkten (sogenanntes FERMAT'sches Prinzip). Als FERMAT von 1643 bis 1654 wegen eines Bürgerkriegs und der Pest-Epidemie keine Kontakte zu den Mathematikern in Paris hatte, vertiefte er sich – angeregt durch die „Arithmetica“ des DIOPHANTOS (um 250 n. Chr.) – in ein Gebiet, für das die Mathematiker seiner Zeit wenig Interesse zeigten: die Zahlentheorie. Fünf Jahre nach seinem Tod entdeckte sein Sohn CLÉMENT-SAMUEL auf dem Rand einer kommentierten Diophant-Übersetzung den Satz, der heute als „Großer FERMAT'scher Satz“ bezeichnet wird: Die Diophantische Gleichung $x^n + y^n = z^n$ mit $x, y, z \in \mathbb{N}$ hat keine Lösung für natürliche Zahlen $n > 2$.

Statt einer Beweisidee hatte FERMAT den später berühmt gewordenen Satz notiert: „Ich habe einen wahrhaft wunderbaren Beweis gefunden, aber dieser Rand ist zu schmal, ihn zu fassen.“
Man kann davon ausgehen, dass FERMAT sich irrte; viele Mathematiker bemühten sich um den Beweis, der dann ANDREW WILES mit großem Aufwand 1994 gelang.

Koordinatensysteme

1. Das von RENÉ DESCARTES eingeführte Koordinatensystem besteht aus zwei Achsen, die im rechten Winkel aufeinander stehen und in gleichen Schritten skaliert sind. Dass die beiden Achsen im rechten Winkel stehen müssen, ist aber für ein Koordinatensystem nicht unbedingt notwendig.
Bei der Untersuchung der kristallinen Strukturen von Kristallen werden die Kanten des Kristalls als Koordinatenachsen festgelegt.
Dadurch entsteht dann ein Koordinatensystem, bei dem die Koordinatenachsen in einem (spitzen) Winkel α aufeinanderstehen.

a) Im abgebildeten rechtwinkligen System hat der Punkt P die Koordinaten P(3|2). Im danebenliegenden System stehen die Achsen in einem Winkel von $\alpha = 60°$ aufeinander. Der Punkt Q liegt an derselben Stelle auf dem Zeichenblatt. Welche Koordinaten hat der Punkt Q?

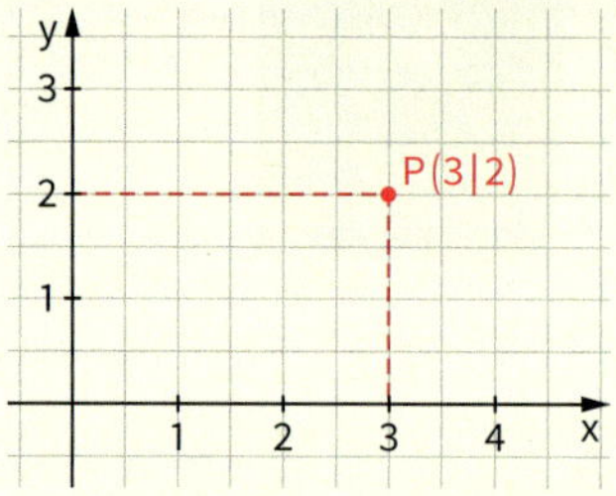

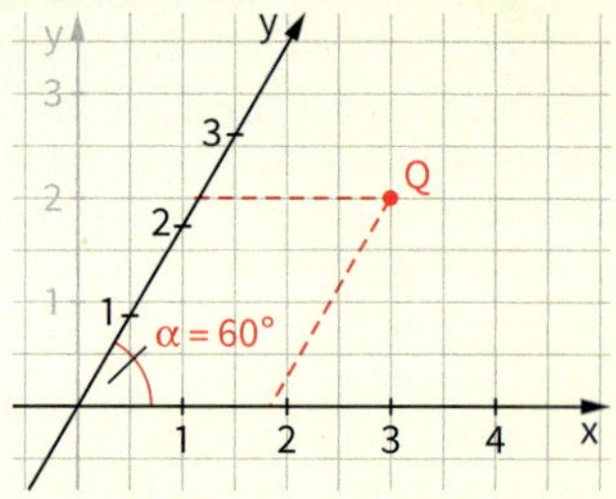

b) Zeigen Sie allgemein:
Ein Punkt P(x|y) im rechtwinkligen Koordinatensystem hat die Koordinaten $P\left(x - \frac{y}{\tan(\alpha)} \middle| \frac{y}{\sin(\alpha)}\right)$ in einem Koordinatensystem, das einen spitzen Winkel α einschließt.

Der große FERMAT'sche Satz

2. Der große FERMAT'sche Satz besagt:

> Für die Gleichung $x^n + y^n = z^n$ gibt es für $n > 2$ keine Lösung, bei der alle drei Lösungen x, y und z eine ganze Zahl sind.

Dieser Satz war lange Zeit nur eine Vermutung, da niemand einen Beweis finden konnte. 1994 gelang ANDREW WILES ein Beweis von FERMATS letztem Satz. Trotzdem ist es unter Mathematiker/innen ein beliebter Scherz, „Gegenbeispiele" zu finden, die sich bei näherer Betrachtung als falsch erweisen.

- Häufig wird behauptet, dass $3\,987^{12} + 4\,365^{12} = 4\,472^{12}$ gilt. Dies würde dem FERMAT'schen Satz widersprechen. Maria überprüft die Gleichung mithilfe ihres Taschenrechners: Das Ergebnis des Rechners ist fehlerhaft. Was ist hier vermutlich passiert? Überprüfen Sie die Gleichung im Taschenrechner auf anderem Wege.

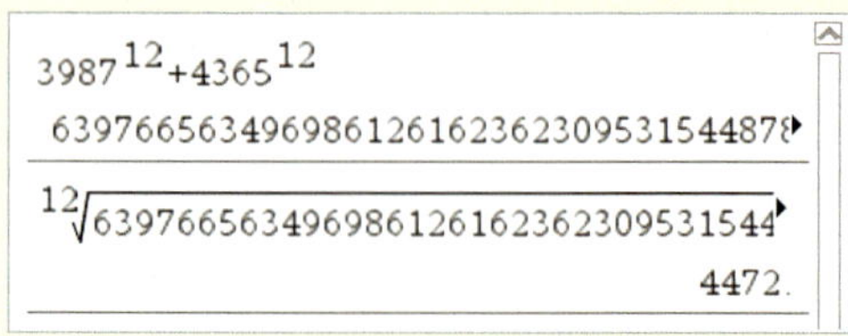

- Ein weiteres (falsches) „Gegenbeispiel ist $1\,782^{12} + 1\,841^{12} = 1\,922^{12}$.
  Begründen Sie, dass diese Zahlen ebenfalls keine ganzzahlige Lösung der Gleichung $x^{12} + y^{12} = z^{12}$ sein können.
  Überlegen Sie dazu, was passiert, wenn man ungerade bzw. gerade Zahlen potenziert und addiert. Untersuchen Sie auch, warum der Rechner falsche Ergebnisse auswirft.

3.3 Koordinatenform einer Ebene – Wahlthema GK

3.3.1 Koordinatenform einer Ebenengleichung – Normalenvektor

EINSTIEGSAUFGABE OHNE LÖSUNG

→ Zeiger einer Sonnenuhr ist orthogonal zum Ziffernblatt

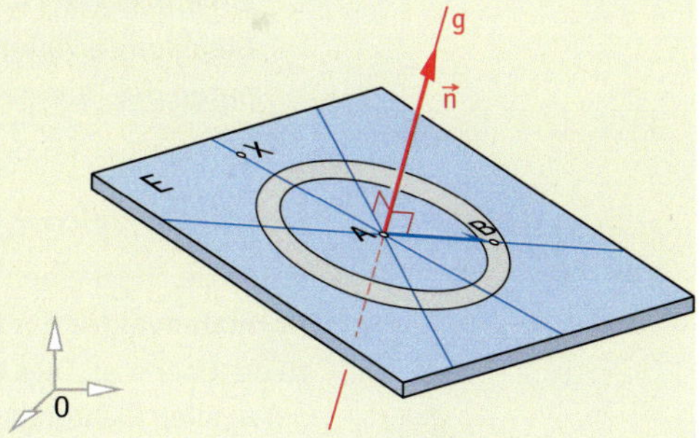

Der Schattenstab einer Sonnenuhr hat die Richtung des Vektors $\vec{n} = \begin{pmatrix} 1 \\ 1 \\ 1 \end{pmatrix}$ und steht im Punkt A(−3|2|4) orthogonal auf der Ebene E, in der das Ziffernblatt der Sonnenuhr liegt.
Ein Punkt auf dem Ziffernblatt hat die Koordinaten B(−2|6|−1).

- Erklären Sie die Bedeutung der Aussage: „Der Schattenstab steht orthogonal auf der Ebene E.“ Überprüfen Sie, ob die Punkte C(3|5|−5) und D(−4|8|5) in dieser Ebene liegen.
- Geben Sie ein Kriterium an, mit dessen Hilfe man entscheiden kann, ob ein Punkt X in dieser Ebene liegt oder nicht.
  Bestimmen Sie drei weitere Punkte, die in der Ebene des Ziffernblatts liegen.

EINSTIEGSAUFGABE MIT LÖSUNG

→ Ebenen durch eine lineare Gleichung beschreiben

Gegeben ist die Gerade $g: \vec{x} = k \cdot \begin{pmatrix} 2 \\ 1 \\ 1 \end{pmatrix}$, die durch den Ursprung geht. Die Ebene E schneidet die Gerade g im Punkt P(4|2|4) und ist orthogonal zu ihr.

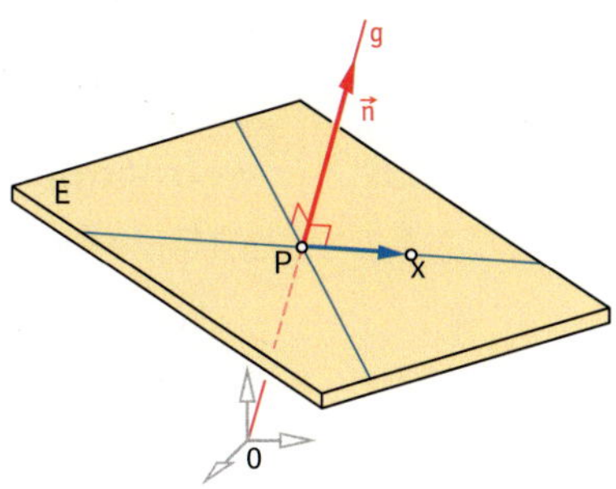

a) Erläutern Sie, was man darunter versteht, dass eine Gerade orthogonal zu einer Ebene ist. Untersuchen Sie, ob die Punkte Q(3|16|−2) und R(−1|8|5) in E liegen.

b) Beschreiben Sie ein Kriterium, mit dessen Hilfe man untersuchen kann, ob ein Punkt X in der Ebene E liegt oder nicht.

LÖSUNG

a) Ist g orthogonal zu E, so bedeutet dies, dass der Richtungsvektor $\vec{u} = \begin{pmatrix} 2 \\ 1 \\ 2 \end{pmatrix}$ von g orthogonal zu allen Richtungsvektoren der Ebene E ist. Falls Q in E liegt, wäre $\overrightarrow{PQ}$ ein möglicher Richtungsvektor von E und es müsste gelten: $\vec{u} * \overrightarrow{PQ} = 0$.

$\vec{u} * \overrightarrow{PQ} = \begin{pmatrix} 2 \\ 1 \\ 2 \end{pmatrix} * \left[\begin{pmatrix} 3 \\ 16 \\ -2 \end{pmatrix} - \begin{pmatrix} 4 \\ 2 \\ 4 \end{pmatrix}\right] = \begin{pmatrix} 2 \\ 1 \\ 2 \end{pmatrix} * \begin{pmatrix} -1 \\ 14 \\ -6 \end{pmatrix} = -2 + 14 - 12 = 0$, Q liegt also in E.

Entsprechend untersuchen wir, ob R in E liegt.

$\vec{u} * \overrightarrow{PR} = \begin{pmatrix} 2 \\ 1 \\ 2 \end{pmatrix} * \left[\begin{pmatrix} -1 \\ 8 \\ 5 \end{pmatrix} - \begin{pmatrix} 4 \\ 2 \\ 4 \end{pmatrix}\right] = \begin{pmatrix} 2 \\ 1 \\ 2 \end{pmatrix} * \begin{pmatrix} -5 \\ 6 \\ 1 \end{pmatrix} = -10 + 6 + 2 = -2 \neq 0$, R liegt nicht in E.

b) Ist $X(x_1 | x_2 | x_3)$ ein Punkt der Ebene E, so ist der Vektor $\overrightarrow{PX}$ ein Richtungsvektor der Ebene E.

Somit gilt: $\vec{u} * \overrightarrow{PX} = \vec{u} * (\overrightarrow{OX} - \overrightarrow{OP}) = 0$, also $\begin{pmatrix} 2 \\ 1 \\ 2 \end{pmatrix} * \left(\overrightarrow{OX} - \begin{pmatrix} 4 \\ 2 \\ 4 \end{pmatrix}\right) = 0$.

Hieraus erhalten wir $\begin{pmatrix} 2 \\ 1 \\ 2 \end{pmatrix} * \begin{pmatrix} x_1 - 4 \\ x_2 - 2 \\ x_3 - 4 \end{pmatrix} = 0$, also $2 \cdot (x_1 - 4) + 1 \cdot (x_2 - 2) + 2 \cdot (x_3 - 4) = 0$.

Zusammengefasst ergibt dies die Gleichung $2x_1 + x_2 + 2x_3 - 18 = 0$.

Ein Punkt $X(x_1 | x_2 | x_3)$ liegt also genau dann in der Ebene E, wenn seine Koordinaten diese Gleichung erfüllen. Liegt ein Punkt X nicht in der Ebene E, so gilt: $\vec{u} * \overrightarrow{PX} \neq 0$, d.h. die Koordinaten des Punktes erfüllen die Gleichung $2x_1 + x_2 + 2x_3 - 18 = 0$ nicht.

INFORMATION

Normalenvektor, Normalenform und Koordinatenform einer Ebene

Man bezeichnet einen Vektor $\vec{n} \neq \vec{o}$ als **Normalenvektor** der Ebene, wenn er orthogonal zu der Ebene ist. Dies bedeutet, dass $\vec{n}$ orthogonal zu allen Richtungsvektoren der Ebene ist. Alle Normalenvektoren einer Ebene sind Vielfache voneinander.

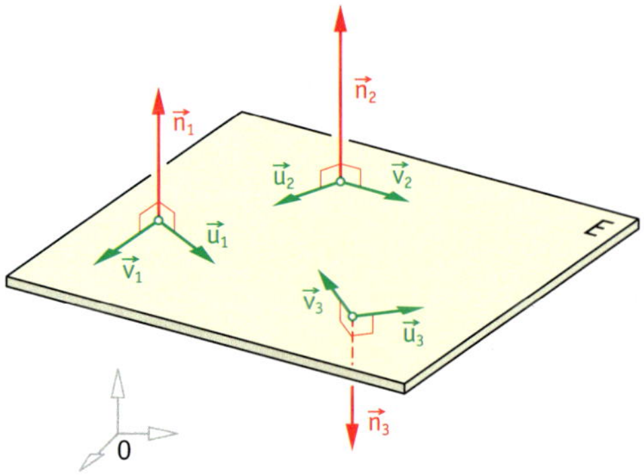

Satz: Normalenform und Koordinatenform einer Ebene

Gegeben sind ein Punkt $A(a_1 | a_2 | a_3)$ einer Ebene E und ein Normalenvektor $\vec{n} = \begin{pmatrix} n_1 \\ n_2 \\ n_3 \end{pmatrix}$ von E.

Ein Punkt $X(x_1 | x_2 | x_3)$ liegt genau dann in dieser Ebene, wenn sein Ortsvektor $\overrightarrow{OX} = \begin{pmatrix} x_1 \\ x_2 \\ x_3 \end{pmatrix}$ die folgende Gleichung erfüllt:

$$\vec{n} * (\overrightarrow{OX} - \overrightarrow{OA}) = 0, \text{ also: } \vec{n} * \overrightarrow{OX} = \vec{n} * \overrightarrow{OA}$$

Mit $d = \vec{n} * \overrightarrow{OA}$ ergibt sich daraus eine lineare Gleichung der Ebene E: $n_1 \cdot x_1 + n_2 \cdot x_2 + n_3 \cdot x_3 = d$

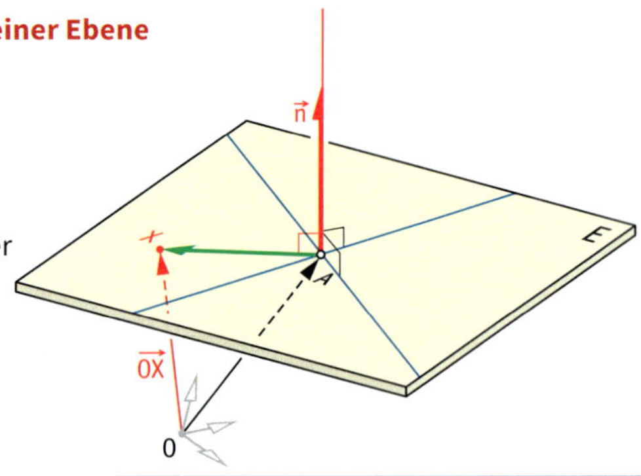

*Eine solche Gleichung nennt man **Normalenform** einer Ebene. Mit $\vec{x} = \overrightarrow{OX}$ und $\vec{a} = \overrightarrow{OA}$ schreibt man dafür auch $\vec{n} * (\vec{x} - \vec{a}) = 0$.*

*Eine solche Gleichung nennt man **Koordinatenform** oder **Koordinatengleichung** einer Ebene.*

BEISPIEL

Zu der Ebene mit dem Punkt $A(-6 | 5 | 7)$ und dem Normalenvektor $\vec{n} = \begin{pmatrix} 2 \\ -3 \\ 4 \end{pmatrix}$ erhalten wir die Normalenform einer Ebenengleichung:

$$\begin{pmatrix} 2 \\ -3 \\ 4 \end{pmatrix} * \left[\begin{pmatrix} x_1 \\ x_2 \\ x_3 \end{pmatrix} - \begin{pmatrix} -6 \\ 5 \\ 7 \end{pmatrix}\right] = 0, \text{ also } 2 \cdot x_1 - 3 \cdot x_2 + 4 \cdot x_3 + 2 \cdot 6 + 3 \cdot 5 - 4 \cdot 7 = 0.$$

Zusammengefasst ergibt sich daraus eine Koordinatenform der Ebene:

$2x_1 - 3x_2 + 4x_3 - 1 = 0$ bzw. $2x_1 - 3x_2 + 4x_3 = 1$

Liegt ein Punkt X in der Ebene, so erfüllen seine Koordinaten x_1, x_2, x_3 diese Gleichung.

INFORMATION

Eine lineare Gleichung geometrisch deuten – Koordinatenform einer Ebene

Jede Ebene kann durch einen Punkt und einen Normalenvektor der Ebene eindeutig bestimmt werden. Man kann somit Ebenen auch durch eine Koordinatenform beschreiben.

Umgekehrt gehört zu jeder linearen Gleichung für die Variablen x_1, x_2 und x_3 auch eine Ebene, wie man sich am folgenden Beispiel klarmachen kann.

BEISPIEL

Von einer Koordinatenform zu einer Parameterdarstellung einer Ebene

Der Vektor $\vec{n} = \begin{pmatrix} 6 \\ -4 \\ 1 \end{pmatrix}$ ist ein Normalenvektor dieser Ebene.

Gegeben ist die lineare Gleichung $6x_1 - 4x_2 + x_3 = 18$.

Gesucht ist die Lösungsmenge dieser Gleichung.

(1) Man wählt für zwei Variablen, hier z. B. für x_1 und x_2, jeweils einen beliebigen Wert, also z. B. $x_1 = s$ und $x_2 = t$ mit $s, t \in \mathbb{R}$. Die lineare Gleichung stellt man dann nach x_3 um.

Es ergibt sich also folgende Lösung:

$$\left| \begin{array}{l} x_1 = s \\ x_2 = t \\ x_3 = 18 - 6s + 4t \end{array} \right|$$

(2) Man notiert die Lösung in Vektorschreibweise $\begin{pmatrix} x_1 \\ x_2 \\ x_3 \end{pmatrix} = \begin{pmatrix} 0 \\ 0 \\ 18 \end{pmatrix} + s \cdot \begin{pmatrix} 1 \\ 0 \\ -6 \end{pmatrix} + t \cdot \begin{pmatrix} 0 \\ 1 \\ 4 \end{pmatrix}$ und erhält eine Parameterdarstellung der Ebene, die durch den Punkt $P(0\,|\,0\,|\,18)$ und durch die Richtungsvektoren $\vec{u} = \begin{pmatrix} 1 \\ 0 \\ -6 \end{pmatrix}$ und $\vec{v} = \begin{pmatrix} 0 \\ 1 \\ 4 \end{pmatrix}$ festgelegt ist.

Verallgemeinert kann man sagen, dass eine lineare Gleichung der Form $a \cdot x_1 + b \cdot x_2 + c \cdot x_3 = d$ eine Ebene beschreibt, falls nicht alle drei Zahlen a, b, c zugleich Null sind.

Man kann an der Koordinatenform den Normalenvektor $\begin{pmatrix} a \\ b \\ c \end{pmatrix} \neq \vec{0}$ der Ebene ablesen.

WEITERFÜHRENDE AUFGABE

1. Zueinander parallele Ebenen an ihren Koordinatenformen erkennen

Gegeben sind die drei Ebenen $E_1\colon 2x_1 + 5x_2 - x_3 = -8$, $E_2\colon 4x_1 + 10x_2 - 2x_3 = -16$ und $E_3\colon -8x_1 - 20x_2 + 4x_3 = 32$.

Die drei Ebenen sind paarweise parallel zueinander, zwei der Ebenen sind sogar identisch. Erläutern Sie, wie man dies an den Koordinatenformen der drei Ebenen erkennen kann.

ÜBUNGSAUFGABEN

Eine Koordinatenform einer Ebene aufstellen

2. Bestimmen Sie eine Koordinatenform der Ebene E.

a) $E\colon \vec{x} = \begin{pmatrix} 3 \\ 0 \\ 0 \end{pmatrix} + r \cdot \begin{pmatrix} 2 \\ 1 \\ 0 \end{pmatrix} + s \cdot \begin{pmatrix} -1 \\ -2 \\ 1 \end{pmatrix}$

b) $E\colon \vec{x} = \begin{pmatrix} 1 \\ 1 \\ -3 \end{pmatrix} + r \cdot \begin{pmatrix} -3 \\ 1 \\ 0 \end{pmatrix} + s \cdot \begin{pmatrix} 1 \\ -3 \\ 1 \end{pmatrix}$

c) $E\colon \vec{x} = \begin{pmatrix} 7 \\ 2 \\ -5 \end{pmatrix} + r \cdot \begin{pmatrix} 0 \\ 1 \\ 0 \end{pmatrix} + s \cdot \begin{pmatrix} 0 \\ 0 \\ 1 \end{pmatrix}$

d) E enthält die Punkte $A(0\,|\,1\,|\,2)$, $B(2\,|\,0\,|\,4)$ und $C(4\,|\,8\,|\,0)$.

e) E enthält die Punkte $A(1\,|\,-2\,|\,3)$, $B(3\,|\,4\,|\,-2)$ und $C(3\,|\,4\,|\,5)$.

f) E enthält den Punkt $A(1\,|\,4\,|\,-1)$ und die Gerade $g\colon \vec{x} = \begin{pmatrix} 4 \\ 0 \\ 2 \end{pmatrix} + k \cdot \begin{pmatrix} 3 \\ -1 \\ -3 \end{pmatrix}$.

g) E enthält die beiden Geraden

$g\colon \vec{x} = \begin{pmatrix} 5 \\ 0 \\ 2 \end{pmatrix} + r \cdot \begin{pmatrix} 3 \\ -1 \\ 4 \end{pmatrix}$ und

$h\colon \vec{x} = \begin{pmatrix} 0 \\ -1 \\ -1 \end{pmatrix} + r \cdot \begin{pmatrix} -3 \\ 1 \\ -4 \end{pmatrix}$.

BEISPIEL

$E\colon \vec{x} = \begin{pmatrix} 5 \\ 2 \\ 0 \end{pmatrix} + r \cdot \begin{pmatrix} 3 \\ 2 \\ 2 \end{pmatrix} + s \cdot \begin{pmatrix} 2 \\ 1 \\ 4 \end{pmatrix}$.

Gesucht ist ein Normalenvektor $\vec{n} = \begin{pmatrix} n_1 \\ n_2 \\ n_2 \end{pmatrix}$, der zu den beiden Richtungsvektoren orthogonal ist: $\vec{n} * \begin{pmatrix} 3 \\ 2 \\ 2 \end{pmatrix} = 0$ und $\vec{n} * \begin{pmatrix} 2 \\ 1 \\ 4 \end{pmatrix} = 0$.

Die Koordinaten von $\vec{n}$ müssen also das Gleichungssystem $\left| \begin{array}{l} 3n_1 + 2n_2 + 2n_3 = 0 \\ 2n_1 + n_2 + 4n_3 = 0 \end{array} \right|$ erfüllen.

Setzt man z. B. $n_1 = 1$, erhält man $\left| \begin{array}{l} 2n_2 + 2n_3 = -3 \\ n_2 + 4n_3 = -2 \end{array} \right|$ mit der Lösung $n_2 = -\frac{4}{3}$; $n_3 = -\frac{1}{6}$. $\vec{n} = \begin{pmatrix} 1 \\ -\frac{4}{3} \\ -\frac{1}{6} \end{pmatrix}$ und $6 \cdot \vec{n} = \begin{pmatrix} 6 \\ -8 \\ -1 \end{pmatrix}$ sind Normalenvektoren von E. Wir erhalten somit eine Koordinatenform von

$E\colon 6x_1 - 8x_2 - x_3 = d$ mit $d = \begin{pmatrix} 6 \\ -8 \\ -1 \end{pmatrix} * \begin{pmatrix} 5 \\ 2 \\ 0 \end{pmatrix} = 14$.

3. Die Ebene E enthält den Punkt P und hat den Normalenvektor $\vec{n}$.
Bestimmen Sie eine Koordinatenform von E. Überprüfen Sie, ob der Punkt Q(−3|−27|0) in E liegt.

a) $P(3|-5|2)$, $\vec{n} = \begin{pmatrix} 3 \\ -1 \\ 2 \end{pmatrix}$
b) $P(-1|-1|4)$, $\vec{n} = \begin{pmatrix} 2 \\ 0 \\ -1 \end{pmatrix}$
c) $P(0|0|0)$, $\vec{n} = \begin{pmatrix} 2 \\ 1 \\ -2 \end{pmatrix}$
d) $P(7|-20|-3)$, $\vec{n} = \begin{pmatrix} 1 \\ -1 \\ -1 \end{pmatrix}$
e) $P(1|1|-3)$, $\vec{n} = \begin{pmatrix} 2 \\ 1 \\ 1 \end{pmatrix}$
f) $P(1|1|0)$, $\vec{n} = \begin{pmatrix} 0 \\ 0 \\ 1 \end{pmatrix}$

4. Geben Sie eine Koordinatenform der Ebene E an.
Bestimmen Sie die Koordinaten zweier Punkte, die in E liegen.

a) $\begin{pmatrix} 2 \\ -3 \\ 1 \end{pmatrix} * \left[\vec{x} - \begin{pmatrix} 4 \\ 0 \\ -5 \end{pmatrix}\right] = 0$
b) $\begin{pmatrix} 2 \\ -1 \\ 1 \end{pmatrix} * \vec{x} = 5$
c) $\begin{pmatrix} 3 \\ -1 \\ 2 \end{pmatrix} * \vec{x} = \begin{pmatrix} 3 \\ -1 \\ 2 \end{pmatrix} * \begin{pmatrix} -5 \\ 4 \\ 2 \end{pmatrix}$

Koordinatenformen zueinander paralleler Ebenen aufstellen und erkennen

5. Bestimmen Sie eine Koordinatenform der Ebene E, die durch die Punkte A, B und C festgelegt ist. Geben Sie auch eine Koordinatenform der Ebene F an, die parallel zu E ist und die den Punkt P enthält.
a) A(0|1|2), B(2|0|4), C(4|8|0); P(3|−4|1)
b) A(3|1|−1), B(4|1|1), C(−2|−2|3); P(5|−2|2)

6. Die Punkte A(2|1|0), B(5|3|0), C(3|6|0) und D(0|4|0) sind die Eckpunkte der Grundfläche eines Quaders, dessen Höhe 6 LE beträgt.
a) Zeichnen Sie ein Schrägbild des Quaders.
Bestimmen Sie die Koordinaten der Eckpunkte E, F, G und H der Deckfläche.
b) Geben Sie möglichst einfach je eine Koordinatenform der Ebenen an, in denen die Seitenflächen bzw. die Deckfläche des Quaders liegen. *Hinweis:* Verwenden Sie Ihre Kenntnisse über die Koordinatenformen von zueinander parallelen Ebenen.

Ebenen in geometrischen Objekten untersuchen

7. Das Dach einer Kirche hat die Form einer quadratischen Pyramide, deren Grundkanten die Länge 6 m haben. Die Höhe der Pyramide beträgt 4 m.
a) Legen Sie ein geeignetes Koordinatensystem fest und zeichnen Sie das Dach ein.
b) Bestimmen Sie je eine Koordinatenform für die Ebenen, in denen die vier Seitenflächen des Dachs liegen. Vergleichen Sie Ihre Ergebnisse miteinander.

8. Gegeben sind der Punkt P(1|17|8) und die Gerade $g: \vec{x} = \begin{pmatrix} -5 \\ -1 \\ 2 \end{pmatrix} + r \cdot \begin{pmatrix} 4 \\ 1 \\ -1 \end{pmatrix}$. Die Ebene E enthält die Gerade g und den Punkt P. Eine zweite Ebene F enthält ebenfalls die Gerade g und ist orthogonal zu E. Geben Sie je eine Koordinatenform von E und F an.

9. In einem Würfel der Kantenlänge 6 liegt der Punkt P auf der Kante $\overline{BF}$ zwischen den Punkten B und F.
a) Legen Sie ein Koordinatensystem fest und zeichnen Sie den Würfel ein.
b) Die Ebene E enthält die Punkte E, P und G. Bestimmen Sie eine Koordinatenform von E, wenn P der Mittelpunkt der Strecke $\overline{BF}$ ist.
c) Bestimmen Sie die Koordinaten von P so, dass der Vektor $\begin{pmatrix} 3 \\ 3 \\ 4 \end{pmatrix}$ ein Normalenvektor von E ist.
Berechnen Sie für diesen Fall den Umfang des Dreiecks EPG.

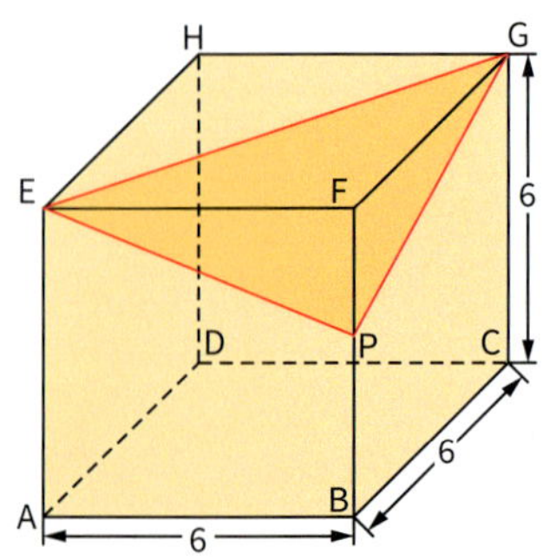

3.3.2 Vektorprodukt

Einstiegsaufgabe ohne Lösung

→ Einen Vektor bestimmen, der zu zwei Vektoren orthogonal ist

Bewegen sich in einem Magnetfeld elektrisch geladene Teilchen quer zu den Feldlinien des Magnetfeldes, so werden sie abgelenkt. Das Magnetfeld übt also auf frei bewegliche elektrische Ladungen eine Kraft F_L aus, die nach dem niederländischen Forscher Hendrik Antoon Lorentz (1853 – 1928) Lorentz-Kraft genannt wird. Sie ist orthogonal zu den Feldlinien und orthogonal zur Bewegungsrichtung der Elektronen. Ihre Richtung kann man mit der sogenannten *Linke-Hand-Regel* bestimmen.

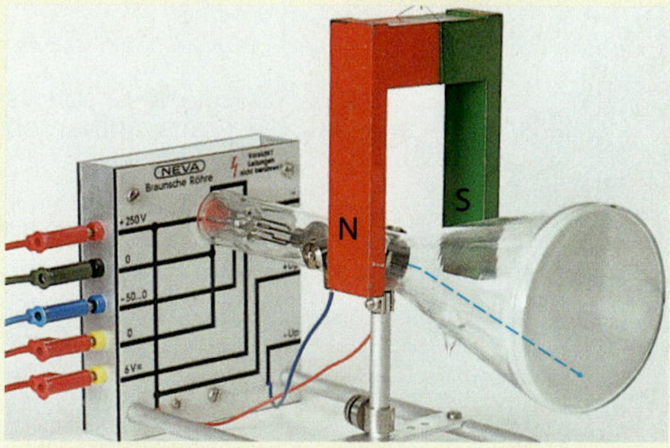

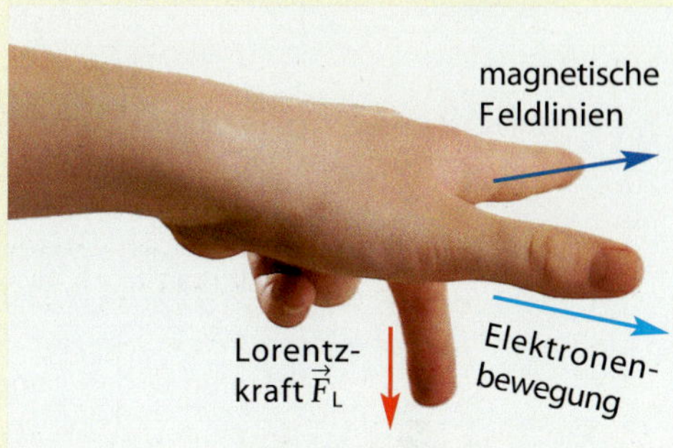

Bei der Regel oben sucht man einen Vektor, der zu zwei gegebenen Vektoren orthogonal ist.
Wie kann man einen Vektor finden, der zu zwei gegebenen Vektoren $\vec{u}$ und $\vec{v}$ orthogonal ist?

- Bestimmen Sie einen Normalenvektor zu der Ebene, die von den Vektoren $\vec{u} = \begin{pmatrix} 3 \\ 5 \\ -2 \end{pmatrix}$ und $\vec{v} = \begin{pmatrix} 0 \\ -1 \\ 3 \end{pmatrix}$ aufgespannt wird.
- Erläutern Sie Ihr Vorgehen bei der Bestimmung des gesuchten Vektors.

Einstiegsaufgabe mit Lösung

→ Alle Vektoren finden, die zu zwei Vektoren orthogonal sind

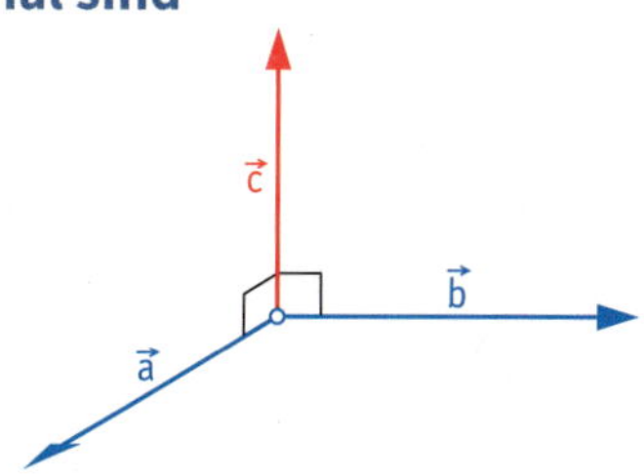

a) Bestimmen Sie zu den Vektoren $\vec{a} = \begin{pmatrix} 2 \\ -3 \\ 1 \end{pmatrix}$ und $\vec{b} = \begin{pmatrix} 1 \\ 2 \\ -1 \end{pmatrix}$ einen Vektor $\vec{c} = \begin{pmatrix} c_1 \\ c_2 \\ c_3 \end{pmatrix}$, der zu beiden Vektoren orthogonal ist.

b) Geben Sie alle möglichen Lösungen für $\vec{c} = \begin{pmatrix} c_1 \\ c_2 \\ c_3 \end{pmatrix}$ an.
Wie unterscheiden sich die verschiedenen Lösungsvektoren?

Lösung

a) Für den gesuchten Vektor $\vec{c}$ muss gelten: $\vec{a} * \vec{c} = 2c_1 - 3c_2 + c_3 = 0$ und $\vec{b} * \vec{c} = c_1 + 2c_2 - c_3 = 0$.

Seine Koordinaten müssen somit das lineare Gleichungssystem $\left| \begin{array}{l} 2c_1 - 3c_2 + c_3 = 0 \\ c_1 + 2c_2 - c_3 = 0 \end{array} \right|$ erfüllen.

Durch Umformen kann man das lineare Gleichungssystem auf folgende Form bringen:

$\left| \begin{array}{l} 7c_1 \quad - c_3 = 0 \\ 7c_2 - 3c_3 = 0 \end{array} \right|$; also $\left| \begin{array}{l} c_1 = \frac{1}{7}c_3 \\ c_2 = \frac{3}{7}c_3 \end{array} \right|$

Setzt man z. B. $c_3 = 7$, so ergibt sich $c_1 = 1$ und $c_2 = 3$, also $\vec{c} = \begin{pmatrix} 1 \\ 3 \\ 7 \end{pmatrix}$.

b) Alle möglichen Vektoren, die sowohl zu $\vec{a}$ als auch $\vec{b}$ orthogonal sind, haben die Form

$$\begin{pmatrix} \frac{1}{7}c_3 \\ \frac{3}{7}c_3 \\ c_3 \end{pmatrix} = \frac{c_3}{7} \cdot \begin{pmatrix} 1 \\ 3 \\ 7 \end{pmatrix} = t \cdot \begin{pmatrix} 1 \\ 3 \\ 7 \end{pmatrix} \text{ mit } t = \frac{c_3}{7} \text{ und } t \neq 0.$$

Diese Vektoren sind also Vielfache voneinander, sie unterscheiden sich nur durch ihre Länge, aber nicht durch ihre Richtung.

INFORMATION

Vektorprodukt zweier Vektoren

Wenn man zu den Vektoren $\vec{a} = \begin{pmatrix} a_1 \\ a_2 \\ a_3 \end{pmatrix}$ und $\vec{b} = \begin{pmatrix} b_1 \\ b_2 \\ b_3 \end{pmatrix}$ einen Vektor $\vec{c} = \begin{pmatrix} c_1 \\ c_2 \\ c_3 \end{pmatrix}$ sucht, der zu $\vec{a}$ und $\vec{b}$ orthogonal ist, so ergibt sich das lineare Gleichungssystem

$$\begin{vmatrix} a_1 \cdot c_1 + a_2 \cdot c_2 + a_3 \cdot c_3 = 0 \\ b_1 \cdot c_1 + b_2 \cdot c_2 + b_3 \cdot c_3 = 0 \end{vmatrix}.$$

Durch Umformungen wie beim GAUSS'schen Algorithmus kommt man auf die Form

$$\begin{vmatrix} a_1 \cdot c_1 + a_2 \cdot c_2 + a_3 \cdot c_3 = 0 \\ (a_2 b_1 - a_1 b_2) \cdot c_2 + (a_3 b_1 - a_1 b_3) \cdot c_3 = 0 \end{vmatrix}$$ und anschließend auf

$$\begin{vmatrix} (a_2 b_1 - a_1 b_2) \cdot c_1 + (a_2 b_3 - a_3 b_2) \cdot c_3 = 0 \\ (a_2 b_1 - a_1 b_2) \cdot c_2 + (a_3 b_1 - a_1 b_3) \cdot c_3 = 0 \end{vmatrix}.$$

Man erhält: $\begin{vmatrix} c_1 = \dfrac{a_2 b_3 - a_3 b_2}{a_1 b_2 - a_2 b_1} \cdot c_3 \\ c_2 = \dfrac{a_3 b_1 - a_1 b_3}{a_1 b_2 - a_2 b_1} \cdot c_3 \end{vmatrix}$, falls $a_1 b_2 - a_2 b_1 \neq 0$. c_3 ist frei wählbar (aber $c_3 \neq 0$).

Wählt man $c_3 = a_1 b_2 - a_2 b_1$, so erhält man für $\vec{c}$ den Vektor $\vec{c} = \begin{pmatrix} a_2 b_3 - a_3 b_2 \\ a_3 b_1 - a_1 b_3 \\ a_1 b_2 - a_2 b_1 \end{pmatrix}$, der zu zwei gegebenen Vektoren $\vec{a} = \begin{pmatrix} a_1 \\ a_2 \\ a_3 \end{pmatrix}$ und $\vec{b} = \begin{pmatrix} b_1 \\ b_2 \\ b_3 \end{pmatrix}$ orthogonal ist.

Definition: Vektorprodukt

Für je zwei Vektoren $\vec{a} = \begin{pmatrix} a_1 \\ a_2 \\ a_3 \end{pmatrix}$ und $\vec{b} = \begin{pmatrix} b_1 \\ b_2 \\ b_3 \end{pmatrix}$ kann man den Vektor $\begin{pmatrix} a_2 b_3 - a_3 b_2 \\ a_3 b_1 - a_1 b_3 \\ a_1 b_2 - a_2 b_1 \end{pmatrix}$ berechnen.

Er heißt das **Vektorprodukt von $\vec{a}$ und $\vec{b}$** und wird mit $\vec{a} \times \vec{b}$, gelesen a Kreuz b, bezeichnet.

Statt Vektorprodukt sagt man auch Kreuzprodukt.

BEISPIEL

Für $\vec{a} = \begin{pmatrix} 0 \\ 4 \\ 5 \end{pmatrix}$ und $\vec{b} = \begin{pmatrix} 5 \\ -2 \\ 3 \end{pmatrix}$ erhält man $\vec{a} \times \vec{b} = \begin{pmatrix} 4 \cdot 3 - 5 \cdot (-2) \\ 5 \cdot 5 - 0 \cdot 3 \\ 0 \cdot (-2) - 4 \cdot 5 \end{pmatrix} = \begin{pmatrix} 22 \\ 25 \\ -20 \end{pmatrix}$.

Das folgende *Rechenschema* erleichtert die Berechnung des Vektorprodukts:

$$\vec{a} \cdot \vec{b} = \begin{pmatrix} a_2 b_3 - a_3 b_2 \\ a_3 b_1 - a_1 b_3 \\ a_1 b_2 - a_2 b_1 \end{pmatrix}$$

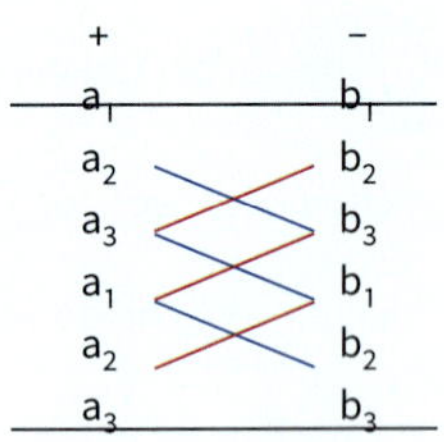

Satz

Sind die Vektoren $\vec{a} \neq \vec{o}$ und $\vec{b} \neq \vec{o}$ keine Vielfachen voneinander, so ist der Vektor $\vec{a} \times \vec{b}$ orthogonal zu $\vec{a}$ und orthogonal zu $\vec{b}$.

$\vec{a} \times \vec{b}$ ist also ein Normalenvektor zu den Vektoren $\vec{a}$ und $\vec{b}$.

INFORMATION

Geometrische Deutung des Vektorprodukts

Der Vektor $\vec{a} \times \vec{b}$ ist zu den Vektoren $\vec{a}$ und $\vec{b}$ orthogonal $\left(\text{falls } \vec{a} \neq \vec{o}, \vec{b} \neq \vec{o} \text{ und } \vec{a} \text{ nicht parallel zu } \vec{b}\right)$.
Zudem gilt:
Trägt man Pfeile der drei Vektoren $\vec{a}$, $\vec{b}$ und $\vec{a} \times \vec{b}$ in einem Punkt an, so folgen sie aufeinander wie die x_1-, die x_2- und die x_3-Achse.

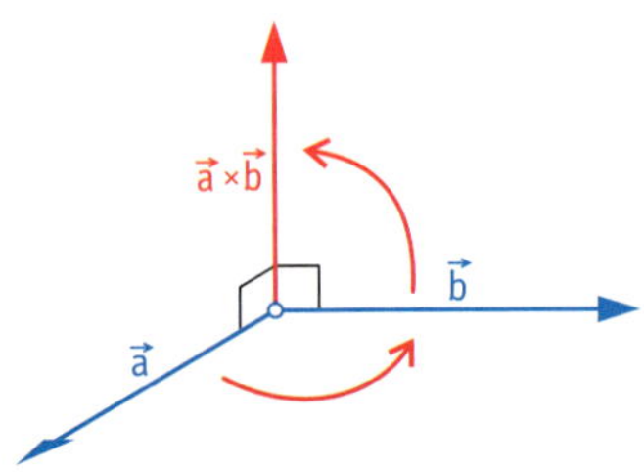

Man sagt: Die drei Vektoren $\vec{a}$, $\vec{b}$ und $\vec{a}\times\vec{b}$ bilden ein **Rechtssystem**, wobei der Winkel zwischen $\vec{a}$ und $\vec{b}$ kein rechter Winkel sein muss.

Für die Länge des Vektors $\vec{a}\times\vec{b}$ gilt: $|\vec{a}\times\vec{b}| = |\vec{a}|\cdot|\vec{b}|\cdot\sin(\alpha)$.
Dabei ist α der Winkel, der von den Vektoren $\vec{a}$ und $\vec{b}$ eingeschlossen wird.
Dies ist aber gerade der Flächeninhalt des Parallelogramms, das von den Vektoren $\vec{a}$ und $\vec{b}$ aufgespannt wird.

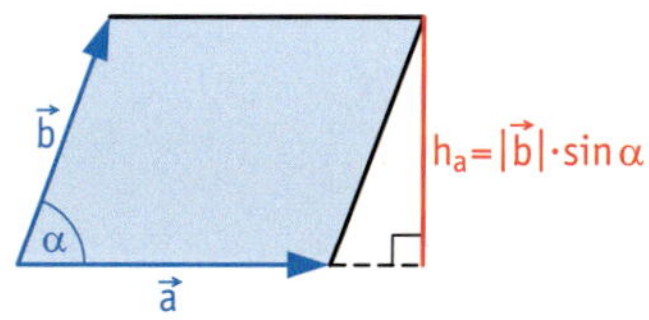

Satz: Flächeninhalt eines Parallelogramms
Spannen zwei Vektoren $\vec{a}$ und $\vec{b}$ ein Parallelogramm auf, so gilt für dessen Flächeninhalt A:
$A = |\vec{a}\times\vec{b}| = |\vec{a}|\cdot|\vec{b}|\cdot\sin(\alpha)$

Vektorprodukte mit einem Taschenrechner berechnen

Viele Rechner besitzen zur Berechnung des Vektorprodukts zweier Vektoren $\vec{a}$ und $\vec{b}$ einen vordefinierten Befehl **crossP**.
Dieser Befehl liefert den Vektor $\vec{a}\times\vec{b}$.

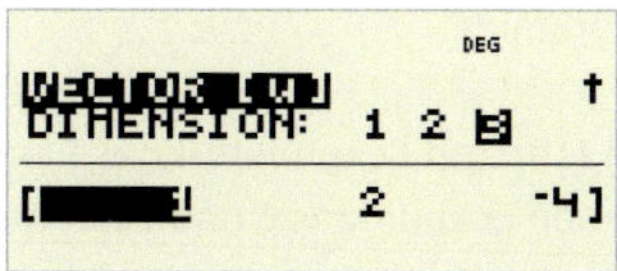

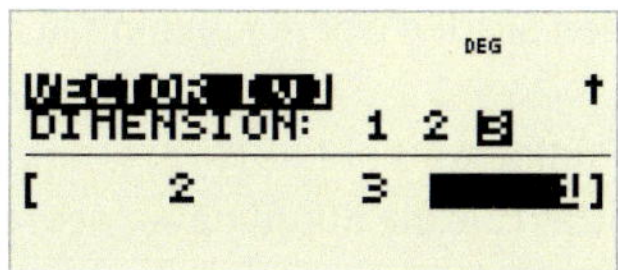

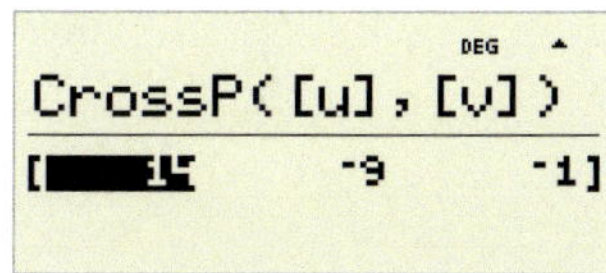

ÜBUNGSAUFGABEN

Vektorprodukte berechnen

1. Bestimmen Sie drei Vektoren, die sowohl zum Vektor $\vec{u} = \begin{pmatrix} 3 \\ 5 \\ -2 \end{pmatrix}$ als auch zum Vektor $\vec{v} = \begin{pmatrix} 0 \\ -1 \\ 3 \end{pmatrix}$ orthogonal sind.

2. Berechnen Sie das Vektorprodukt der Vektoren $\vec{a}$ und $\vec{b}$.

a) $\vec{a} = \begin{pmatrix} 3 \\ -1 \\ 2 \end{pmatrix}$; $\vec{b} = \begin{pmatrix} 4 \\ 2 \\ -3 \end{pmatrix}$
b) $\vec{a} = \begin{pmatrix} 0 \\ -5 \\ 2 \end{pmatrix}$; $\vec{b} = \begin{pmatrix} 3 \\ 2 \\ -4 \end{pmatrix}$
c) $\vec{a} = \begin{pmatrix} 2 \\ -1 \\ 1 \end{pmatrix}$; $\vec{b} = \begin{pmatrix} 1 \\ 0 \\ 4 \end{pmatrix}$

3. Bestimmen Sie einen Vektor, der zu den Vektoren $\vec{u}$ und $\vec{v}$ orthogonal ist und die Länge 1 hat.

a) $\vec{u} = \begin{pmatrix} 2 \\ -1 \\ 1 \end{pmatrix}$; $\vec{v} = \begin{pmatrix} 1 \\ 0 \\ 1 \end{pmatrix}$
b) $\vec{u} = \begin{pmatrix} -3 \\ -1 \\ 2 \end{pmatrix}$; $\vec{v} = \begin{pmatrix} 2 \\ -2 \\ 1 \end{pmatrix}$

4. Zeigen Sie: Zwei Vektoren $\vec{u} \neq \vec{o}$ und $\vec{v} \neq \vec{o}$ sind genau dann parallel zueinander, wenn gilt: $\vec{u}\times\vec{v} = \vec{o}$.

5. Untersuchen Sie am Beispiel der Vektoren $\vec{u} = \begin{pmatrix} 2 \\ -1 \\ 3 \end{pmatrix}$ und $\vec{v} = \begin{pmatrix} 3 \\ 5 \\ -2 \end{pmatrix}$, ob das Vektorprodukt $\vec{u}\times\vec{v}$ kommutativ ist.
Formulieren Sie Ihr Ergebnis als Satz.

Koordinatengleichungen von Ebenen bestimmen

6. Eine Ebene ist gegeben durch eine Parameterdarstellung. Bestimmen Sie mithilfe des Vektorprodukts eine Koordinatengleichung der Ebene.

a) $\vec{x} = \begin{pmatrix} 3 \\ 0 \\ 0 \end{pmatrix} + s\cdot\begin{pmatrix} 2 \\ 1 \\ 0 \end{pmatrix} + t\cdot\begin{pmatrix} -1 \\ -2 \\ 1 \end{pmatrix}$ mit $s, t \in \mathbb{R}$
b) $\vec{x} = \begin{pmatrix} 1 \\ 1 \\ -3 \end{pmatrix} + s\cdot\begin{pmatrix} -3 \\ 1 \\ 0 \end{pmatrix} + t\cdot\begin{pmatrix} 1 \\ -3 \\ 1 \end{pmatrix}$ mit $s, t \in \mathbb{R}$
c) $\vec{x} = \begin{pmatrix} 0 \\ -1 \\ 2 \end{pmatrix} + s\cdot\begin{pmatrix} 0 \\ 2 \\ 3 \end{pmatrix} + t\cdot\begin{pmatrix} 0 \\ -3 \\ 1 \end{pmatrix}$ mit $s, t \in \mathbb{R}$
d) $\vec{x} = \begin{pmatrix} 1 \\ -2 \\ 1 \end{pmatrix} + s\cdot\begin{pmatrix} 1 \\ -4 \\ -1 \end{pmatrix} + t\cdot\begin{pmatrix} 0 \\ 7 \\ 1 \end{pmatrix}$ mit $s, t \in \mathbb{R}$

7. Zeigen Sie, dass die beiden Ebenen E_1 und E_2 parallel zueinander sind.

a) $E_1\colon \vec{x} = \begin{pmatrix} 2 \\ -1 \\ 1 \end{pmatrix} + r \cdot \begin{pmatrix} 1 \\ -2 \\ 3 \end{pmatrix} + s \cdot \begin{pmatrix} -4 \\ 0 \\ 2 \end{pmatrix}$; $\quad E_2\colon \vec{x} = \begin{pmatrix} -1 \\ 1 \\ 0 \end{pmatrix} + k \cdot \begin{pmatrix} -2 \\ 4 \\ -4 \end{pmatrix} + t \cdot \begin{pmatrix} 1 \\ 6 \\ -8 \end{pmatrix}$

b) $E_1\colon \vec{x} = \begin{pmatrix} 2 \\ 0 \\ 1 \end{pmatrix} + r \cdot \begin{pmatrix} -2 \\ 1 \\ -1 \end{pmatrix} + s \cdot \begin{pmatrix} 1 \\ 0 \\ 1 \end{pmatrix}$; $\quad E_2\colon \vec{x} = \begin{pmatrix} 0 \\ -2 \\ 1 \end{pmatrix} + k \cdot \begin{pmatrix} -7 \\ 2 \\ -5 \end{pmatrix} + t \cdot \begin{pmatrix} 4 \\ -1 \\ 3 \end{pmatrix}$

Flächeninhalte mit dem Vektorprodukt berechnen

8. **a)** Begründen Sie:
Für den Flächeninhalt eines Dreiecks ABC gilt: $A = \frac{1}{2} \cdot |\overrightarrow{AB} \times \overrightarrow{AC}|$

b) Berechnen Sie den Flächeninhalt des Dreiecks PQR.
(1) $P(-3|1|4)$, $Q(2|-5|8)$, $R(6|8|-5)$
(2) $P(-4|-5|3)$, $Q(0|2|-4)$, $R(-1|7|12)$

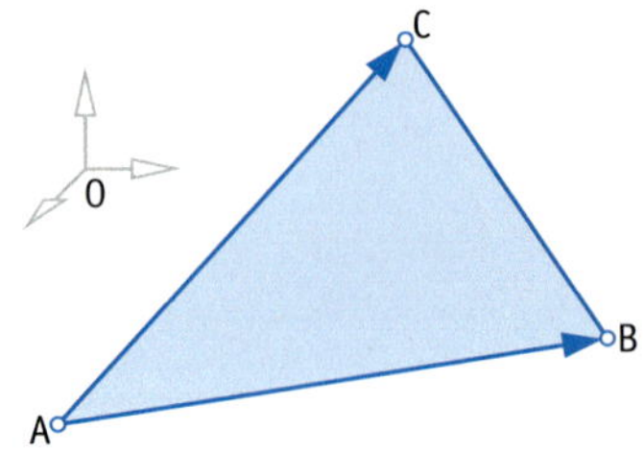

9. Gegeben sind die Punkte $A(-1|3|5)$, $B(2|5|5)$, $C(4|3|2)$ und $D(10|-6|12)$.
Zeigen Sie, dass die Punkte A, B, C und D die Eckpunkte einer dreiseitigen Pyramide sind.
Bestimmen Sie den Oberflächeninhalt der Pyramide.

10. **a)** Die Punkte $A(3|1|2)$, $B(5|2|4)$ und $D(4|2|0)$ sind Eckpunkte eines Parallelogramms.
Ermitteln Sie die Koordinaten des fehlenden Eckpunktes C und bestimmen Sie den Flächeninhalt des Parallelogramms.

b) Zeigen Sie, dass die Punkte $A(-1|-9|4)$, $B(11|3|-2)$, $C(11|0|1)$ und $D(3|-8|5)$ die Eckpunkte eines gleichschenkligen Trapezes sind.
Bestimmen Sie den Trapezinhalt.

11. Von einem Prisma ABCDEFGH sind die Punkte $A(-1|5|-3)$, $B(3|8|-4)$, $C(2|10|-2)$, $D(-2|7|-1)$ und $F(1|10|2)$ gegeben.

a) Untersuchen Sie, was für ein besonderes Viereck die Grundfläche ABCD ist.

b) Ermitteln Sie die Seitenflächen mit dem größten Flächeninhalt.

Skizze:

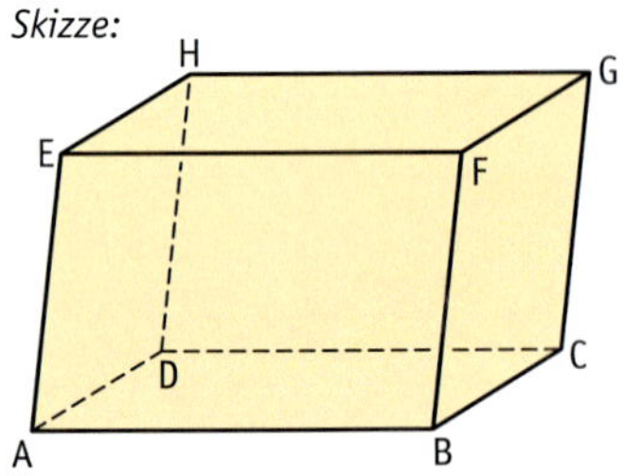

12. Die Ebene E schneidet einen Würfel mit der Kantenlänge 10 cm.
Dabei entsteht das Viereck PQRS.

a) Bestimmen Sie die Koordinaten des Punktes R.

b) Berechnen Sie den Flächeninhalt des Vierecks PQRS.

c) Bestimmen Sie die Innenwinkel des Vierecks.

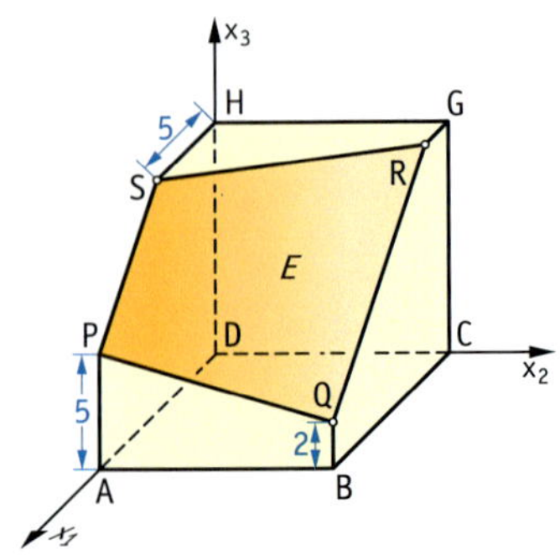

13. Für jedes t enthält die Ebene E_t die Punkte $A(-1|1|-1)$, $B_t(-1|2|2t+1)$ und $C_t(5|3t+1|-1)$. Die Gerade g_t ist für jedes t orthogonal zu E_t und verläuft durch den Punkt $P(7|-11|4)$.

a) Für welchen Wert von t verläuft g_t parallel zu einer Koordinatenachse?

b) Berechnen Sie für diesen Wert von t den Flächeninhalt des Dreiecks AB_tC_t.

3.3.3 Spurpunkte – Lage einer Ebene im Koordinatensystem erkennen

ZIEL

Sie haben bereits die Spurpunkte einer Geraden als die Schnittpunkte der Geraden mit den Koordinatenebenen kennen gelernt. Mit ihnen kann man einen Ausschnitt einer Geraden in einem Koordinatensystem anschaulich darstellen.
In diesem Abschnitt erfahren Sie, was man unter den Spurpunkten einer Ebene versteht, wie man sie bestimmen kann und wie man mit ihrer Hilfe leicht ein Schrägbild einer Ebene zeichnen kann.
Zudem lernen Sie, wie man anhand der Spurpunkte die besondere Lage einer Ebene im Koordinatensystem erkennen kann.

ZUM ERARBEITEN

→ Darstellen einer Ebene mithilfe von Spurpunkten

Die Schnittpunkte einer Ebene mit den Koordinatenachsen bezeichnet man als Spurpunkte der Ebene.

- *Gegeben ist die Koordinatenform der Ebene $E: 4x_1 + 3x_2 - 4x_3 = 12$.*
  Bestimmen Sie die Spurpunkte S_1, S_2 und S_3 und zeichnen Sie damit ein Schrägbild der Ebene E.

  Der Spurpunkt der Ebene mit der x_1-Achse ist derjenige Punkt der Ebene, für dessen Koordinaten $x_2 = 0$ und $x_3 = 0$ gilt. Wir setzen also $x_2 = 0$ und $x_3 = 0$ in die Koordinatenform von E ein und erhalten $4x_1 = 12$, also $x_1 = 3$. $S_1(3|0|0)$ ist der Spurpunkt der Ebene mit der x_1-Achse.
  Entsprechend verfahren wir, um die Spurpunkte von E mit den beiden anderen Koordinatenachsen zu bestimmen. $S_2(0|4|0)$ ist der Spurpunkt mit der x_2-Achse, $S_3(0|0|-3)$ der Spurpunkt mit der x_3-Achse. Wir zeichnen die Spurpunkte in das Koordinatensystem auf den Koordinatenachsen ein. Die Spurgeraden der Ebene erhalten wir in diesem Fall als Verbindungsgeraden von jeweils zwei Spurpunkten.

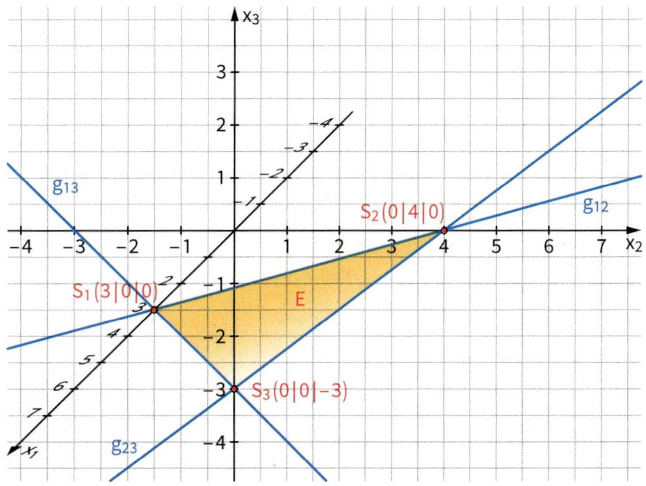

INFORMATION

Schrägbild einer Ebene mithilfe der Spurpunkte zeichnen

Man kann das Schrägbild einer Ebene E leicht zeichnen, wenn man die Punkte der Ebene kennt, die auf den Koordinatenachsen liegen. Diese Punkte heißen **Spurpunkte der Ebene**.
Je nach Lage der Ebene im Raum kann es einen, zwei oder drei Spurpunkte geben.
Als **Spurgerade der Ebene** E bezeichnet man eine Gerade, die sowohl in der Ebene E als auch in einer Koordinatenebene liegt. Spurgeraden einer Ebene sind also die Schnittgeraden der Ebene mit den Koordinatenebenen. Je nach Lage der Ebene im Raum kann es zwei oder drei Spurgeraden geben.
Die Schnittgerade von E mit der x_{12}-Ebene bezeichnet man mit g_{12}, die mit den beiden anderen Koordinatenebenen entsprechend mit g_{23} und g_{13}.

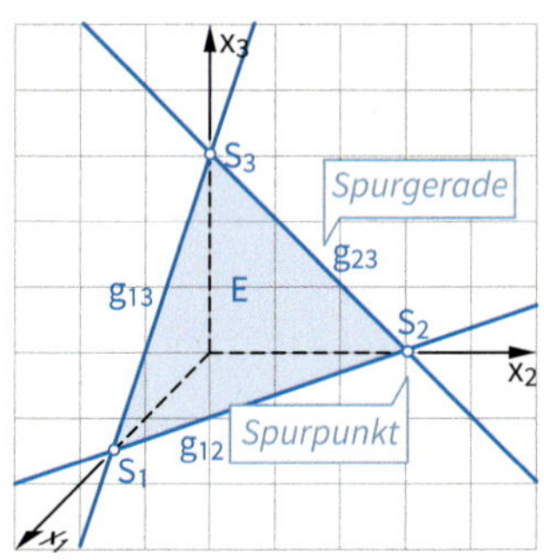

ZUM ERARBEITEN

→ Die besondere Lage einer Ebene im Koordinatensystem an ihrer Koordinatenform erkennen

- *Gegeben sind die drei Ebenen E_1, E_2 und E_3 in Koordinatenform.*
  $E_1\colon 3x_1 + \frac{5}{2}x_3 = 15$ $E_2\colon 2x_2 + x_3 = 0$ $E_3\colon 2x_1 = 8$
  Untersuchen Sie, welche besonderen Lagen im Koordinatensystem diese drei Ebenen haben.

(1) Bestimmen der Spurpunkte

Ebene E_1:
$S_1(5\,|\,0\,|\,0)$; $S_3(0\,|\,0\,|\,6)$.
Ein Spurpunkt mit der x_2-Achse existiert nicht, da kein Punkt mit den Koordinaten $(0\,|\,x_2\,|\,0)$ die Gleichung der Ebene E erfüllt

Ebene E_2:
Der Koordinatenursprung $O(0\,|\,0\,|\,0)$ ist der Spurpunkt von E_2 sowohl mit der x_2-Achse als auch mit der x_3-Achse.

Ebene E_3:
$S_1(4\,|\,0\,|\,0)$. Es existieren keine Spurpunkte von E_3 mit der x_2-Achse und mit der x_3-Achse.

(2) Von den Spurpunkten auf die besondere Lage im Koordinatensystem schließen

Die Ebene E_1 hat keinen gemeinsamen Punkt mit der x_2-Achse. Dies bedeutet, dass E_1 und die x_2-Achse parallel zueinander sind.

E_1 hat drei *Spurgeraden*:
Die Gerade S_1S_3 ist die Schnittgerade mit der x_1x_3-Ebene. Die Parallelen zur x_2-Achse durch die Punkte S_1 bzw. S_3 sind die Schnittgeraden mit der x_1x_2-Ebene bzw. der x_2x_3-Ebene.

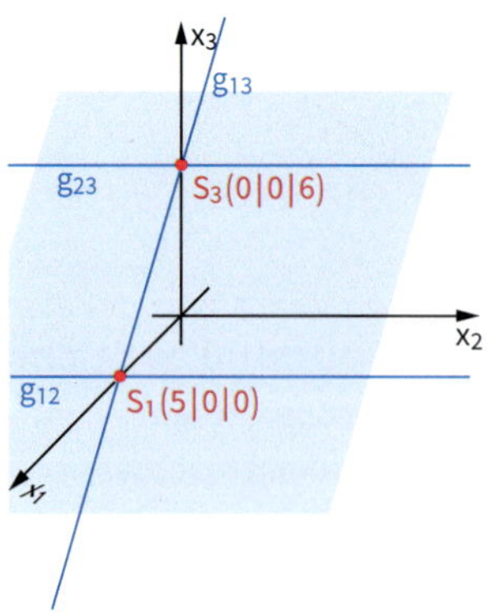

E_2 enthält die x_1-Achse, welche damit die *Spurgerade* sowohl mit der x_1x_2-Ebene als auch mit der x_1x_3-Ebene ist.

Die zweite *Spurgerade* mit der x_2x_3-Ebene bestimmen wir, indem wir einen Punkt der x_2x_3-Ebene suchen, dessen Koordinaten die Gleichung $2x_2 + x_3 = 0$ erfüllen.
Dies ist z.B. bei $P(0\,|\,-1\,|\,2)$ der Fall. Die Gerade durch die Punkte O und P ist also die Schnittgerade mit der x_2x_3-Ebene.

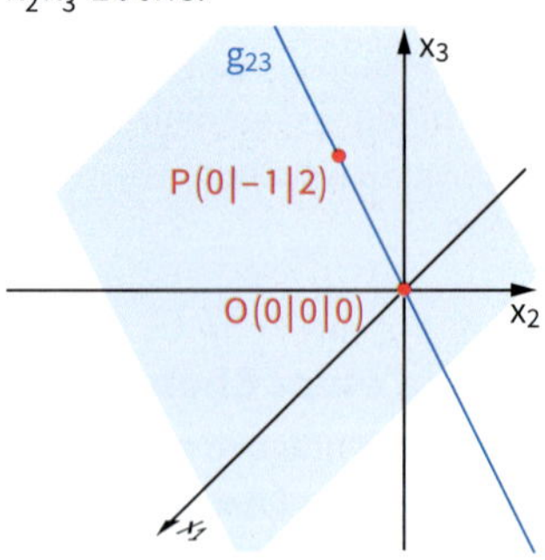

Die Ebene E_3 hat keine gemeinsamen Punkte mit der x_2-Achse und mit der x_3-Achse. Sie ist somit parallel zur x_2-Achse und zur x_3-Achse, also auch zur x_2x_3-Ebene.

E_3 hat *zwei Spurgeraden*:
Die Parallele zur x_2-Achse durch den Punkt S_1 ist die Schnittgerade mit der x_1x_2-Ebene. Die Parallele zur x_3-Achse durch den Punkt S_1 ist die Schnittgerade mit der x_1x_3-Ebene.

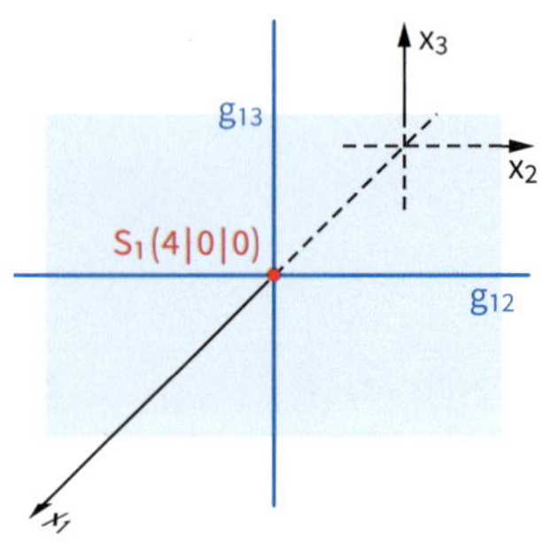

INFORMATION

Ebenen mit besonderen Lagen im Koordinatensystem an ihrer Koordinatenform erkennen

Jede Ebene E kann man durch eine Koordinatenform $a \cdot x_1 + b \cdot x_2 + c \cdot x_3 = d$ beschreiben, bei der mindestens einer der Koeffizienten a, b oder c ungleich null ist.

Man unterscheidet zwei Fälle von besonderen Lagen einer Ebene im Koordinatensystem:

1. Fall: Einer der Koeffizienten a, b oder c ist gleich null: Die Ebene ist **parallel zu einer Koordinatenachse**.
Ist z. B. $a = 0$, so hat E eine Koordinatenform der Art $b \cdot x_2 + c \cdot x_3 = d$.

- Ist $d \neq 0$, so existiert kein Spurpunkt von E mit der x_1-Achse. E ist also „echt parallel" zur x_1-Achse.
- Ist $d = 0$, so erfüllt jeder Punkt der x_1-Achse die Koordinatenform $b \cdot x_2 + c \cdot x_3 = 0$. Die Ebene E enthält also die x_1-Achse.

BEISPIEL: ZU $a = 0$ UND $d \neq 0$

E_1: $3x_2 + 5x_3 = 15$
$S_2(0|5|0)$; $S_3(0|0|3)$. Ein Spurpunkt mit der x_1-Achse existiert nicht.
Die Ebene E_1 hat keinen gemeinsamen Punkt mit der x_1-Achse. Sie ist somit parallel zur x_1-Achse.
E_1 hat *drei Spurgeraden*:
Die Gerade S_2S_3 ist die Schnittgerade mit der x_2x_3-Ebene. Die Parallelen zur x_1-Achse durch die Punkte S_2 bzw. S_3 sind die Schnittgeraden mit der x_1x_2-Ebene bzw. der x_1x_3-Ebene.

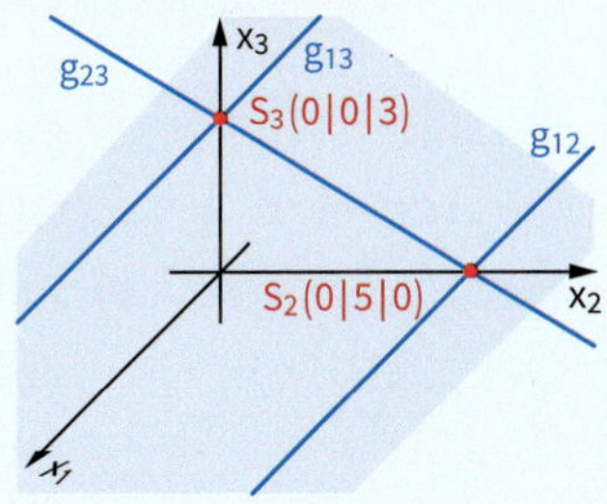

2. Fall: Zwei der drei Koeffizienten a, b oder c sind gleich null: Die Ebene ist **parallel zu einer Koordinatenebene**.
Ist z. B. $a = c = 0$, so hat E eine Koordinatenform der Art $b \cdot x_2 = d$.

- Ist $d \neq 0$, so existieren keine Spurpunkte von E mit der x_1-Achse und mit der x_3-Achse. E ist also parallel zur x_1x_3-Ebene, liegt aber nicht in dieser.
- Ist $d = 0$, so erfüllt jeder Punkt der x_1x_3-Ebene die Koordinatenform $b \cdot x_2 = 0$. E fällt also mit der x_1x_3-Ebene zusammen.

BEISPIEL: ZU $a = 0$, $b = 0$, SOWIE $d = 0$

E_2: $2x_1 = 0$
Jeder Punkt der x_2x_3-Ebene erfüllt die Gleichung $2x_1 = 0$.
E_2 fällt also mit der x_2x_3-Ebene zusammen

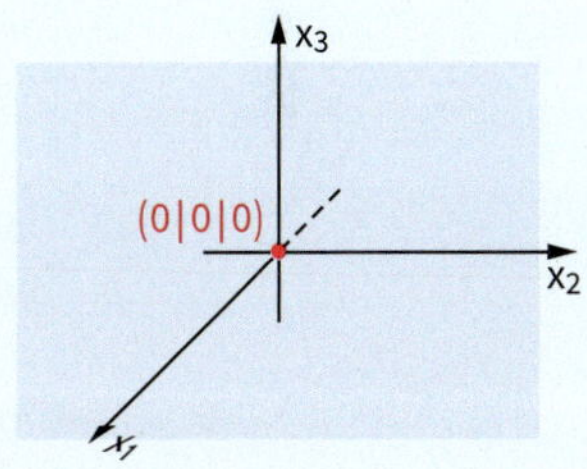

ZUM ÜBEN

Spurpunkte, Spurgeraden und Schrägbilder

1. Bestimmen Sie die Spurpunkte der Ebene E und stellen Sie E im Koordinatensystem dar. Geben Sie Parameterdarstellungen der Spurgeraden an.

a) E: $x_1 + 3x_2 + 2x_3 = 12$ **b)** E: $x_1 - 2x_2 + 2x_3 = 8$ **c)** E: $\frac{1}{4}x_1 + x_2 - \frac{1}{2}x_3 = 2$

2. Bestimmen Sie eine Koordinatenform der Ebene, deren Ausschnitt abgebildet ist.

a)

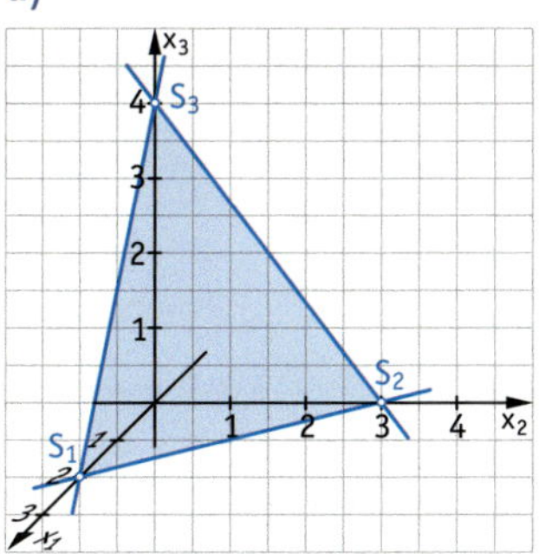

b)

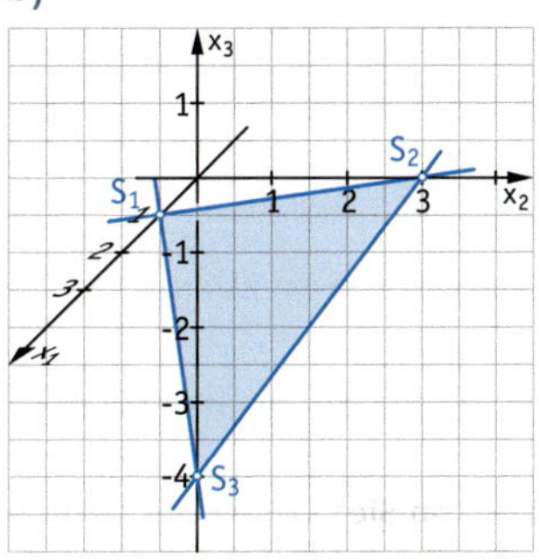

c)

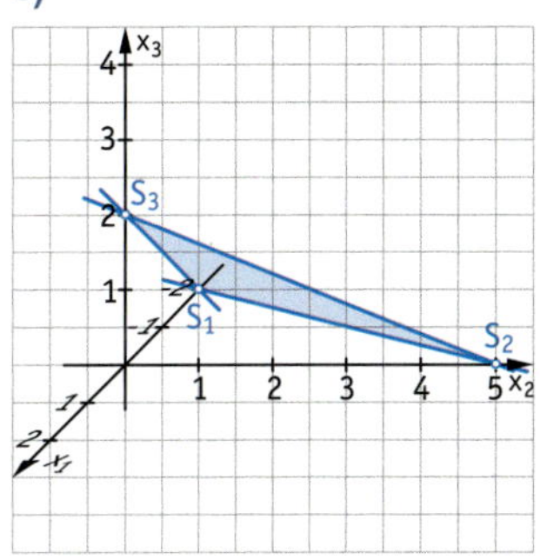

3. Die Ebene E ist in Parameterdarstellung gegeben.
Bestimmen Sie die Spurpunkte der Ebene E und stellen Sie E im Koordinatensystem dar.

a) $E: \vec{x} = \begin{pmatrix} 0 \\ 3 \\ 0 \end{pmatrix} + r \cdot \begin{pmatrix} 0 \\ 3 \\ 4 \end{pmatrix} + s \cdot \begin{pmatrix} 2 \\ -1 \\ 0 \end{pmatrix}$

b) $E: \vec{x} = \begin{pmatrix} -8 \\ 10 \\ 6 \end{pmatrix} + r \cdot \begin{pmatrix} -4 \\ 5 \\ 0 \end{pmatrix} + s \cdot \begin{pmatrix} -6 \\ 5 \\ 3 \end{pmatrix}$

Beispiel

$E: \vec{x} = \begin{pmatrix} 3 \\ 4 \\ 3 \end{pmatrix} + r \cdot \begin{pmatrix} 6 \\ 4 \\ 9 \end{pmatrix} + s \cdot \begin{pmatrix} 6 \\ -4 \\ 3 \end{pmatrix}$

Gesucht ist der Spurpunkt von E mit der x_3-Achse: Für ihn gilt:

$\left| \begin{array}{l} x_1 = 3 + 6r + 6s = 0 \\ x_2 = 4 + 4r - 4s = 0 \end{array} \right|$

Dieses Gleichungssystem hat die Lösung $r = -\frac{3}{4}$; $s = \frac{1}{4}$. Damit ist $S_3(0\,|\,0\,|-3)$.

4. Achsenabschnittsform einer Ebene

a) Falls in einer Koordinatenform $a \cdot x_1 + b \cdot x_2 + c \cdot x_3 = d$ einer Ebene alle Zahlen a, b, c und d ungleich null sind, kann man die Koordinatenform in der Form $\frac{x_1}{a_1} + \frac{x_2}{a_2} + \frac{x_3}{a_3} = 1$ schreiben, der sogenannten *Achsenabschnittsform*. Zeigen Sie dies für die Ebenen aus Aufgabe 1.
Bestimmen Sie die Spurpunkte der Ebenen und skizzieren Sie die Lage im Koordinatensystem.

b) Zeigen Sie:

> Eine Ebene mit der Koordinatenform $\frac{x_1}{a_1} + \frac{x_2}{a_2} + \frac{x_3}{a_3} = 1$ und $a_1 \neq 0$, $a_2 \neq 0$, $a_3 \neq 0$ hat die Spurpunkte $S_1(a_1\,|\,0\,|\,0)$, $S_2(0\,|\,a_2\,|\,0)$ und $S_3(0\,|\,0\,|\,a_3)$.

c) Untersuchen Sie, ob es eine solche Achsenabschnittsform auch dann gibt, wenn die Ebene nur zwei Spurpunkte oder nur einen Spurpunkt besitzt.

5. Bestimmen Sie eine Koordinatenform der Ebene, deren Ausschnitt abgebildet ist.

a)

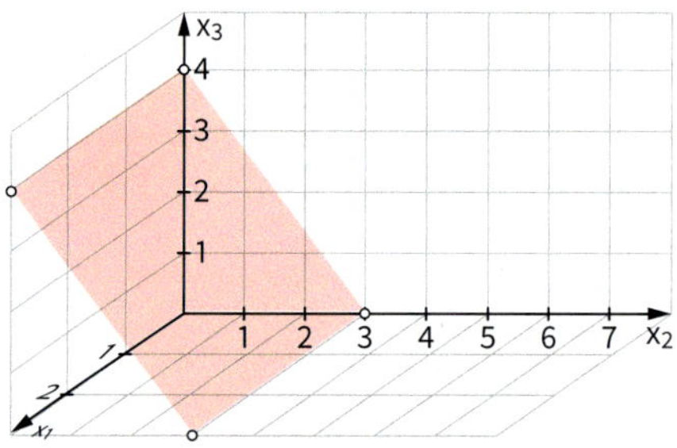

c)

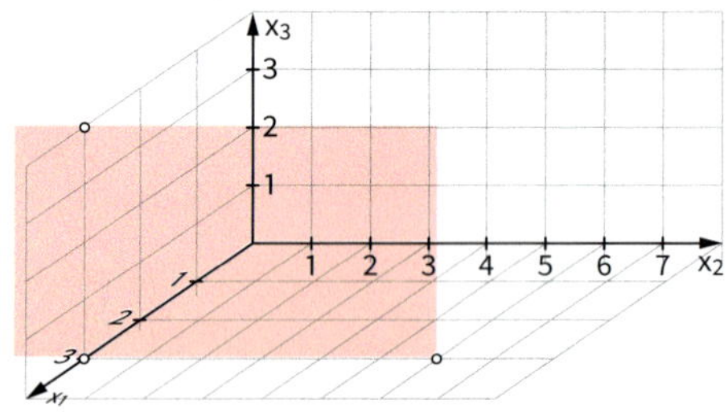

b)

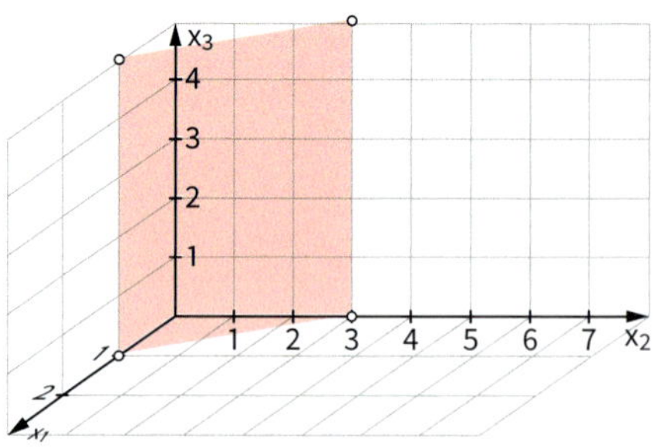

d)

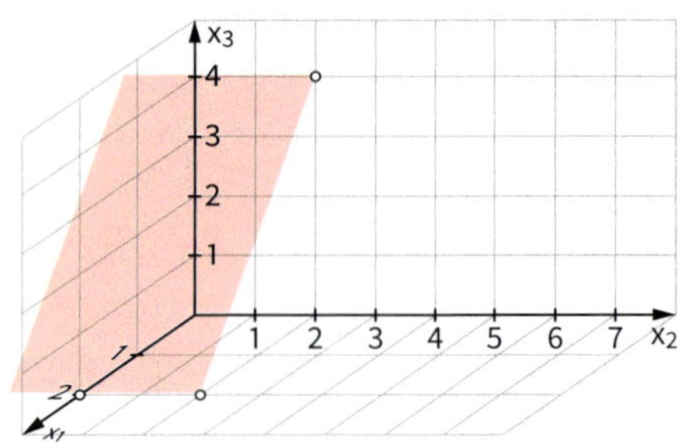

Besondere Lagen von Ebenen im Koordinatensystem

6. Gegeben sind die Koordinatenformen von drei Ebenen:

E_1: $5x_1 + 6x_3 - 30 = 0$; E_2: $x_1 - 6x_2 = 6$; E_3: $4x_3 - 20 = 0$

a) Bestimmen Sie die Spurpunkte der drei Ebenen.
Skizzieren Sie die Lage jeder Ebene mithilfe ihrer Spurpunkte und ihrer Spurgeraden.
Beschreiben Sie die besondere Lage jeder Ebene.

b) Geben Sie Parameterdarstellungen für alle Spurgeraden jeder Ebene an.

3.4 Lagebeziehungen mithilfe der Koordinatengleichung untersuchen

3.4.1 Lagebeziehungen zwischen Gerade und Ebene – Wahlthema GK

EINSTIEGSAUFGABE OHNE LÖSUNG

→ Lage von Gerade und Ebene mithilfe von Vektoren erkennen

Gegeben ist die Ebene $E: 2x_1 - x_2 + 2x_3 = 8$.

- Wie kann eine Gerade bezüglich der Ebene E liegen?
  Geben Sie zu jedem der möglichen Fälle je eine Parameterdarstellung einer Geraden an.
- Beschreiben Sie, wie man anhand eines Normalenvektors einer Ebene und eines Richtungsvektors einer Geraden die Lagebeziehung zwischen Gerade und Ebene erkennen kann.

EINSTIEGSAUFGABE MIT LÖSUNG

→ Mögliche Lagen von einer Geraden zu einer Ebene mithilfe von Normalenvektoren untersuchen

Gegeben sind eine Ebene und drei Geraden. Wie liegen die Geraden bezüglich der Ebene?

$E: 3x_1 - 4x_2 + x_3 = 5$

$g_1: \vec{x} = \begin{pmatrix} 1 \\ 5 \\ -2 \end{pmatrix} + t \cdot \begin{pmatrix} 1 \\ 2 \\ -3 \end{pmatrix}$; $\quad g_2: \vec{x} = \begin{pmatrix} 5 \\ 3 \\ 2 \end{pmatrix} + t \cdot \begin{pmatrix} 3 \\ 2 \\ -1 \end{pmatrix}$; $\quad g_3: \vec{x} = \begin{pmatrix} 4 \\ 1 \\ -2 \end{pmatrix} + t \cdot \begin{pmatrix} 4 \\ 3 \\ 0 \end{pmatrix}$

LÖSUNG

Um die Lagebeziehungen zwischen der Ebene und den drei Geraden zu bestimmen, untersuchen wir, wie die Richtungsvektoren der drei Geraden im Vergleich zum Normalenvektor $\vec{n} = \begin{pmatrix} 3 \\ -4 \\ 1 \end{pmatrix}$ der Ebene liegen.

- **Skalarprodukte des Normalenvektors $\vec{n}$ mit den Richtungsvektoren der Geraden bilden – Aussagen zur Lage**
  Für die Skalarprodukte von $\vec{n}$ und den jeweiligen Richtungsvektoren der Geraden ergibt sich:
  Gerade g_1: $\begin{pmatrix} 3 \\ -4 \\ 1 \end{pmatrix} * \begin{pmatrix} 1 \\ 2 \\ -3 \end{pmatrix} = -8 \neq 0$; Gerade g_2: $\begin{pmatrix} 3 \\ -4 \\ 1 \end{pmatrix} * \begin{pmatrix} 3 \\ 2 \\ -1 \end{pmatrix} = 0$; Gerade g_3: $\begin{pmatrix} 3 \\ -4 \\ 1 \end{pmatrix} * \begin{pmatrix} 4 \\ 3 \\ 0 \end{pmatrix} = 0$
  Die Gerade g_1 ist nicht parallel zur Ebene E und schneidet diese in einem Punkt. Die Geraden g_2 und g_3 sind parallel zur Ebene E.
  Damit bleiben noch folgende Fragen offen:
  In welchem Punkt S schneidet die Gerade g_1 die Ebene E?
  Liegt eine oder liegen sogar beide Geraden g_2 und g_3 in der Ebene E?

- **Gemeinsamen Schnittpunkt von g_1 und E bestimmen**
  Die Koordinaten des Schnittpunktes $S(s_1 | s_2 | s_3)$ der Geraden g_1 mit der Ebene E erfüllen sowohl die Koordinatenform der Ebene als auch die Parameterdarstellung der Geraden g_1. Es gilt also
  $3s_1 - 4s_2 + s_3 = 5$ (*), und es gibt einen Wert $t \in \mathbb{R}$, sodass gilt $\begin{pmatrix} s_1 \\ s_2 \\ s_3 \end{pmatrix} = \begin{pmatrix} 1 \\ 5 \\ -2 \end{pmatrix} + t \cdot \begin{pmatrix} 1 \\ 2 \\ -3 \end{pmatrix}$,
  oder anders geschrieben: $s_1 = 1 + t,\ s_2 = 5 + 2t,\ s_3 = -2 - 3t$.
  Setzt man dies in die Koordinatenform (*) ein, so erhält man eine Gleichung, aus der man den Parameterwert t berechnen kann:
  $3(1 + t) - 4(5 + 2t) - 2 - 3t = 5$, also $t = -3$
  Durch Einsetzen dieses Wertes in die Parametergleichung der Geraden g_1 erhält man schließlich den Schnittpunkt $S(-2 | -1 | 7)$.

- **Prüfen, ob g_2 bzw. g_3 in E liegen**
  Man bestimmt dazu jeweils einen Punkt auf der Geraden und prüft, ob dieser Punkt in E liegt, d. h. ob seine Koordinaten die Koordinatenform von E erfüllen. Der Einfachheit halber kann man z.B. den Aufpunkt der Geraden wählen, also $t = 0$ setzen.
  Für g_2 ergibt sich $P_2(5|3|2)$ und für g_3 der Punkt $P_3(4|1|-2)$. Setzt man die Koordinaten von P_2 und P_3 jeweils in die Koordinatenform von E ein, so erkennt man, dass P_2 in E liegt und P_3 nicht.
  Die Gerade g_2 liegt also in E.
  Die Gerade g_3 ist parallel zu E und liegt nicht in E.

INFORMATION

Untersuchung der gegenseitigen Lage zwischen Gerade und Ebene

Gegeben sind eine Gerade $g: \vec{x} = \vec{a} + t \cdot \vec{u}$ mit $t \in \mathbb{R}$ und eine Ebene $E: \vec{n} * \overrightarrow{OX} = d$.
Es gibt drei unterschiedliche gegenseitige Lagen zwischen Gerade und Ebene:

(1) Die Gerade liegt in der Ebene.

(2) Die Gerade verläuft parallel zur Ebene, liegt aber nicht in ihr.

(3) Die Gerade schneidet die Ebene in einem Punkt S.

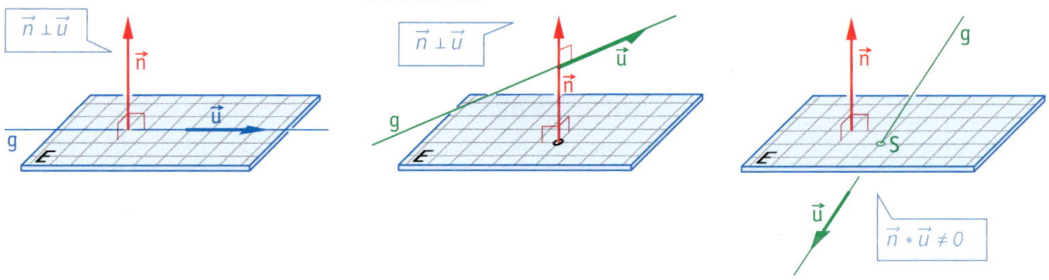

Ist das Skalarprodukt $\vec{n} * \vec{u} \neq 0$, so schneidet die Gerade die Ebene.
Gilt dagegen $\vec{n} * \vec{u} = 0$, so kommen zwei verschiedene gegenseitige Lagen infrage. Man braucht deshalb ein weiteres Kriterium, mit dessen Hilfe man die beiden Fälle unterscheiden kann. Liegt ein Punkt von g in E, z.B. der Aufpunkt A, so liegt g in E. Andernfalls ist g parallel zu E, liegt aber nicht in ihr.

$\vec{n}$ ist ein Normalenvektor der Ebene.
$\vec{u}$ ist ein Richtungsvektor der Geraden

1. Schritt

Gilt $\vec{n} * \vec{u} = 0$?

- ja → Die Gerade g ist parallel zur Ebene E.
- nein → Die Gerade g schneidet die Ebene E in einem Punkt.

2. Schritt

Liegt ein Punkt A der Geraden in E?

- ja → Die Gerade g liegt ganz in E.
- nein → Die Gerade g ist parallel zu E, liegt aber nicht in ihr.

BEISPIEL

$E: 2x_1 - 6x_2 + x_3 = 7$

$g_1: \vec{x} = \begin{pmatrix} 0 \\ 0 \\ 7 \end{pmatrix} + t \cdot \begin{pmatrix} 6 \\ 2 \\ 0 \end{pmatrix}$

BEISPIEL

$E: 2x_1 - 6x_2 + x_3 = 7$

$g_2: \vec{x} = \begin{pmatrix} 9 \\ 1 \\ 7 \end{pmatrix} + t \cdot \begin{pmatrix} 6 \\ 2 \\ 0 \end{pmatrix}$

BEISPIEL

$E: 2x_1 - 6x_2 + x_3 = 7$

$g_3: \vec{x} = \begin{pmatrix} 9 \\ 1 \\ 7 \end{pmatrix} + t \cdot \begin{pmatrix} 5 \\ 5 \\ 0 \end{pmatrix}$

Einsetzen von g_3 in E ergibt:
$2 \cdot (9 + 5t) - 6(1 + 5t) + 7 = 7$
also $t = \frac{3}{5}$; also $S(12|4|7)$

Übungsaufgaben

Lagebeziehungen zwischen Geraden und Ebenen untersuchen und anwenden

1. Prüfen Sie, wie die Gerade g und die Ebene E zueinander liegen.

a) g: $\vec{x} = \begin{pmatrix} 2 \\ 1 \\ 4 \end{pmatrix} + r \cdot \begin{pmatrix} 3 \\ 1 \\ 2 \end{pmatrix}$; E: $x_1 + x_2 - 2x_3 = 3$

b) g: $\vec{x} = \begin{pmatrix} 3 \\ 2 \\ 1 \end{pmatrix} + r \cdot \begin{pmatrix} 1 \\ -1 \\ 0 \end{pmatrix}$; E: $2x_1 + 3x_2 - 7x_3 = 11$

c) g: $\vec{x} = \begin{pmatrix} 0 \\ 1 \\ -1 \end{pmatrix} + r \cdot \begin{pmatrix} 3 \\ -2 \\ -1 \end{pmatrix}$; E: $x_1 + 2x_2 - x_3 = 3$

d) g: $\vec{x} = \begin{pmatrix} 1 \\ -2 \\ 1 \end{pmatrix} + r \cdot \begin{pmatrix} 2 \\ -1 \\ -1 \end{pmatrix}$; E: $x_1 + x_2 - x_3 = 1$

e) g geht durch A(3 | −2 | −1) und B(6 | 1 | −7); E: $x_1 - x_2 + x_3 = 2$

f) g: $\vec{x} = \begin{pmatrix} -1 \\ -2 \\ 4 \end{pmatrix} + r \cdot \begin{pmatrix} 1 \\ 0 \\ 1 \end{pmatrix}$; E: $\vec{x} = \begin{pmatrix} 4 \\ -1 \\ 3 \end{pmatrix} + s \cdot \begin{pmatrix} 2 \\ 1 \\ -1 \end{pmatrix} + t \cdot \begin{pmatrix} 3 \\ 1 \\ 0 \end{pmatrix}$

2. Gegeben sind eine Gerade g durch einen Punkt A und durch den Richtungsvektor $\vec{u}$ sowie eine Ebene E. Bestimmen Sie alle gemeinsamen Punkte von Gerade und Ebene.

a) A(1 | 2 | 3); $\vec{u} = \begin{pmatrix} 1 \\ 2 \\ -3 \end{pmatrix}$; E: $x_1 - 2x_2 - 3x_3 = 6$

b) A(0 | 3 | 2); $\vec{u} = \begin{pmatrix} 1 \\ 2 \\ 3 \end{pmatrix}$; E: $2x_1 - 2x_2 - 2x_3 = 3$

c) A(2 | −1 | 1); $\vec{u} = \begin{pmatrix} -1 \\ 3 \\ 1 \end{pmatrix}$; E: $x_1 + x_2 - 3x_3 = 1$

d) A(3 | −2 | −1); $\vec{u} = \begin{pmatrix} 1 \\ 1 \\ -2 \end{pmatrix}$; E: $-x_1 + x_2 - x_3 = -2$

3. Gegeben sind die Gerade g und die Ebene E.

(1) g: $\vec{x} = \begin{pmatrix} 2 \\ 9 \\ -4 \end{pmatrix} + r \cdot \begin{pmatrix} 1 \\ 2 \\ 3 \end{pmatrix}$; E: $x_1 + 2x_2 + 3x_3 = 8$

(2) g: $\vec{x} = \begin{pmatrix} 3 \\ 5 \\ 2 \end{pmatrix} + r \cdot \begin{pmatrix} 1 \\ 3 \\ 2 \end{pmatrix}$; E: $2x_2 - 3x_3 = 4$

a) Ermitteln Sie die Lage von g und E zueinander.
b) Ändern Sie die Gleichung von g so, dass g in E liegt.

4. Gegeben sind eine Ebene E: $-2x_1 + 5x_2 - x_3 = 10$ und ein Punkt A(1 | −2 | 4).
Geben Sie die Parameterdarstellung einer Geraden an, die
a) durch A verläuft und E schneidet;
b) durch A verläuft und E nicht schneidet;
c) in E liegt.

5. Lena untersucht, wie die Ebene E: $2x_1 - 4x_2 + x_3 = 9$ und die Gerade g: $\vec{x} = \begin{pmatrix} 3 \\ 1 \\ -1 \end{pmatrix} + k \cdot \begin{pmatrix} 1 \\ -1 \\ 2 \end{pmatrix}$ zueinander liegen. Sie erklärt: „Ich setze die Koordinaten $x_1 = 3 + k$, $x_2 = 1 - k$ und $x_3 = -1 + 2k$ in die Koordinatenform von E ein. An der Lösungsmenge der Gleichung kann ich sofort erkennen, welcher Fall vorliegt."

a) Erläutern Sie Lenas Überlegung und überprüfen Sie damit die Lagebeziehung zwischen E und g.
b) Untersuchen Sie genauso die Lagebeziehung zwischen E und h: $x = \begin{pmatrix} -5 \\ -2 \\ 11 \end{pmatrix} + r \cdot \begin{pmatrix} 3 \\ 2 \\ 2 \end{pmatrix}$.

6. Das Bild zeigt die künstlerische Gestaltung „MIKADO" des Eingangs eines Gymnasiums. Dabei wird eine schrägstehende Stütze, gestaltet als Mikadostab, durch die Überdachungsebene des Eingangs geführt. In einem geeigneten Koordinatensystem ist die Überdachungsebene E durch die Koordinatengleichung $2x_1 - x_2 + 14x_3 = 48$ gegeben (Koordinateneinheit 1 m).

Die gelbe Stütze verläuft entlang der Geraden g: $\vec{x} = \begin{pmatrix} 8 \\ 0 \\ -2 \end{pmatrix} + r \cdot \begin{pmatrix} -4 \\ 2 \\ 5 \end{pmatrix}$.
Wo durchstößt die gelbe Stütze das Dach?

7. Gegeben sind die beiden Geraden g: $\vec{x} = \begin{pmatrix} 2 \\ -4 \\ 5 \end{pmatrix} + r \cdot \begin{pmatrix} -1 \\ 3 \\ 2 \end{pmatrix}$ und h: $\vec{x} = \begin{pmatrix} 6 \\ 4 \\ -2 \end{pmatrix} + s \cdot \begin{pmatrix} 4 \\ 2 \\ -1 \end{pmatrix}$.

a) Zeigen Sie, dass g und h windschief zueinander sind.
b) Bestimmen Sie eine Koordinatenform derjenigen Ebene, die g enthält und die parallel zu h ist.

Lagebeziehungen in geometrischen Körpern bestimmen

8. In einem Würfel der Kantenlänge 6 sind P und Q die Mittelpunkte der Kanten $\overline{EH}$ bzw. $\overline{GH}$.

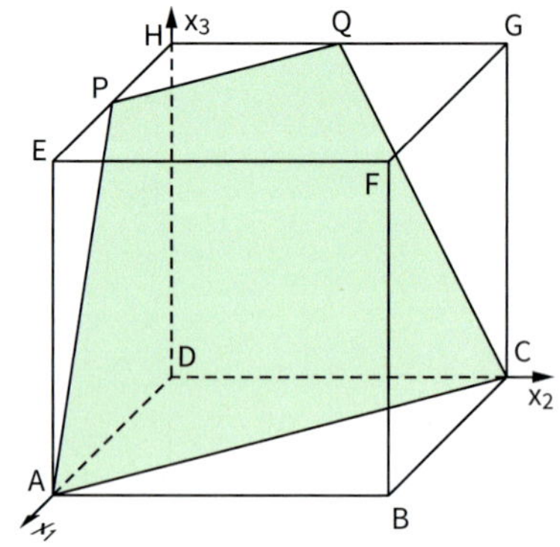

a) Die Ebene E enthält die Punkte A, C, Q und P. Bestimmen Sie eine Koordinatenform von E.

b) Der Punkt M ist der Mittelpunkt der Deckfläche EFGH. Untersuchen Sie, ob die Gerade durch die Punkte B und M parallel zu E ist oder nicht. Berechnen Sie gegebenenfalls die Koordinaten des Schnittpunktes von E und g.

9. Eine gerade quadratische Pyramide hat die Grundkantenlänge 4 und die Höhe 8. Die Punkte P, Q, R und S liegen auf den Seitenkanten. P hat die x_3-Koordinate 2. Q und R haben die x_3-Koordinate 4. Die Ebene E enthält die Punkte P, Q und R. Bestimmen Sie die Koordinaten von S so, dass auch S in E liegt.

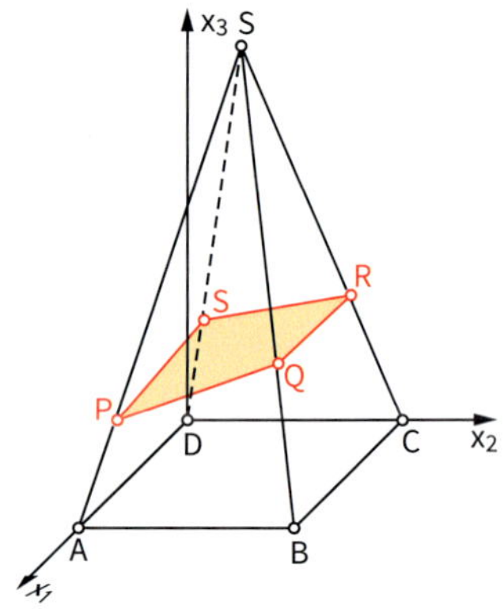

Lineare Gleichungssysteme geometrisch interpretieren

10. Die folgenden Zeilen zeigen einen Teil der Lösung einer Geometrieaufgabe.

$$\vec{x} = \begin{pmatrix} 3 \\ -1 \\ 5 \end{pmatrix} + k \cdot \left[\begin{pmatrix} 4 \\ 1 \\ 2 \end{pmatrix} - \begin{pmatrix} 3 \\ -1 \\ 5 \end{pmatrix} \right] = \begin{pmatrix} 3 \\ -1 \\ 5 \end{pmatrix} + k \cdot \begin{pmatrix} 1 \\ 2 \\ -3 \end{pmatrix}$$

$$2 \cdot (3 + k) + 2 \cdot (-1 + 2k) - 3 \cdot (5 - 3k) - 4 = 0$$

a) Formulieren Sie eine passende Aufgabenstellung.

b) Lösen Sie die Aufgabe vollständig.

Schattenwürfe bestimmen

11. Ein Turm besteht aus einem Quader mit einer aufgesetzten Pyramide, deren Höhe 5 m beträgt. (Alle Einheiten in Meter) Auf der Spitze der Pyramide steht eine 3 m hohe Antenne. Sonnenstrahlen fallen in Richtung des Vektors $\vec{u} = \begin{pmatrix} 1 \\ 3 \\ -3 \end{pmatrix}$ ein. Dabei wirft die Antenne einen Schatten auf die Dachfläche SFG. Untersuchen Sie, ob dieser Schatten vollständig auf der Dachfläche liegt.

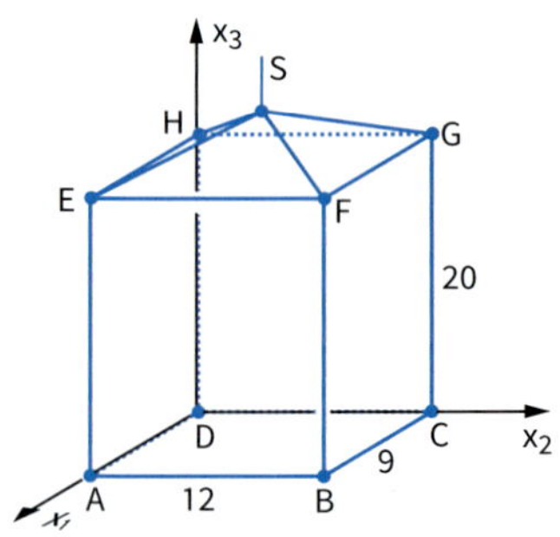

12. Eine senkrechte quadratische Pyramide hat die Eckpunkte A(10|0|0), B(10|10|0), C(0|10|0), D(0|0|0) und S(5|5|10).

a) Zeichnen Sie ein Schrägbild der Pyramide. Die Ebene E enthält die Punkte B, C und S. Bestimmen Sie eine Koordinatengleichung der Ebene E.

b) Die Pyramide wird von einer punktförmigen Lichtquelle, die sich im Punkt L(5|30|15) befindet, beleuchtet. Einer der von L ausgehenden Lichtstrahlen trifft orthogonal auf die Seitenfläche BCS. Ermitteln Sie die Koordinaten des Auftreffpunkts. Eine rechteckige Projektionsfläche hat die Eckpunkte D, A, E(10|0|10) und F(0|0|10). Die Pyramidenspitze S wirft einen Schattenpunkt S* auf die Projektionsfläche. Berechnen Sie die Koordinaten von S*.

c) Die Lichtquelle L wird in den Punkt L*(a|30|15) mit $a > 5$ verschoben. Wie groß muss a mindestens sein, damit der Schattenpunkt der Pyramidenspitze nicht mehr auf die Projektionsfläche fällt?

LK **13.** Gegeben ist die Ebene E: $2x_1 + 3x_2 + 3x_3 - 18 = 0$.

a) Bestimmen Sie die Spurpunkte S_1, S_2 und S_3 der Ebene E.
Zeichnen Sie die Pyramide $OS_1S_2S_3$ in ein Koordinatensystem.

b) Im Punkt F(1,5|5|0) der Kante S_1S_2 steht ein Stab senkrecht auf der x_1x_2-Ebene mit der Spitze im Punkt S(1,5|5|8). Sonnenstrahlen fallen orthogonal zur Pyramidenfläche $S_1S_2S_3$ ein. Dabei wirft der Stab einen Schatten, der teilweise in der x_2x_3-Ebene, teilweise auf der Pyramidenfläche $S_1S_2S_3$ liegt. Berechnen Sie die Koordinaten des Schattens der Stabspitze S.
Im Punkt K geht der Schatten des Stabes von der Pyramidenfläche in die x_2x_3-Ebene über. Berechnen Sie die Koordinaten dieses Knickpunktes K.
Zeichnen Sie den Stab und seinen Schatten in das vorhandene Koordinatensystem ein.

LK **14. a)** Eine quadratische Pyramide mit den Eckpunkten A(6|2|0), B(6|6|0), C(2|6|0) und der Spitze S(4|4|6) wirft einen Schatten auf die x_1x_2-Ebene. Die Sonnenstrahlen fallen in Richtung des Vektors $\vec{u} = \begin{pmatrix} 2 \\ 3 \\ -3 \end{pmatrix}$ ein.
Bestimmen Sie die Koordinaten aller Eckpunkte der entstehenden Schattenfigur. Zeichnen Sie die Pyramide und ihre Schattenfigur.

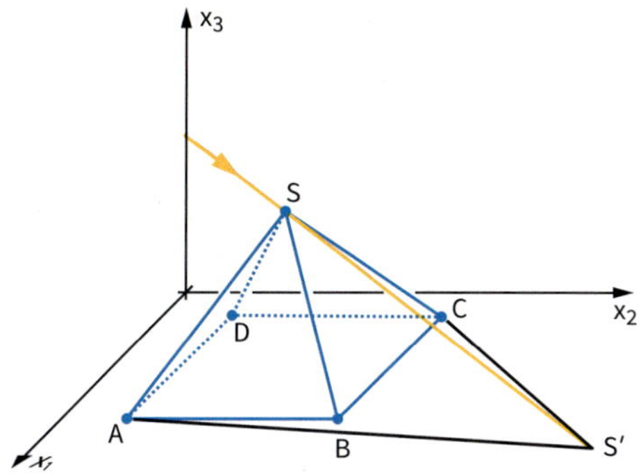

b) Zu einer anderen Zeit fallen die Sonnenstrahlen in Richtung des Vektors $\vec{u} = \begin{pmatrix} 1 \\ 6 \\ -3 \end{pmatrix}$ ein.
Ein Teil des Schattens fällt nun auf eine Wand, die in der Ebene $x_2 = 12$ liegt.
Bestimmen Sie die Koordinaten aller Eckpunkte der Schattenfigur.

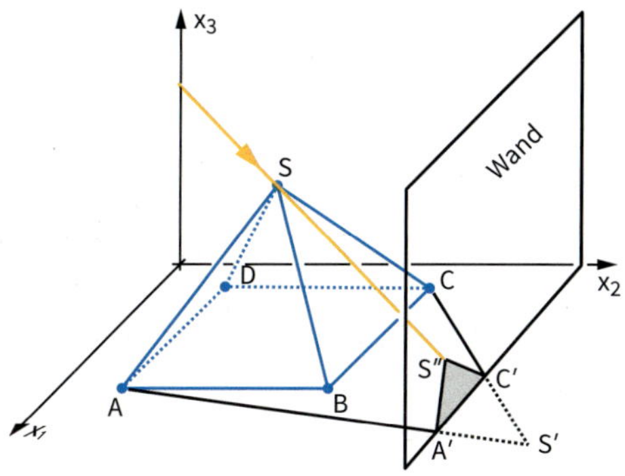

Lagebeziehungen zwischen Ebenen und Geradenscharen untersuchen

LK **15.** Gegeben sind die Ebene E: $2x_1 + x_3 - 3 = 0$ sowie für $t \in \mathbb{R}$ die Schar von Geraden
$g_t: \vec{x} = \begin{pmatrix} 2 \\ 1 \\ 1 \end{pmatrix} + k \cdot \begin{pmatrix} 1+t \\ 1-t \\ 2t \end{pmatrix}$.

a) Für welchen Wert von t ist die Gerade g_t parallel zu E? Liegt g_t für diesen Wert von t in E?

b) Untersuchen Sie, ob es eine Gerade der Schar gibt, die orthogonal zu E ist.

LK **16.** Gegeben sind eine Schar von Geraden $g_a: \vec{x} = \begin{pmatrix} 1 \\ -6 \\ -3 \end{pmatrix} + r \cdot \begin{pmatrix} 0 \\ -3 \\ a \end{pmatrix}$ und die Ebene E: $x_1 + x_2 - 3x_3 = 5$.
Bestimmen Sie den Parameter a so, dass die Gerade g_a die Ebene E nicht schneidet.

LK **17.** Gegeben sind die Ebene E: $x_1 + x_2 + x_3 - 8 = 0$ sowie für $t \in \mathbb{R}$ die Schar von Geraden
$g_t: \vec{x} = \begin{pmatrix} 1 \\ 0 \\ -1 \end{pmatrix} + k \cdot \begin{pmatrix} 3t \\ -3t \\ 8 \end{pmatrix}$.

a) Untersuchen Sie, ob es Geraden der Schar gibt, die parallel oder orthogonal zur Ebene E verlaufen.

b) Berechnen Sie den Schnittpunkt S_t einer Geraden g_t mit der Ebene E.
Welcher der Schnittpunkte S_t hat vom Ursprung die geringste Entfernung?

3.4.2 Lagebeziehungen zwischen Ebenen untersuchen

Einstiegsaufgabe ohne Lösung

→ Schnittgerade bei einer Wasserrinne bestimmen

An Berghängen wird häufig Wasser gesammelt und in Rinnen abgeleitet. In einer solchen Rinne stoßen die Bodenfläche und eine der beiden Seitenflächen in der Kante g zusammen. Die Bodenfläche liegt in der Ebene

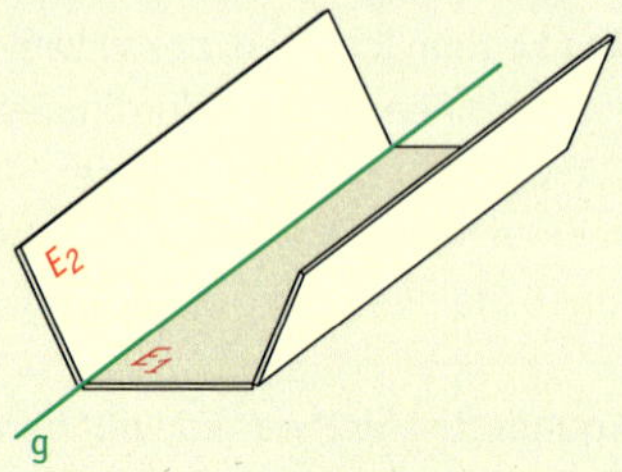

E_1: $x_1 - x_2 + 3x_3 = 12$, eine der Seitenflächen liegt in der Ebene E_2: $x_1 - x_2 + 5x_3 = 0$.
Bestimmen Sie eine Parameterdarstellung der Geraden durch die Kante g.
Die Ebenen E_1 und E_2 haben eine Gerade gemeinsam, sie schneiden einander also in dieser Gerade. Welche anderen Lagebeziehungen zwischen zwei Ebenen sind noch möglich?
Erläutern Sie diese Lagen anhand von Skizzen. Formulieren Sie Kriterien, nach denen Sie die gegenseitige Lage zweier Ebenen untersuchen können.

Einstiegsaufgabe mit Lösung

→ Gegenseitige Lage zweier Ebenen erkennen

Gegeben Sind die vier Ebenen E_1: $3x_1 - 2x_2 + x_3 = 4$; E_2: $-2x_1 + x_2 - 3x_3 = 7$; E_3: $-9x_1 + 6x_2 - 3x_3 = -12$; E_4: $12x_1 - 8x_2 + 4x_3 = -20$.

a) Geben Sie von den vier Ebenen jeweils zwei Ebenen an, die
- parallel zueinander, aber verschieden sind;
- identisch sind;
- nicht parallel zueinander sind. Bestimmen eine Parameterdarstellung der Schnittgeraden.

Begründen Sie jeweils Ihre Auswahl.

b) Erläutern Sie, wie man an den Koordinatenformen zweier Ebenen erkennen kann, wie sie zueinander liegen.

Lösung

a)
- Parallel zueinander, aber verschieden sind z. B. die beiden Ebenen E_1 und E_4. Ihre Normalenvektoren $\begin{pmatrix} 3 \\ -2 \\ 1 \end{pmatrix}$ und $\begin{pmatrix} 12 \\ -8 \\ 4 \end{pmatrix}$ sind Vielfache voneinander, weshalb die beiden Ebenen parallel zueinander sind.
  Dividiert man die Gleichung $12x_1 - 8x_2 + 4x_3 = -20$ durch die Zahl 4, erhält man die Gleichung $3x_1 - 2x_2 + x_3 = -5$. Dies ist nicht die Koordinatenform von E_1.
- Identisch sind die beiden Ebenen E_1 und E_3. Ihre Normalenvektoren $\begin{pmatrix} 3 \\ -2 \\ 1 \end{pmatrix}$ und $\begin{pmatrix} -9 \\ 6 \\ -3 \end{pmatrix}$ sind Vielfache voneinander. Dividiert man die Gleichung $-9x_1 + 6x_2 - 3x_3 = -12$ durch die Zahl -3, erhält man die Gleichung $3x_1 - 2x_2 + x_3 = 4$. Dies ist genau die Koordinatenform von E_1.
- Nicht parallel zueinander sind z. B. die beiden Ebenen E_1 und E_2.
  Ihre Normalenvektoren $\begin{pmatrix} 3 \\ -2 \\ 1 \end{pmatrix}$ und $\begin{pmatrix} -2 \\ 1 \\ -3 \end{pmatrix}$ sind nämlich keine Vielfache voneinander.
  Die Koordinaten eines gemeinsamen Punktes erfüllen beide Koordinatengleichungen, d. h. sie sind eine Lösung des linearen Gleichungssystems
  $\left| \begin{array}{l} 3x_1 - 2x_2 + x_3 = 4 \\ -2x_1 + x_2 - 3x_3 = 7 \end{array} \right|$ bzw. $\left| \begin{array}{l} 3x_1 - 2x_2 = -x_3 + 4 \\ -2x_1 + x_2 = 3x_3 + 7 \end{array} \right|$.
  Setzt man $x_3 = t$, so erhält man die Lösung $x_1 = -18 - 5t$; $x_2 = -29 - 7t$; $x_3 = t$ mit $t \in \mathbb{R}$.
  Überträgt man die Lösung in die Vektorschreibweise, so ist $\vec{x} = \begin{pmatrix} -18 \\ -29 \\ 0 \end{pmatrix} + t \cdot \begin{pmatrix} -5 \\ -7 \\ 1 \end{pmatrix}$ eine Parameterdarstellung der Schnittgeraden der beiden Ebenen.

b) Zwei Ebenen sind zueinander parallel, wenn ihre Normalenvektoren Vielfache voneinander sind. Geht in diesem Fall die Koordinatengleichung der einen Ebene durch eine Multiplikation mit einer Zahl ungleich null aus der Koordinatengleichung der anderen Ebene hervor, so sind die Ebenen identisch. Andernfalls sind die beiden Ebenen parallel zueinander, aber nicht identisch.
Sind die Normalenvektoren zweier Ebenen keine Vielfachen voneinander, so schneiden sich die beiden Ebenen in einer Schnittgeraden.

1. Schritt

Sind die Normalenvektoren $\vec{n_1}$ und $\vec{n_2}$ der beiden Ebenen Vielfache voneinander?

- nein → Die beiden Ebenen schneiden sich in einer Schnittgeraden.
- ja → Die beiden Ebenen sind zueinander parallel.

2. Schritt

Lässt sich die Koordinatengleichung der einen Ebene durch Multiplikation mit einer Zahl ungleich null in die Koordinatengleichung der anderen Ebene überführen?

- nein → Die beiden Ebenen sind parallel, aber nicht identisch.
- ja → Die Ebenen sind identisch.

INFORMATION

Lage zweier Ebenen zueinander

Gegeben sind zwei Ebenen E_1 und E_2 mit den Normalenvektoren $\vec{n_1}$ bzw. $\vec{n_2}$.

(1) E_1 und E_2 schneiden einander in einer Geraden g.

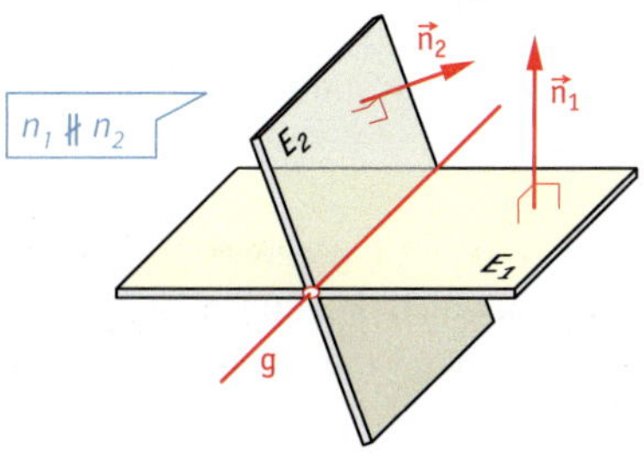

BEISPIEL

E_1: $x_1 - 2x_2 + 4x_3 = 1$
E_2: $x_1 + 3x_3 = 2$

$g: \vec{x} = \begin{pmatrix} -1 \\ 1 \\ 1 \end{pmatrix} + r \cdot \begin{pmatrix} -6 \\ 1 \\ 2 \end{pmatrix}$

(2) E_1 und E_2 sind parallel zueinander und verschieden.

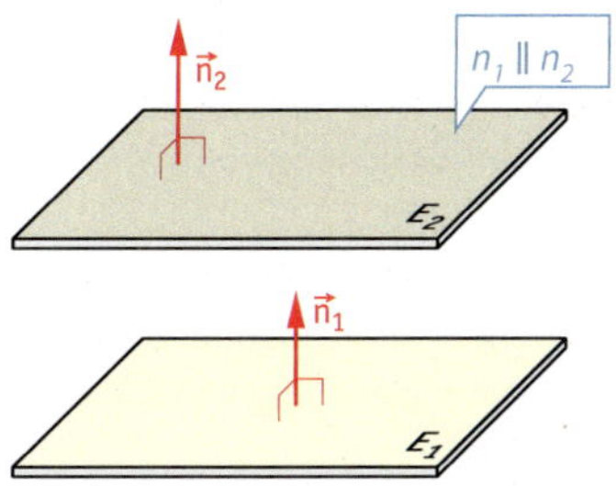

BEISPIEL

E_1: $x_1 - 2x_2 + 4x_3 = 1$
E_2: $x_1 - 2x_2 + 4x_3 = 5$

(3) E_1 und E_2 sind identisch.

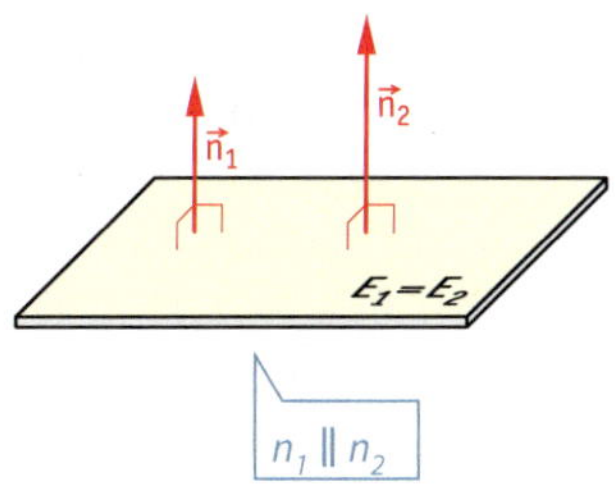

BEISPIEL

E_1: $x_1 - 2x_2 + 4x_3 = 1$
E_2: $2x_1 - 4x_2 + 8x_3 = 2$

ÜBUNGSAUFGABEN

Die gegenseitige Lage von Ebenen untersuchen

1. Untersuchen Sie, wie die beiden Ebenen E_1 und E_2 zueinander liegen.

a) E_1: $6x_1 + 3x_2 - 9x_3 = 15$
E_2: $-2x_1 - x_2 + 3x_3 + 5 = 0$

b) E_1: $3x_1 - 12x_2 + 6x_3 = -18$
E_2: $-2x_1 + 8x_2 - 4x_3 + 12 = 0$

c) E_1: $4x_1 + 2x_2 + x_3 = 10$
E_2: $-x_1 - 3x_2 + 4x_3 + 6 = 0$

d) $E_1: \vec{x} = \begin{pmatrix} -1 \\ 2 \\ 2 \end{pmatrix} + r \cdot \begin{pmatrix} -2 \\ 3 \\ 2 \end{pmatrix} + s \cdot \begin{pmatrix} 6 \\ -5 \\ 2 \end{pmatrix}$
E_2: $2x_1 + 2x_2 - x_3 - 4 = 0$

2. Bestimmen Sie eine Parameterdarstellung der Schnittgeraden beider Ebenen.

a) $E_1: x_1 + x_2 - x_3 = 1$; $E_2: 4x_1 - x_2 - x_3 = 3$

b) $E_1: -2x_1 + 3x_2 - 4x_3 = 12$; $E_2: -x_1 + 4x_2 - 3x_3 = 0$

c) $E_1: 3x_1 - 2x_2 + x_3 = 4$; $E_2: x_1 - 2x_3 = -1$

Beispiel

E_1: $3x_1 - 2x_2 + x_3 = 10$
E_2: $x_1 + 2x_2 - 2x_3 = 2$
Gesucht wird die Lösungsmenge des linearen Gleichungssystems aus 2 Gleichungen mit 3 Variablen.

$\left|\begin{matrix} 3x_1 - 2x_2 + x_3 = 10 \\ x_1 + 2x_2 - 2x_3 = 2 \end{matrix}\right|$ umformen führt auf $\left|\begin{matrix} x_1 & -\frac{1}{4}x_3 = 2 \\ & x_2 - \frac{7}{8}x_3 = -2 \end{matrix}\right|$

Setze $x_3 = t$, so gilt $x_1 = 2 + \frac{1}{4}t$ und $x_2 = -2 + \frac{7}{8}t$

$\begin{pmatrix} x_1 \\ x_2 \\ x_3 \end{pmatrix} = \begin{pmatrix} 2 \\ -2 \\ 0 \end{pmatrix} + t \cdot \begin{pmatrix} \frac{1}{4} \\ \frac{7}{8} \\ 1 \end{pmatrix}$ also Schnittgerade g: $x = \begin{pmatrix} 2 \\ -2 \\ 0 \end{pmatrix} + t \cdot \begin{pmatrix} 2 \\ 7 \\ 8 \end{pmatrix}$

3. Prüfen Sie, ob die drei Ebenen zueinander parallel bzw. ob sie identisch sind. Bestimmen Sie ggf. die Schnittgerade.

a) $E_1: 6x_1 + 3x_2 - 6x_3 = 15$; $E_2: -x_1 - x_2 + 2x_3 = -5$; $E_3: 4x_1 + 2x_2 + 6x_3 = 5$

b) $E_1: x_1 + 2x_2 = 5$; $E_2: 4x_1 + 2x_2 + x_3 = 10$; $E_3: 2x_1 + 4x_2 = 3$

c) $E_1: x_3 = 1$; $E_2: x_3 = -1$; $E_3: x_3 = 0$

4. Die Gerade g hat die Parameterdarstellung $\vec{x} = \begin{pmatrix} 1 \\ 2 \\ 1 \end{pmatrix} + t \cdot \begin{pmatrix} 2 \\ -1 \\ 3 \end{pmatrix}$.

a) Bestimmen Sie Parameterdarstellungen zweier Ebenen, die sich in g schneiden. Erläutern Sie Ihre Vorgehensweise.

b) Geben Sie auch Koordinatengleichungen für die beiden Ebenen an.

Ebenenscharen untersuchen

5. Für $t \in \mathbb{R}$ ist eine Ebenenschar $E_t: (t+1) \cdot x_1 + x_2 + (t-1) \cdot x_3 + 3 + t = 0$ gegeben.
Zeigen Sie, dass sich alle Ebenen der Schar in einer gemeinsamen Schnittgeraden s schneiden und geben Sie eine Gleichung von s an.

6. Für $a \in \mathbb{R}$ ist eine Ebenenschar $E_a: (a-4) \cdot x_1 - 2x_2 + 6x_3 = 2a$ gegeben.

a) Die Ebene F ist orthogonal zur Ebene E_6 und geht durch den Punkt $P(5|3|-1)$. Bestimmen Sie eine Koordinatengleichung von F. Geben Sie eine Parameterdarstellung der Schnittgeraden der beiden Ebenen an.

b) Es gibt genau eine Ebene der Schar, die zu keiner anderen Ebene der Schar orthogonal ist. Geben Sie diese Ebene an.

c) Welche Ebene der Schar ist parallel zur Geraden g: $\vec{x} = \begin{pmatrix} 0 \\ -3 \\ 6 \end{pmatrix} + t \cdot \begin{pmatrix} 1 \\ -1 \\ 1 \end{pmatrix}$?

7. Ein Würfel hat die Eckpunkte $O(0|0|0)$, $A(6|0|0)$, $C(0|6|0)$ und $H(0|0|6)$. Für jeden Wert von k ist eine Ebenenschar $E_k: x_1 + x_2 + x_3 = k$ gegeben.

a) Stellen Sie den Würfel in einem Koordinatensystem dar.
Bestimmen Sie die Spurpunkte der Ebene E_k.

b) Einige Ebenen der Schar schneiden den Würfel. Geben Sie die Art der Schnittfigur in Abhängigkeit von k an. Zeichnen Sie die Schnittfigur der Ebene E_9 in das bestehende Koordinatensystem ein. Welche Ebene der Schar hat das Dreieck ACH als Schnittfigur?

8. Gegeben sind die beiden Ebenen $E_1: x_1 + 4x_2 - x_3 = -4$ und $E_2: 2x_1 + x_3 = 8$

a) Ermitteln Sie eine Parameterdarstellung der Schnittgeraden g der beiden Ebenen.

b) Bestimmen Sie eine Koordinatengleichung der Ebene E_3, die orthogonal zur Schnittgeraden g ist und durch den Punkt $P(5|4|5)$ verläuft.

Lineare Gleichungssysteme geometrisch interpretieren

9. a) Die Ebene E enthält die Punkte $A(-6|-3|2)$, $B(2|-1|1)$ und $C(-4|0|3)$.
Bestimmen Sie eine Koordinatengleichung von E.

b) Deuten Sie das lineare Gleichungssystem (1) $\left| \begin{array}{l} x_1 - 2x_2 + 4x_3 = 8 \\ 3x_1 + x_2 + 5x_3 = 3 \end{array} \right|$ im Sachzusammenhang der Teilaufgabe a) geometrisch.

Erläutern Sie, welche Umformungen von (1) zu (2) $\left| \begin{array}{l} x_1 - 2x_2 + 4x_3 = 8 \\ \quad\; -x_2 + x_3 = 3 \end{array} \right|$ erfolgt sind.

Bestimmen Sie die Lösungsmenge des linearen Gleichungssystems und interpretieren Sie diese geometrisch.

10. Bestimmen Sie die Lösungsmenge des linearen Gleichungssystems. Interpretieren Sie das Gleichungssystem und seine Lösungsmenge geometrisch.

a) $\left| \begin{array}{l} x_1 + 2x_2 + x_3 = 1 \\ 2x_1 + x_2 - x_3 = -1 \\ -x_1 + 2x_2 + 2x_3 = 1 \end{array} \right|$

b) $\left| \begin{array}{l} -2x_1 + 4x_2 + 5x_3 = 9 \\ 2x_1 - 3x_2 - x_3 = 5 \\ 4x_1 - 6x_2 - 2x_3 = 10 \end{array} \right|$

11. a) Ein Supermarkt bietet vor Weihnachten mehrere Sortimente mit verschiedenen Tafeln Schokolade an. Ein Sortiment besteht aus 3 Tafeln Vollmilchschokolade, 3 Tafeln Nougatcreme und 2 Tafeln Schoko Crisps. Dieses Sortiment kostet 12 €. Ein anderes Sortiment besteht aus 4 Tafeln Vollmilchschokolade und 4 Tafeln Schoko Crisps und kostet ebenfalls 12 €.
Begründen Sie, dass man mit diesen Angaben das lineare Gleichungssystem $\left| \begin{array}{l} 3a + 3b + 2c = 12 \\ a \qquad\quad + c = 3 \end{array} \right|$ aufstellen kann. Erläutern Sie die Bedeutung der Variablen a, b und c.
Bestimmen Sie eine allgemeine Lösung des linearen Gleichungssystems.
Geben Sie auch zwei verschiedene Möglichkeiten für die Preise der drei Schokoladensorten an.

b) Die Ebene E_1 enthält die Punkte $A(2|2|0)$, $B(0|-2|9)$ und $C(-2|4|3)$. Eine zweite Ebene E_2 ist parallel zur x_2-Achse und enthält den Punkt $P(-2|3|5)$.
Bestimmen Sie je eine Koordinatengleichung der beiden Ebenen.
Ermitteln Sie eine Parameterdarstellung der Schnittgeraden von E_1 und E_2.

c) Erläutern Sie den Zusammenhang zwischen den beiden Ebenen, ihrer Schnittgeraden und dem linearen Gleichungssystem und seiner Lösung aus Teilaufgabe a).

12. Ein lineares Gleichungssystem der Art $\left| \begin{array}{l} a_1 \cdot x_1 + a_2 \cdot x_2 + a_3 \cdot x_3 = a_4 \\ b_1 \cdot x_1 + b_2 \cdot x_2 + b_3 \cdot x_3 = b_4 \\ c_1 \cdot x_1 + c_2 \cdot x_2 + c_3 \cdot x_3 = c_4 \end{array} \right|$ hat entweder eine Lösung oder keine Lösung oder unendlich viele Lösungen.
Die drei Gleichungen des Gleichungssystems können als Koordinatengleichungen dreier Ebenen E_1, E_2 und E_3 aufgefasst werden.

a) Beschreiben Sie die verschiedenen Lagen der Ebenen zueinander, wenn das Gleichungssystem

- genau eine Lösung
- keine Lösung
- unendlich viele Lösungen

hat. Erklären Sie, was eine Lösung des linearen Gleichungssystems geometrisch bedeutet.
Erläutern Sie, welche Punktmengen im Falle unendlich vieler Lösungen vorliegen können.

b) Gegeben sind vier Abbildungen mit je drei Ebenen. Beschreiben Sie die verschiedenen Lagen der drei Ebenen zueinander und ihre Schnittmenge möglichst genau.
Geben Sie in jedem Fall je ein Beispiel mit Parameterdarstellungen oder Koordinatenformen dreier Ebenen an.

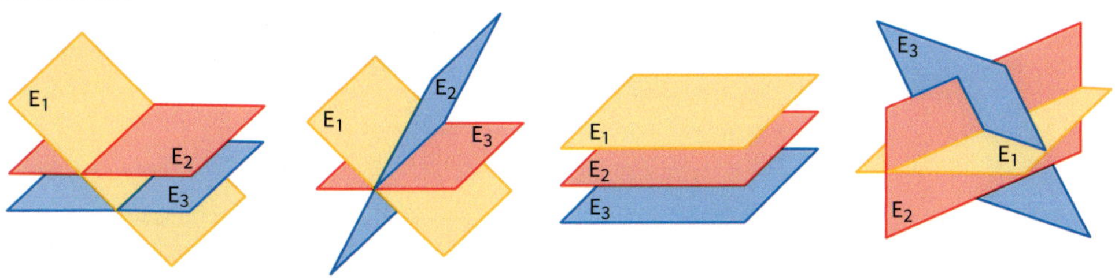

Das Wichtigste im Überblick

Parameterdarstellung einer Ebene

Durch einen Punkt A und zwei Vektoren $\vec{u} \neq \vec{o}$ und $\vec{v} \neq \vec{o}$, die nicht parallel zueinander sind, ist eine Ebene E bestimmt.
Diese Ebene E kann durch eine **Parameterdarstellung** mit den **Parametern** s und t beschrieben werden:
E: $\overrightarrow{OX} = \overrightarrow{OA} + s \cdot \vec{u} + t \cdot \vec{v}$ mit $s, t \in \mathbb{R}$.
Eine Ebene hat *verschiedene* Parameterdarstellungen.

$A(1|2|-1)$

$\vec{u} = \begin{pmatrix} 3 \\ -2 \\ 1 \end{pmatrix}$,

$\vec{v} = \begin{pmatrix} 1 \\ -1 \\ 4 \end{pmatrix}$

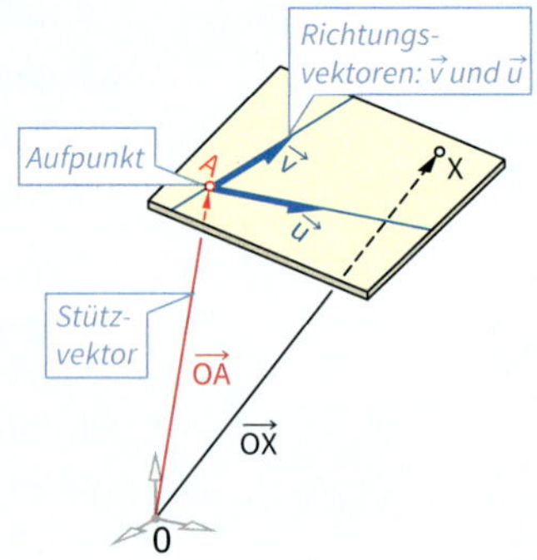

$$E: \overrightarrow{OX} = \begin{pmatrix} 1 \\ 2 \\ -1 \end{pmatrix} + s \cdot \begin{pmatrix} 3 \\ -2 \\ 1 \end{pmatrix} + t \cdot \begin{pmatrix} 1 \\ -1 \\ 4 \end{pmatrix}$$

Spurpunkte und Spurgeraden einer Ebene

LK

Wahlthema GK

Die Schnittpunkte einer Ebene E mit den Koordinatenachsen bezeichnet man als **Spurpunkte der Ebene E.**
Die Schnittgeraden einer Ebene E mit den Koordinatenebenen werden als **Spurgeraden** bezeichnet.

Spurpunkte der Ebene E:
$S_1(4|0|0)$,
$S_2\left(0\left|\frac{28}{11}\right|0\right)$,
$S_3(0|0|28)$

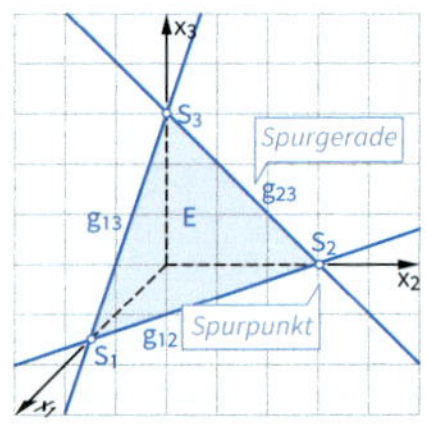

Lagebeziehung zwischen Gerade und Ebene in Parameterdarstellung

Zur Bestimmung der Lagebeziehung zwischen einer Ebene E und einer Geraden g ist ein 3×3-Gleichungssystem zu lösen.
Man unterscheidet folgende Fälle:

- Das lineare Gleichungssystem hat genau eine Lösung, d.h. die **Gerade schneidet die Ebene in einem Punkt S** (Gerade g_1).
- Das lineare Gleichungssystem hat keine Lösung, d.h. die **Gerade verläuft parallel zur Ebene** (Gerade g_2).
- Das lineare Gleichungssystem hat unendlich viele Lösungen, d.h. **die Gerade liegt in der Ebene** (Gerade g_3).

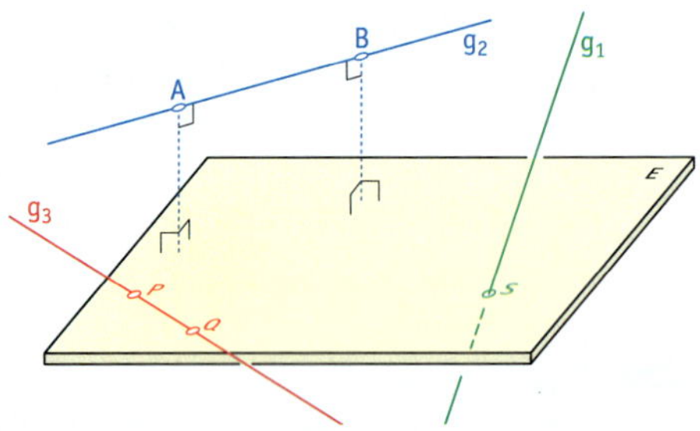

$$E: \vec{x} = \begin{pmatrix} 1 \\ 2 \\ -1 \end{pmatrix} + s \cdot \begin{pmatrix} 3 \\ -2 \\ 1 \end{pmatrix} + t \cdot \begin{pmatrix} 1 \\ -1 \\ 4 \end{pmatrix}$$

$$g: \vec{x} = \begin{pmatrix} 5 \\ 1 \\ -2 \end{pmatrix} + r \cdot \begin{pmatrix} 0 \\ -1 \\ 3 \end{pmatrix}$$

Das lineare Gleichungssystem

$$\left| \begin{array}{l} 1 + 3s + t = 5 \\ 2 - 2s - t = 1 - r \\ -1 + s + 4t = -2 + 3r \end{array} \right|$$ lautet umgestellt

$$\left| \begin{array}{r} 3s + t = 4 \\ r - 2s - t = -1 \\ -3r + s + 4t = -1 \end{array} \right|$$

und hat die Lösung $r = 2$; $s = 1$; $t = 1$.
Durch Einsetzen von $r = 2$ in die Parameterdarstellung von g ergibt sich der Schnittpunkt S.
Die Gerade g schneidet die Ebene E im Punkt $S(5|-1|4)$.

Normalenvektor und Normalenform einer Ebene

LK

Wahlthema GK

Ein Vektor $\vec{n}$, der orthogonal zu allen Richtungsvektoren einer Ebene verläuft, heißt **Normalenvektor** der Ebene. Der Normalenvektor steht stets senkrecht auf der Ebene.

Ist $A(a_1 \mid a_2 \mid a_3)$ ein Punkt der Ebene E und $\vec{n} = \begin{pmatrix} n_1 \\ n_2 \\ n_3 \end{pmatrix}$ ein Normalenvektor von E, dann nennt man die Gleichung: **E:** $\vec{n} * (\overrightarrow{OX} - \overrightarrow{OA}) = 0$
Normalenform der Ebene E.
Mit $d = \vec{n} * \overrightarrow{OA}$ erhält man **E:** $\vec{n} * \overrightarrow{OX} = d$ und ausmultipliziert eine
Koordinatenform der Ebene E:
E: $n_1 \cdot x_1 + n_2 \cdot x_2 + n_3 \cdot x_3 = d.$

$A(1 \mid 2 \mid -1)$; $\vec{u} = \begin{pmatrix} 7 \\ 11 \\ 1 \end{pmatrix}$

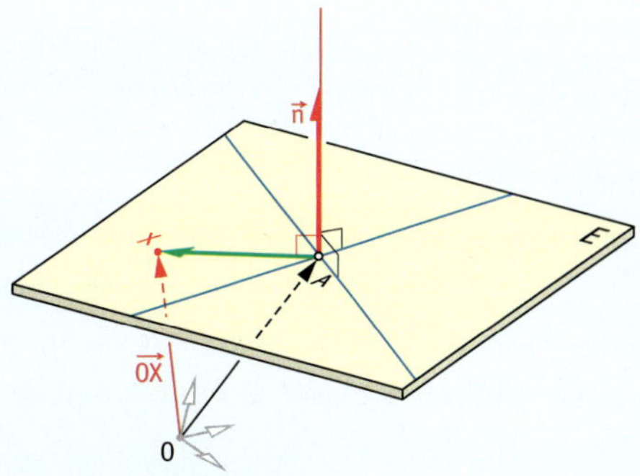

Normalenform:

$E: \begin{pmatrix} 7 \\ 11 \\ 1 \end{pmatrix} * \left(\vec{x} - \begin{pmatrix} 1 \\ 2 \\ -1 \end{pmatrix} \right) = 0$

Koordinatenform:

$E: 7x_1 + 11x_2 + 1x_3 = 28;\; 28 = \begin{pmatrix} 7 \\ 11 \\ 1 \end{pmatrix} * \begin{pmatrix} 1 \\ 2 \\ -1 \end{pmatrix}$

Vektorprodukt zweier Vektoren

LK

Wahlthema GK

Für je zwei Vektoren $\vec{a} = \begin{pmatrix} a_1 \\ a_2 \\ a_3 \end{pmatrix}$ und $\vec{b} = \begin{pmatrix} b_1 \\ b_2 \\ b_3 \end{pmatrix}$ kann man den Vektor $\vec{a} \times \vec{b} = \begin{pmatrix} a_2 b_3 - a_3 b_2 \\ a_3 b_1 - a_1 b_3 \\ a_1 b_2 - a_2 b_1 \end{pmatrix}$ berechnen.
Er heißt das **Vektorprodukt** von $\vec{a}$ und $\vec{b}$.
Sind die Vektoren $\vec{a} \neq \vec{o}$ und $\vec{b} \neq \vec{o}$ keine Vielfachen voneinander, so ist der Vektor $\vec{a} \times \vec{b}$ orthogonal zu $\vec{a}$ und orthogonal zu $\vec{b}$.
$\vec{a} \times \vec{b}$ ist also ein **Normalenvektor zu den Vektoren** $\vec{a}$ und $\vec{b}$.

Für $\vec{a} = \begin{pmatrix} -2 \\ 1 \\ 4 \end{pmatrix}$ und $\vec{b} = \begin{pmatrix} 3 \\ 0 \\ -1 \end{pmatrix}$ gilt:

$\vec{a} \times \vec{b} = \begin{pmatrix} 1 \cdot (-1) - 4 \cdot 0 \\ 4 \cdot 3 - (-2) \cdot (-1) \\ (-2) \cdot 0 - 1 \cdot 3 \end{pmatrix} = \begin{pmatrix} -1 \\ 10 \\ -3 \end{pmatrix}$

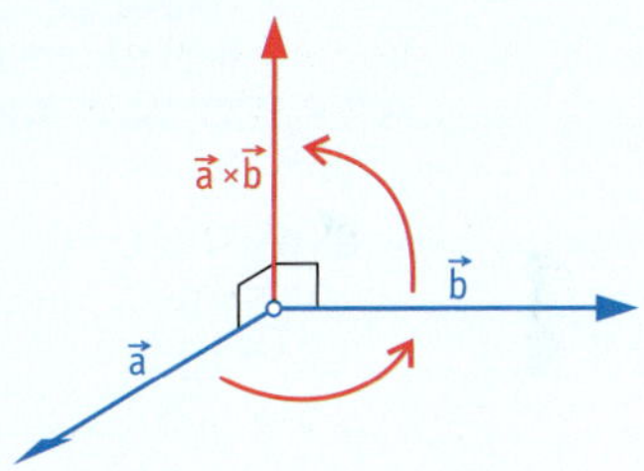

Von einer Parameterdarstellung einer Ebene zu einer Koordinatenform der Ebene

LK

Wahlthema GK

Ist eine Parameterdarstellung $\overrightarrow{OX} = \overrightarrow{OA} + r \cdot \vec{u} + s \cdot \vec{v}$ einer Ebene E gegeben, so ergibt das Vektorprodukt $\vec{u} \times \vec{v} = \vec{n}$ der beiden Richtungsvektoren einen Normalenvektor $\vec{n}$ der Ebene.

$E: \overrightarrow{OX} = \begin{pmatrix} 2 \\ -1 \\ 3 \end{pmatrix} + r \cdot \begin{pmatrix} 0 \\ 1 \\ 2 \end{pmatrix} + s \cdot \begin{pmatrix} 1 \\ -2 \\ 4 \end{pmatrix}$

$\begin{pmatrix} 0 \\ 1 \\ 2 \end{pmatrix} \times \begin{pmatrix} 1 \\ -2 \\ 4 \end{pmatrix} = \begin{pmatrix} 8 \\ -2 \\ -1 \end{pmatrix} = \vec{n}$

Koordinatenform von E:

$8x_1 - 2x_2 - x_3 = 15$

mit $15 = \begin{pmatrix} 2 \\ -1 \\ 3 \end{pmatrix} * \begin{pmatrix} 8 \\ -2 \\ -1 \end{pmatrix}$

Anwenden des Vektorprodukts bei Flächenberechnungen

LK

Wahlthema GK

Spannen zwei Vektoren $\vec{a}$ und $\vec{b}$ ein Parallelogramm auf, so gilt für dessen Flächeninhalt A:
$A = |\vec{a} \times \vec{b}| = |\vec{a}| \cdot |\vec{b}| \cdot \sin(\alpha)$

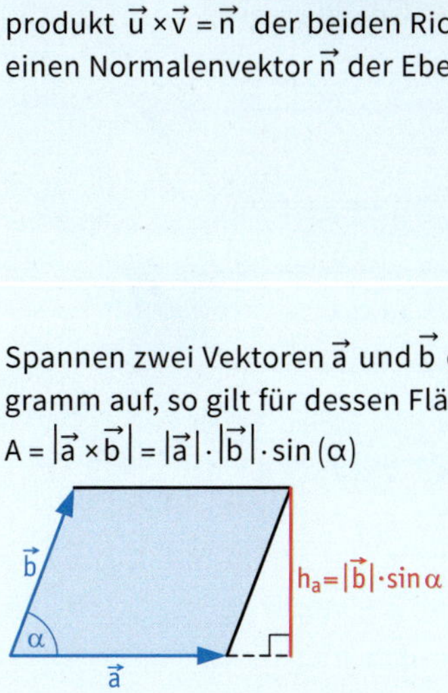

$\vec{a} = \begin{pmatrix} 0 \\ 1 \\ 2 \end{pmatrix};\; \vec{b} = \begin{pmatrix} 1 \\ -2 \\ 4 \end{pmatrix}$

$A = \left| \begin{pmatrix} 0 \\ 1 \\ 2 \end{pmatrix} \times \begin{pmatrix} 1 \\ -2 \\ 4 \end{pmatrix} \right| = \left| \begin{pmatrix} 8 \\ -2 \\ -1 \end{pmatrix} \right|$

$A = \sqrt{64 + 4 + 1} = \sqrt{69} \approx 8{,}31$

Lagebeziehung von Gerade und Ebene mithilfe von Normalenvektoren bestimmen

LK

Wahlthema GK

Für die Lagebeziehung einer Geraden g und einer Ebene E sind folgende Fälle möglich:

(1) g liegt in E

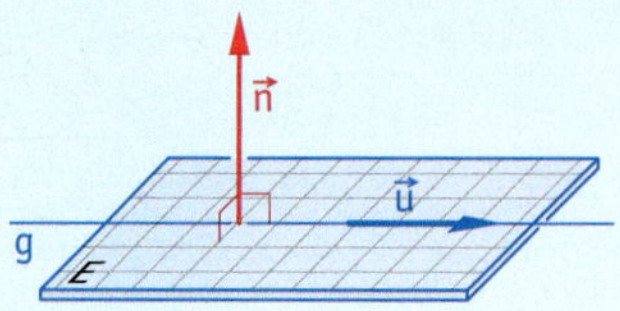

(2) g ist parallel zu E

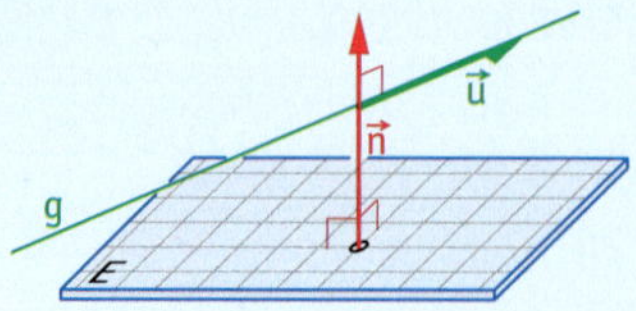

(3) g schneidet E in einem Punkt

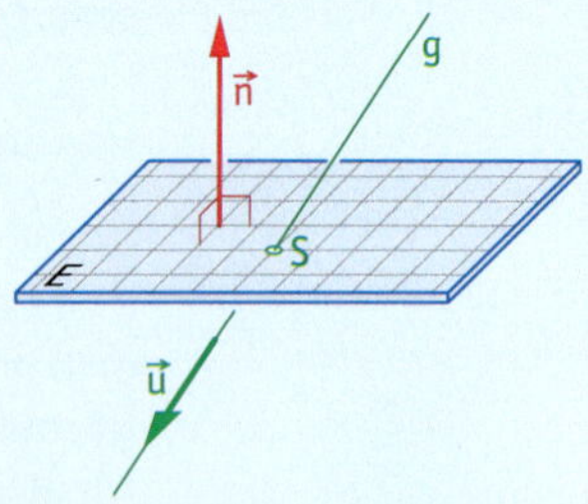

$\vec{n}$ ist ein Normalenvektor der Ebene.
$\vec{u}$ ist ein Richtungsvektor der Geraden.

Strategie zum Ermitteln der Lagebeziehung:

1. Schritt

Gilt $\vec{n} * \vec{u} = 0$?

- ja → Die Gerade g ist parallel zur Ebene E.
- nein → Die Gerade g schneidet die Ebene E in einem Punkt.

2. Schritt

Liegt ein Punkt A der Geraden in E?

- ja → Die Gerade g liegt ganz in E.
- nein → Die Gerade g ist parallel zu E, liegt aber nicht in ihr.

Beispiel

E: $3x_1 - 2x_2 + x_3 = 4$

$g_1: \vec{x} = \begin{pmatrix} 0 \\ 0 \\ 4 \end{pmatrix} + t \cdot \begin{pmatrix} 2 \\ 3 \\ 0 \end{pmatrix}$

Beispiel

E: $3x_1 - 2x_2 + x_3 = 4$

$g_2: \vec{x} = \begin{pmatrix} 9 \\ 1 \\ 7 \end{pmatrix} + t \cdot \begin{pmatrix} 2 \\ 3 \\ 0 \end{pmatrix}$

Beispiel

Einsetzen von g in E ergibt $t = -\frac{28}{5}$, also $S(-19 \mid -27 \mid 7)$.

E: $3x_1 - 2x_2 + x_3 = 4$

$g_3: \vec{x} = \begin{pmatrix} 9 \\ 1 \\ 7 \end{pmatrix} + t \cdot \begin{pmatrix} 5 \\ 5 \\ 0 \end{pmatrix}$

Lage zweier Ebenen zueinander

LK

Gegeben sind zwei Ebenen E_1 und E_2 mit den Normalenvektoren $\overrightarrow{n_1}$ bzw. $\overrightarrow{n_2}$.

(1) E_1 und E_2 schneiden einander in einer Geraden g.

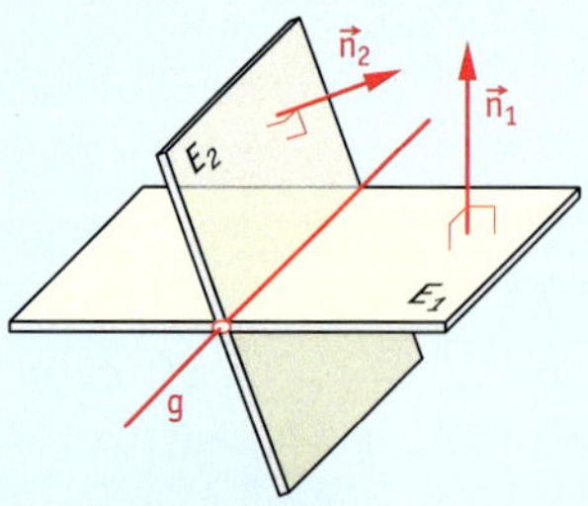

Beispiel

E_1: $3x_1 - 2x_2 + x_3 = 4$
E_2: $x_1 + 3x_3 = 2$

$g: \vec{x} = \begin{pmatrix} 2 \\ 1 \\ 0 \end{pmatrix} + r \cdot \begin{pmatrix} -3 \\ -4 \\ 1 \end{pmatrix}$

(2) E_1 und E_2 sind parallel zueinander und verschieden.

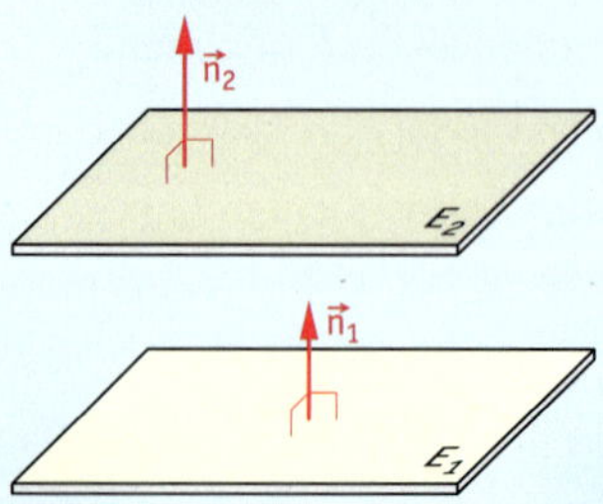

Beispiel

E_1: $3x_1 - 2x_2 + x_3 = 4$
E_2: $3x_1 - 2x_2 + x_3 = 7$

(3) E_1 und E_2 sind identisch.

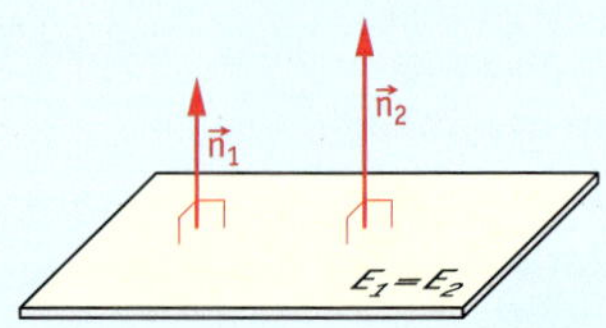

Beispiel

E_1: $3x_1 - 2x_2 + x_3 = 4$
E_2: $-6x_1 - 4x_2 - 2x_3 = -8$

Klausurtraining

TEIL A

Lösen Sie die folgenden Aufgaben ohne Formelsammlung und Taschenrechner.

1. Gegeben sind die Ebene $E: x_1 + 2x_2 + 4x_3 - 8 = 0$ und die Gerade g durch die Punkte $A(5|-3|4)$ und $B(10|-8|7)$.

a) Bestimmen Sie die Spurpunkte von E und stellen Sie die Ebene in einem Koordinatensystem dar.

b) Zeigen Sie, dass g nicht parallel zu E ist.
Berechnen Sie die Koordinaten des Schnittpunktes von g und E.

2. Ermitteln Sie eine Koordinatengleichung der dargestellten Ebene:

a)

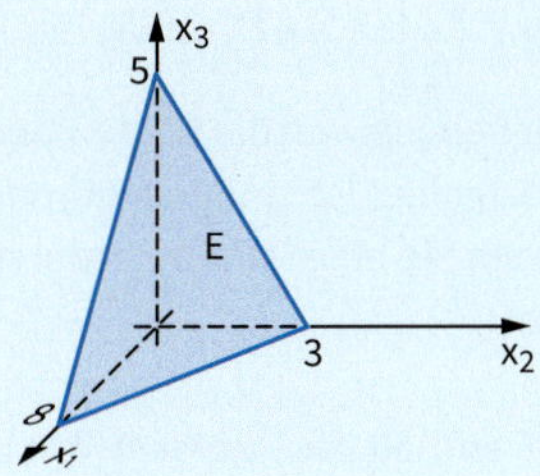

b)

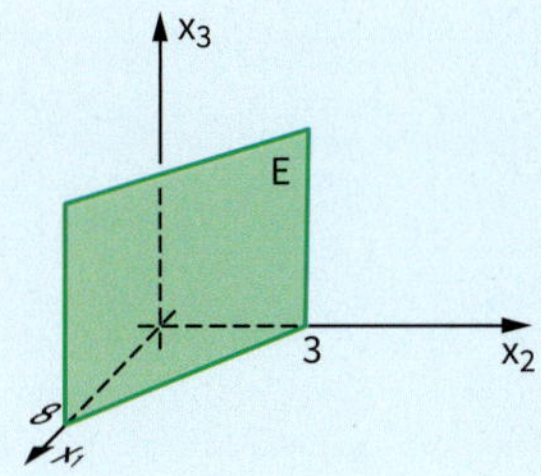

3. Gegeben sind die Punkte $A(12{,}5|3|4)$ und $B(2{,}5|6|0)$.

a) Eine Ebene E liegt parallel zur x_1-Achse und enthält die Punkte A und B.
Stellen Sie eine Koordinatenform von E auf.
Zeichnen Sie die Spurgeraden von E in ein Schrägbild des Koordinatensystems ein.

b) Bestimmen Sie eine Parameterdarstellung derjenigen Geraden g, die in E liegt und die im Punkt B orthogonal zur Geraden AB ist.

4. Prüfen Sie, ob die Ebenen zueinander parallel bzw. ob sie identisch sind.

a) $E_1: 6x_1 + 3x_2 - 9x_3 = 15$; $E_2: -2x_1 - x_2 + 3x_3 = -5$; $E_3: 4x_1 + 2x_2 + 6x_3 = 5$

b) $E_1: 2x_1 + x_2 = 5$; $E_2: 4x_1 + 2x_2 + x_3 = 10$; $E_3: 4x_1 + 2x_2 = 3$

c) $E_1: x_1 = 1$; $E_2: x_1 = -1$; $E_3: x_1 = 0$

5. **a)** Zeigen Sie, dass das Dreieck mit den Eckpunkten $A(6|-3|5)$, $B(2|1|5)$ und $C(8|3|3)$ gleichschenklig ist.

b) Durch einen Punkt D kann das Dreieck ABC zu einem Parallelogramm ergänzt werden.
Geben Sie die Koordinaten eines möglichen Punktes D an.
Erläutern Sie, wie viele mögliche Punkte es gibt.

6. Gegeben sind die beiden Geraden $g: \vec{x} = \begin{pmatrix} 2 \\ -1 \\ 0 \end{pmatrix} + r \cdot \begin{pmatrix} 3 \\ -1 \\ 2 \end{pmatrix}$ und $h: \vec{x} = \begin{pmatrix} 1 \\ 1 \\ -1 \end{pmatrix} + s \cdot \begin{pmatrix} 2 \\ b \\ c \end{pmatrix}$.
Untersuchen Sie, für welche Werte von b und c

a) die Geraden g und h parallel zueinander sind;

b) sich die Geraden g und h im Punkt $P(-13|4|-10)$ schneiden.

7. Bestimmen Sie die Lösungsmenge des linearen Gleichungssystems. Interpretieren Sie das Gleichungssystem und seine Lösungsmenge geometrisch.

a) $\left| \begin{array}{rcl} 3x_1 + x_2 - 2x_3 &=& -4 \\ x_1 + 2x_2 + 3x_3 &=& 10 \\ -2x_1 + x_2 + 2x_3 &=& 14 \end{array} \right|$

b) $\left| \begin{array}{rcl} x_1 + 3x_2 &=& 5 \\ x_1 - 3x_2 - 6x_3 &=& -13 \\ 4x_1 + 3x_2 - 9x_3 &=& -7 \end{array} \right|$

8. Untersuchen Sie, für welche Werte von c das Dreieck ABC mit den Eckpunkten $A(-1|-3|5)$, $B(1|2|6)$ und $C(0|-5|c)$ ein rechtwinkliges Dreieck ist.

Teil B

Bei der Lösung dieser Aufgaben können Sie die Formelsammlung und den Taschenrechner verwenden.

9. Gegeben sind die Ebene $E: 2x_1 - x_3 = 4$ und der Punkt $P(4|2|-1)$.

a) Geben Sie eine Parameterdarstellung einer Geraden an, die
(1) parallel zu E durch P verläuft;
(2) orthogonal zu E durch P verläuft.

b) Beschreiben Sie die Lage aller möglichen Geraden, die parallel zu E sind und durch P gehen.

10. Gegeben sind die beiden Geraden g_1 und g_2 durch $g_1: \vec{x} = \begin{pmatrix} -1 \\ 7 \\ 5 \end{pmatrix} + r \cdot \begin{pmatrix} 1 \\ -1 \\ -1 \end{pmatrix}$ und $g_2: x = \begin{pmatrix} 1 \\ 6 \\ -2 \end{pmatrix} + s \cdot \begin{pmatrix} 1 \\ 0 \\ 2 \end{pmatrix}$; $r, s \in \mathbb{R}$, sowie der Punkt $P(6|4|4)$.

a) Untersuchen Sie, wie die beiden Geraden zueinander liegen. Zeigen Sie, dass durch g_1 und P eine Ebene festgelegt ist, und bestimmen Sie eine Koordinatengleichung dieser Ebene.

b) Bestimmen Sie eine Parameterdarstellung derjenigen Geraden h, die durch P geht und g_1 und g_2 schneidet.

11. Eine Ebene E enthält die Punkte $A(2|1|1)$, $B(-4|2|2)$ und $C(4|-4|3)$.

a) Ermitteln Sie eine Koordinatengleichung von E und bestimmen Sie ihre Spurpunkte S_1, S_2 und S_3. Zeichnen Sie die Ebene in ein Koordinatensystem ein.

b) Im Mittelpunkt der Strecke $\overline{S_1 S_2}$ steht ein 6 Einheiten hoher Stab senkrecht auf der x_1x_2-Ebene. Sonnenlicht fällt senkrecht zur Dreiecksfläche $S_1 S_2 S_3$ ein. Dabei wirft der Stab einen Schatten, dessen oberer Teil in der x_1x_3-Ebene liegt, der untere Teil des Schattens liegt auf der Dreiecksfläche $S_1 S_2 S_3$.
Berechnen Sie die Koordinaten des Schattens der Stabspitze P.
Ermitteln Sie die Koordinaten des Punktes U, in dem der Schatten von der x_1x_3-Ebene auf die Dreiecksfläche $S_1 S_2 S_3$ übergeht.
Zeichnen Sie den Stab und seinen Schatten in das vorhandene Koordinatensystem ein.

c) Berechnen Sie die Länge des Schattens.

12. Gegeben sind die Punkte $P(1|3|5)$ und $Q(-3|7|7)$ sowie die Gerade $g: \vec{x} = \begin{pmatrix} -1 \\ 1 \\ 9 \end{pmatrix} + k \cdot \begin{pmatrix} -2 \\ 1 \\ 1 \end{pmatrix}$.

a) Zeigen Sie, dass durch die Gerade g und den Punkt P eine Ebene E eindeutig festgelegt ist, und ermitteln Sie eine Koordinatengleichung von E.
Untersuchen Sie, ob der Punkt Q ebenfalls in E liegt.

b) Bestimmen Sie die Koordinaten eines Punktes R auf der Geraden g so, dass die Geraden $\overrightarrow{PQ}$ und $\overrightarrow{QR}$ orthogonal zueinander sind.

c) Zeigen Sie, dass man das Dreieck PQR durch einen Punkt S zu einem Quadrat ergänzen kann und geben Sie die Koordinaten von S an.

d) Das Quadrat PQRS ist die Grundfläche einer senkrechten Pyramide, deren Spitze T in der x_2x_3-Ebene liegt.
Berechnen Sie die Koordinaten von T und das Volumen der Pyramide.

LK **13.** Für jedes $a \in \mathbb{R}$ ist eine Schar von Ebenen E_a gegeben durch E_a: $a \cdot x_1 + (a + 6) \cdot x_3 - (11 \cdot a + 30) = 0$.

a) Zeigen Sie, dass sich alle Ebenen der Schar in einer gemeinsamen Geraden s schneiden und geben Sie eine Gleichung von s an.

b) Bestimmen Sie einen Wert a_0 so, dass die Gerade $g: \vec{x} = \begin{pmatrix} 4 \\ 7 \\ -5 \end{pmatrix} + k \cdot \begin{pmatrix} 0 \\ 1 \\ 0 \end{pmatrix}$ in der Ebene E_{a_0} liegt.
Begründen Sie:
Die Gerade g ist zu allen übrigen Ebenen E_a der Schar echt parallel.

Winkel und Abstände im Raum

4

Dieses Firmengebäude in Allschwil bei Basel erregte schon als Entwurf großes Aufsehen. Die Architekten Herzog und de Meuron gestalteten diesen Bau in der Form eines Stapels von Schachteln. Sowohl planerisch als auch bautechnisch war die Errichtung dieses Gebäudes eine Herausforderung. Bei einer solchen Planung können viele Probleme, bei denen z. B. Abstände und Winkel im Raum bestimmt werden müssen, mathematisch mithilfe von Vektoren gelöst werden.

Um zum Beispiel den Abstand d einer Geraden g von einem Punkt P zu bestimmen, kann man eine Hilfsebene E und deren Schnittpunkt F mit der Geraden g verwenden. Erläutern Sie dieses Verfahren anhand der drei Bilder.

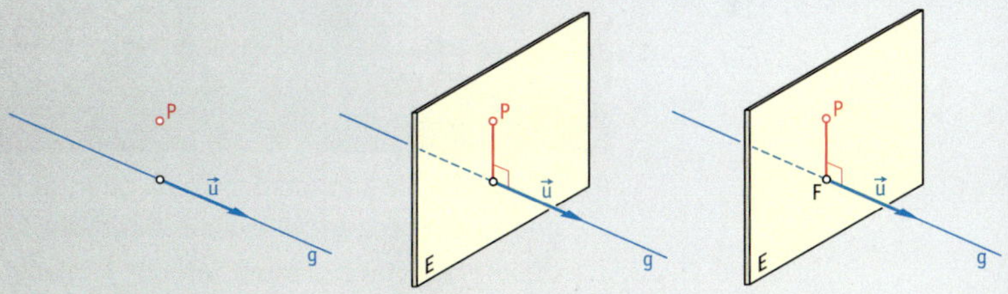

In diesem Kapitel ...

... erfahren Sie, wie man die Größe eines Winkels im Raum zwischen Geraden und Ebenen berechnen kann;

... erarbeiten Sie verschiedene Methoden, mit deren Hilfe man Abstände zwischen Punkten, Geraden und Ebenen berechnen kann.

4.1 Winkel zwischen Geraden und Ebenen – Wahlthema GK

4.1.1 Winkel zwischen einer Geraden und einer Ebene

EINSTIEGSAUFGABE
OHNE LÖSUNG

→ Winkel zwischen einer Geraden und einer Ebene richtig messen

- Daniel behauptet: „Wenn die Gerade g die Ebene E schneidet, erhalte ich den Schnittwinkel zwischen Gerade und Ebene, indem ich den Winkel zwischen dem Richtungsvektor von g und einem der Richtungsvektoren von E berechne."
  Begründen Sie, weshalb Daniels Behauptung im Allgemeinen falsch ist.
- Erläutern Sie mithilfe eines Buches, eines Stiftes und eines Geodreiecks, wie man den Schnittwinkel zwischen einer Ebene und einer Geraden definieren kann.
- Beschreiben Sie eine Strategie, wie man die Größe dieses Winkels berechnen kann, wenn ein Normalenvektor der Ebene gegeben ist.

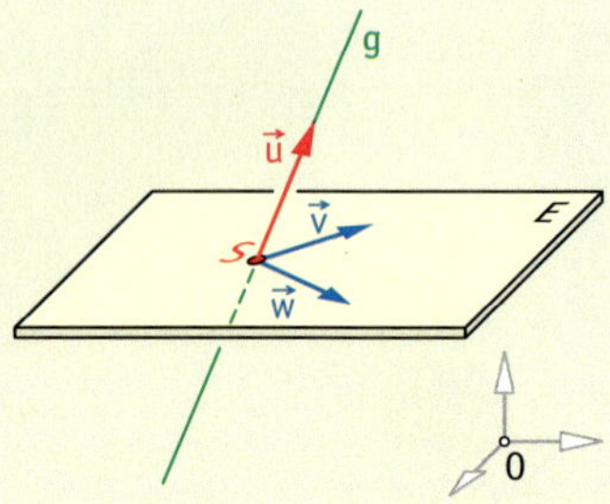

EINSTIEGSAUFGABE
MIT LÖSUNG

→ Den Winkel bestimmen, unter dem Sonnenstrahlen auf ein Hausdach treffen

Auf dem Dach eines Hauses sind Solarzellen angebracht. Zur Mittagszeit eines Tages treffen die Sonnenstrahlen unter einem bestimmten Winkel auf die Solarzellen.

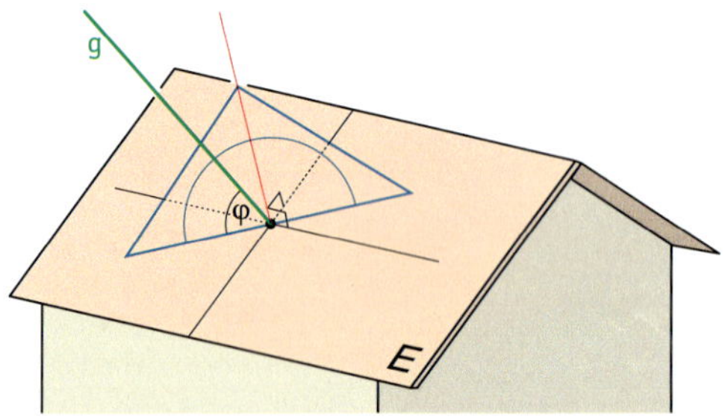

a) Überlegen Sie anhand der Grafik oben rechts, wie ein solcher Winkel φ zwischen einer Geraden und einer Ebene mithilfe eines Geodreiecks gemessen werden kann. Beschreiben Sie, wie man das Geodreieck anlegen muss. Welche Winkelgrößen sind dabei sinnvoll?

b) Wie kann man die Größe des Winkels φ berechnen? Geben Sie eine Formel an.

c) Gegeben sind der Normalenvektor $\vec{n} = \begin{pmatrix} 4 \\ 8 \\ -1 \end{pmatrix}$ einer Ebene E und der Richtungsvektor $\vec{v} = \begin{pmatrix} 2 \\ -9 \\ 6 \end{pmatrix}$ einer Geraden g. Begründen Sie, dass E und g einander in einem Punkt schneiden.
Berechnen Sie den Winkel φ zwischen E und g.

LÖSUNG

a) Die Ebene des Geodreiecks muss orthogonal zur Ebene E stehen und die Gerade g enthalten. Das heißt, in der Ebene des Geodreiecks liegen die Gerade g und eine zu E orthogonale Gerade. Die Skalenmitte des Geodreiecks muss im Schnittpunkt von g und E liegen. Man gibt die Neigung der Geraden gegen eine Ebene als Winkelgröße φ mit $0° \leq \varphi \leq 90°$ an.

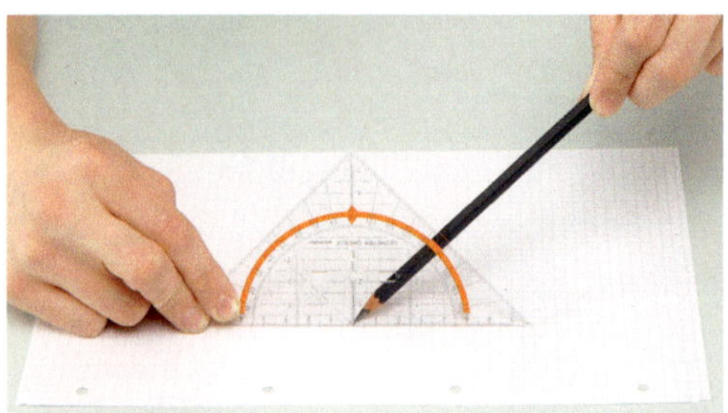

b) Wir betrachten das Dreieck SFG mit den Punkten S und G auf der Geraden g und einem rechten Winkel im Punkt F der Ebene sowie dem gesuchten Winkel φ im Punkt S. Dieses Dreieck SFG liegt zusammen mit dem Normalenvektor $\vec{n}$ in der Ebene des Geodreiecks. Der Winkel φ^* ist der Winkel zwischen dem Richtungsvektor $\vec{v}$ von g und dem Normalenvektor $\vec{n}$ von E. Diesen Winkel können wir berechnen: $\cos(\varphi^*) = \frac{\vec{v} * \vec{n}}{|\vec{v}| \cdot |\vec{n}|}$.

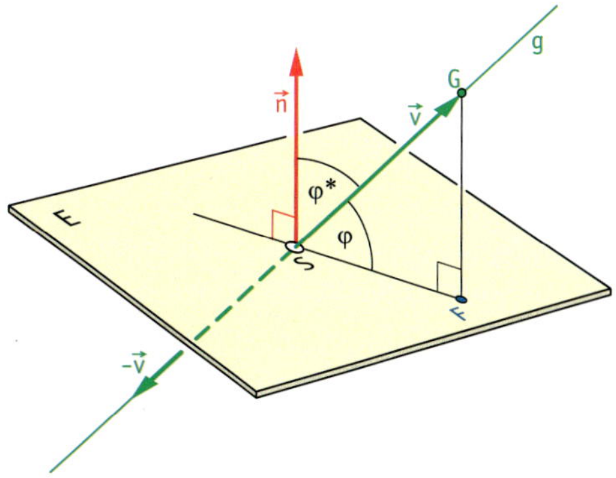

Für die Winkelsumme $\varphi^* + \varphi$ gilt offensichtlich $\varphi^* + \varphi = 90°$, also $\varphi^* = 90° - \varphi$ und somit gilt $\cos(\varphi^*) = \cos(90° - \varphi) = \sin(\varphi)$.

Kennt man statt des Richtungsvektors $\vec{v}$ der Geraden den in der Grafik ebenfalls dargestellten entgegengesetzten Richtungsvektor $-\vec{v}$, so kann man dessen Gegenvektor verwenden oder in der weiteren Rechnung $(-\vec{v}) * \vec{n}$ durch den Betrag $|\vec{v} * \vec{n}|$ ersetzen.
In beiden Fällen erhält man wegen $\cos(\varphi^*) = \frac{|\vec{v} * \vec{n}|}{|\vec{v}| \cdot |\vec{n}|}$ schließlich $\sin(\varphi) = \frac{|\vec{v} * \vec{n}|}{|\vec{v}| \cdot |\vec{n}|}$.

c) Wir berechnen: $\vec{v} * \vec{n} = \begin{pmatrix} 2 \\ -9 \\ 6 \end{pmatrix} * \begin{pmatrix} 4 \\ 8 \\ -1 \end{pmatrix} = 2 \cdot 4 - 9 \cdot 8 - 6 \cdot 1 = -70$, also $|\vec{v} * \vec{n}| = 70$. Der Richtungsvektor $\vec{v}$ von g und der Normalenvektor $\vec{n}$ von E liegen nicht orthogonal zueinander, denn ihr Skalarprodukt ist von null verschieden, also schneiden sich g und E in einem Punkt. Weiter ergibt sich:
$|\vec{v}| = \sqrt{2^2 + (-9)^2 + 6^2} = 11$, $|\vec{n}| = \sqrt{4^2 + 8^2 + (-1)^2} = 9$, $\sin(\varphi) = \frac{|\vec{v} * \vec{n}|}{|\vec{v}| \cdot |\vec{n}|} = \frac{70}{99}$, also $\varphi \approx 45°$.
Ergebnis: Die Gerade g schneidet die Ebene E unter einem Winkel von etwa 45°.

INFORMATION

Winkel zwischen einer Geraden und einer Ebene

Man berechnet den **Schnittwinkel** φ zwischen einer Geraden mit dem Richtungungsvektor $\vec{v}$ und einer Ebene mit dem Normalenvektor $\vec{n}$ aus $\sin(\varphi) = \frac{|\vec{v} * \vec{n}|}{|\vec{v}| \cdot |\vec{n}|}$ und $0° \leq \varphi \leq 90°$.

BEISPIEL

Gegeben sind die Ebene E: $2x_1 - 2x_2 + 5x_3 - 18 = 0$ und die Gerade g: $\vec{x} = \begin{pmatrix} 5 \\ 3 \\ 0 \end{pmatrix} + t \cdot \begin{pmatrix} -4 \\ 3 \\ -1 \end{pmatrix}$.
$\vec{n} * \vec{u} = \begin{pmatrix} 2 \\ -2 \\ 5 \end{pmatrix} * \begin{pmatrix} -4 \\ 3 \\ -1 \end{pmatrix} = -19 \neq 0$, somit schneiden sich die Gerade und die Ebene in einem Punkt.

Berechnung des Schnittwinkels: $\sin(\varphi) = \frac{\left| \begin{pmatrix} 2 \\ -2 \\ 5 \end{pmatrix} * \begin{pmatrix} -4 \\ 3 \\ -1 \end{pmatrix} \right|}{\left| \begin{pmatrix} 2 \\ -2 \\ 5 \end{pmatrix} \right| \cdot \left| \begin{pmatrix} -4 \\ 3 \\ -1 \end{pmatrix} \right|} = \frac{|-19|}{\sqrt{33} \cdot \sqrt{26}}$, also $\varphi \approx 40{,}4°$

ÜBUNGSAUFGABEN

Schnittwinkel zwischen Gerade und Ebene bestimmen

1. Zeigen Sie, dass sich die Ebene E und die Gerade g schneiden.
Bestimmen Sie die Größe ihres Schnittwinkels.

a) g: $\vec{x} = \begin{pmatrix} 3 \\ 1 \\ 2 \end{pmatrix} + t \cdot \begin{pmatrix} -2 \\ 5 \\ 8 \end{pmatrix}$
E: $x_1 + 2x_3 = 6$

b) g: $\vec{x} = \begin{pmatrix} 4 \\ -1 \\ 3 \end{pmatrix} + s \cdot \begin{pmatrix} 0 \\ -2 \\ 1 \end{pmatrix}$
E: $5x_1 + x_2 + 3x_3 = 3$

c) g: $\vec{x} = \begin{pmatrix} 1 \\ 4 \\ -1 \end{pmatrix} + r \cdot \begin{pmatrix} 0 \\ -1 \\ 0 \end{pmatrix}$
E: $3x_1 + 2x_2 + x_3 = -4$

2. Berechnen Sie den Schnittpunkt sowie den Schnittwinkel von g und E. Ermitteln Sie auch die Gerade g', die in E verläuft und die durch orthogonale Projektion von g auf E entsteht.

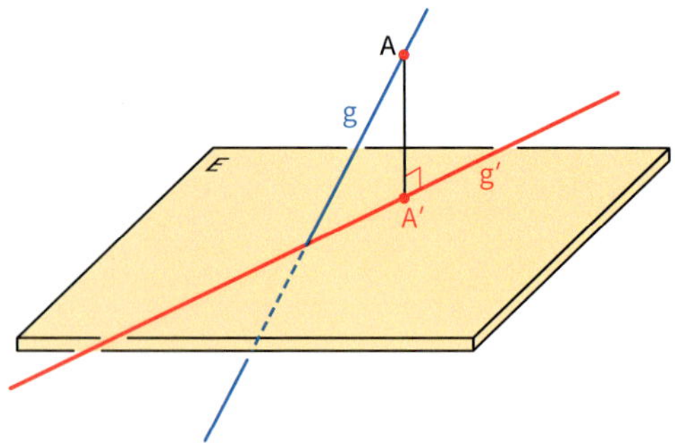

a) $g: \vec{x} = \begin{pmatrix} 2 \\ 1 \\ 3 \end{pmatrix} + t \cdot \begin{pmatrix} -2 \\ 1 \\ 1 \end{pmatrix}$

$E: x_1 + x_2 + x_3 = 6$

b) $g: \vec{x} = \begin{pmatrix} 1 \\ 1 \\ 1 \end{pmatrix} + t \cdot \begin{pmatrix} 2 \\ 1 \\ 3 \end{pmatrix}$

$E: x_1 + x_2 - x_3 = 1$

c) $g: \vec{x} = \begin{pmatrix} 1 \\ -2 \\ 1 \end{pmatrix} + t \cdot \begin{pmatrix} 1 \\ 2 \\ -3 \end{pmatrix}$

$E: \vec{x} = \begin{pmatrix} -4 \\ -6 \\ 4 \end{pmatrix} + r \cdot \begin{pmatrix} 5 \\ 2 \\ 3 \end{pmatrix} + s \cdot \begin{pmatrix} 1 \\ 1 \\ 1 \end{pmatrix}$

d) $g: \vec{x} = \begin{pmatrix} -1 \\ 0 \\ 6 \end{pmatrix} + t \cdot \begin{pmatrix} 3 \\ 1 \\ -2 \end{pmatrix}$

Die Ebene E enthält die Punkte $P(1|-1|3)$, $Q(2|1|4)$ und $R(3|0|6)$.

3. Bestimmen Sie die Spurpunkte der Ebene E und stellen Sie diese in einem Koordinatensystem dar. Wie groß sind die Winkel zwischen der Ebene und den drei Koordinatenachsen?

a) $E: 3x_1 - 2x_2 + x_3 = 2$

b) $E: x_1 - x_2 + 2x_3 = 0$

f **4.** Mario berechnet den Winkel zwischen der Geraden $g: \vec{x} = \begin{pmatrix} 1 \\ 2 \\ 3 \end{pmatrix} + t \cdot \begin{pmatrix} -1 \\ 1 \\ 1 \end{pmatrix}$ und der Ebene $E: 2x_1 - x_2 + 3x_3 = 12$.

Seine Lösung lautet: *g und E schneiden sich unter einem Winkel von 0°.*

Nehmen Sie Stellung.

Winkel in geometrischen Körpern bestimmen

5. Bestimmen Sie die Größen der Winkel zwischen den eingezeichneten Raumdiagonalen des Quaders und den Koordinatenebenen.

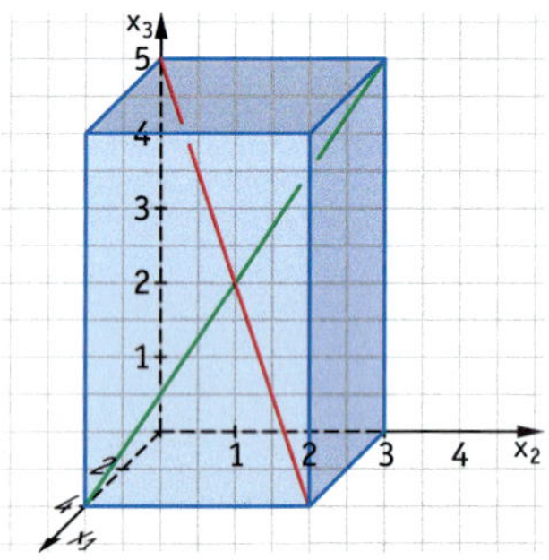

6. In einem Würfel der Kantenlänge 6 liegt der Punkt P auf der Kante $\overline{AE}$ zwischen A und E.

a) Die Ebene T enthält die Punkte P, F und H.
Untersuchen Sie, wie sich die Größe des Winkels zwischen der Ebene T und der Kante $\overline{AE}$ verändert, wenn P von A nach E wandert.

b) Wie verändert sich dabei die Größe des Innenwinkels des Dreiecks an der Ecke P?

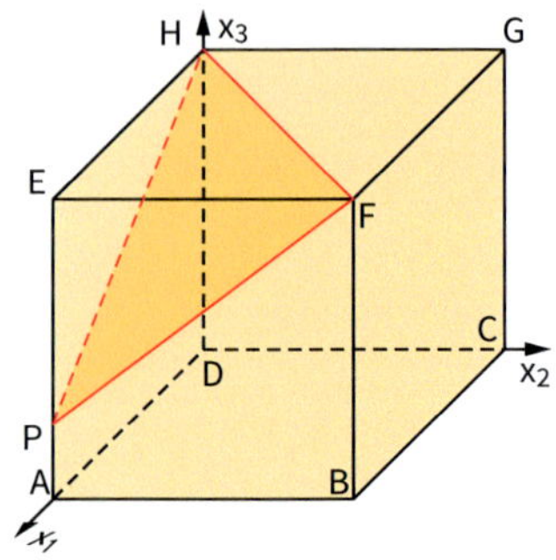

7. Die Punkte $A(-4|-1|6)$, $B(0|-3|2)$, $C(-2|1|-2)$ und D bilden die Grundfläche einer geraden quadratischen Pyramide mit der Spitze S und der Höhe 9. Die Spitze liegt oberhalb der x_1x_2-Ebene.

a) Geben Sie die fehlenden Koordinaten des Eckpunktes D und der Spitze S an.

b) Bestimmen Sie den Winkel, unter dem sich benachbarte Seitenkanten an der Spitze schneiden.

c) Ermitteln Sie den Winkel, den eine Seitenkante mit der Grundfläche einschließt.

8. Gegeben ist eine dreiseitige Pyramide mit den Eckpunkten A, B, C und D.
Bestimmen Sie den Winkel, unter dem die Kante $\overline{CD}$ gegen die Seitenfläche ABC geneigt ist.

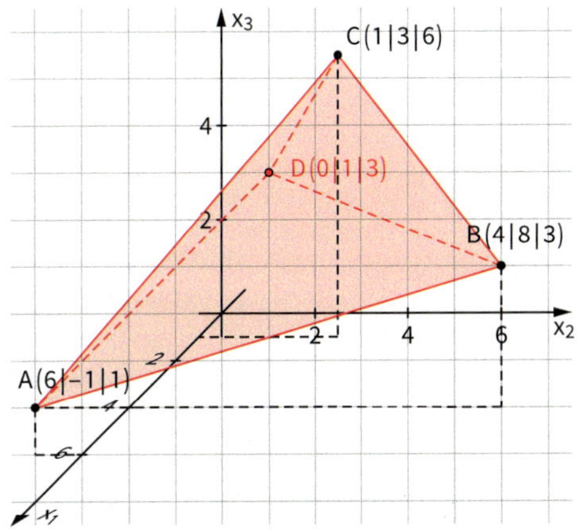

9. Ein Hang liegt in einer Ebene E, die durch die Koordinatenform $E: 3x_1 + 4x_2 + 6x_3 = 12$ beschrieben werden kann. Im Punkt $F(2\,|\,-3\,|\,3)$ des Hangs steht ein 3 m hoher Mast. (Einheit 1 m)

a) Berechnen Sie, wie groß der Winkel zwischen Mast und Hang ist.

b) Am frühen Vormittag fallen die Sonnenstrahlen in Richtung des Vektors $\vec{u} = \begin{pmatrix} -4 \\ 6 \\ -5 \end{pmatrix}$ auf den Hang.
Berechnen Sie die Länge des Schattens, den der Mast wirft.
Unter welchem Winkel treffen die Sonnenstrahlen auf den Hang?

c) Einige Zeit später liegt die Spitze des Schattens im Punkt $R(-1\,|\,0\,|\,2{,}5)$ des Hangs. Wie lang ist der Schatten jetzt?
Um wie viel Grad ist der Schatten weiter gewandert?

10. Gegeben sind die Punkte $P(5\,|\,4\,|\,-6)$, $Q(3\,|\,8\,|\,1)$ sowie für alle $t \in \mathbb{R}$ der Punkt $R_t(2t+5\,|\,2-t\,|\,t-3)$.

a) Bestimmen Sie eine Gleichung der Geraden g, auf der alle Punkte R_t liegen. Berechnen Sie die Koordinaten des Schnittpunktes von g mit der x_1x_3-Ebene und die Größe des Schnittwinkels.

b) Ermitteln Sie denjenigen Wert von t, für den der Punkt R_t einen minimalen Abstand vom Punkt Q hat.

c) Die Punkte P, Q und R_t sind die Eckpunkte eines Dreiecks.
Untersuchen Sie, für welche Werte von t das Dreieck PQR_t rechtwinklig ist.

d) Berechnen Sie im Fall, dass der rechte Winkel bei P liegt, die Längen der Dreiecksseiten und die Größen der Innenwinkel.

11. Das Schweißen mithilfe von Laserstrahlen wird in der Automobilindustrie heute für sogenannte Fügeaufgaben beim Zusammenfügen von Blechbauteilen praktiziert.
Aufgrund der berührungslosen Wirkungsweise eignet sich dieses Verfahren zur Automatisierung der Herstellungsprozesse mithilfe von Robotern.

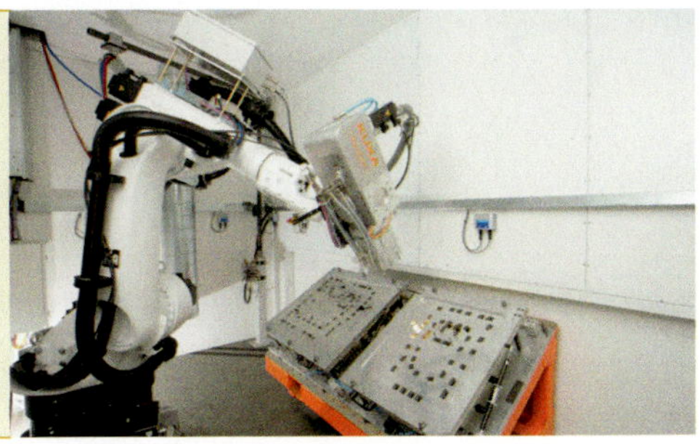

Eine Arbeitsfläche, auf der geschweißt werden soll, liegt in einer Ebene mit der Koordinatengleichung $2x_1 + 3x_2 + x_3 = 0$.
Ein Laserstrahl soll auf den Koordinatenursprung, welcher in der Fläche liegt, auftreffen. Der Winkel zur Fläche soll dabei 30° betragen.

a) Bestimmen Sie einen Richtungsvektor für die Gerade, auf der der Laserstrahl verlaufen kann.

b) Die Laserquelle soll einen Abstand von 25 cm vom Schweißpunkt haben.
Wo kann die Laserquelle im Koordinatensystem (Einheit 1 cm) liegen?

4.1.2 Winkel zwischen zwei Ebenen

ZIEL

In diesem Abschnitt werden Sie lernen, wie man den Winkel zwischen zwei Ebenen misst und die Größe dieses Winkels berechnen kann.

ZUM ERARBEITEN

→ Winkel zwischen zwei Ebenen messen

- *Zeigen Sie mit einem Buch und einem Geodreieck, wie man den Winkel zwischen zwei Ebenen messen kann.*

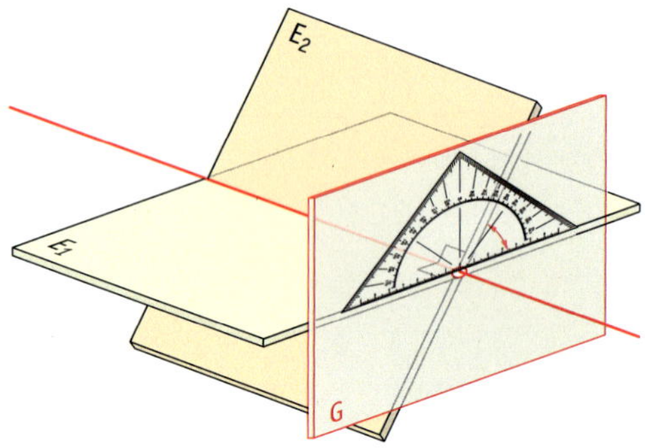

Zwei Ebenen E_1 und E_2 schneiden sich in einer Geraden. Dreht man eine der beiden Ebenen um die Schnittgerade in die andere hinein (bzw. aus ihr heraus), so laufen dabei ihre Punkte auf Kreisbögen. Diese liegen in Ebenen orthogonal zur Schnittgeraden.
Zum Messen des Winkels muss man ein Geodreieck also so halten, dass die Schnittgerade der beiden Ebenen eine Orthogonale der Ebene G des Geodreiecks ist, die durch den Skalenmittelpunkt des Geodreiecks verläuft.

→ Größe eines Winkels zwischen zwei Ebenen bestimmen

- *Wie kann man die Größe eines Winkels zwischen zwei Ebenen mithilfe der Normalenvektoren der Ebenen berechnen? Fertigen Sie dazu eine Skizze an. Geben Sie auch ein Beispiel an.*

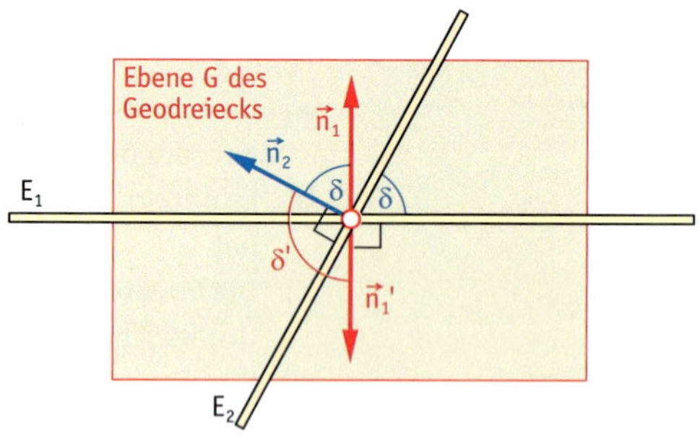

Wir schauen längs der Schnittgeraden der beiden Ebenen E_1 und E_2: Die beiden Ebenen erscheinen dann als Geraden und der Winkel δ zwischen den Ebenen wird unverzerrt dargestellt.
Je nach Wahl der Normalenvektoren $\vec{n_1}$ von E_1 (bzw. $\vec{n_1}'$ von E_1) und $\vec{n_2}$ von E_2 schließen diese auch den Winkel δ ein oder den Winkel δ' mit $\delta + \delta' = 180°$.
Für Situationen wie in der Abbildung gilt:

$\cos(\delta) = \frac{\vec{n_1} * \vec{n_2}}{|\vec{n_1}| \cdot |\vec{n_2}|}$ und

$\cos(\delta') = \frac{\vec{n_1}' * \vec{n_2}}{|\vec{n_1}'| \cdot |\vec{n_2}|} = \cos(180° - \delta) = -\cos(\delta)$. Beide Fälle zusammengefasst, erhalten wir:

INFORMATION

Schnittwinkel zweier Ebenen

Für den **Schnittwinkel** δ zweier Ebenen E_1 und E_2 mit den Normalenvektoren $\vec{n_1}$ und $\vec{n_2}$ gilt:

$$\cos(\delta) = \frac{|\vec{n_1} * \vec{n_2}|}{|\vec{n_1}| \cdot |\vec{n_2}|} \quad \text{mit } 0° \le \delta \le 90°$$

BEISPIEL

$E_1: x_1 - 8x_2 + 4x_3 = 25$ und $E_2: 6x_1 + 9x_2 - 2x_3 = 17$. Schnittwinkel zwischen den Ebenen:

$$\cos(\delta) = \frac{\left|\begin{pmatrix} 1 \\ -8 \\ 4 \end{pmatrix} * \begin{pmatrix} 6 \\ 9 \\ -2 \end{pmatrix}\right|}{\left|\begin{pmatrix} 1 \\ -8 \\ 4 \end{pmatrix}\right| \cdot \left|\begin{pmatrix} 6 \\ 9 \\ -2 \end{pmatrix}\right|} = \frac{|1 \cdot 6 + (-8) \cdot 9 + 4 \cdot (-2)|}{\sqrt{81} \cdot \sqrt{121}} = \frac{|-74|}{99} = \frac{74}{99}, \text{ also } \delta \approx 41{,}6°$$

ZUM ÜBEN

Den Schnittwinkel zweier Ebenen bestimmen

1. Bestimmen Sie den Schnittwinkel zwischen den Ebenen E_1 und E_2.

a) $E_1\colon x_1 + x_2 + x_3 = 3;\quad E_2\colon x_1 - x_2 + x_3 = 3$

b) $E_1\colon x_1 - x_2 = 1;\quad E_2\colon x_1 + x_3 = 2$

c) $E_1\colon x_1 - x_3 = 0;\quad E_2\colon \vec{x} = \begin{pmatrix}1\\1\\1\end{pmatrix} + r\cdot\begin{pmatrix}1\\3\\3\end{pmatrix} + s\cdot\begin{pmatrix}2\\-1\\2\end{pmatrix}$

d) $E_1\colon \vec{x} = \begin{pmatrix}1\\2\\3\end{pmatrix} + r\cdot\begin{pmatrix}1\\1\\-1\end{pmatrix} + s\cdot\begin{pmatrix}2\\1\\0\end{pmatrix};\quad E_2\colon \vec{x} = \begin{pmatrix}1\\2\\3\end{pmatrix} + r\cdot\begin{pmatrix}2\\2\\1\end{pmatrix} + s\cdot\begin{pmatrix}1\\3\\-2\end{pmatrix}$

e) E_1 enthält die Punkte $A(1|5|9)$, $B(5|3|5)$, $C(3|7|1)$;
E_2 die Punkte $P(8|9|0)$, $Q(1|1|12)$, $R(6|6|5)$

f) E_1 enthält die Gerade $g\colon \vec{x} = \begin{pmatrix}2\\2\\1\end{pmatrix} + r\cdot\begin{pmatrix}1\\-1\\1\end{pmatrix}$ und den Punkt $P(0|3|4)$;
E_2 ist parallel zur x_1x_3-Ebene und enthält den Punkt $Q(-3|2|-4)$

2. Unter welchen Winkeln schneidet die Ebene E die drei Koordinatenebenen? Bestimmen Sie auch die Koordinaten der Spurpunkte von E und zeichnen Sie damit einen Ausschnitt der Ebene.

a) $E\colon x_1 - x_2 - 2x_3 = 6$

b) $E\colon \vec{x} = \begin{pmatrix}2\\1\\1\end{pmatrix} + r\cdot\begin{pmatrix}1\\2\\1\end{pmatrix} + s\cdot\begin{pmatrix}-1\\3\\2\end{pmatrix}$

c) $E\colon x_1 + 3x_2 - 4x_3 - 12 = 0$

d) $E\colon \vec{x} = \begin{pmatrix}-9\\5\\5\end{pmatrix} + r\cdot\begin{pmatrix}3\\-1\\-1\end{pmatrix} + s\cdot\begin{pmatrix}9\\-3\\-5\end{pmatrix}$

3. **a)** Bestimmen Sie den Winkel zwischen zwei benachbarten Seitenflächen der geraden, quadratischen Pyramide rechts.

b) Die Pyramide wird von der Ebene
$E\colon 20x_1 + 5x_2 + 18x_3 - 220 = 0$ geschnitten.
Bestimmen Sie den Flächeninhalt der Schnittfigur.

c) Unter welchem Winkel schneidet die Ebene E die Seitenkante $\overline{AS}$?

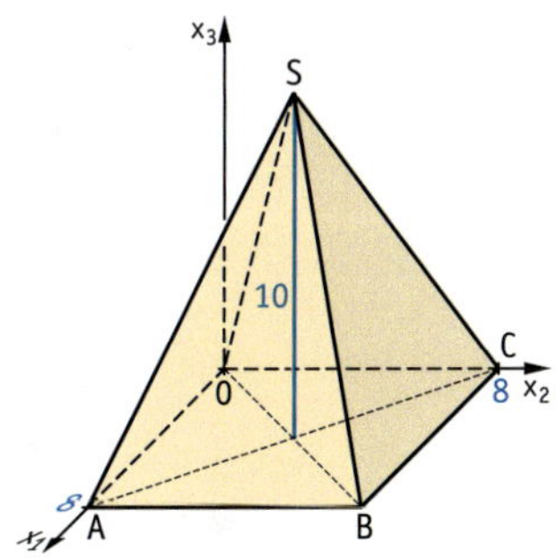

Schnittwinkel in komplexen Situationen bestimmen

4. Von einem Würfel der Kantenlänge 4 wird an der Ecke F ein Stück abgeschnitten, die Schnittfläche bildet das Dreieck PQR.

a) Unter welchem Winkel stößt das Dreieck PQR an die Seitenflächen durch die Punkte B, C und G bzw. an die Deckfläche durch die Punkte E, G und H?

b) Bestimmen Sie das Volumen des abgebildeten Körpers.

c) Wie groß ist der Flächeninhalt des Dreiecks PQR?

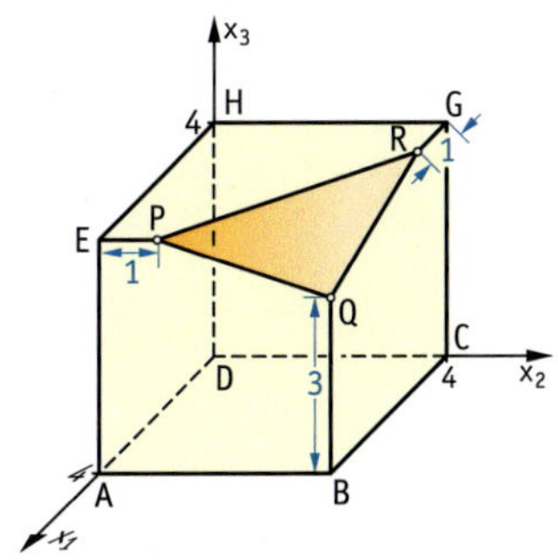

Ein **regelmäßiges Tetraeder** wird von 4 gleichseitigen kongruenten Dreiecken begrenzt.

5. Ein regelmäßiges Tetraeder wird aus Diagonalen der Seitenflächen eines geeigneten Würfels gebildet. Bestimmen Sie den Winkel zwischen zwei Seitenflächen des abgebildeten Tetraeders. Berechnen Sie das Volumen und den Oberflächeninhalt des Tetraeders.

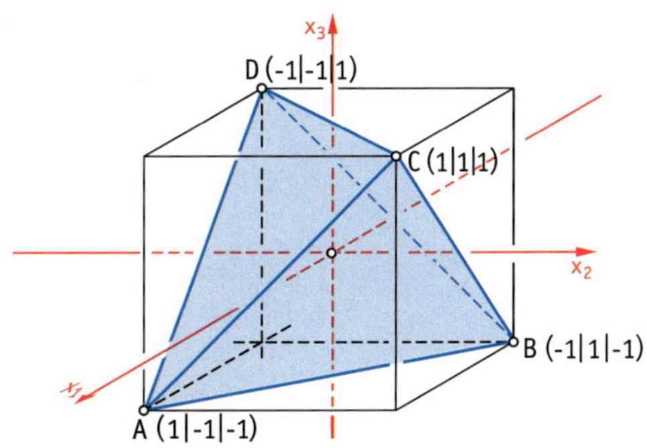

6. Rechts ist ein Haus abgebildet, die Maße sind in Meter angegeben.

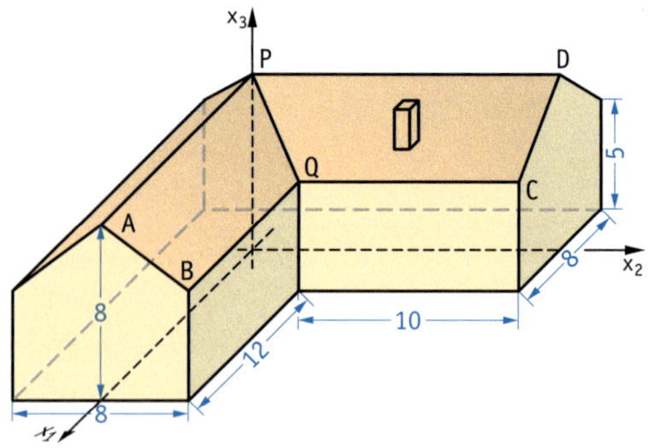

a) Wie groß ist die Dachneigung?
Berechnen Sie die Flächeninhalte der Dachflächen ABQP und PQCD.
Unter welchem Winkel stoßen diese Dachflächen zusammen?

b) Bestimmen Sie die Länge der Dachkehle $\overline{PQ}$.

c) Im Punkt $K(3\,|\,10\,|\,k_3)$ der Dachfläche PQCD ragt ein Edelstahlschornstein 2 m weit aus dem Dach. Bestimmen Sie die Koordinaten der Schornsteinspitze. Welchen Winkel schließen Schornstein und Dachfläche ein?

7. Bezogen auf ein lokales Koordinatensystem mit der Einheit m liegt ein Hausdach so, dass der Dachboden ABCD in der x_1x_2-Ebene liegt und das Dach symmetrisch zur x_2x_3-Ebene ist. Gegeben sind die Eckpunkte $A(3\,|-5\,|\,0)$, $B(3\,|\,5\,|\,0)$, $E(2\,|-3\,|\,3)$ und $F(2\,|\,3\,|\,3)$.

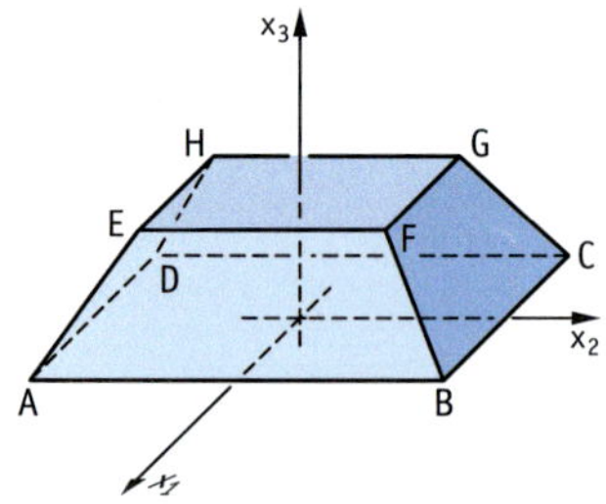

a) Geben Sie die fehlenden Koordinaten der restlichen Eckpunkte des Dachs an. Zeichnen Sie ein Schrägbild des Dachs in ein Koordinatensystem. Bestimmen Sie die Neigungswinkel der Seitenflächen des Dachs.

b) Im Punkt $P(0\,|\,4\,|\,0)$ steht ein 5 m langer Mast orthogonal auf dem Dachboden. Wie weit ragt der Mast aus dem Dach heraus?

8. Die „Knickpyramide von SNOFRU“ wurde von dem ägyptischen König SNOFRU (um 2550 v. Chr.) in der Nähe des Dorfs Dahschur erbaut. Wahrscheinlich war die Pyramide zuerst als Bauwerk mit 300 Königsellen Länge (1 Königselle = 52,4 cm) und einem Neigungswinkel von 60° geplant. Aufgrund von Stabilitätsproblemen musste der Bauplan geändert werden.
Die Skizze zeigt den Grund- und den Aufriss.

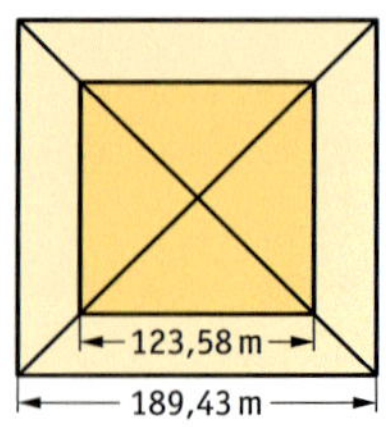

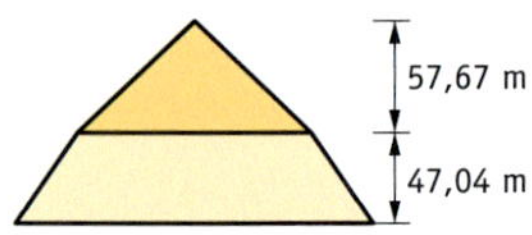

a) Wählen Sie ein geeignetes Koordinatensystem und zeichnen Sie ein Schrägbild der Knickpyramide. Im Internet findet man die Angabe, dass der Böschungswinkel des unteren Teils 54° 27′ 44″ beträgt.
Prüfen Sie diese Angabe.
Bestimmen Sie den Innenwinkel, den die beiden Teilflächen einer Seitenfläche miteinander einschließen.

b) Welche Höhe hätte die Pyramide, wenn der ursprüngliche Bauplan verwirklicht worden wäre?

9. Gegeben sind die Punkte $A(3\,|-3\,|\,0)$, $B(3\,|\,3\,|\,0)$, $C(-3\,|\,3\,|\,0)$ und $S(0\,|\,0\,|\,4)$.

a) Bestimmen Sie die Koordinaten des Punktes D so, dass das Viereck ABCD ein Quadrat ist.
Zeigen Sie, dass die Geraden AB und SC windschief sind.
Die Punkte A, B, C, D und S sind Eckpunkte einer senkrechten quadratischen Pyramide.
Zeichnen Sie die Pyramide in ein Koordinatensystem ein.

b) Die Ebene E_1 enthält die Seitenfläche ABS. Die Ebene E_2 enthält die benachbarte Seitenfläche BCS. Welchen Winkel schließen E_1 und E_2 ein?

c) Die Ebene E^* steht auf E_1 und E_2 senkrecht und enthält den Ursprung O.
Bestimmen Sie eine Koordinatengleichung von E^*.

4.2 Abstand eines Punktes von einer Ebene – Wahlthema GK

EINSTIEGSAUFGABE
OHNE LÖSUNG

→ Länge eines orthogonal an einem Hang verankerten Seils bestimmen

- Die Masten von Skiliften werden in steilem Gelände manchmal durch Seilabspannungen oder Stangen im Boden gesichert. Ein Mast steht auf einem Hang, der in der Ebene E: $2x_1 + x_2 + 2x_3 - 12 = 0$ liegt.
  Eines der Seile wird an dem Mast im Punkt S(8|4|10) befestigt und verläuft orthogonal zum Hang. In welchem Punkt wird das Seil am Hang verankert, wie lang muss das Seil mindestens sein?
- Erläutern Sie, was man unter dem Abstand eines Punktes von einer Ebene versteht. Beschreiben Sie anhand einer Skizze, wie man diesen Abstand berechnen kann.

EINSTIEGSAUFGABE
MIT LÖSUNG

→ Bestimmen des Abstandes eines Punktes von einer Ebene

In einem Baugebiet muss nach den gültigen Richtlinien der Schornstein den First um 0,5 m überragen oder die Ausströmöffnung (Schornsteinoberkante) muss von der Dachfläche einen Mindestabstand von 1 m besitzen.
In einem Koordinatensystem mit der Einheit m, das durch die Bodenplatte des Hauses und eine Vertikale bestimmt wird, kann die Dachfläche durch eine Ebene mit der Gleichung $3x_1 + 4x_3 = 12$ beschrieben werden.
Der höchste Punkt P des Schornsteins hat die Koordinaten P(−2|3|6).
Die Firstlinie verläuft durch die Punkte S(−4|0|6) und T(−4|6|6).

a) Untersuchen Sie, ob der Schornstein mit der Ausströmöffnung den First überragt.
b) Überprüfen Sie, ob der Punkt P den erforderlichen Abstand von der Dachfläche hat.

LÖSUNG

a) Die Firstlinie durch S und T verläuft in der Höhe 6, der Punkt P(−2|3|6) liegt in derselben Höhe. Der Schornstein überragt also den First nicht um 0,5 m.

b) Zu der Ebene E mit der Gleichung $3x_1 + 4x_3 = 12$ gehört der Normalenvektor $\vec{n} = \begin{pmatrix} 3 \\ 0 \\ 4 \end{pmatrix}$. Die Gerade g durch den Punkt P(−2|3|6) mit dem Richtungsvektor $\vec{n}$ ist orthogonal zu E.
Eine Parameterdarstellung von g lautet:
$$g: \vec{x} = \begin{pmatrix} -2 \\ 3 \\ 6 \end{pmatrix} + r \cdot \begin{pmatrix} 3 \\ 0 \\ 4 \end{pmatrix}.$$
Der gesuchte Abstand von P zur Ebene E ist damit die Länge der Strecke $\overline{PF}$ zwischen P und dem Schnittpunkt F von g und E.

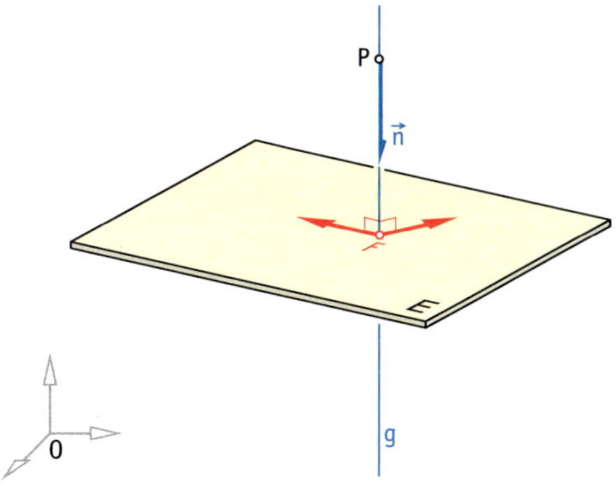

Um den Schnittpunkt F der Geraden g mit der Ebene E zu bestimmen, setzen wir $x_1 = -2 + 3r$ und $x_3 = 6 + 4r$ aus der Parameterdarstellung von g in die Gleichung der Ebene ein und lösen nach r auf:

$$3 \cdot (-2 + 3r) + 4 \cdot (6 + 4r) = 12$$
$$25r + 18 = 12$$
$$r = -\frac{6}{25}$$

Einsetzen von r in die Parameterdarstellung der Geraden ergibt: $\begin{pmatrix} -2 \\ 3 \\ 6 \end{pmatrix} - \frac{6}{25} \cdot \begin{pmatrix} 3 \\ 0 \\ 4 \end{pmatrix} = \begin{pmatrix} -2{,}72 \\ 3 \\ 5{,}04 \end{pmatrix}$

Die Gerade g schneidet die Ebene E im Punkt $F(-2{,}72 \mid 3 \mid 5{,}04)$.

$\overrightarrow{PF} = \begin{pmatrix} -0{,}72 \\ 0 \\ -0{,}96 \end{pmatrix} = -\frac{6}{25} \cdot \begin{pmatrix} 3 \\ 0 \\ 4 \end{pmatrix}$, $|PF| = |\overrightarrow{PF}| = \left|\begin{pmatrix} -0{,}72 \\ 0 \\ -0{,}96 \end{pmatrix}\right| = 1{,}2$

Die Länge der Strecke $\overline{PF}$ beträgt 1,2. Damit hat die Schornsteinoberkante einen Abstand von 1,2 m zur Dachfläche. Insgesamt sind also die Richtlinien für den Schornstein erfüllt.

INFORMATION

Abstand eines Punktes von einer Ebene

Der Abstand (P; E) ist die kleinste unter den Entfernungen des Punktes P von allen Punkten der Ebene E.
Die Orthogonale zur Ebene E durch den Punkt P schneidet die Ebene im Punkt F.
Der Punkt F ist derjenige Ebenenpunkt, welcher P am nächsten liegt:

$|PF| = \text{Abst}(P; E)$

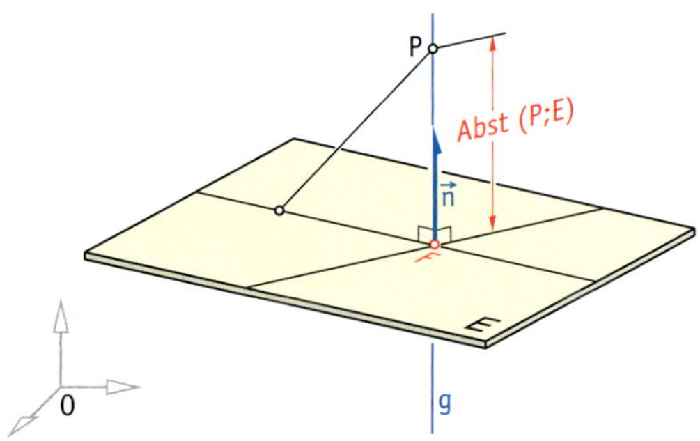

Lotfußpunkt-Verfahren zur Bestimmung des Abstands eines Punktes von einer Ebene

Das Verfahren, um den Abstand eines Punktes von einer Ebene zu bestimmen, kann man wie folgt zusammenfassen:

Gegeben sind eine Ebene $E: \vec{n} * \vec{x} = d$ sowie ein Punkt P.

(1) Man bestimmt eine Parameterdarstellung der **Lotgeraden** g, die orthogonal zu E durch P verläuft, also: $g: \vec{x} = \overrightarrow{OP} + r \cdot \vec{n}$

(2) Der Schnittpunkt F der Lotgeraden g mit der Ebene E wird bestimmt.
Der Punkt F wird als **Lotfußpunkt** bezeichnet.

(3) Der Abstand des Punktes P von der Ebene E ist der Abstand der beiden Punkte P und F voneinander: $\text{Abst}(P; E) = |\overrightarrow{PF}|$

BEISPIEL

$E: 2x_1 - x_2 + 2x_3 = 8$; $P(9 \mid -9 \mid 4)$

(1) $g: \vec{x} = \begin{pmatrix} 9 \\ -9 \\ 4 \end{pmatrix} + r \cdot \begin{pmatrix} 2 \\ -1 \\ 2 \end{pmatrix}$

(2) Einsetzen von x_1, x_2, x_3 aus g in E ergibt:
$2 \cdot (9 + 2r) - (-9 - r) + 2 \cdot (4 + 2r) - 8 = 0$, also $r = -3$
$\overrightarrow{OF} = \begin{pmatrix} 9 \\ -9 \\ 4 \end{pmatrix} - 3 \cdot \begin{pmatrix} 2 \\ -1 \\ 2 \end{pmatrix} = \begin{pmatrix} 3 \\ -6 \\ -2 \end{pmatrix}$,
somit den Lotfußpunkt $F(3 \mid -6 \mid -2)$

(3) $\overrightarrow{PF} = \begin{pmatrix} 3-9 \\ -6-(-9) \\ -2-4 \end{pmatrix} = \begin{pmatrix} -6 \\ 3 \\ -6 \end{pmatrix}$
$|\overrightarrow{PF}| = \sqrt{(-6)^2 + 3^2 + (-6)^2} = \sqrt{81} = 9$
Der Abstand von P zur Ebene E beträgt 9 LE.

WEITERFÜHRENDE AUFGABEN

1. Abstand einer Geraden zu einer parallelen Ebene

a) Gegeben sind die Gerade $g: \vec{x} = \begin{pmatrix} 11 \\ -11 \\ 1 \end{pmatrix} + r \cdot \begin{pmatrix} 5 \\ 7 \\ -4 \end{pmatrix}$ und die Ebene $E: 3x_1 - x_2 + 2x_3 = 18$.
Zeigen Sie, dass g parallel zu E verläuft, aber nicht in E liegt.

b) Beschreiben Sie allgemein anhand einer Skizze, wie man den Abstand einer Geraden zu einer parallelen Ebene berechnen kann.
Führen Sie dieses Verfahren am Beispiel der gegebenen Ebene E und der Gerade g durch.

LK 2. Abstand zueinander paralleler Ebenen

a) Gegeben sind die beiden Ebenen $E_1: 10x_1 - 2x_2 + 11x_3 = 30$ und $E_2: -20x_1 + 4x_2 - 22x_3 = 30$.
Zeigen Sie, dass die beiden Ebenen parallel zueinander und verschieden sind.

b) Beschreiben Sie allgemein anhand einer Skizze, wie man den Abstand zueinander paralleler Ebenen berechnen kann. Ermitteln Sie den Abstand der gegebenen Ebenen E_1 und E_2.

ÜBUNGSAUFGABEN

Abstände zwischen Punkten, Geraden und Ebenen berechnen

3. Berechnen Sie den Abstand des Punktes P von der Ebene E. Geben Sie auch die Koordinaten des Lotfußpunktes an.

a) $P(2|-1|2)$; $E: 2x_1 + x_2 + 2x_3 = 6$

b) $P(-1|8|6)$; $E: 8x_1 + 4x_2 + x_3 - 27 = 0$

c) $P(0|0|0)$; $E: 12x_1 - 4x_2 + 3x_3 + 26 = 0$

d) $P(0|1|2)$; $E: x_1 = 7$

e) $P(1|1|1)$; $E: \vec{x} = \begin{pmatrix} 1 \\ 0 \\ 1 \end{pmatrix} + r \cdot \begin{pmatrix} -2 \\ 1 \\ 1 \end{pmatrix} + s \cdot \begin{pmatrix} 1 \\ 1 \\ 0 \end{pmatrix}$

f) $P(1|-2|0)$; $E: \vec{x} = r \cdot \begin{pmatrix} 2 \\ 1 \\ -1 \end{pmatrix} + s \cdot \begin{pmatrix} 0 \\ 1 \\ 0 \end{pmatrix}$

4. Zeigen Sie, dass die Gerade g und die Ebene E zueinander parallel sind.
Bestimmen Sie ihren Abstand.

a) $g: \vec{x} = \begin{pmatrix} 3 \\ -1 \\ 2 \end{pmatrix} + r \cdot \begin{pmatrix} 2 \\ 1 \\ 3 \end{pmatrix}$; $E: x_1 + x_2 - x_3 = 5$

b) $g: \vec{x} = \begin{pmatrix} 1 \\ -2 \\ 1 \end{pmatrix} + k \cdot \begin{pmatrix} 2 \\ -1 \\ 0 \end{pmatrix}$; $E: \vec{x} = \begin{pmatrix} 3 \\ 0 \\ 4 \end{pmatrix} + r \cdot \begin{pmatrix} 1 \\ 3 \\ 2 \end{pmatrix} + s \cdot \begin{pmatrix} -1 \\ 4 \\ 2 \end{pmatrix}$

LK **5.** Zeigen Sie, dass die Ebenen E_1 und E_2 zueinander parallel sind. Berechnen Sie ihren Abstand.

a) $E_1: 3x_1 - x_2 + 2x_3 = 6$; $E_2: -9x_1 + 3x_2 - 6x_3 = 24$

b) $E_1: \vec{x} = \begin{pmatrix} -2 \\ 3 \\ 4 \end{pmatrix} + r \cdot \begin{pmatrix} 1 \\ 1 \\ 2 \end{pmatrix} + s \cdot \begin{pmatrix} -1 \\ 2 \\ 2 \end{pmatrix}$; $E_2: 2x_1 + 4x_2 - 3x_3 = 9$

c) $E_1: \vec{x} = \begin{pmatrix} -1 \\ 1 \\ 3 \end{pmatrix} + r \cdot \begin{pmatrix} 1 \\ 1 \\ -1 \end{pmatrix} + s \cdot \begin{pmatrix} -1 \\ 2 \\ 0 \end{pmatrix}$; $E_2: \vec{x} = \begin{pmatrix} 4 \\ 3 \\ 5 \end{pmatrix} + k \cdot \begin{pmatrix} -3 \\ 3 \\ 1 \end{pmatrix} + t \cdot \begin{pmatrix} 5 \\ -4 \\ -2 \end{pmatrix}$

6. Gegeben sind die Punkte $P(2|1|3)$ und $Q(3|-2|4)$ sowie die Ebene $E: 3x_1 - x_3 = 4$.

a) Berechnen Sie den Abstand des Punktes P von der Ebene E.

b) Die Gerade durch die Punkte P und Q schneidet die Ebene E im Punkt S.
Untersuchen Sie, ob S zwischen P und Q liegt.

LK **7.** Gegeben sind die Ebenen $E_1: x = \begin{pmatrix} 2 \\ 3 \\ -1 \end{pmatrix} + r \cdot \begin{pmatrix} 1 \\ 1 \\ 9 \end{pmatrix} + s \cdot \begin{pmatrix} 2 \\ -1 \\ 2 \end{pmatrix}$ und $E_2: 2x_1 - 2x_2 - 2x_3 - 52 = 0$.

a) Zeigen Sie, dass die beiden Ebenen E_1 und E_2 parallel zueinander sind, und bestimmen Sie ihren Abstand.

b) Geben Sie eine Gleichung der Ebene E_3 an, die in der Mitte zwischen den beiden Ebenen liegt und zu ihnen parallel ist.

Volumina von Pyramiden berechnen

8. Gegeben sind die Punkte P(3|1|3), Q(0|2|4) und R(−6|5|5).
Die Ebene E enthält die Punkte P, Q und R.

a) Bestimmen Sie die Spurpunkte S_1, S_2 und S_3 der Ebene E. Zeichnen Sie die Pyramide $OS_1S_2S_3$ in ein Koordinatensystem.

b) Vom Koordinatenursprung wird das Lot auf die Ebene E gefällt. Berechnen Sie die Koordinaten des Lotfußpunktes F. Untersuchen Sie, ob F innerhalb des Dreiecks $S_1S_2S_3$ liegt.

c) Berechnen Sie das Volumen der Pyramide $OS_1S_2S_3$.

9. Das Viereck ABCD mit A(1|2|3), B(5|0|−1), C(3|4|−5) und D(−1|6|−1) ist die Grundfläche einer Pyramide mit der Spitze S(6|7|1).
Zeigen Sie, dass die Pyramide ABCDS eine quadratische senkrechte Pyramide ist, und berechnen Sie das Pyramidenvolumen.

10. Die Punkte A(10|3|0), B(6|5|0) und C(4|−3|0) sind Eckpunkte einer dreiseitigen Pyramide mit der Spitze S(8|3|10).

a) Zeichnen Sie ein Schrägbild der Pyramide und berechnen Sie ihr Volumen.

b) Von der Spitze S wird das Lot auf die Ebene gefällt, in der die Grundfläche liegt.
Liegt der Lotfußpunkt innerhalb des Dreiecks ABC? Begründen Sie Ihre Antwort.

Spiegeln an Ebenen

11. Der Punkt P wird an der Ebene E gespiegelt. Bestimmen Sie die Koordinaten des Bildpunktes P′ von P.

a) E: $3x_1 - x_2 + 2x_3 = 12$; P(−8|0|4)

b) E: $\vec{x} = \begin{pmatrix} 3 \\ 0 \\ 0 \end{pmatrix} + r \cdot \begin{pmatrix} 2 \\ 1 \\ 0 \end{pmatrix} + s \cdot \begin{pmatrix} -1 \\ -2 \\ 1 \end{pmatrix}$; P(1|11|6)

c) Die Ebene E enthält die beiden Geraden

g: $\vec{x} = \begin{pmatrix} 2 \\ 6 \\ -4 \end{pmatrix} + r \cdot \begin{pmatrix} 1 \\ 1 \\ -1 \end{pmatrix}$ und

h: $\vec{x} = \begin{pmatrix} 6 \\ -2 \\ -11 \end{pmatrix} + s \cdot \begin{pmatrix} -2 \\ 2 \\ 3 \end{pmatrix}$; P(17|15|11)

Beispiel

E: $-x_1 + 3x_2 + x_3 = -9$; P(0|5|−2)

- Orthogonale zu E durch P ergibt die Lotgerade g: $\vec{x} = \begin{pmatrix} 0 \\ 5 \\ -2 \end{pmatrix} + r \cdot \begin{pmatrix} -1 \\ 3 \\ 1 \end{pmatrix}$
- Schnitt von g und E ergibt Lotfußpunkt F
  $-(-r) + 3 \cdot (5 + 3r) - 2 + r = -9$,
  also $r = -2$; F(2|−1|−4)
- Koordinaten des Bildpunktes
  $\overrightarrow{OP'} = \overrightarrow{OP} + 2 \cdot \overrightarrow{PF} = \begin{pmatrix} 4 \\ -7 \\ -6 \end{pmatrix}$, P′(4|−7|−6)

12. Bei einer Lasershow werden Lichtstrahlen an einem Spiegel reflektiert, der in der Ebene E: $2x_1 - x_2 + 2x_3 = 10$ liegt.
Ein Lichtstrahl geht vom Punkt L(6|−4|6) aus und trifft den Spiegel im Punkt P(2|−4|1).
Bestimmen Sie eine Gleichung der Geraden, auf der der reflektierte Strahl verläuft.

13. Ein Spiegel liegt in der Ebene E: $2x_1 - x_2 + 2x_3 = 1$.
Vom Punkt L(4|−10|11) geht ein Lichtstrahl aus, der im Punkt S am Spiegel so reflektiert wird, dass der reflektierte Strahl durch den Punkt P(30|10|13) verläuft.
Bestimmen Sie die Koordinaten des Punktes S sowie die Größe des Einfallswinkels.

4.3 Weitere Abstandsberechnungen

4.3.1 HESSE'sche Normalenform einer Ebene

ZIEL

Im Abschnitt 4.2 haben Sie ein Verfahren kennengelernt, um den Abstand eines Punktes von einer Ebene zu bestimmen. In diesem Abschnitt soll eine Formel entwickelt werden, mit deren Hilfe man den Abstand eines beliebigen Punktes P von einer Ebene direkt bestimmen kann.

ZUM ERARBEITEN

→ Formel für den Abstand eines beliebigen Punktes P von einer gegebenen Ebene aufstellen

Gegeben ist die Ebene E mit $5x_1 + 3x_2 + 2x_3 = 11$.

- *Entwickeln Sie mithilfe des Verfahrens aus dem vorherigen Abschnitt 4.2 eine Formel, mit der man den Abstand eines beliebigen Punktes $P(p_1 \mid p_2 \mid p_3)$ von dieser Ebene bestimmen kann.*

Schritt 1:

Wir bestimmen die Gleichung der Geraden g durch den Punkt P, die orthogonal zu E ist:

$$g\colon \vec{x} = \begin{pmatrix} p_1 \\ p_2 \\ p_3 \end{pmatrix} + t \cdot \begin{pmatrix} 5 \\ 3 \\ 2 \end{pmatrix}$$

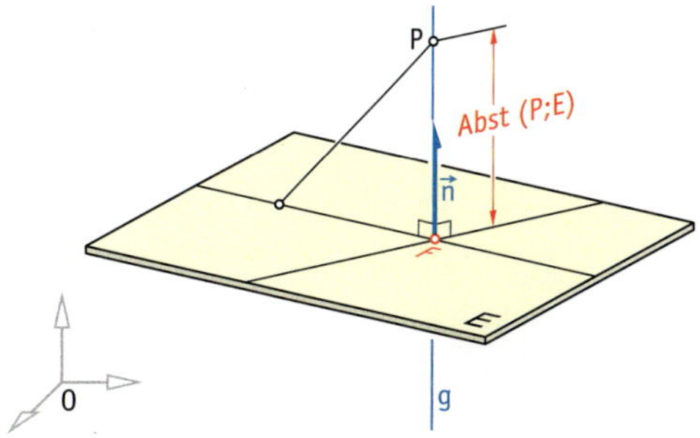

Schritt 2:

Wir bestimmen den Parameter t für den Punkt F, in dem sich g und E schneiden, der also sowohl auf g wie auch in E liegt:

$5(p_1 + 5t) + 3(p_2 + 3t) + 2(p_3 + 2t) = 11$.

Durch Umstellen nach t erhalten wir:

$$t = \frac{11 - (5p_1 + 3p_2 + 2p_3)}{5^2 + 3^2 + 2^2} \text{ und somit } t = \frac{11 - \begin{pmatrix} 5 \\ 3 \\ 2 \end{pmatrix} * \begin{pmatrix} p_1 \\ p_2 \\ p_3 \end{pmatrix}}{\begin{pmatrix} 5 \\ 3 \\ 2 \end{pmatrix} * \begin{pmatrix} 5 \\ 3 \\ 2 \end{pmatrix}}.$$

Schritt 3:

Der Abstand des Punktes P von der Ebene E ist der Abstand der Punkte P und F voneinander:

$$\text{Abst}(P;E) = |PF| = \left|\overrightarrow{OF} - \overrightarrow{OP}\right| = \left|\begin{pmatrix} p_1 \\ p_2 \\ p_3 \end{pmatrix} - t \cdot \begin{pmatrix} 5 \\ 3 \\ 2 \end{pmatrix} - \begin{pmatrix} p_1 \\ p_2 \\ p_3 \end{pmatrix}\right| = \left|t \cdot \begin{pmatrix} 5 \\ 3 \\ 2 \end{pmatrix}\right|$$

Setzen wir t aus Schritt 2 ein und berücksichtigen $\vec{n} * \vec{n} = |\vec{n}|^2$ mit $\vec{n} = \begin{pmatrix} 5 \\ 3 \\ 2 \end{pmatrix}$, so erhalten wir:

$$\text{Abst}(P;E) = \left| \frac{11 - \begin{pmatrix} 5 \\ 3 \\ 2 \end{pmatrix} * \begin{pmatrix} p_1 \\ p_2 \\ p_3 \end{pmatrix}}{\begin{pmatrix} 5 \\ 3 \\ 2 \end{pmatrix} * \begin{pmatrix} 5 \\ 3 \\ 2 \end{pmatrix}} \cdot \begin{pmatrix} 5 \\ 3 \\ 2 \end{pmatrix} \right| = \frac{\left| \begin{pmatrix} 5 \\ 3 \\ 2 \end{pmatrix} * \begin{pmatrix} p_1 \\ p_2 \\ p_3 \end{pmatrix} - 11 \right|}{\left| \begin{pmatrix} 5 \\ 3 \\ 2 \end{pmatrix} \right|}$$

Daraus ergibt sich die folgende Formel für den Abstand eines beliebigen Punktes $P(p_1 \mid p_2 \mid p_3)$ von der Ebene E mit $5x_1 + 3x_2 + 2x_3 = 11$:

$$\text{Abst}(P;E) = \frac{\left| \begin{pmatrix} 5 \\ 3 \\ 2 \end{pmatrix} * \begin{pmatrix} p_1 \\ p_2 \\ p_3 \end{pmatrix} - 11 \right|}{\left| \begin{pmatrix} 5 \\ 3 \\ 2 \end{pmatrix} \right|} \text{ bzw. } \text{Abst}(P;E) = \frac{|5p_1 + 3p_2 + 2p_3 - 11|}{\sqrt{5^2 + 3^2 + 2^2}}$$

- *Übertragen Sie das Ergebnis für die Ebene E mit der Koordinatenform $5x_1 + 3x_2 + 2x_3 = 11$ auf eine allgemeine Ebene mit einer Koordinatenform $ax_1 + bx_2 + cx_3 = d$.*

Wir erhalten damit folgende Formel:

$$\text{Abst}(P;E) = \frac{1}{|\vec{n}|} \cdot \left|\vec{n} * \overrightarrow{OP} - d\right| \text{ bzw. } \text{Abst}(P;E) = \frac{|ap_1 + bp_2 + cp_3 - d|}{\sqrt{a^2 + b^2 + c^2}}$$

INFORMATION

Formel für den Abstand eines Punktes von einer Ebene

Gegeben sind eine Ebene E durch die Gleichung $a x_1 + b x_2 + c x_3 = d$ bzw. durch die Normalenform $\vec{n} * \overrightarrow{OX} = d$ mit $\vec{n} = \begin{pmatrix} a \\ b \\ c \end{pmatrix}$ und ein Punkt $P(p_1 \mid p_2 \mid p_3)$. Dann gilt:

$\text{Abst}(P; E) = \frac{|a p_1 + b p_2 + c p_3 - d|}{\sqrt{a^2 + b^2 + c^2}}$ bzw. $\text{Abst}(P; E) = \frac{1}{|\vec{n}|} \cdot \left|\vec{n} * \overrightarrow{OP} - d\right|$

BEISPIEL

Gegeben sind $P(3 \mid 1 \mid -2)$ und die Ebene $E: \begin{pmatrix} 10 \\ -2 \\ 11 \end{pmatrix} * \vec{x} = 30$ bzw. $10 \cdot x_1 - 2 \cdot x_2 + 11 \cdot x_3 = 30$.

$|\vec{n}| = \sqrt{10^2 + (-2)^2 + 11^2} = \sqrt{225} = 15$

$\text{Abst}(P; E) = \frac{\left|\begin{pmatrix} 10 \\ -2 \\ 11 \end{pmatrix} * \begin{pmatrix} 3 \\ 1 \\ -2 \end{pmatrix} - 30\right|}{15} = \frac{|10 \cdot 3 - 2 \cdot 1 + 11 \cdot (-2) - 30|}{15} = \frac{|6 - 30|}{15} = \frac{|-24|}{15} = 1{,}6$

LUDWIG OTTO HESSE (1811 – 1874), Professor für Mathematik in Königsberg, Halle, Heidelberg, München

Ebenengleichung in HESSE'scher Normalenform

Liegt ein Punkt P in einer Ebene E, so gilt $\text{Abst}(P; E) = 0$. Aus der Abstandsformel ergibt sich damit für eine Ebene E mit $E: a x_1 + b x_2 + c x_3 = d$ und einen Punkt $P(p_1 \mid p_2 \mid p_3)$ der Ebene:

$\frac{1}{|\vec{n}|} \cdot \left(\vec{n} * \overrightarrow{OP} - d\right) = 0$; also $\frac{a p_1 + b p_2 + c p_3 - d}{\sqrt{a^2 + b^2 + c^2}} = 0$.

Eine Gleichung $\frac{1}{|\vec{n}|} \cdot \left(\vec{n} * \overrightarrow{OX} - d\right) = 0$ wird **HESSE'sche Normalenform** einer Ebene genannt.

Setzt man in den Term einer Ebenengleichung, die in HESSE'scher Normalenform vorliegt, die Koordinaten eines Punktes P ein, so erhält man bis auf das Vorzeichen Abst(P; E). Punkte, für die man beim Einsetzen null erhält, die also den Abstand $\text{Abst}(P; E) = 0$ zur Ebene haben, sind Punkte der Ebene.

BEISPIEL

$E: 10 \cdot x_1 - 2 \cdot x_2 + 11 \cdot x_3 = 30$. Die HESSE'sche Normalenform von E lautet:

$E: \frac{1}{15} \cdot (10 \cdot x_1 - 2 \cdot x_2 + 11 \cdot x_3 - 30) = 0$

ZUM ÜBEN

1. Berechnen Sie den Abstand des Punktes P von der Ebene E.

a) $P(2 \mid -1 \mid 2)$; $E: 2 x_1 + x_2 + 2 x_3 - 6 = 0$

b) $P(-1 \mid 8 \mid 6)$; $E: 8 x_1 + 4 x_2 + x_3 = 27$

c) $P(5 \mid 8 \mid 11)$; $E: \vec{x} = \begin{pmatrix} -1 \\ 8 \\ 6 \end{pmatrix} + r \cdot \begin{pmatrix} 1 \\ -2 \\ 0 \end{pmatrix} + s \cdot \begin{pmatrix} 2 \\ -3 \\ -4 \end{pmatrix}$

d) $P(3 \mid 1 \mid -1)$; $E: \begin{pmatrix} 2 \\ 2 \\ -1 \end{pmatrix} * \left[\vec{x} - \begin{pmatrix} 5 \\ 3 \\ -2 \end{pmatrix}\right] = 0$

e) $P(-2 \mid 2 \mid 3)$; $E: \begin{pmatrix} 4 \\ 5 \\ 1 \end{pmatrix} * \vec{x} = -5$

f) $P(1 \mid -2 \mid 0)$; $E: \vec{x} = r \cdot \begin{pmatrix} 2 \\ 1 \\ -1 \end{pmatrix} + s \cdot \begin{pmatrix} 0 \\ 1 \\ 0 \end{pmatrix}$

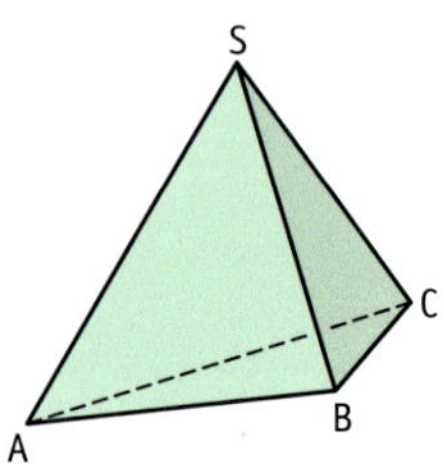

2. Eine dreiseitige Pyramide hat die Grundfläche ABC mit $A(13 \mid -1 \mid 5)$, $B(9 \mid 3 \mid 5)$ und $C(13 \mid 3 \mid 10)$ und die Spitze $S(3 \mid -3 \mid 15)$.
Berechnen Sie die Höhe und das Volumen der Pyramide.

3. Wo liegen alle Punkte, die von der Ebene $E: \vec{x} = \begin{pmatrix} 2 \\ -1 \\ 4 \end{pmatrix} + r \cdot \begin{pmatrix} 1 \\ 0 \\ -2 \end{pmatrix} + s \cdot \begin{pmatrix} 2 \\ 1 \\ 1 \end{pmatrix}$ den Abstand 3 haben?

4. Gegeben sind die Ebene $E: 2 x_1 + x_2 + 2 x_3 + 20 = 0$ und die Gerade $g: \vec{x} = \begin{pmatrix} 11 \\ -7 \\ 5 \end{pmatrix} + k \cdot \begin{pmatrix} 3 \\ -1 \\ 5 \end{pmatrix}$.

a) Zeigen Sie, dass g die Ebene schneidet, und bestimmen Sie die Koordinaten des Schnittpunktes.

b) Ermitteln Sie die Koordinaten derjenigen Punkte auf g, deren Abstand von der Ebene 5 beträgt.

4.3.2 Abstand eines Punktes von einer Geraden

EINSTIEGSAUFGABE
OHNE LÖSUNG

→ Abstände von Punkten zu einer Geraden bestimmen

Gegeben sind eine Gerade g und ein Punkt P, der nicht auf g liegt.

- Erläutern Sie, wie man die Punkte A und B auf der Geraden g finden kann, die von P einen vorgegebenen Abstand a haben.
  Führen Sie die Rechnung für die Gerade $g: \vec{x} = \begin{pmatrix} 3 \\ -2 \\ 2 \end{pmatrix} + k \cdot \begin{pmatrix} 1 \\ 4 \\ 1 \end{pmatrix}$, den Punkt P(10 | 8 | 9) und den Abstand a = 18 durch.
- Untersuchen Sie, ob der Abstand beliebig klein werden kann.

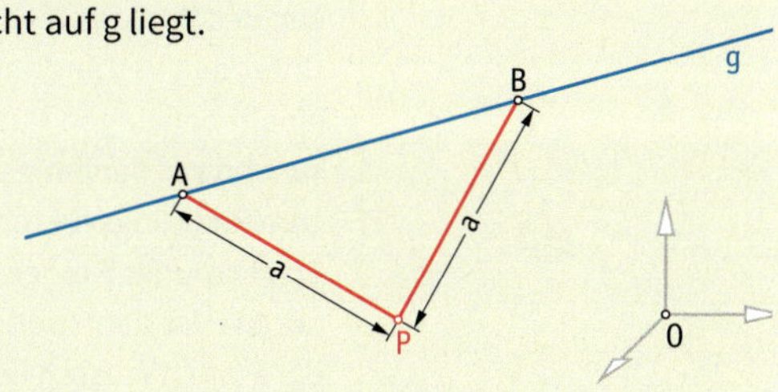

EINSTIEGSAUFGABE
MIT LÖSUNG

→ Entfernung einer Flugbahn zu einem Gebäude

Kurz nach dem Start fliegt ein Flugzeug eine Zeit lang auf einem Kurs, der durch die Gerade

$g: \vec{x} = \begin{pmatrix} -2 \\ 4 \\ 0{,}5 \end{pmatrix} + t \cdot \begin{pmatrix} 5 \\ -3 \\ 0{,}3 \end{pmatrix}$ mit $t \in \mathbb{R}$

näherungsweise beschrieben werden kann.
An welcher Stelle dieses Kurses ist die Entfernung zur Spitze eines Turms, die sich im Punkt S(−1 | 2,5 | 0,2) befindet, am geringsten (Einheit 1 km)?
Berechnen Sie diesen Abstand.

LÖSUNG

Für Punkte X von g ist die Entfernung $|\overrightarrow{SX}|$ am kleinsten, wenn g und $\overrightarrow{SX}$ zueinander orthogonal sind, d. h. wenn X der Fußpunkt F des Lotes von S auf g ist.

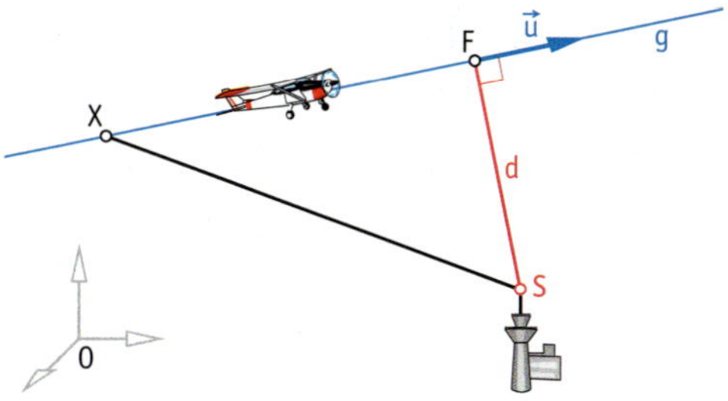

X(−2 + 5t | 4 − 3t | 0,5 + 0,3t) ist ein Punkt der Flugbahn.

Der Vektor $\overrightarrow{SX} = \begin{pmatrix} -1 + 5t \\ 1{,}5 - 3t \\ 0{,}3 + 0{,}3t \end{pmatrix}$ stellt die Verbindung des Punktes S zu einem beliebigen Punkt X der Geraden dar, sein Betrag ist die Entfernung des Punktes S von diesem Punkt X.

Das Lot ist orthogonal zu g, somit müssen auch der Vektor $\overrightarrow{SF}$ und der Richtungsvektor $\vec{u} = \begin{pmatrix} 5 \\ -3 \\ 0{,}3 \end{pmatrix}$ der Geraden g zueinander orthogonal sein, d. h. es muss gelten: $\overrightarrow{SF} * \vec{u} = 0$.

Aus $\overrightarrow{SF} * \vec{u} = \begin{pmatrix} -1 + 5t \\ 1{,}5 - 3t \\ 0{,}3 + 0{,}3t \end{pmatrix} * \begin{pmatrix} 5 \\ -3 \\ 0{,}3 \end{pmatrix} = 34{,}09 \cdot t - 9{,}41 = 0$ folgt $t \approx 0{,}276$.

Mit diesem Parameterwert erhält man durch Einsetzen in die Parameterdarstellung von g als Lotfußpunkt den Punkt F(−0,620 | 3,172 | 0,583).

Der Abstand von S zu F ergibt sich als Betrag des Vektors $\overrightarrow{SF}$: $d = |\overrightarrow{SF}| \approx \left| \begin{pmatrix} 0{,}380 \\ 0{,}672 \\ 0{,}383 \end{pmatrix} \right| \approx 0{,}862$.

Der Abstand der Turmspitze vom Flugkurs beträgt ca. 862 m.

INFORMATION

Abstand eines Punktes von einer Geraden

Wir verallgemeinern die Überlegungen aus der Lösung von Aufgabe 1:

Der Abstand Abst (P; g) eines Punktes P von einer Geraden g ist die kleinste unter den Entfernungen des Punktes P von allen Punkten X der Geraden g.
Unter den Verbindungsvektoren $\overrightarrow{PX}$ zu einem beliebigen Punkt X der Geraden suchen wir denjenigen, der orthogonal zum Richtungsvektor der Geraden ist. Der Schnittpunkt F einer Orthogonalen zu g durch P ist dann derjenige Geradenpunkt, der P am nächsten liegt.
Somit gilt: $\text{Abst}(P; g) = |\overrightarrow{PF}|$

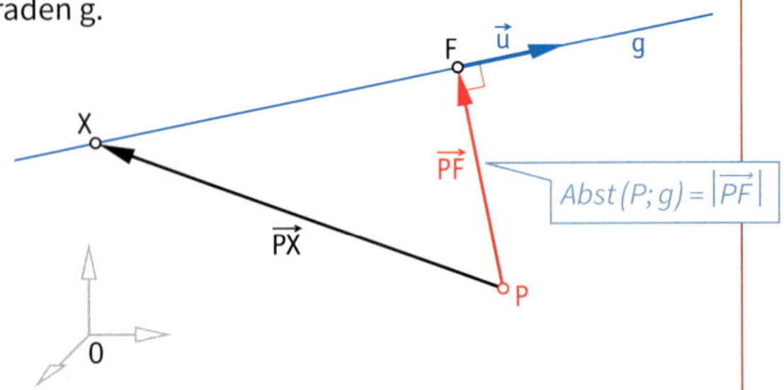

WEITERFÜHRENDE AUFGABE

Strategie:
Verwenden Sie eines der Verfahren zur Bestimmung des Abstandes eines Punktes von einer Geraden (vgl. auch die Aufgaben 7 und 8).

1. Abstand zueinander paralleler Geraden

Gegeben sind die beiden zueinander parallelen Geraden g und h durch

$g: \vec{x} = \begin{pmatrix} -2 \\ 1 \\ 5 \end{pmatrix} + s \cdot \begin{pmatrix} 3 \\ -2 \\ 4 \end{pmatrix}$; $h: \vec{x} = \begin{pmatrix} 8 \\ -3 \\ 2 \end{pmatrix} + t \cdot \begin{pmatrix} -6 \\ 4 \\ -8 \end{pmatrix}$.

a) Bestimmen Sie den Abstand der beiden zueinander parallelen Geraden.

b) Beschreiben Sie allgemein ein Verfahren, wie man den Abstand zweier zueinander paralleler Geraden berechnen kann.

ÜBUNGSAUFGABEN

Abstände von Punkten und Geraden berechnen

2. Berechnen Sie den Abstand des Punktes P von der Geraden g

a) $g: \vec{x} = \begin{pmatrix} 0 \\ -1 \\ 1 \end{pmatrix} + t \cdot \begin{pmatrix} 2 \\ 1 \\ 0 \end{pmatrix}$; P (4 | 1 | 4)

b) $g: \vec{x} = \begin{pmatrix} 3 \\ 1 \\ 0 \end{pmatrix} + t \cdot \begin{pmatrix} 4 \\ 1 \\ 2 \end{pmatrix}$; P (1 | 2 | 2)

c) g geht durch A (1 | 1 | 0) und B (1 | 3 | 2); P (2 | 1 | 4)

d) g geht durch A (6 | 2 | 1) und B (2 | 1 | 11); P (1 | 1 | 14)

3. Zeigen Sie, dass die Geraden g und h zueinander parallel sind und berechnen Sie ihren Abstand.

a) $g: \vec{x} = \begin{pmatrix} 4 \\ 0 \\ 3 \end{pmatrix} + s \cdot \begin{pmatrix} 2 \\ -1 \\ 2 \end{pmatrix}$; $h: \vec{x} = \begin{pmatrix} -5 \\ -3 \\ 4 \end{pmatrix} + t \cdot \begin{pmatrix} 4 \\ -2 \\ 4 \end{pmatrix}$

b) $g: \vec{x} = \begin{pmatrix} 6 \\ 1 \\ 4 \end{pmatrix} + s \cdot \begin{pmatrix} 3 \\ -3 \\ 4 \end{pmatrix}$; $h: \vec{x} = \begin{pmatrix} -8 \\ 4 \\ 2 \end{pmatrix} + t \cdot \begin{pmatrix} -6 \\ 6 \\ -8 \end{pmatrix}$

4. Gegeben sind die Gerade $g: \vec{x} = \begin{pmatrix} 4 \\ 3 \\ -1 \end{pmatrix} + t \cdot \begin{pmatrix} 1 \\ -2 \\ 1 \end{pmatrix}$ und der Punkt P (8 | p | 5).

a) Begründen Sie, dass der Punkt P für keinen Wert p auf der Geraden g liegt.

b) Bestimmen Sie die fehlende Koordinate p des Punktes P so, dass 5 der Abstand von P zu g ist.

5. Gegeben sind die Gerade $g: \vec{x} = \begin{pmatrix} 1 \\ 4 \\ -1 \end{pmatrix} + t \cdot \begin{pmatrix} -1 \\ 2 \\ -3 \end{pmatrix}$ mit $t \in \mathbb{R}$ und die Schar der Geraden
$h_a: \vec{x} = \begin{pmatrix} 1 \\ 4 \\ 0 \end{pmatrix} + r \cdot \begin{pmatrix} 5 \\ -2a \\ 3a \end{pmatrix}$ mit $r \in \mathbb{R}$ und $a \in \mathbb{R}$.

a) Welche Gerade der Schar ist parallel zur Geraden g?
Bestimmen Sie den Abstand dieser Geraden zur Geraden g.

b) Untersuchen Sie, welche Gerade der Schar zu g orthogonal verläuft.
Sind diese Gerade und die Gerade g zueinander windschief?

6. Entwickeln Sie gemeinsam eine Übersicht über die verschiedenen Abstandsprobleme.
Fertigen Sie zu dem jeweiligen Abstandsproblem Skizzen an, aus denen die Schritte bei der Lösung des Problems ersichtlich werden. Formulieren Sie die einzelnen Rechenschritte und geben Sie ein Beispiel an. Überlegen Sie auch, welche Sonderfälle möglicherweise auftreten können.

- Abstand eines Punktes von einer Ebene;
- Abstand einer Geraden zu einer Ebene, die parallel zu der Geraden ist;
- Abstand zweier zueinander paralleler Ebenen;
- Abstand eines Punktes von einer Geraden;
- Abstand zweier zueinander paralleler Geraden.

Vergleichen Sie die Lösungsschritte der verschiedenen Abstandsprobleme. Welche Schritte sind gleich? Welche Probleme können auf eines der anderen Probleme zurückgeführt werden? Diskutieren Sie dabei auch über unterschiedliche Strategien.

Alternative Verfahren zur Bestimmung des Abstands eines Punktes von einer Geraden

7. Abstand eines Punktes von einer Geraden mit einer Hilfsebene
Die folgende Reihe von Abbildungen zeigt einen Weg, mit dem man den Abstand eines Punktes P von einer Geraden g bestimmen kann:

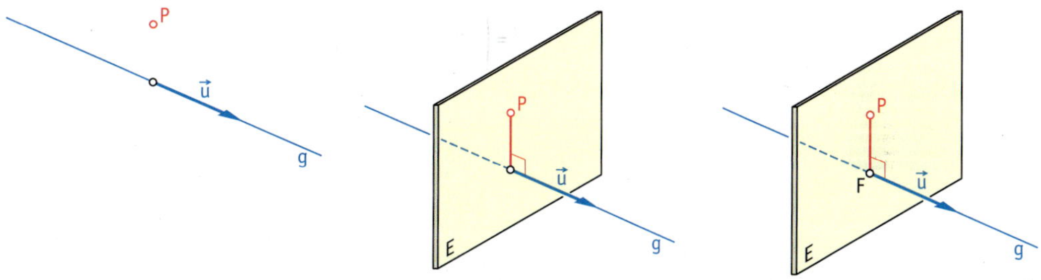

Ausgangssituation:
- Gerade g mit Richtungsvektor $\vec{u}$;
- Punkt P, der nicht auf g liegt.

Hilfsebene E einführen:
- E enthält den Punkt P;
- E ist orthogonal zu g.

Schnittpunkt F von g und E bestimmen.

Berechnen Sie den Abstand des Punktes P(4 | −5 | 8) von der Geraden $g: \vec{x} = \begin{pmatrix} 6 \\ 1 \\ 6 \end{pmatrix} + s \cdot \begin{pmatrix} 3 \\ -2 \\ 4 \end{pmatrix}$ mithilfe des geschilderten Verfahrens.

8. Abstand eines Punktes von einer Geraden als Extremwertproblem

a) Alina soll den Abstand des Punktes P(−5 | 20 | −1) von der Geraden $g: \vec{x} = \begin{pmatrix} -2 \\ 3 \\ 1 \end{pmatrix} + t \cdot \begin{pmatrix} 2 \\ -1 \\ 2 \end{pmatrix}$ berechnen. Dazu überlegt sie:
„Der Abstand von P zu g ist die kleinste unter allen möglichen Entfernungen eines Punktes der Geraden zu P. Also muss ich t so bestimmen, dass $\left|\overrightarrow{Q_tP}\right|$ möglichst klein wird. Mit $\overrightarrow{Q_tP} = \begin{pmatrix} -3-2t \\ 17+t \\ -2-2t \end{pmatrix}$ ist $\left|\overrightarrow{Q_tP}\right| = \sqrt{(-3-2t)^2 + (17+t)^2 + (-2-2t)^2}$.
Das kann ich auch als Funktion von t auffassen, und wie ich den kleinsten Wert, also das Minimum einer Funktion, bestimme, weiß ich noch aus der Analysis. Ich setze also nun $d(t) = \sqrt{(-3-2t)^2 + (17+t)^2 + (-2-2t)^2}$. Um ein Minimum von d(t) zu finden, reicht es, den Term unter der Wurzel zu minimieren …"
Führen Sie Alinas Überlegungen zu Ende und bestimmen Sie den gesuchten Abstand.

b) Milan soll den Abstand des Punktes P(−5 | −3 | 19) von der Geraden $g: x = \begin{pmatrix} 1 \\ 0 \\ 7 \end{pmatrix} + t \cdot \begin{pmatrix} 2 \\ 1 \\ -4 \end{pmatrix}$ bestimmen. Er rechnet wie Alina und erhält $t = -3$ und damit das Ergebnis 0.
Wie ist dies zu erklären?

4.3.3 Abstand zueinander windschiefer Geraden

EINSTIEGSAUFGABE OHNE LÖSUNG → **Den Abstand zweier windschiefer Geraden mithilfe von geometrischen Überlegungen bestimmen**

Gegeben ist ein schiefes Prisma mit quadratischer Grundfläche ABCD und der Deckfläche EFGH.
Die Koordinaten der folgenden Punkte sind bekannt: $A(4|0|0)$, $D(0|0|0)$, $C(0|4|0)$, $E(4|2|6)$.

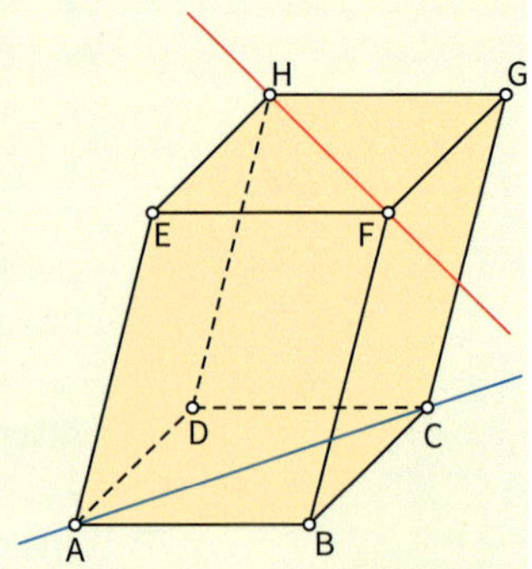

- Bestimmen Sie die Koordinaten der fehlenden Eckpunkte. Zeichnen Sie das Prisma in einem Koordinatensystem.
- Begründen Sie, dass die Geraden FH und AC zueinander windschief sind.
  Welchen Abstand haben diese Geraden voneinander?
  Welche Bedeutung hat dieser Abstand für das Prisma?
- Beschreiben Sie, wie man die kürzeste Verbindung zweier zueinander windschiefer Geraden bestimmen kann.

EINSTIEGSAUFGABE MIT LÖSUNG → **Den Abstand zweier Flugrouten voneinander bestimmen**

Die Flugroute eines Flugzeugs kann näherungsweise durch die Gerade $g: \vec{x} = \begin{pmatrix} 3 \\ 2 \\ 1 \end{pmatrix} + r \cdot \begin{pmatrix} -2 \\ 1 \\ 2 \end{pmatrix}$ beschrieben werden. (Einheit 1 km)
Ein zweites Flugzeug befindet sich ebenfalls auf einem nahezu geradlinigen Kurs und wird zuerst im Punkt $A(4|3|3)$ und später im Punkt $B(7|1|1)$ geortet. Die beiden Flugbahnen sind zueinander windschief.
Bestimmen Sie die kürzeste Entfernung, die ein Punkt G auf der Flugbahn g von einem Punkt H auf der Flugbahn des zweiten Flugzeugs haben kann. Verwenden Sie geometrische Überlegungen.

LÖSUNG

- Die Flugroute des zweiten Flugzeugs kann durch die Gerade $h: \vec{x} = \begin{pmatrix} 4 \\ 3 \\ 3 \end{pmatrix} + s \cdot \begin{pmatrix} 3 \\ -2 \\ -2 \end{pmatrix}$ beschrieben werden.
  Für einen beliebigen Punkt G auf g bzw. für einen beliebigen Punkt H auf h gilt:
  $G(3-2r|2+r|1+2r)$ bzw. $H(4+3s|3-2s|3-2s)$.

- Wir machen uns folgende Überlegungen zunutze:
  Den Abstand eines beliebigen Punktes G auf g von der Geraden h kann man mithilfe einer Geraden bestimmen, die orthogonal zu h durch den Punkt G verläuft. Entsprechend kann man auch den Abstand eines beliebigen Punktes H auf h von der Geraden g bestimmen – nämlich mithilfe einer Geraden, die orthogonal zu g durch den Punkt H verläuft.

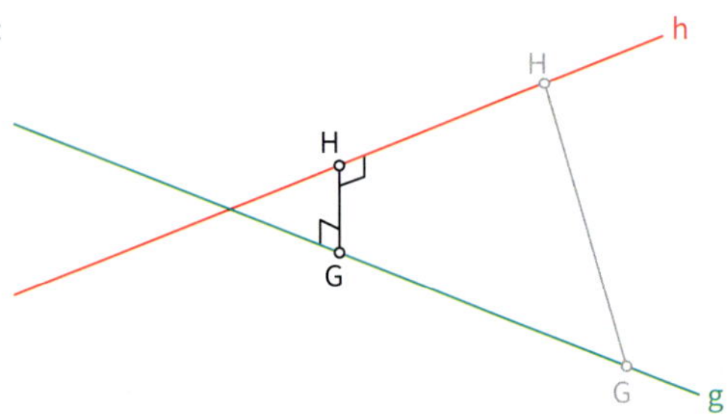

  Die kürzeste Verbindungsstrecke, die man zwischen den beiden Geraden g und h finden kann, ist somit diejenige Strecke $\overline{GH}$, die sowohl zu g als auch zu h orthogonal ist.

  $$\overrightarrow{GH} = \overrightarrow{OH} - \overrightarrow{OG} = \begin{pmatrix} 4+3s \\ 3-2s \\ 3-2s \end{pmatrix} - \begin{pmatrix} 3-2r \\ 2+r \\ 1+2r \end{pmatrix} = \begin{pmatrix} 1+2r+3s \\ 1-r-2s \\ 2-2r-2s \end{pmatrix}$$

- Somit gilt:
  (1) $\overrightarrow{GH} \perp \begin{pmatrix} -2 \\ 1 \\ 2 \end{pmatrix}$, also $\overrightarrow{GH} * \begin{pmatrix} -2 \\ 1 \\ 2 \end{pmatrix} = 0$, also $\begin{pmatrix} 1+2r+3s \\ 1-\ \ r-2s \\ 2-2r-2s \end{pmatrix} * \begin{pmatrix} -2 \\ 1 \\ 2 \end{pmatrix} = 0$
  (2) $\overrightarrow{GH} \perp \begin{pmatrix} 3 \\ -2 \\ -2 \end{pmatrix}$, also $\overrightarrow{GH} * \begin{pmatrix} 3 \\ -2 \\ -2 \end{pmatrix} = 0$, also $\begin{pmatrix} 1+2r+3s \\ 1-\ \ r-2s \\ 2-2r-2s \end{pmatrix} * \begin{pmatrix} 3 \\ -2 \\ -2 \end{pmatrix} = 0$

- Wir erhalten die beiden folgenden Gleichungen, die ein lineares Gleichungssystem bilden.
  $\left| \begin{array}{l} -9r - 12s + 3 = 0 \\ 12r + 17s - 3 = 0 \end{array} \right|$
  Das Gleichungssystem hat die Lösung $r = \frac{5}{3}$ und $s = -1$.

- Damit erhalten wir die Punkte $G\left(-\frac{1}{3} \,\middle|\, \frac{11}{3} \,\middle|\, \frac{13}{3}\right)$ und $H(1\,|\,5\,|\,5)$ als diejenigen Punkte, deren Abstand die kürzeste Entfernung eines Punktes auf g von einem Punkt auf h ist.
  Dieser Abstand beträgt $|\overrightarrow{GH}| = \left| \begin{matrix} \frac{4}{3} \\ \frac{4}{3} \\ \frac{2}{3} \end{matrix} \right| = 2$.
  Die kürzeste Entfernung der beiden Flugrouten beträgt also 2 km.

INFORMATION

Abstand zueinander windschiefer Geraden

Unter dem **Abstand zweier zueinander windschiefer Geraden** versteht man die kürzeste Entfernung zwischen einem Punkt der einen und einem Punkt der anderen Geraden. Wird diese kürzeste Entfernung in den Punkten P auf g und Q auf h angenommen, so schneidet die Verbindungsgerade PQ die beiden zueinander windschiefen Geraden jeweils orthogonal.

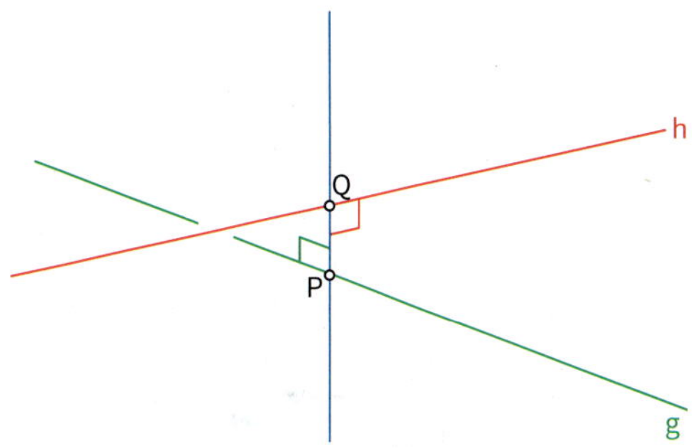

Verfahren zum Bestimmen des Abstandes zweier windschiefer Geraden

Gegeben sind die beiden zueinander windschiefen Geraden g mit $g: \vec{x} = \vec{a} + r \cdot \vec{u}$ und h mit $h: \vec{x} = \vec{b} + s \cdot \vec{v}$.

(1) Vektor $\overrightarrow{PQ}$ zweier Punkte P und Q auf g und h in Abhängigkeit von r und s aufstellen:
$\overrightarrow{PQ} = \overrightarrow{OQ} - \overrightarrow{OP} = \vec{b} - \vec{a} + s \cdot \vec{v} - r \cdot \vec{u}$

(2) $\overrightarrow{PQ}$ orthogonal zu g und zu h, ergibt $\overrightarrow{PQ} * \vec{u} = 0$ und $\overrightarrow{PQ} * \vec{v} = 0$, also ein Gleichungssystem mit zwei linearen Gleichungen.

(3) Setzt man die Lösungen r und s des linearen Gleichungssystems in g bzw. h ein, erhält man die Koordinaten der beiden Punkte P und Q, und damit $|\overrightarrow{PQ}|$, also den Abstand der Geraden g und h.

BEISPIEL

$g: \vec{x} = \begin{pmatrix} -2 \\ 3 \\ 5 \end{pmatrix} + r \cdot \begin{pmatrix} 1 \\ 2 \\ 0 \end{pmatrix}$, $h: \vec{x} = \begin{pmatrix} 1 \\ -6 \\ 2 \end{pmatrix} + s \cdot \begin{pmatrix} 2 \\ 6 \\ 1 \end{pmatrix}$
sind zueinander windschief.

(1) $P(-2+r\,|\,3+2r\,|\,5)$ ist ein Punkt auf g, $Q(1+2s\,|\,-6+6s\,|\,2+s)$ ein Punkt auf h.

$\overrightarrow{PQ} = \begin{pmatrix} 1+2s \\ -6+6s \\ 2+s \end{pmatrix} - \begin{pmatrix} -2+r \\ 3+2r \\ 5 \end{pmatrix} = \begin{pmatrix} 3-r+2s \\ -9-2r+6s \\ -3+s \end{pmatrix}$

(2) $\overrightarrow{PQ}$ ist orthogonal zu $\begin{pmatrix} 1 \\ 2 \\ 0 \end{pmatrix}$, also $-5r + 14s = 15$.
$\overrightarrow{PQ}$ ist orthogonal zu $\begin{pmatrix} 2 \\ 6 \\ 1 \end{pmatrix}$, also $-14r + 41s = 51$.
Das lineare Gleichungssystem hat die Lösung $r = 11;\ s = 5$.

(3) Also $P(9\,|\,25\,|\,5)$ und $Q(11\,|\,24\,|\,7)$.
Abstand der beiden Geraden:
$\text{Abst}(g;\ h) = |\overrightarrow{PQ}| = \left| \begin{pmatrix} 2 \\ -1 \\ 2 \end{pmatrix} \right| = 3$.

Übungsaufgaben

Den Abstand zueinander windschiefer Geraden berechnen

1. Zeigen Sie, dass die Geraden g und h zueinander windschief sind und bestimmen Sie ihren Abstand.

a) $g: \vec{x} = \begin{pmatrix} 0 \\ 6 \\ 2 \end{pmatrix} + r \cdot \begin{pmatrix} 2 \\ -2 \\ 3 \end{pmatrix}$; $h: \vec{x} = \begin{pmatrix} -7 \\ 1 \\ 6 \end{pmatrix} + s \cdot \begin{pmatrix} 0 \\ 2 \\ 1 \end{pmatrix}$

b) $g: \vec{x} = \begin{pmatrix} -2 \\ 8 \\ -1 \end{pmatrix} + r \cdot \begin{pmatrix} 2 \\ -2 \\ 3 \end{pmatrix}$; $h: \vec{x} = \begin{pmatrix} 7 \\ 4{,}5 \\ 3 \end{pmatrix} + s \cdot \begin{pmatrix} -1 \\ 2 \\ 1 \end{pmatrix}$

c) $g: \vec{x} = \begin{pmatrix} -5 \\ 2 \\ 7 \end{pmatrix} + r \cdot \begin{pmatrix} 3 \\ 1 \\ -1 \end{pmatrix}$; h geht durch $A(12\,|\,-7\,|\,8)$ und $B(4\,|\,-2\,|\,12)$

d) g geht durch $A(-1\,|\,-1\,|\,5)$ und $B(5\,|\,7\,|\,72)$, h geht durch $C(-1\,|\,19\,|\,-5)$ und $D(7\,|\,25\,|\,-9)$

2. Berechnen Sie die Abstände der Geraden g von den Koordinatenachsen.

a) $g: \vec{x} = \begin{pmatrix} 3 \\ 1 \\ -2 \end{pmatrix} + r \cdot \begin{pmatrix} 1 \\ -1 \\ 2 \end{pmatrix}$

b) $g: \vec{x} = \begin{pmatrix} 1 \\ 2 \\ 1 \end{pmatrix} + r \cdot \begin{pmatrix} -2 \\ 1 \\ 3 \end{pmatrix}$

3. Zeigen Sie, dass es genau eine Gerade gibt, welche die Geraden $g: \vec{x} = \begin{pmatrix} -2 \\ 0 \\ 4 \end{pmatrix} + r \cdot \begin{pmatrix} 4 \\ -3 \\ 1 \end{pmatrix}$ und $h: \vec{x} = \begin{pmatrix} 6{,}25 \\ 0 \\ -5 \end{pmatrix} + s \cdot \begin{pmatrix} 4 \\ 3 \\ -2 \end{pmatrix}$ orthogonal schneidet. Geben Sie die Koordinaten der Schnittpunkte an.

4. Gegeben sind die beiden Geraden $g: \vec{x} = \begin{pmatrix} 2 \\ 7 \\ -6 \end{pmatrix} + r \cdot \begin{pmatrix} 2 \\ 3 \\ 0 \end{pmatrix}$ und $h: \vec{x} = \begin{pmatrix} 2 \\ -3 \\ 7 \end{pmatrix} + s \cdot \begin{pmatrix} 2 \\ 0 \\ -1 \end{pmatrix}$.

a) Berechnen Sie den Abstand von g und h.

b) Bestimmen Sie eine Parameterdarstellung der Parallelen zu g, welche die Gerade h schneidet und den geringsten Abstand zu g hat.

5. Gegeben sind die beiden Geraden $g: \vec{x} = \begin{pmatrix} 3 \\ 4 \\ 6 \end{pmatrix} + r \cdot \begin{pmatrix} 2 \\ -3 \\ 0 \end{pmatrix}$ und $h: \vec{x} = \begin{pmatrix} -2 \\ 1 \\ 14 \end{pmatrix} + s \cdot \begin{pmatrix} -4 \\ 1 \\ 0 \end{pmatrix}$.

Tina behauptet: „Die beiden Geraden sind zueinander windschief und ihr Abstand beträgt 8. Das kann ich direkt aus ihren Parameterdarstellungen ablesen."
Wie macht sie das? Erläutern Sie ihre Überlegung. Hat sie recht?

6. Alternativer Lösungsweg zum Berechnen des Abstandes zweier windschiefer Geraden

a) Maria hat eine Skizze gemacht und sagt:
„Ich bestimme den Abstand zweier windschiefer Geraden g und h wie folgt:
(1) Ich bestimme einen Vektor $\vec{n}$, der zu den beiden Richtungsvektoren der Geraden g und h orthogonal ist.
(2) Anschließend lege ich eine Hilfsebene E mit dem Normalenvektor $\vec{n}$ durch einen beliebigen Punkt der Geraden g.

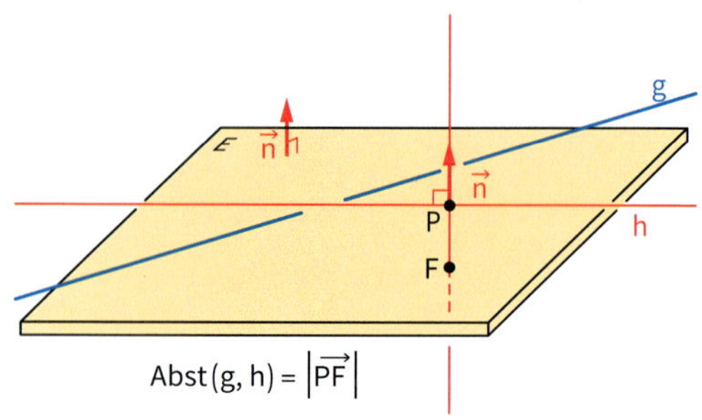

(3) Da die Gerade g in E liegt und die Gerade h parallel zu E verläuft, ist der Abstand der beiden Geraden g und h voneinander gleich dem Abstand der Geraden h von der Ebene E."
Prüfen Sie diese Behauptung.

b) Gegeben sind beiden zueinander windschiefen Geraden $g: \vec{x} = \begin{pmatrix} 2 \\ 7 \\ -6 \end{pmatrix} + r \cdot \begin{pmatrix} 2 \\ 3 \\ 0 \end{pmatrix}$ und $h: \vec{x} = \begin{pmatrix} 2 \\ -3 \\ 7 \end{pmatrix} + s \cdot \begin{pmatrix} 2 \\ 0 \\ -1 \end{pmatrix}$.
Berechnen Sie mit dem Verfahren aus Teilaufgabe a) den Abstand der Geraden voneinander.

Abstände zueinander windschiefer Geraden in komplexeren Zusammenhängen

7. Gegeben sind die Gerade $g: \vec{x} = \begin{pmatrix} -3 \\ 6 \\ 4 \end{pmatrix} + r \cdot \begin{pmatrix} 2 \\ -2 \\ 1 \end{pmatrix}$ sowie die Punkte $A(3\,|\,3\,|-5)$ und $B(-1\,|\,1\,|-1)$.

Die Gerade h enthält die Punkte A und B.

a) Zeigen Sie, dass die Geraden g und h zueinander windschief sind. Es gibt eine Kugel, welche die beiden Geraden in den Endpunkten eines Durchmessers berührt. Bestimmen Sie den Mittelpunkt und den Radius dieser Kugel.

b) Es gibt eine Gerade k durch den Punkt $P(4\,|\,2\,|\,0)$, welche die Geraden g und h schneidet. Ermitteln Sie eine Parameterdarstellung von k. Untersuchen Sie, wie diese Gerade zur Kugel liegt.

8. Gegeben ist eine Gerade $g: \vec{x} = \begin{pmatrix} -2 \\ 1 \\ 3 \end{pmatrix} + r \cdot \begin{pmatrix} 4 \\ -2 \\ 1 \end{pmatrix}$.

Gesucht ist eine Gerade h, die windschief zu g ist und von g den Abstand 10 hat.

a) Überlegen Sie, wie man eine solche Gerade h finden kann.
Fertigen Sie dazu auch Skizzen an, mit deren Hilfe Sie Ihr Vorgehen beschreiben können.

b) Vergleichen Sie Ihre Lösungsstrategien untereinander.

9. Eine Flugüberwachung ortet ein Verkehrsflugzeug. Bezogen auf ein lokales Koordinatensystem, in dessen Ursprung sich die Flugüberwachung befindet, kann die Flugroute des Verkehrsflugzeugs näherungsweise durch die Gerade $g: \vec{x} = \begin{pmatrix} -2 \\ 3 \\ 2 \end{pmatrix} + r \cdot \begin{pmatrix} 3 \\ -5 \\ 1 \end{pmatrix}$ angegeben werden.

Zum gleichen Zeitpunkt erfasst die Flugüberwachung auch ein Sportflugzeug, dessen Kurs durch die Gerade $h: \vec{x} = \begin{pmatrix} 1 \\ 4 \\ 3 \end{pmatrix} + s \cdot \begin{pmatrix} -2 \\ -2 \\ 0 \end{pmatrix}$ beschrieben werden kann (Einheit in km). Untersuchen Sie, ob die beiden Flugzeuge auf diesen Routen jederzeit einen geforderten Mindestabstand von 600 m einhalten.

10. Über einer nahezu ebenen Landschaft, die in einem lokalen Koordinatensystem durch die x_1x_2-Ebene beschrieben werden kann, fliegt ein Verkehrsflugzeug mit konstanter Geschwindigkeit und geradlinigem Kurs innerhalb von 5 min von $P_1(-225\,|\,317\,|\,1{,}1)$ nach $P_2(-200\,|\,257\,|\,1{,}6)$ (Einheit 1 km).

a) Das Flugzeug fliegt danach auf diesem Kurs weiter. Wann erreicht das Flugzeug eine Höhe von 4 km? Wie groß ist die Geschwindigkeit des Flugzeugs?

b) Zum gleichen Zeitpunkt, an dem die Verkehrsmaschine den Punkt P_2 passiert, befindet sich ein Sportflugzeug im Punkt $Q_1(-198\,|\,251\,|\,2{,}3)$, 3 min später im Punkt $Q_2(-204\,|\,242\,|\,1{,}8)$. Untersuchen Sie, ob es auf den beiden Flugbahnen zu einer Kollision kommen könnte, vorausgesetzt, dass auch das Sportflugzeug mit konstanter Geschwindigkeit und auf geradlinigem Kurs fliegt. Bestimmen Sie die minimale Entfernung der beiden Flugbahnen.

c) Zu welchem Zeitpunkt sind sich die beiden Flugzeuge tatsächlich am nächsten?
Welche Entfernung haben sie zu diesem Zeitpunkt?

11. Ein Flugzeug fliegt auf einem kreisförmigen Kurs, dessen Mittelpunkt der Punkt $M(3\,|\,2\,|\,6)$ ist, vom Punkt $A(11\,|\,6\,|\,5)$ zum Punkt $B(7\,|-2\,|\,13)$.

a) Bestimmen Sie eine Koordinatenform der Ebene, in der sich das Flugzeug bewegt.
Berechnen Sie den Radius des kreisförmigen Kurses und die Länge des Flugwegs von A nach B.

b) Im Punkt B verlässt das Flugzeug die Kreisbahn und fliegt in Richtung der Kreistangente in B weiter. Geben Sie eine Gleichung dieser Tangente an.

c) Als das Flugzeug die Kreisbahn verlassen hat, ist ein zweites Flugzeug auf einem geradlinigen Kurs unterwegs, der durch die Gerade $h: \vec{x} = \begin{pmatrix} 47 \\ 28 \\ 1 \end{pmatrix} + k \cdot \begin{pmatrix} -3 \\ -5 \\ 2 \end{pmatrix}$ beschrieben werden kann.

Könnte es zu einer Kollision zwischen den beiden Flugzeugen kommen, falls beide Flugzeuge ihren geradlinigen Kurs beibehalten? Bestimmen Sie den Abstand dieser beiden Flugbahnen.

4.4 Vermischte Aufgaben

1. Bestimmen Sie möglichst einfach Koordinatenformen der Ebenen, in denen die Seitenflächen des rechts abgebildeten Körpers liegen.
Hinweis: Verwenden Sie Ihre Kenntnisse über die besondere Lage von Ebenen im Koordinatensystem.

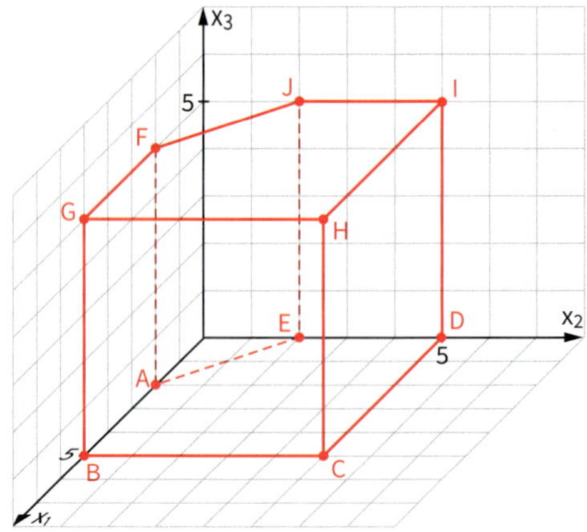

2. Gegeben sind die Ebene $E: \begin{pmatrix} 2 \\ -1 \\ 2 \end{pmatrix} \cdot \vec{x} - 12 = 0$ und die Gerade $g: \vec{x} = \begin{pmatrix} 8 \\ -4 \\ 5 \end{pmatrix} + k \cdot \begin{pmatrix} -3 \\ 2 \\ 4 \end{pmatrix}$.

a) Zeigen Sie, dass die Gerade g zur Ebene E parallel ist und berechnen Sie ihren Abstand von E.

b) Geben Sie eine Gleichung der Geraden h so an, dass g und h bezüglich der Ebene E symmetrisch zueinander sind.

3. Das Viereck ABCD mit A (13 | −8 | 7), B (9 | −4 | 9) und C (7 | −8 | 13) ist die quadratische Grundfläche einer schiefen Pyramide, deren Spitze im Punkt S (20 | 10 | 20) liegt.

a) Bestimmen Sie die Koordinaten des fehlenden Eckpunktes D.

b) Berechnen Sie die Höhe und das Volumen der Pyramide.

c) Berechnen Sie den Oberflächeninhalt der Pyramide.

4. Ein Kirchturm hat vereinfacht die Form eines Quaders mit einer aufgesetzten geraden quadratischen Pyramide. Ein insgesamt 15 m langer Fahnenmast ist im Innern der Turmspitze im Mittelpunkt der Kante $\overline{EH}$ angebracht und verläuft orthogonal zur Dachfläche FGS.
Bestimmen Sie die Koordinaten des Punktes, in dem der Mast die Dachfläche durchstößt, und die Länge des Fahnenmastes im Freien.

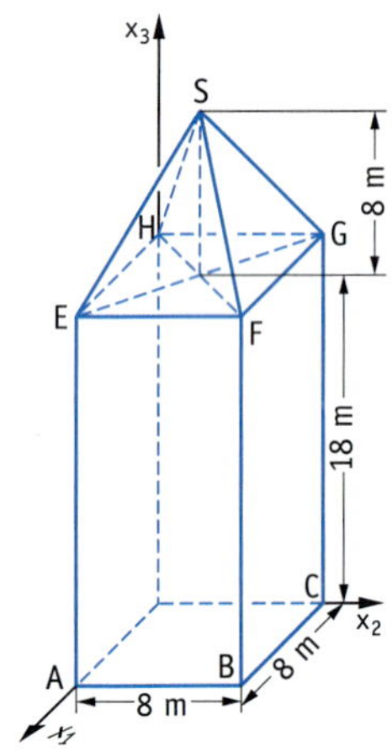

5. Die Punkte A (3 | −1 | −2), B (7 | −3 | 6) und C (−3 | 8 | 1) bilden die Grundfläche einer dreiseitigen Pyramide mit der Spitze S (−23 | −19 | 11). Berechnen Sie die Höhe der Pyramide.

6. Gegeben sind die Punkte A (3 | 0 | 6), B (7 | −2 | 2), und C (5 | 2 | −2).

a) Zeigen Sie, dass es einen Punkt D gibt, sodass das Viereck ABCD ein Quadrat ist.

b) Dieses Quadrat ist die Grundfläche einer geraden Pyramide mit der Höhe h = 6.
Bestimmen Sie die Koordinaten der beiden möglichen Pyramidenspitzen S_1 und S_2.
Zeichnen Sie ein Schrägbild der beiden Pyramiden.

c) S ist diejenige Pyramidenspitze, die oberhalb der x_1x_2-Ebene liegt. Zeigen Sie, dass S auf der Geraden $g: x = \begin{pmatrix} 6 \\ 3 \\ 12 \end{pmatrix} + k \cdot \begin{pmatrix} 1 \\ 1 \\ -4 \end{pmatrix}$ mit $k \in \mathbb{R}$ liegt. Begründen Sie, dass sich das Volumen der Pyramide ABCDS nicht ändert, wenn S auf der Geraden g wandert.

LK **7.** Gegeben ist eine Ebene E durch $E: x_1 + 2x_2 + 2x_3 - 12 = 0$.

a) Bestimmen Sie die Koordinaten der Spurpunkte S_1, S_2 und S_3 von E. Zeichnen Sie das Dreieck $S_1S_2S_3$ in ein Koordinatensystem.

b) Die Punkte O, S_1, S_2 und S_3 sind die Eckpunkte einer Pyramide. Berechnen Sie das Volumen und den Oberflächeninhalt der Pyramide.

c) Im Innern der Pyramide liegt ein Punkt M, der von allen Seitenflächen und von der Grundfläche denselben Abstand hat. Bestimmen Sie die Koordinaten von M.

8. Gegeben sind die Ebene $E_1: 5x_1 + 4x_2 + 3x_3 + 9 = 0$ und die Gerade $g: \vec{x} = \begin{pmatrix} 4 \\ 0 \\ 2 \end{pmatrix} + k \cdot \begin{pmatrix} 1 \\ 6 \\ 2 \end{pmatrix}$.
Die Ebene E_2 enthält die Punkte A (5 | 6 | 4), B (5 | 3 | 8) und C (10 | 2 | 1).

a) Zeigen Sie, dass die beiden Ebenen zueinander parallel sind, und berechnen Sie ihren Abstand. Untersuchen Sie, ob der Punkt A auf der Geraden g liegt.

b) Bestimmen Sie den Schnittpunkt S von g und E_1.

LK **9.** Gegeben ist ein Würfel der Kantenlänge 4.
Eine Ebene, die durch B geht, schneidet eine Ecke des Würfels so ab, dass P genauso weit von E entfernt ist wie Q von G.

a) Bestimmen Sie die Koordinaten von P und Q so, dass die Schnittfläche den Flächeninhalt 6 hat.

b) Ermitteln Sie das Volumen des Restkörpers.

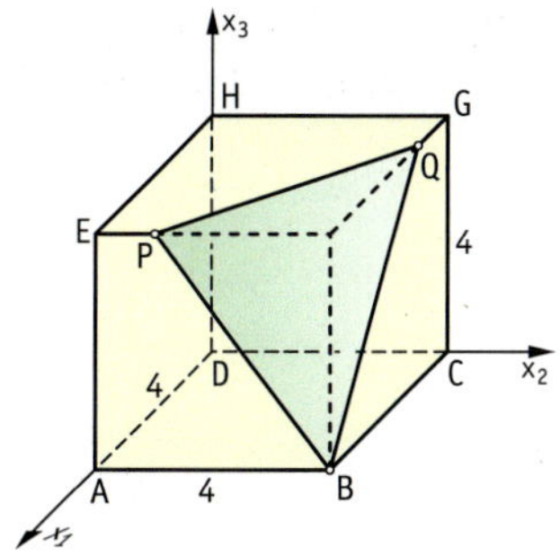

LK **10.** Gegeben ist eine quadratische Pyramide ABCDS mit den Punkten A (0 | 0 | 0), B (6 | 0 | 0), C (6 | 6 | 0), D (0 | 6 | 0) und S (3 | 3 | 12).

a) Zeichnen Sie ein Schrägbild der Pyramide in einem Koordinatensystem.
Bestimmen Sie den Innenwinkel zwischen zwei benachbarten Seitenflächen der Pyramide.
Bestimmen Sie auch den Winkel zwischen einer Seitenfläche und der Grundfläche.

b) Die Ebene E enthält die Pyramidenkante $\overline{BC}$ und schneidet die Kante $\overline{DS}$ im Punkt P (1 | 5 | 4). Bestimmen Sie die Koordinaten des Punktes Q, in dem E die Kante $\overline{AS}$ schneidet.
Um welches besondere Viereck handelt es sich bei dem Viereck BCPQ? Nennen Sie den Fachbegriff.
Berechnen Sie die Seitenlängen des Vierecks sowie die Größen seiner Innenwinkel.

c) Alle Ebenen einer Ebenenschar F_t sind parallel zur Ebene E. Geben Sie eine Koordinatenform von F_t an.
Untersuchen Sie, für welche Werte von t die Ebenen der Schar gemeinsame Punkte mit der Pyramide haben.

LK **11.** Bei einer geraden quadratischen Pyramide beträgt die Länge der Grundkante 8 cm und die Höhe 6 cm.
P (0 | 0 | a) ist ein Punkt im Innern der Pyramide, der von allen vier Seitenflächen der Pyramide den gleichen Abstand hat.

a) Bestimmen Sie den Abstand des Punktes P von den Seitenflächen in Abhängigkeit von a.

b) Welcher der möglichen Punkte hat den Abstand 2 cm von den Seitenflächen? Geben Sie die Koordinaten des Punktes an.

c) Bestimmen Sie den Abstand des Koordinatenursprungs von den Seitenflächen.

d) Bestimmen Sie die Koordinaten des Punkte P, der außer von den Seitenflächen auch noch von der Grundfläche den gleichen Abstand hat.

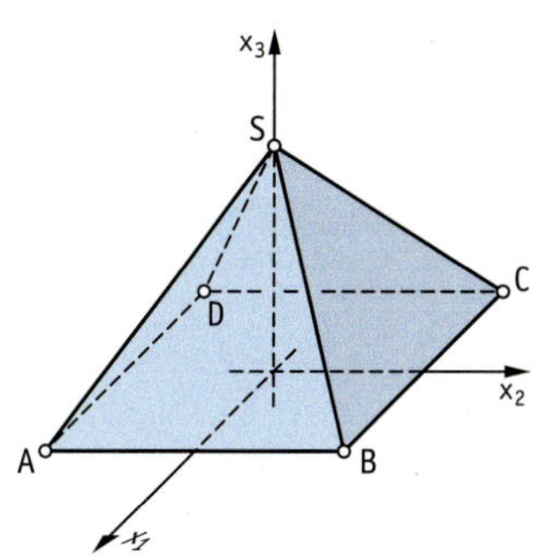

LK **12.** In einem Würfel mit der Kantenlänge 8 liegt der Punkt P auf der Kante $\overline{CG}$.

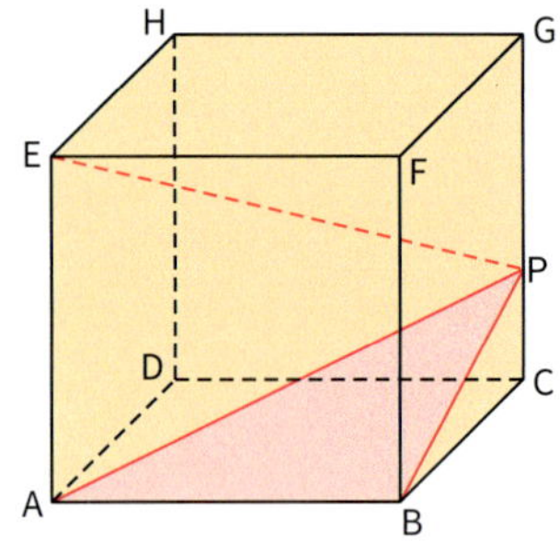

a) Die Punkte A, B, P und E bilden die Eckpunkte einer dreiseitigen Pyramide.
Zeigen Sie, dass das Volumen dieser Pyramide von der Lage von P unabhängig ist.

b) Das Dreieck ABP liegt in der Ebene E_{ABP}.
Die Raumdiagonale $\overline{CE}$ schneidet diese Ebene im Punkt S.
Bei welcher Lage von P wird der Abstand der Punkte S und D minimal?

LK **13.** Ein Verkehrsflugzeug wird nach dem Start vom Tower um 9:14 Uhr im Punkt $A_1\,(4\,|-2\,|\,2{,}8)$, 6 Minuten später im Punkt $A_2\,(7\,|\,70\,|\,3{,}1)$ geortet. Um 9:14 Uhr befindet sich ein Militärjet im Punkt $B_1\,(-2\,|\,65\,|\,3{,}5)$, 3 Minuten später im Punkt $B_2\,(31\,|\,41\,|\,3{,}5)$.
Beide Flugzeuge fliegen in den nächsten Minuten geradlinig und mit unverminderter Geschwindigkeit weiter. (Alle Koordinatenangaben in Kilometer.)

a) Bestimmen Sie die Geschwindigkeiten der beiden Flugzeuge und den Abstand ihrer Flugbahnen.

b) Ein Beobachter auf der Erde beobachtet die Kondensstreifen der beiden Flugzeuge.
Bestimmen Sie den Winkel, unter welchem sich die beiden Kondensstreifen zu schneiden scheinen.

c) Bei den hohen Geschwindigkeiten der beiden Flugzeuge muss ein Mindestabstand von 1 200 m eingehalten werden.
Prüfen Sie, ob die beiden Flugzeuge diesen Mindestabstand eingehalten haben.
Ermitteln Sie die Zeitpunkt mit der geringsten Entfernung beider Flugzeuge.

LK **14.** Ein Oktaeder ist ein Körper, bei dem alle Kanten gleich lang sind (siehe Abbildung). Gegeben sind die Eckpunkte $A\,(2\,|\,4\,|\,1)$, $B\,(2\,|-2\,|\,7)$, $F\,(8\,|-2\,|\,1)$ und $G\,(4\,|\,6\,|\,9)$.

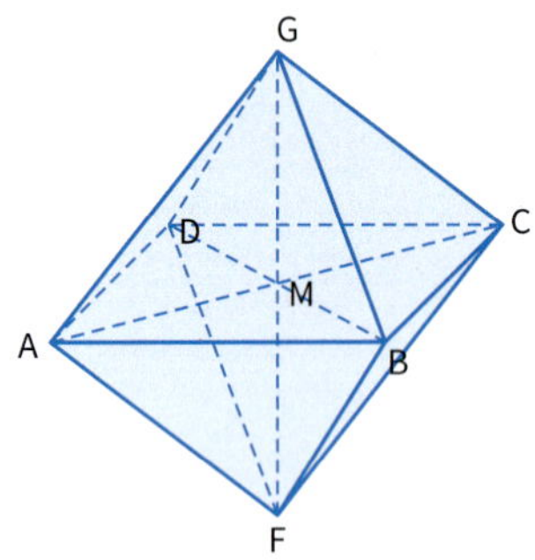

a) Ermitteln Sie die Koordinaten der Eckpunkte C und D und berechnen Sie das Volumen des Oktaeders.
Zeichnen Sie ein Schrägbild des Oktaeders ABCDFG in ein Koordinatensystem ein.
Bestimmen Sie den Innenwinkel zwischen den Seitenflächen ABG und BCG.

b) In den Oktaeder wird eine Kugel einbeschrieben, die alle Seitenflächen berührt. Berechnen Sie den Radius dieser Inkugel.

c) Durch $x_1 - 2x_2 - 2x_3 + t = 0$ mit $t \in \mathbb{R}$ ist eine Schar von Ebenen E_t gegeben.
Für welche Werte von t schneidet eine Ebene E_t das Oktaeder?
Welche Ebenen der Schar schneiden aus dem Oktaeder ein Quadrat aus, dessen Flächeninhalt halb so groß ist wie der Flächeninhalt des Quadrats ABCD?

LK **15.** In einem kartesischen Koordinatensystem sind die Punkte $A\,(3\,|-2\,|\,1)$, $B\,(3\,|\,3\,|\,1)$ und $C\,(6\,|\,3\,|\,5)$ gegeben.

a) Stellen Sie eine Koordinatenform der Ebene E durch die Punkte A, B, C auf.
Begründen Sie anhand einer Rechnung:
Ein weiterer Punkt D kann so gewählt werden, dass das Viereck ABCD ein Quadrat ist.
Berechnen Sie die Koordinaten von D.

b) Für $k \in \mathbb{R}$ ist ein Punkt $S_k\,(3k\,|\,3+5k\,|\,9{,}5+4k)$ gegeben.
Weisen Sie nach, dass die Punkte S_k für alle Werte von k auf einer Geraden g liegen und geben Sie eine Gleichung dieser Geraden an.
Zeigen Sie, dass g parallel zu E verläuft und bestimmen Sie den Abstand von g zu E.

c) F ist der Schnittpunkt der Diagonalen des Quadrats ABCD.
Zeigen Sie: Es gibt einen Wert k_0 so, dass die Gerade FS_{k_0} auf der Ebene E senkrecht steht.
Berechnen Sie die Koordinaten des Punktes S_{k_0}.

Das Wichtigste im Überblick

Winkel zwischen Gerade und Ebene

LK

Wahlthema GK

Für den **Schnittwinkel φ zwischen einer Geraden g** mit dem Richtungsvektor $\vec{v}$ **und einer Ebene E** mit dem Normalenvektor $\vec{n}$ gilt:

$$\sin(\varphi) = \frac{|\vec{v} * \vec{n}|}{|\vec{v}| \cdot |\vec{n}|}$$

$E\colon 7x_1 + 11x_2 + 1x_3 = 28$

$g\colon \vec{x} = \begin{pmatrix} 5 \\ 1 \\ -2 \end{pmatrix} + r \cdot \begin{pmatrix} 0 \\ -1 \\ 3 \end{pmatrix}$

$$\sin(\varphi) = \frac{\left|\begin{pmatrix} 7 \\ 11 \\ 1 \end{pmatrix} * \begin{pmatrix} 0 \\ -1 \\ 3 \end{pmatrix}\right|}{\left|\begin{pmatrix} 7 \\ 11 \\ 1 \end{pmatrix}\right| \cdot \left|\begin{pmatrix} 0 \\ -1 \\ 3 \end{pmatrix}\right|} = \frac{|-8|}{\sqrt{171} \cdot \sqrt{10}},$$

also $\varphi \approx 11{,}2°$

Winkel zwischen zwei Ebenen

LK

Wahlthema GK

Für den **Schnittwinkel δ zweier Ebenen** mit den Normalenvektoren $\vec{n_1}$ und $\vec{n_2}$ gilt:

$$\cos(\delta) = \frac{|\vec{n_1} * \vec{n_2}|}{|\vec{n_1}| \cdot |\vec{n_2}|}$$

$E\colon 7x_1 + 11x_2 + 1x_3 = 28$

$F\colon -3x_1 + 4x_2 - 1x_3 = 2$

$$\cos(\delta) = \frac{\left|\begin{pmatrix} 7 \\ 11 \\ 1 \end{pmatrix} * \begin{pmatrix} -3 \\ 4 \\ -1 \end{pmatrix}\right|}{\left|\begin{pmatrix} 7 \\ 11 \\ 1 \end{pmatrix}\right| \cdot \left|\begin{pmatrix} -3 \\ 4 \\ -1 \end{pmatrix}\right|} = \frac{22}{\sqrt{171} \cdot \sqrt{26}},$$

also $\delta \approx 70{,}7°$

Abstand eines Punktes von einer Ebene (Lotfußpunkt-Verfahren)

LK

Wahlthema GK

Den **Abstand eines Punktes P von einer Ebene E** kann man folgendermaßen ermitteln:

(1) Aufstellen der Parametergleichung der Lotgeraden g durch den Punkt P orthogonal zu E, also mit dem Normalenvektor $\vec{n}$ als Richtungsvektor.

(2) Bestimmen des Lotfußpunktes F der Geraden g mit der Ebene E durch Einsetzen von g in E.

(3) Der Abstand des Punktes P von der Ebene E ist der Abstand der Punkte P und F:
Abst (P; E) = $|\overrightarrow{PF}|$.

Den Abstand einer *Geraden g zu einer parallelen Ebene E* bestimmt man mithilfe des Abstandes eines beliebigen Punktes P auf g zur Ebene E:
Abst (P; E) = Abst (g; E)

Den Abstand zweier *paralleler Ebenen E_1 und E_2* bestimmt man mithilfe eines beliebigen Punktes P der einen Ebene, z.B. E_1, es gilt dann:
Abst (P; E_2) = Abst (E_1; E_2)

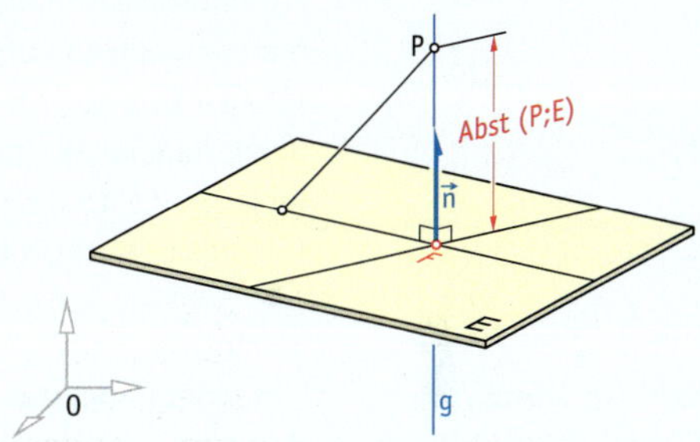

$E\colon 7x_1 + 11x_2 + 1x_3 = 28$; $P(3\,|\,6\,|\,-2)$

(1) $g\colon \vec{x} = \begin{pmatrix} 3 \\ 6 \\ -2 \end{pmatrix} + r \cdot \begin{pmatrix} 7 \\ 11 \\ 1 \end{pmatrix}$

(2) Einsetzen von g in E ergibt:
$7 \cdot (3 + 7r) + 11 \cdot (6 + 11r) + (-2 + r) = 28$
$r = -\frac{1}{3}$
also $F\left(\frac{2}{3}\,\middle|\,\frac{7}{3}\,\middle|\,-\frac{7}{3}\right)$ und $\overrightarrow{PF} = -\frac{1}{3}\begin{pmatrix} 7 \\ 11 \\ 1 \end{pmatrix}$

(3) Abst (P; E) = $|\overrightarrow{PF}| = \sqrt{19} \approx 4{,}36$ LE

Formel für den Abstand eines Punktes von einer Ebene – HESSE'sche Normalenform

LK

Für den **Abstand eines Punktes P ($p_1\,|\,p_2\,|\,p_3$)** von einer **Ebene E:** $a x_1 + b x_2 + c x_3 = d$ gilt:

$$\textbf{Abst (P; E)} = \frac{|a p_1 + b p_2 + c p_3 - d|}{\sqrt{a^2 + b^2 + c^2}}$$

$$= \frac{1}{|\vec{n}|} \cdot |\vec{n} * \overrightarrow{OP} - d|$$

$\vec{n} = \begin{pmatrix} a \\ b \\ c \end{pmatrix}$

$E\colon 7x_1 + 11x_2 + 1x_3 = 28$; $P(3\,|\,6\,|\,-2)$

$$\text{Abst}(P; E) = \frac{|7 \cdot 3 + 11 \cdot 6 + 1 \cdot (-2) - 28|}{7^2 + 11^2 + 1^2}$$

$$= \sqrt{19} \approx 4{,}36 \text{ Einheiten}$$

Die Gleichung $\frac{a x_1 + b x_2 + c x_3 - d}{\sqrt{a^2 + b^2 + c^2}} = 0$ bzw.

$\frac{1}{|\vec{n}|} \cdot (\vec{n} * \overrightarrow{OX} - d) = 0$ heißt **Hesse'sche Normalenform der Ebene E**.

E: $\frac{7x_1 + 11x_2 + 1x_3 - 28}{\sqrt{171}} = 0$

Abstand eines Punktes von einer Geraden

LK

Den **Abstand eines Punktes P von einer Geraden g** kann man folgendermaßen ermitteln:

(1) Aufstellen der Gleichung einer Hilfsebene E, die den Punkt P enthält und orthogonal zu g verläuft, d.h. mit dem Richtungsvektor $\vec{v}$ von g als Normalenvektor.

(2) Berechnung des Schnittpunktes F der Geraden g und der Hilfsebene E.

(3) Der Abstand des Punktes P von der Geraden g ist der Abstand der Punkte P und F: **Abst (P; g) = $|\overrightarrow{PF}|$.**

Andere Möglichkeit:

Gegeben sind eine Gerade g durch $\vec{x} = \overrightarrow{OA} + t \cdot \vec{u}$ und ein Punkt $P(p_1 | p_2 | p_3)$. Gesucht: Abst (P; g)
Man bestimmt den Wert des Parameters t in der Parameterdarstellung der Geraden g, für welchen man denjenigen Punkt F auf g erhält, für den gilt: $\overrightarrow{PF} * \vec{u} = 0$, also $(\overrightarrow{OP} - \overrightarrow{OA} - t \cdot \vec{u}) * \vec{u} = 0$
Setzt man den Wert für t in die Parameterdarstellung von g ein, so erhält man den Ortsvektor des Punktes F. **Abst (P; g) = $|\overrightarrow{PF}|$**

g: $x = \begin{pmatrix} -2 \\ 3 \\ 1 \end{pmatrix} + t \cdot \begin{pmatrix} 2 \\ -1 \\ 2 \end{pmatrix}$;
P(−5 | 20 | −1)

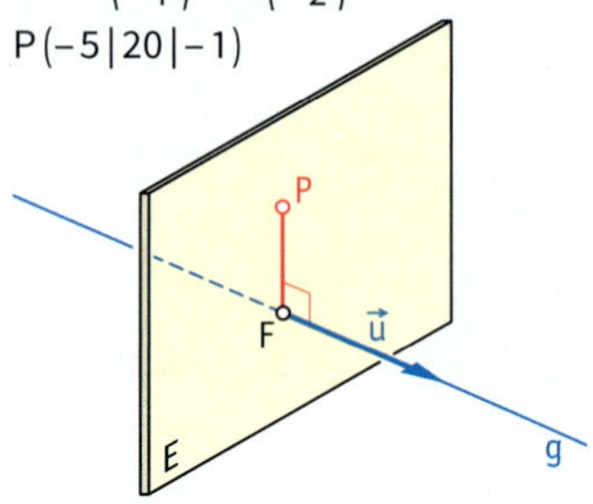

(1) Hilfsebene E in Normalenform aufstellen:

E: $\begin{pmatrix} 2 \\ -1 \\ 2 \end{pmatrix} * \left(\vec{x} - \begin{pmatrix} -5 \\ 20 \\ -1 \end{pmatrix}\right) = 0$, also in Koordinatenform: $2x_1 - x_2 + 2x_3 = -32$

(2) Einsetzen von g in E ergibt:
$2(-2 + 2t) - (3 - t) + 2(1 + 2t) = -32$
$t = -3$
also F(−8 | 6 | −5) und $\overrightarrow{PF} = \begin{pmatrix} -3 \\ -14 \\ -4 \end{pmatrix}$

(3) Abst (P; g) = $|\overrightarrow{PF}| = \sqrt{221} \approx 14{,}87$ Einheiten

Abstand windschiefer Geraden

LK

Unter dem **Abstand zweier windschiefer Geraden g und h** versteht man den Abstand zweier Punkte P und Q der Geraden g und h, die voneinander den **kürzesten Abstand** haben. Der Vektor $\overrightarrow{PQ}$ verläuft also orthogonal zu den Geraden g und h.

Verfahren zur Bestimmung des Abstandes zweier windschiefer Geraden

Gegeben sind g: $\vec{x} = \vec{a} + r \cdot \vec{u}$ und h: $\vec{x} = \vec{b} + s \cdot \vec{v}$.

(1) Aufstellen des Vektors $\overrightarrow{PQ}$, wobei P auf g und Q auf h liegt:
$\overrightarrow{PQ} = \overrightarrow{OQ} - \overrightarrow{OP} = \vec{b} - \vec{a} + s \cdot \vec{v} - r \cdot \vec{u}$

(2) Der Vektor $\overrightarrow{PQ}$ ist orthogonal zu g und h, also gilt: $\overrightarrow{PQ} * \vec{u} = 0$ und $\overrightarrow{PQ} * \vec{v} = 0$.

(3) Lösen des linearen Gleichungssystems.

(4) Einsetzen der Lösungen r und s des Gleichungssystems in g bzw. h.
Man erhält die Koordinaten der beiden Punkte P und Q.

(5) **Abst (g; h) = $|\overrightarrow{PQ}|$**

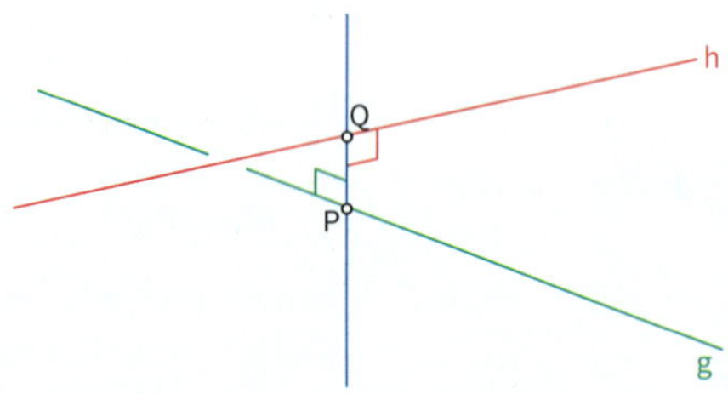

g: $\vec{x} = \begin{pmatrix} 1 \\ 1 \\ 0 \end{pmatrix} + \vec{r} \cdot \begin{pmatrix} 0 \\ 2 \\ 2 \end{pmatrix}$, h: $\vec{x} = \begin{pmatrix} 0 \\ 0 \\ 4 \end{pmatrix} + \vec{s} \cdot \begin{pmatrix} 2 \\ 1 \\ 0 \end{pmatrix}$

$\overrightarrow{PQ} = \begin{pmatrix} 2s \\ s \\ 4 \end{pmatrix} - \begin{pmatrix} 1 \\ 1 + 2r \\ 2r \end{pmatrix} = \begin{pmatrix} -1 + 2s \\ -1 + s - 2r \\ 4 - 2r \end{pmatrix}$

$\begin{pmatrix} -1 + 2s \\ -1 + s - 2r \\ 4 - 2r \end{pmatrix} * \begin{pmatrix} 0 \\ 2 \\ 2 \end{pmatrix} = \begin{pmatrix} -1 + 2s \\ -1 + s - 2r \\ 4 - 2r \end{pmatrix} * \begin{pmatrix} 2 \\ 1 \\ 0 \end{pmatrix} = 0$

$\left| \begin{matrix} 6 + 2s - 8r = 0 \\ -3 + 5s - 2r = 0 \end{matrix} \right|$, also r = 1 und s = 1

r = 1 in g einsetzen: P(1 | 3 | 2)
s = 1 in h einsetzen: Q(2 | 1 | 4)

Abst (g; h) = $|\overrightarrow{PQ}| = \left| \begin{pmatrix} 1 \\ -2 \\ 2 \end{pmatrix} \right| = 3$

Klausurtraining

TEIL A

Lösen Sie die folgenden Aufgaben ohne Formelsammlung und Taschenrechner.

1. Gegeben sind die Ebene $E: 2x_1 - 4x_2 - 5x_3 = 10$ und die Gerade $g: \vec{x} = \begin{pmatrix} 3 \\ 1 \\ -4 \end{pmatrix} + t \cdot \begin{pmatrix} 1 \\ -2 \\ 2 \end{pmatrix}$.
   a) Zeigen Sie, dass g parallel zu E ist, aber nicht in E liegt.
   b) Berechnen Sie den Abstand von g zu E.

2. Gegeben sind die Ebene $E: x_1 + x_2 = 4$ und der Punkt $P(2\,|\,12\,|\,2)$.
   a) Beschreiben Sie, welche besondere Lage E im Koordinatensystem hat.
   b) Der Punkt P wird an E gespiegelt. Bestimmen Sie die Koordinaten des Bildpunktes.

LK 3. Gegeben sind die Gerade $g: \vec{x} = \begin{pmatrix} 7 \\ 2 \\ -2 \end{pmatrix} + k \cdot \begin{pmatrix} -2 \\ 2 \\ 1 \end{pmatrix}$ und der Punkt $P(2\,|\,4\,|\,2)$.
   a) Bestimmen Sie eine Koordinatenform der Ebene E, welche die Gerade g und den Punkt P enthält.
   b) Welchen Abstand hat der Punkt P von der Geraden g?

4. Gegeben ist die Ebene $E: E x_2 + 4x_3 = 12$.
   a) Stellen Sie die Ebene in einem Koordinatensystem dar.
   b) Bestimmen Sie die Koordinaten derjenigen Punkte auf der x_2-Achse, die von E den Abstand 6 haben.

5. Gegeben sind die Ebenen $E_1: x_1 + 2x_2 = 8$ und $E_2: x_1 + 2x_2 + 4x_3 = 8$.
   a) Stellen Sie die beiden Ebenen in einem gemeinsamen Koordinatensystem dar.
   Geben Sie eine Parameterdarstellung der Schnittgeraden von E_1 und E_2 an.
   b) Die Spurpunkte von E_2 bilden mit dem Koordinatenursprung die Eckpunkte einer dreiseitigen Pyramide. Berechnen Sie das Volumen dieser Pyramide.
   c) Die Ebene E_3 hat dieselbe Spurgerade mit der x_2x_3-Ebene wie E_2 und ist parallel zur x_1-Achse. Ermitteln Sie eine Gleichung von E_3.

6. Gegeben sind die Ebene $E: 3x_2 + 4x_3 = 18$ und der Punkt $P(4\,|\,15\,|\,-3)$.
   a) Berechnen Sie den Abstand des Punktes P von der Ebene E.
   b) Der Punkt $S(-1\,|\,2\,|\,3)$ liegt auf E. Bestimmen Sie den Punkt Q auf der Geraden durch S und P, der genauso weit von E entfernt ist wie P.

TEIL B

Bei der Lösung dieser Aufgaben können Sie die Formelsammlung und den Taschenrechner verwenden.

7. Eine quadratische Pyramide hat die Grundfläche ABCD mit $A(4\,|\,0\,|\,0)$, $B(0\,|\,4\,|\,0)$, $C(-4\,|\,0\,|\,0)$ und $D(0\,|\,-4\,|\,0)$ und die Spitze $S(0\,|\,0\,|\,8)$.
   a) Berechnen Sie das Volumen der Pyramide.
   b) Im Inneren der Pyramide gibt es einen Punkt, der von allen Flächen der Pyramide den gleichen Abstand hat. Bestimmen Sie seine Koordinaten.
   c) Der Punkt S_t ist ein Punkt der Geraden $s: \vec{x} = \begin{pmatrix} 0 \\ 0 \\ 8 \end{pmatrix} + t \cdot \begin{pmatrix} 2 \\ 1 \\ 0 \end{pmatrix}$.
   Begründen Sie, weshalb alle Pyramiden $ABCDS_t$ das gleiche Volumen besitzen.

8. Ein Flugzeug befindet sich um 12:37 Uhr im Punkt $A_1(3\,|-2\,|\,8)$. Zum gleichen Zeitpunkt erfasst die Flugüberwachung ein zweites Flugzeug im Punkt $B_1(-1\,|\,2\,|\,5)$. Beide Flugzeuge sind während der nächsten Minuten mit konstanter Geschwindigkeit nahezu geradlinig unterwegs. (Koordinatenangaben in km)

a) Drei Minuten später ist das erste Flugzeug im Punkt $A_2(27\,|\,25\,|\,8)$. Nach einer weiteren Minute beobachtet der Fluglotse das zweite Flugzeug im Punkt $B_2(27\,|\,26\,|\,7)$.
Mit welcher Geschwindigkeit sind die beiden Flugzeuge im Beobachtungszeitraum unterwegs?
Wie lange dauert es, bis das zweite Flugzeug die Höhe des ersten Flugzeugs erreicht hat?

LK **b)** Zeigen Sie, dass die beiden Flugrouten sich nicht schneiden.
Wie groß ist der minimale Abstand der beiden Flugrouten?

c) Warum sind die beiden Flugzeuge tatsächlich weiter voneinander entfernt?
Wie groß ist der minimale Abstand der beiden Flugzeuge, wenn sie ihre Flugrouten einhalten?
Zu welchem Zeitpunkt besteht dieser minimale Abstand?

9. Ein Turm steht auf der x_1x_2-Ebene. Er hat die Form eines Quaders mit quadratischer Grundfläche und mit einer aufgesetzten Pyramide. Auf der Turmspitze befindet sich eine Wetterfahne aus Metall, welche die Form eines gleichschenkligen Dreiecks hat und um die Achse PQ drehbar ist.
Gegeben sind die Punkte $A(4\,|\,2\,|\,0)$, $B(6\,|\,6\,|\,0)$, $C(2\,|\,8\,|\,0)$, $D(0\,|\,4\,|\,0)$, $D_1(0\,|\,4\,|\,2)$, $P(3\,|\,5\,|\,13)$, $Q(3\,|\,5\,|\,15)$ und $R(4\,|\,7\,|\,14)$.

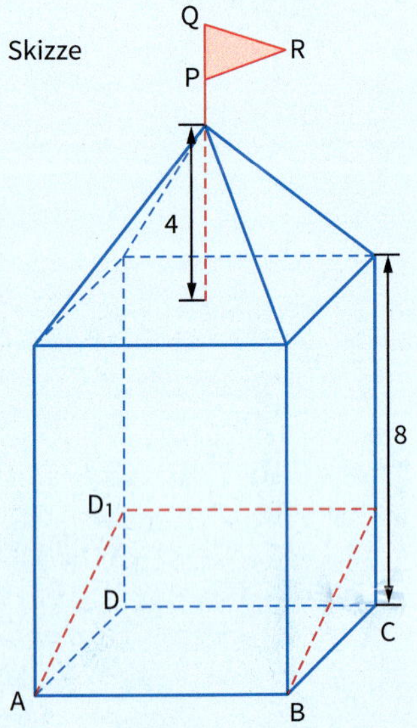

a) Zeichnen Sie den Turm samt Wetterfahne in ein Koordinatensystem. Der Turm steht in einem schrägen Hang, dessen Oberfläche in der Ebene durch die Punkte A, B und D_1 liegt.
Bestimmen Sie den Neigungswinkel dieses Hangs.

b) Ein Beobachter (Augenhöhe 1,8 m) steht im Punkt $M(6\,|\,10\,|\,0)$ auf der x_1x_2-Ebene.
Untersuchen Sie, ob er von dieser Stelle aus den Punkt Q der Wetterfahne sehen kann.

c) Bei einem starken Wind, der in Richtung des Vektors $\vec{w} = \begin{pmatrix} -1 \\ -2 \\ 0 \end{pmatrix}$ weht, wird die Wetterfahne so gedreht, dass sie genau in Windrichtung steht. Geben Sie die Koordinaten des Punktes R′ an, in dem sich nun die Spitze R der Wetterfahne befindet.

10. Ein Holzkeil hat die Form eines Prismas mit der Grundfläche ECD (siehe nebenstehende Zeichnung, Einheiten auf den Koordinatenachsen in cm).

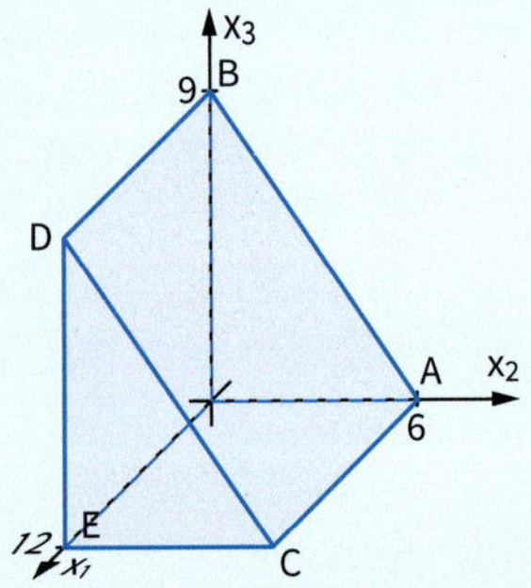

a) Bestimmen Sie den Winkel zwischen den Seitenflächen ECAO und CABD. Berechnen Sie den Abstand der Kante EO von der Seitenfläche CABD.

b) Im Schwerpunkt der Fläche ECD wird ein Bohrer angesetzt, die Bohrung erfolgt parallel zur x_1-Achse. Wie groß darf der Durchmesser des Bohrers maximal sein, wenn zu allen drei Seitenflächen ein mindestens 1 cm starker Rand bleiben soll?

c) Die Bohrung erfolgt mit einem Bohrer mit maximalem Durchmesser.
Wie viel Prozent Abfall entsteht bei der Bohrung?

Matrizen

5

Eine Unternehmensberatung hat für einen Discounter untersucht, welcher Anteil der versendeten Werbe-E-Mails in Abhängigkeit vom Versandzeitpunkt geöffnet wird.

Die nachfolgende Tabelle zeigt die Prozentsätze der geöffneten Werbe-E-Mails in Abhängigkeit von den Wochentagen und dem Zeitraum des Versands.

Die Schreibweise in Form einer Tabelle ermöglicht es, Zusammenhänge zu analysieren und mit den Daten zu rechnen. Tabellen, mit denen gerechnet werden kann, bezeichnet man als Matrizen.

An der Tabelle kann man zum Beispiel ablesen, dass durchschnittlich etwa 30,7 % aller Werbe-Mails, die montags zwischen 9 und 12 Uhr versendet werden, geöffnet werden.

	0–6 Uhr	6–9 Uhr	9–12 Uhr	12–15 Uhr	15–18 Uhr	18–21 Uhr	21–24 Uhr
Montag	15,2	32,8	30,7	30,4	28,7	35,7	21,4
Dienstag	14,4	33,5	28,4	30,4	29,5	28,5	18,3
Mittwoch	11,8	25,7	19,0	28,8	25,3	22,4	15,6
Donnerstag	14,7	18,3	20,1	25,2	23,4	20,8	22,2
Freitag	16,7	26,1	26,4	32,1	30,0	28,5	15,6
Durchschnitt	14,6	27,3	24,9	29,4	27,4	27,2	18,6

In diesem Kapitel ...

... lernen Sie, was man unter Matrizen versteht und wie man mit ihnen rechnet;
... erfahren Sie, wie man Zustandsänderungen mithilfe von Matrizen beschreibt;
... untersuchen Sie sich wiederholende Prozesse mithilfe von Matrizen;
... beschreiben und untersuchen Sie Abbildungen in der Ebene und im Raum mithilfe von Matrizen.

5.1 Rechnen mit Matrizen – Wahlthema

5.1.1 Matrizen – Addieren und Vervielfachen

Einstiegsaufgabe
ohne Lösung

→ Verkehrszählungen in Tabellen darstellen

In einer Stadt wurden von 12:00 Uhr bis 16:00 Uhr an drei Straßen S_1, S_2 und S_3 Verkehrszählungen durchgeführt. Dabei wurde unterschieden zwischen Lkw, Pkw, motorisierten Zweirädern und Fahrrädern.
Pro Stunde ergaben sich durchschnittlich die in der Tabelle dargestellten Werte.

Straße \ Fahrzeug	Lkw	Pkw	motoris. Zweiräder	Fahrräder
S_1	42	254	12	13
S_2	75	382	17	0
S_3	0	138	5	89

- Wie viele Fahrzeuge haben insgesamt die einzelnen Straßen durchschnittlich pro Stunde passiert?
- Während der Hauptverkehrszeit wurden folgende Werte ermittelt:

16:00 Uhr – 17:00 Uhr

Straße \ Fahrzeug	Lkw	Pkw	motoris. Zweiräder	Fahrräder
S_1	75	533	16	11
S_2	127	611	21	0
S_3	0	207	7	102

17:00 Uhr – 18:00 Uhr

Straße \ Fahrzeug	Lkw	Pkw	motoris. Zweiräder	Fahrräder
S_1	58	406	18	9
S_2	82	554	19	0
S_3	0	152	5	90

Wie viele der einzelnen Fahrzeugtypen wurden während der Hauptverkehrszeit an den jeweiligen Straßen gezählt?
- Stellen Sie übersichtlich dar, wie viele Lkw, Pkw, motorisierte Zweiräder und Fahrräder während des gesamten Beobachtungszeitraums an den einzelnen Straßen gezählt wurden.
- In der Presse wurde berichtet, dass die durchschnittlichen Werte von 12:00 Uhr bis 16:00 Uhr noch moderat ausfallen. In der Landeshauptstadt dagegen würden diese Werte 3,4-mal so hoch sein. Geben Sie die zugehörige Tabelle mit den Werten für die Landeshauptstadt an.

Einstiegsaufgabe
mit Lösung

→ Lieferungen von Smartphones in Tabellen darstellen

Das Zentrallager einer Warenhauskette will an seine vier Filialen in Darmstadt, Frankfurt, Kassel und Wiesbaden jeweils fünf verschiedene Typen von Smartphones liefern. Der Lieferumfang für den Monat Januar wird durch die nebenstehende Tabelle angegeben.

Filiale \ Typ	C102	C104	C105	C110	C112
Darmstadt	200	300	300	100	100
Frankfurt	200	250	300	150	100
Kassel	150	200	250	100	100
Wiesbaden	200	200	300	150	150

a) Lesen Sie aus der Tabelle ab, wie viele Smartphones nach Kassel geliefert werden. Welches Smartphone wird am häufigsten ausgeliefert?

b) In den Monaten Februar bis November sollen die Filialen jeweils im gleichen Umfang wie im Januar beliefert werden. Bestimmen Sie die Tabelle, die den gesamten Lieferumfang für die ersten 11 Monate des Jahres beschreibt.

c) Wegen des Weihnachtsgeschäftes sollen die Filialen im Dezember entsprechend der nebenstehenden Tabelle beliefert werden. Berechnen Sie den gesamten Lieferumfang für die Monate November und Dezember.

Filiale \ Typ	C102	C104	C105	C110	C112
Darmstadt	200	350	400	150	150
Frankfurt	250	300	350	200	150
Kassel	300	250	250	100	100
Wiesbaden	200	300	350	250	250

LÖSUNG

a) Durch Addition der Werte in der Zeile für Kassel erhält man 150 + 200 + 250 + 100 + 100 = 800. Also werden im Januar 800 Smartphones nach Kassel geliefert.
Durch Addition der Werte in den *Spalten* erhält man die Gesamtlieferzahlen für die einzelnen Typen von Smartphones im Monat Januar: Das Smartphone C105 wird am häufigsten geliefert.

Typ	C102	C104	C105	C110	C112
Lieferumfang	750	950	1 150	500	450

b) Den Lieferumfang für die ersten 11 Monate erhält man, indem man sämtliche Zahlen der Tabelle mit dem Faktor 11 multipliziert:

Filiale \ Typ	C102	C104	C105	C110	C112
Darmstadt	2 200	3 300	3 300	1 100	1 100
Frankfurt	2 200	2 750	3 300	1 650	1 100
Kassel	1 650	2 200	2 750	1 100	1 100
Wiesbaden	2 200	2 200	3 300	1 650	1 650

c) Den Lieferumfang für die Monate November und Dezember zusammen erhält man, indem man jeweils die Zahlen in den einander entsprechenden Zellen beider Tabellen addiert:

Filiale \ Typ	C102	C104	C105	C110	C112
Darmstadt	400	650	700	250	250
Frankfurt	450	550	650	350	250
Kassel	450	450	500	200	200
Wiesbaden	400	500	650	400	400

500 = 200 + 300

INFORMATION

Matrizen als Tabellen

Aus Gründen der Übersichtlichkeit werden Daten oft in Tabellen notiert. Die Zahlen in einer Tabelle bilden eine rechteckige Anordnung. Eine solche rechteckige Anordnung von Zahlen, die man durch zwei Klammern einschließt, nennt man eine **Matrix**.

2. Spalte

$$\mathbf{A} = \begin{pmatrix} 200 & 300 & 300 & 100 & 100 \\ 200 & 250 & 300 & 150 & 100 \\ 150 & 200 & 250 & 100 & 100 \\ 200 & 200 & 300 & 150 & 150 \end{pmatrix}$$

3. Zeile

Die hier dargestellte Matrix hat 4 Zeilen und 5 Spalten. Sie heißt dementsprechend eine 4 × 5-Matrix (sprich: „4-Kreuz-5-Matrix") oder 4,5-Matrix. Wir verwenden nur die erste Schreibweise.

*Merke: Zeilen **z**uerst, **S**palten **s**päter*

Die Zahlen in der Matrix heißen **Elemente** der Matrix. Sie werden allgemein mit a_{ij} bezeichnet. Dabei gibt i die Zeile und j die Spalte an, in der das Element jeweils steht. Zum Beispiel gilt: $a_{32} = 200$, da in der 3. Zeile und 2. Spalte die Zahl 200 steht.
Die einzelnen Elemente der Matrix, aber auch die Summen der in den Zeilen bzw. Spalten stehenden Elemente haben in Sachsituationen jeweils eine konkrete Bedeutung.

Definition: m × n-Matrix

Eine Zahlentabelle wie rechts mit $a_{ij} \in \mathbb{R}$ für alle vorkommenden i, j heißt **Matrix A** mit m Zeilen und n Spalten, kurz m × n-Matrix oder Matrix vom Typ m × n.

$$\mathbf{A} = \begin{pmatrix} a_{11} & a_{12} & \cdots & a_{1n} \\ a_{21} & a_{22} & \cdots & a_{2n} \\ \vdots & \vdots & \vdots & \vdots \\ a_{m1} & a_{m2} & \cdots & a_{mn} \end{pmatrix}, \; m, n \in \mathbb{N}$$

Man schreibt kurz: $\mathbf{A} = (a_{ij})$; $i = 1, \ldots, m$; $j = 1, \ldots, n$.
Eine Matrix **A** heißt **quadratisch**, wenn sie ebenso viele Zeilen wie Spalten hat, d. h. wenn gilt: m = n.

Untersucht man mehrere Matrizen, so verwendet man entsprechend die Schreibweise $\mathbf{B} = (b_{kl})$, $\mathbf{C} = (c_{ik})$ usw.

BEISPIEL

$A = \begin{pmatrix} -1 & 3 & 4 \\ 4 & -2 & 1 \end{pmatrix}$ ist eine 2 × 3-Matrix mit den Elementen
$a_{11} = -1,\; a_{12} = 3,\; a_{13} = 4,\; a_{21} = 4,\; a_{22} = -2,\; a_{23} = 1$

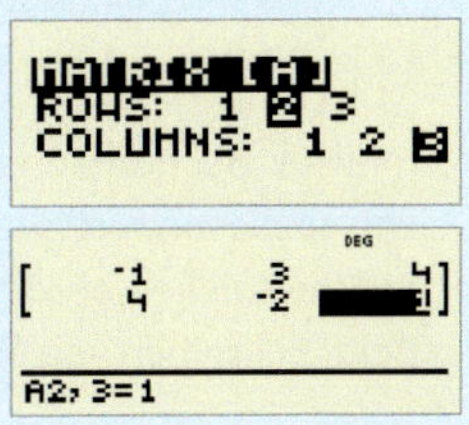

Machen Sie sich mit der Eingabe einer Matrix in Ihren Rechner vertraut.

Vervielfachen und Addieren von Matrizen

Das Vervielfachen und Addieren von Matrizen ist wie bei Vektoren elementweise definiert.

Definition: Vervielfachen von Matrizen
Eine Matrix **A** wird mit einer reellen Zahl r **vervielfacht** (multipliziert), indem man jedes Element von **A** mit r multipliziert. Man schreibt kurz: $r \cdot \mathbf{A} = r \cdot (a_{ij}) = (r \cdot a_{ij})$
$r \cdot \mathbf{A}$ heißt das **r-fache** der Matrix **A**.

BEISPIEL

$$(-3) \cdot \begin{pmatrix} -2 & 1 \\ 4 & -1 \end{pmatrix} = \begin{pmatrix} (-3)\cdot(-2) & (-3)\cdot 1 \\ (-3)\cdot 4 & (-3)\cdot(-1) \end{pmatrix} = \begin{pmatrix} 6 & -3 \\ -12 & 3 \end{pmatrix}$$

Definition: Addieren von Matrizen
Zwei Matrizen **B** und **C** vom selben Typ, d. h. mit jeweils derselben Anzahl an Zeilen und Spalten, werden **addiert**, indem man die in den Matrizen an gleichen Stellen stehenden Elemente addiert.
Man schreibt kurz: $\mathbf{B} + \mathbf{C} = (b_{ij}) + (c_{ij}) = (b_{ij} + c_{ij})$
$\mathbf{B} + \mathbf{C}$ heißt die **Summe** der Matrizen **B** und **C**.

BEISPIEL

$$\begin{pmatrix} 1 & -5 & 2 \\ 4 & 2 & -3 \end{pmatrix} + \begin{pmatrix} 2 & 0 & -2 \\ 3 & 1 & -1 \end{pmatrix} = \begin{pmatrix} 1+2 & -5+0 & 2-2 \\ 4+3 & 2+1 & -3-1 \end{pmatrix}$$
$$= \begin{pmatrix} 3 & -5 & 0 \\ 7 & 3 & -4 \end{pmatrix}$$

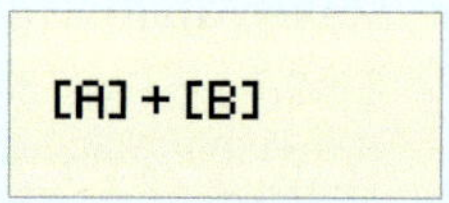

Hinweis zur Rechnernutzung: Zum Vervielfachen und Addieren von Matrizen mithilfe eines Rechners verwendet man die Tasten für das gewöhnliche Multiplizieren bzw. Addieren.

Man kann Matrizen auch subtrahieren. Üblicherweise wird diese Rechenoperation nicht gesondert betrachtet, da sie auf eine Addition zurückgeführt werden kann, wie das folgende Beispiel zeigt.

BEISPIEL

$$\begin{pmatrix} 2 & -5 \\ 0 & 3 \end{pmatrix} - \begin{pmatrix} 4 & 10 \\ -3 & 5 \end{pmatrix} = \begin{pmatrix} 2 & -5 \\ 0 & 3 \end{pmatrix} + \begin{pmatrix} -4 & -10 \\ 3 & -5 \end{pmatrix} = \begin{pmatrix} -2 & -15 \\ 3 & -2 \end{pmatrix}$$

Vektoren und Matrizen

3×1-Matrizen sind bereits als Vektoren aus der analytischen Geometrie bekannt, beispielsweise $\vec{u} = \begin{pmatrix} 3 \\ -1 \\ 2 \end{pmatrix}$.

Eine Matrix, die nur aus einer Spalte $\begin{pmatrix} a_1 \\ a_2 \\ \vdots \\ a_m \end{pmatrix}$ besteht, heißt **m-dimensionaler Spaltenvektor**.

Eine Matrix, die nur aus einer Zeile $(a_1 \,|\, a_2 \,|\, \ldots \,|\, a_n)$ besteht, heißt **n-dimensionaler Zeilenvektor.**
Koordinaten von Punkten im 3-dimensionalen Raum schreibt man als 3-dimensionale Zeilenvektoren.
Man kann sich jede Matrix aus Zeilen- bzw. Spaltenvektoren zusammengesetzt denken, z. B. besteht die Matrix $\mathbf{A} = \begin{pmatrix} 3 & -2 & 1 \\ 4 & 0 & 3 \end{pmatrix}$ aus den Zeilenvektoren $(3 \,|\, -2 \,|\, 1)$ und $(4 \,|\, 0 \,|\, 3)$ bzw. aus den Spaltenvektoren $\begin{pmatrix} 3 \\ 4 \end{pmatrix}$, $\begin{pmatrix} -2 \\ 0 \end{pmatrix}$ und $\begin{pmatrix} 1 \\ 3 \end{pmatrix}$.

Hinweis: Bei Punkten und Zeilenvektoren trennen wir die einzelnen Koordinaten durch senkrechte Striche. Insbesondere, wenn statt Zahlen Terme als Koordinaten angegeben sind, trennen die senkrechten Striche solche Koordinaten deutlich voneinander.
Beim Schreiben von Matrizen verzichten wir auf eine solche Trennung zwischen den Elementen.

ÜBUNGSAUFGABEN

Schreibweise und Bezeichnungen bei Matrizen

1. Geben Sie die 3×4-Matrix an mit: $a_{13}=4,\ a_{31}=1,\ a_{11}=3,\ a_{24}=1,\ a_{32}=4,\ a_{21}=-2,\ a_{12}=5,\ a_{22}=-2,\ a_{33}=5$. Die übrigen Elemente sind 0.

2. Geben Sie die m×n-Matrix $\mathbf{A}=(a_{ij})$ an, für deren Elemente a_{ij} die angegebenen Bedingungen gelten.

a) $m=3;\ n=3;$ $a_{ij}=1$ für $i=j$; $a_{ij}=0$ für $i\neq j$

b) $m=4;\ n=4;$ $a_{ij}=i-j$

c) $m=3;\ n=5;$ $a_{ij}=i\cdot j$

Rechnen mit Matrizen

3. Gegeben sind die Matrizen

$$\mathbf{A}=\begin{pmatrix}3 & -2 & 1\\ 0 & 1 & 2\\ 2 & 0 & -1\\ 4 & 5 & 6\end{pmatrix},\ \mathbf{B}=\begin{pmatrix}2 & 0 & -1\\ 1 & 1 & 2\\ -4 & -2 & 1\\ 5 & 1 & -2\end{pmatrix},\ \mathbf{C}=\begin{pmatrix}0 & -4 & -2\\ 2 & -1 & 2\\ -2 & 0 & -3\\ 4 & 0 & 6\end{pmatrix}.$$

Berechnen Sie:

a) $\mathbf{A}+\mathbf{B}$
b) $3\cdot\mathbf{B}$
c) $\mathbf{C}-2\cdot(\mathbf{A}+\mathbf{B})$
d) $\mathbf{A}-\mathbf{B}$
e) $-0{,}1\cdot\mathbf{C}$
f) $\mathbf{A}-(\mathbf{C}-2\cdot\mathbf{A})+\mathbf{C}$
g) $\mathbf{A}+\mathbf{B}-\mathbf{C}$
h) $2\cdot\mathbf{A}-\mathbf{C}$
i) $\mathbf{B}-2\cdot(\mathbf{A}+\mathbf{B})+3\cdot\mathbf{A}$

Um Klammern einzusparen gilt auch hier: Punktrechnung vor Strichrechnung

f **4.** Erläutern Sie, was hier falsch gemacht wurde.

$$A=\begin{pmatrix}-2 & 3\\ 10 & -5\end{pmatrix},\ B=\begin{pmatrix}3 & 0 & 7\\ -4 & 2 & 5\\ 8 & 6 & -10\end{pmatrix}\quad A+B=\begin{pmatrix}1 & 3 & 7\\ 6 & -3 & 5\\ 8 & 6 & -10\end{pmatrix}$$

Matrizen in Anwendungen

5. Ein Müslihersteller plant seinen Absatz für das kommende Jahr. Dabei geht er für 8 Monate des Jahres von den Liefereinheiten aus, die unten in der Tabelle aufgelistet sind. Für drei Sommermonate rechnet er erfahrungsgemäß in allen Regionen mit um 20 % geringeren Lieferzahlen wegen vermehrter Urlaubsreisen in diesem Zeitraum. Im Januar hofft der Hersteller jedoch auf eine Steigerung um 12 % in allen Verkaufsregionen wegen der guten Vorsätze der Käufer für das neue Jahr.
Bestimmen Sie die für das Jahr geplante Liefermenge der einzelnen Müslisorten für die jeweilige Region. Erläutern Sie Ihre Vorgehensweise.

Region / Sorte	Gießen	Fulda	Offenbach	Ludwigshafen	Mainz	Kaiserslautern
Müsli pur	270	456	143	124	306	476
Knuspermüsli	366	156	105	89	228	568
Fruchtmüsli	178	378	98	97	187	764
Schokomüsli	223	225	87	78	113	356

6. Ein Großhändler besitzt in einer Stadt fünf Filialen F_1, F_2, F_3, F_4, F_5. Mit d_{ij} wird der Fahrweg in km von der Filiale F_i zur Filiale F_j bezeichnet.

$$D=\begin{pmatrix}\dots & 2{,}2 & \dots & 2{,}6 & \dots\\ \dots & \dots & \dots & 1{,}9 & \dots\\ 2{,}3 & 1{,}8 & \dots & \dots & 1{,}7\\ \dots & \dots & 2{,}7 & \dots & 3{,}0\\ 2{,}0 & 2{,}4 & \dots & \dots & \dots\end{pmatrix}$$

a) Vervollständigen Sie die Entfernungsmatrix $\mathbf{D}=(d_{ij})$ auf sinnvolle Weise.

b) Erläutern Sie die Besonderheiten der Matrix **D** und gehen Sie dabei auf die Bedeutung der Zeilen- bzw. der Spaltenvektoren ein.

c) Formulieren Sie allgemein, was man unter einer *symmetrischen Matrix* versteht.

5.1.2 Multiplizieren einer Matrix mit einem Vektor

EINSTIEGSAUFGABE
OHNE LÖSUNG

→ Bedarf für Lieferungen mit Matrizen berechnen

Ein Teeversand bietet vier verschiedene Geschenkpackungen mit Tee an. Die Zusammensetzung der einzelnen Packungen aus fünf verschiedenen Sorten Tee ist in der Tabelle rechts dargestellt (Angaben in kg).

Sorte \ Packung	Auslese	Exquisit	Elite	Premium
Darjeeling First Flush	0	0,025	0,050	0,100
Darjeeling Second Flush	0,050	0,050	0,050	0,100
Darjeeling Blatt	0,100	0,100	0	0
Assam Royal Sanker	0,050	0,500	0,100	0,100
Ceylon Blatt	0,100	0,100	0	0

Ein Händler ordert 20 Geschenkpackungen Premium, jeweils 100 Packungen Elite und Exquisit sowie 150 Packungen Auslese. Wie viele Kilogramm der einzelnen Sorten muss der Teeversand für die Lieferung verwenden? Beschreiben Sie den Lösungsweg und schreiben Sie das Ergebnis als Vektor.

EINSTIEGSAUFGABE
MIT LÖSUNG

→ Zu einer Bestellung einen Bedarfsvektor bestimmen

Ein Hersteller von Gartenhäusern bietet das Gartenhaus Limo in verschiedenen Modellen an. Jedes Modell setzt sich aus verschiedenen Modulen zusammen.

Modul \ Modell	Limo classic	Limo kompakt	Limo premium	Limo deluxe
Wand (mit 1 Tür)	4	4	4	4
Dach (Überstand 20 cm)	1	1	0	0
Dach (Überstand 200 cm)	0	0	1	1
Fenster	0	1	1	2
Holzboden	0	1	1	1
Terrasse	0	0	0	1

Eine Baumarktkette bestellt 30-mal Limo classic, 45-mal Limo kompakt, 60-mal Limo premium und 50-mal Limo deluxe.

Bestimmen Sie den Bedarf (die Anzahl) an Modulen für diese Lieferung. Beschreiben Sie Ihren Lösungsweg und schreiben Sie das Ergebnis als Vektor.

LÖSUNG

Die Tabelle des Herstellers kann man als Matrix schreiben: $\mathbf{A} = \begin{pmatrix} 4 & 4 & 4 & 4 \\ 1 & 1 & 0 & 0 \\ 0 & 0 & 1 & 1 \\ 0 & 1 & 1 & 2 \\ 0 & 1 & 1 & 1 \\ 0 & 0 & 0 & 1 \end{pmatrix}$.

Die Bestellung der Baumarktkette als Spaltenvektor $\vec{b} = \begin{pmatrix} 30 \\ 45 \\ 60 \\ 50 \end{pmatrix}$. *Auftragsvektor*

Man erhält die Anzahl der einzelnen Module, die für die Bestellung hergestellt werden müssen, folgendermaßen: Man multipliziert die Bestellzahlen der einzelnen Modelle mit der zu dem Modell zugehörenden Anzahl der Module und addiert anschließend diese Produkte für jedes Modul. Man bildet also jeweils das Skalarprodukt aus einer Zeile der Matrix mit dem Spaltenvektor $\vec{b}$.

Wand (mit 1 Tür)	$4 \cdot 30 + 4 \cdot 45 + 4 \cdot 60 + 4 \cdot 50 = 740$
Dach (Überstand 20 cm)	$1 \cdot 30 + 1 \cdot 45 + 0 \cdot 60 + 0 \cdot 50 = 75$
Dach (Überstand 200 cm)	$0 \cdot 30 + 0 \cdot 45 + 1 \cdot 60 + 1 \cdot 50 = 110$
Fenster	$0 \cdot 30 + 1 \cdot 45 + 1 \cdot 60 + 2 \cdot 50 = 205$
Holzboden	$0 \cdot 30 + 1 \cdot 45 + 1 \cdot 60 + 1 \cdot 50 = 155$
Terrasse	$0 \cdot 30 + 0 \cdot 45 + 0 \cdot 60 + 1 \cdot 50 = 50$

Das Ergebnis kann man dann auch als Spaltenvektor $\vec{c}$ angeben, bei dem die erforderlichen Anzahlen der Module untereinander stehen:

$$\vec{c} = \begin{pmatrix} 740 \\ 75 \\ 110 \\ 205 \\ 155 \\ 50 \end{pmatrix}$$

Bedarfsvektor oder Produktionsvektor

INFORMATION

Matrix mit einem Vektor multiplizieren

Definition: Multiplikation einer Matrix mit einem Vektor

Eine Matrix $\mathbf{A} = (\mathbf{a_{ij}})$ mit m Zeilen und n Spalten und einen n-dimensionalen Spaltenvektor $\vec{b} = \begin{pmatrix} b_1 \\ b_2 \\ \vdots \\ b_n \end{pmatrix}$ kann man miteinander multiplizieren.

Man erhält als Ergebnis einen neuen m-dimensionalen Spaltenvektor $\vec{c} = \begin{pmatrix} c_1 \\ c_2 \\ \vdots \\ c_m \end{pmatrix}$.

Die Koordinaten von $\vec{c}$ ergeben sich aus dem Skalarprodukt des jeweiligen Zeilenvektors von **A** mit dem Vektor $\vec{b}$.

$c_i = a_{i1} \cdot b_1 + a_{i2} \cdot b_2 + \ldots + a_{in} \cdot b_n$

Man nennt den Vektor $\vec{c}$ das **Produkt** der Matrix **A** mit dem Vektor $\vec{b}$ und schreibt:

$\mathbf{A} \cdot \vec{b} = \vec{c}$

Ein Produkt einer Matrix mit einem Vektor kennzeichnen wir durch einen Punkt „·“, also: $\mathbf{A} \cdot \vec{b}$

Beachten Sie: Die Multiplikation einer Matrix **A** mit einem Vektor $\vec{b}$ ist nur möglich, wenn die *Anzahl der Spalten von* **A** mit der *Anzahl der Zeilen von* $\vec{b}$ übereinstimmt.

BEISPIEL

Für $\mathbf{A} = \begin{pmatrix} 1 & 1 & 1 & 1 & 1 \\ 0 & 0 & 1 & 1 & 2 \\ 3 & 0 & 3 & 3 & 6 \\ 1 & 2 & 0 & 1 & 0 \end{pmatrix}$ und $\vec{b} = \begin{pmatrix} 20 \\ 25 \\ 40 \\ 50 \\ 70 \end{pmatrix}$

erhält man:

$\mathbf{A} \cdot \vec{b} = \vec{c}$, also $\begin{pmatrix} 1 & 1 & 1 & 1 & 1 \\ 0 & 0 & 1 & 1 & 2 \\ 3 & 0 & 3 & 3 & 6 \\ 1 & 2 & 0 & 1 & 0 \end{pmatrix} \cdot \begin{pmatrix} 20 \\ 25 \\ 40 \\ 50 \\ 70 \end{pmatrix} = \begin{pmatrix} 205 \\ 230 \\ 750 \\ 120 \end{pmatrix}$. ($\vec{c}$)

2. Zeile → $\begin{pmatrix} 1 & 1 & 1 & 1 & 1 \\ 0 & 0 & 1 & 1 & 2 \\ 3 & 0 & 3 & 3 & 6 \\ 1 & 2 & 0 & 1 & 0 \end{pmatrix}$ → $\begin{pmatrix} 205 \\ 230 \\ 750 \\ 120 \end{pmatrix}$ (mit $\begin{pmatrix} 20 \\ 25 \\ 40 \\ 50 \\ 70 \end{pmatrix}$ ↓)

$c_2 = 230 = \begin{pmatrix} 0 \\ 0 \\ 1 \\ 1 \\ 2 \end{pmatrix} * \begin{pmatrix} 20 \\ 25 \\ 40 \\ 50 \\ 70 \end{pmatrix} = 0 \cdot 20 + 0 \cdot 25 + 1 \cdot 40 + 1 \cdot 50 + 2 \cdot 70$

ÜBUNGSAUFGABEN

Multiplizieren einer Matrix mit einem Vektor

1. Berechnen Sie das Produkt der Matrix mit dem Vektor, ohne einen Rechner zu benutzen.

a) $\begin{pmatrix} 1 & -1 \\ 2 & 3 \end{pmatrix} \cdot \begin{pmatrix} 2 \\ -1 \end{pmatrix}$

b) $\begin{pmatrix} 1 & -3 & 2 \\ 0 & 2 & 5 \end{pmatrix} \cdot \begin{pmatrix} -3 \\ 0 \\ 1 \end{pmatrix}$

c) $\begin{pmatrix} 1 & -1 & 2 \\ 2 & 1 & 0 \\ 0 & 0 & 1 \end{pmatrix} \cdot \begin{pmatrix} 3 \\ 1 \\ -2 \end{pmatrix}$

d) $\begin{pmatrix} 1 & 2 & -4 \\ 5 & 0 & 3 \end{pmatrix} \cdot \begin{pmatrix} 0 \\ -1 \\ 1 \end{pmatrix}$

e) $\begin{pmatrix} 1 & 2 \\ 0 & -1 \\ -2 & 3 \\ 1 & 3 \\ 4 & 0 \end{pmatrix} \cdot \begin{pmatrix} 2 \\ -3 \end{pmatrix}$

f) $(-2 \;\; 4 \;\; -5 \;\; 1 \;\; 2) \cdot \begin{pmatrix} -1 \\ 2 \\ 0 \\ 12 \\ 4 \end{pmatrix}$

g) $\begin{pmatrix} 0 & 0 & 1 \\ 0 & 1 & 0 \\ 1 & 0 & 0 \end{pmatrix} \cdot \begin{pmatrix} 3 \\ 7 \\ 4 \end{pmatrix}$

h) $\begin{pmatrix} 0 & 0 & 1 \\ 0 & -1 & 0 \\ -1 & 0 & 0 \end{pmatrix} \cdot \begin{pmatrix} -2 \\ -4 \\ 3 \end{pmatrix}$

i) $\begin{pmatrix} 2 & 0 & -2 \\ 0 & -3 & 3 \\ -1 & 1 & 0 \end{pmatrix} \cdot \begin{pmatrix} 4 \\ 4 \\ 4 \end{pmatrix}$

j) $\begin{pmatrix} 0 & 1 & 0 \\ 0 & 0 & 1 \\ 0 & 0 & 0 \end{pmatrix} \cdot \begin{pmatrix} a \\ b \\ c \end{pmatrix}$

k) $\begin{pmatrix} 1 & 1 \\ 1 & 0 \end{pmatrix} \cdot \begin{pmatrix} a \\ b \end{pmatrix}$

l) $\begin{pmatrix} a & 1 \\ a & 1 \end{pmatrix} \cdot \begin{pmatrix} 1 \\ -a \end{pmatrix}$

f **2.** Was wurde hier falsch gemacht?

$$\begin{pmatrix} 2 & 1 & 3 \\ 0 & 4 & -1 \\ 1 & 1 & 5 \end{pmatrix} \cdot \begin{pmatrix} 3 \\ -2 \\ 1 \end{pmatrix} = \begin{pmatrix} 7 \\ -4 \\ 12 \end{pmatrix}$$

Bedarfsvektoren bestimmen

3.

Zutat \ Sorte	Fit-horse	Extra-horse	Pre-mium-horse	Foal-horse
Gerstenflocken	20	10	20	10
Hafer geschrotet	10	15	10	20
Maisflocken	15	20	10	5
Weizengrießkleie	5	10	5	10
Zuckerrüben-melasse	0	5	0	10
Kräuter	15	10	20	10
Pflanzenöl	5	0	5	5

(Angaben in Mengeneinheiten pro Sack)

Ein Hersteller von Pferdefutter bietet vier Sorten Futter an. Die Zusammensetzung kann der Tabelle entnommen werden.
Ein Gestüt bestellt die folgenden Mengen:
30 Säcke Fithorse, 25 Säcke Extrahorse, 45 Säcke Premiumhorse und 12 Säcke Foalhorse.
Berechnen Sie die benötigten Mengeneinheiten der Zutaten.

4. Ein Landhandel stellt aus den Nährstoffen Stickstoff (N), Kaliumoxid (K_2O) und Calciumoxid (CaO) zwei Sorten Mischdünger her. Die nebenstehende Tabelle gibt die Nährstoffanteile der Düngersorten an. Ein Kunde bestellt 25 t von der Düngersorte Agragold und 15 t von der Düngersorte Bonaflor.
Berechnen Sie, wie viele Tonnen der Nährstoffe N, K_2O und CaO für diesen Kundenauftrag benötigt werden.

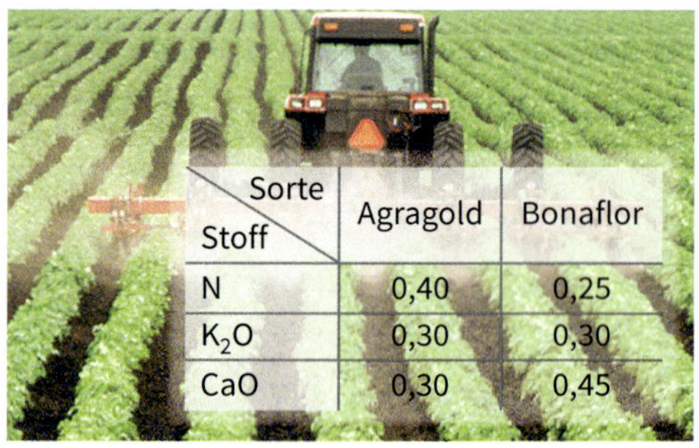

Stoff \ Sorte	Agragold	Bonaflor
N	0,40	0,25
K_2O	0,30	0,30
CaO	0,30	0,45

Aufgaben zur Vertiefung

5. a) Zeigen Sie, dass durch die Gleichung ein lineares Gleichungssystem beschrieben wird. Bestimmen Sie die Lösung dieses linearen Gleichungssystems.

(1) $\begin{pmatrix} 2 & -1 \\ 3 & 2 \end{pmatrix} \cdot \begin{pmatrix} x \\ y \end{pmatrix} = \begin{pmatrix} 1 \\ 0 \end{pmatrix}$ (2) $\begin{pmatrix} 4 & 1 & -2 \\ 2 & -1 & 3 \\ 9 & 11 & 5 \end{pmatrix} \cdot \begin{pmatrix} a \\ b \\ c \end{pmatrix} = \begin{pmatrix} 0 \\ 5 \\ 19 \end{pmatrix}$

b) Bestimmen Sie die Lösung des linearen Gleichungssystems und prüfen Sie diese durch Multiplikation einer Matrix mit einem Vektor.

(1) $\left| \begin{array}{r} 2x - 5y = 10 \\ 12x + 7y = 106 \end{array} \right|$ (2) $\left| \begin{array}{r} 5a - b + c = 14 \\ a + b + c = 6 \\ a - 3b - c = -4 \end{array} \right|$

6. Betrachten Sie den Ortsvektor eines beliebigen Punktes P im dreidimensionalen Raum. Durch die Multiplikation der angegebenen Matrix mit dem Ortsvektor von P entsteht ein neuer Vektor, den man wiederum als Ortsvektor eines Punktes P′ interpretieren kann.
Beschreiben Sie die Lage der Punkte P und P′ zueinander im dreidimensionalen Raum.

a) $\begin{pmatrix} 1 & 0 & 0 \\ 0 & 1 & 0 \\ 0 & 0 & -1 \end{pmatrix}$ **b)** $\begin{pmatrix} -1 & 0 & 0 \\ 0 & 1 & 0 \\ 0 & 0 & -1 \end{pmatrix}$ **c)** $\begin{pmatrix} -1 & 0 & 0 \\ 0 & -1 & 0 \\ 0 & 0 & -1 \end{pmatrix}$

5.1.3 Multiplizieren von Matrizen

EINSTIEGSAUFGABE
OHNE LÖSUNG

→ Materialbedarf für Carportbestellungen berechen

Grund-elemente \ Modelle	Singlecarport	Doppelcarport	Doppelcarport mit Abstellraum
Kanthölzer	8	10	14
Dachbalken	4	4	5
Bretter	60	160	240
Dachlatten	12	12	24

Ein Sägewerk liefert Kanthölzer, Dachbalken, Bretter und Dachlatten für drei Carports an verschiedene Baumärkte. Die Tabelle oben gibt den Materialbedarf für die drei Carports an.
Baumarkt *RegiTOP* bestellt 6 Singlecarports, 15 Doppelcarports und 3 Doppelcarports mit Abstellraum.
Der Baumarkt *multiBau* bestellt 11 Singlecarports und 10 Doppelcarports.

- Bestimmen Sie, wie viele Kanthölzer, Dachbalken, Bretter und Dachlatten jeweils an die Baumärkte geliefert werden müssen.
- Ein Sachbearbeiter hat sich die Bestellung der beiden Baumärkte so notiert:
  $\mathbf{B} = \begin{pmatrix} 6 & 11 \\ 15 & 10 \\ 3 & 0 \end{pmatrix}$
- Er rechnet den Materialbedarf für beide Baumärkte gleichzeitig aus und erhält als Ergebnis die Matrix $\mathbf{C} = \begin{pmatrix} 240 & 188 \\ 99 & 84 \\ 3480 & 2260 \\ 324 & 252 \end{pmatrix}$.
  Vergleichen Sie sein Ergebnis mit Ihren Ergebnissen und interpretieren Sie sein Ergebnis.

EINSTIEGSAUFGABE
MIT LÖSUNG

→ Multiplizieren von zwei Matrizen

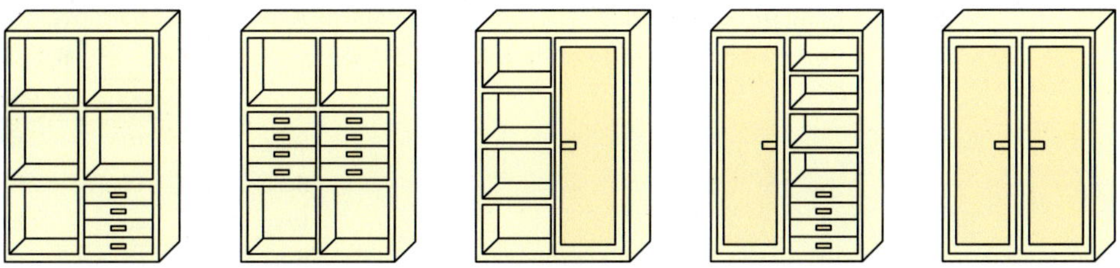

Ein Möbelhersteller bietet ein Möbelsystem an, dessen Schränke nach den Wünschen der Kunden auf fünf verschiedene Arten (Modell Athen, Modell Bern, Modell Prag, Modell Rom, Modell Wien) aus den Grundelementen *Korpus*, *Tür*, *Einlegeboden* und *Schubladensatz* zusammengestellt werden können. In der folgenden Tabelle ist angegeben, wie viele Grundelemente jeweils für die fünf Schrankmodelle benötigt werden.

Grund-elemente \ Modelle	Athen	Bern	Prag	Rom	Wien
Korpus	1	1	1	1	1
Türen	0	0	1	1	2
Einlegeböden	3	0	3	3	6
Schubladensätze	1	2	0	1	0

Kürzer geschrieben als Matrix:

$$\mathbf{A} = \begin{pmatrix} 1 & 1 & 1 & 1 & 1 \\ 0 & 0 & 1 & 1 & 2 \\ 3 & 0 & 3 & 3 & 6 \\ 1 & 2 & 0 & 1 & 0 \end{pmatrix}$$

Bei dem Möbelhersteller sind folgende drei Bestellaufträge eingegangen:

Modell \ Möbelhaus	Möbelhaus MöKauf	Möbelhaus Piko	Möbelhaus 1 A
Athen	10	30	25
Bern	15	40	25
Prag	40	20	50
Rom	40	10	40
Wien	50	10	30

Berechnen Sie für die einzelnen Aufträge die Anzahl der jeweils erforderlichen Grundelemente.
Beschreiben Sie den Lösungsweg.
Schreiben Sie das Ergebnis als Matrix.

LÖSUNG

Für jedes Möbelhaus können wir aus der Tabelle einen Auftragsvektor für die Bestellung notieren. Multiplizieren wir die Matrix A mit diesem Spaltenvektor, so erhalten wir einen Produktionsvektor (oder Bedarfsvektor) für das jeweilige Möbelhaus.
Insgesamt erhalten wir so aus den Produkten der Matrix **A** mit den Spaltenvektoren aus der Bestelltabelle die drei Vektoren $\begin{pmatrix} 155 \\ 180 \\ 570 \\ 80 \end{pmatrix}$, $\begin{pmatrix} 110 \\ 50 \\ 240 \\ 120 \end{pmatrix}$ und $\begin{pmatrix} 170 \\ 150 \\ 525 \\ 115 \end{pmatrix}$, die wir als drei Spaltenvektoren einer neuen Matrix $\mathbf{C} = \begin{pmatrix} 155 & 110 & 170 \\ 180 & 50 & 150 \\ 570 & 240 & 525 \\ 80 & 120 & 115 \end{pmatrix}$ notieren können.

Wir können aber auch gleich alle 3 Bestellungen aus der Tabelle in einer Auftragsmatrix **B** notieren. Dann multiplizieren wir die Matrix **A** jeweils mit einem Spaltenvektor von **B**. Als Ergebnis erhalten wir dann gleich die ganze Matrix **C**. Um die Berechnungen übersichtlicher zu gestalten, schreiben wir die Matrix
$\mathbf{A} = \begin{pmatrix} 1 & 1 & 1 & 1 & 1 \\ 0 & 0 & 1 & 1 & 2 \\ 3 & 0 & 3 & 3 & 6 \\ 1 & 2 & 0 & 1 & 0 \end{pmatrix}$ und die Auftragsmatrix $\mathbf{B} = \begin{pmatrix} 10 & 30 & 25 \\ 15 & 40 & 25 \\ 40 & 20 & 50 \\ 40 & 10 & 40 \\ 50 & 10 & 30 \end{pmatrix}$ gegeneinander versetzt und bilden die Skalarprodukte jedes Zeilenvektors der Matrix **A** mit jedem Spaltenvektor der Matrix **B**:

						Möbelhaus		
						MöKauf	Piko	1 A
					Athen	10	30	25
					Bern	15	40	25
					Prag	40	20	50
					Rom	40	10	40
	Athen	Bern	Prag	Rom	Wien	50	10	30
Korpus	1	1	1	1	1	155	110	170
Türen	0	0	1	1	2	180	50	150
Einlegeböden	3	0	3	3	6	570	240	525
Schubladensätze	1	2	0	1	0	80	120	115

*Matrix **A***

*Matrix **B***

*Skalarprodukt der 2. Zeile von **A** mit der 3. Spalte von **B***

*Matrix **C***

Beispielsweise müssen 150 Türen für den Auftrag des Möbelhauses 1A hergestellt werden.
Die Matrix $\mathbf{C} = \begin{pmatrix} 155 & 110 & 170 \\ 180 & 50 & 150 \\ 570 & 240 & 525 \\ 80 & 120 & 115 \end{pmatrix}$ gibt an, wie viele Grundelemente für die einzelnen Auftraggeber zu fertigen sind.
In der ersten Zeile kann man ablesen, dass man 155 Korpusse für das Möbelhaus MöKauf, 110 Korpusse für das Möbelhaus Piko und 170 Korpusse für das Möbelhaus 1A benötigt.

INFORMATION

Multiplizieren von Matrizen

Man nennt die Matrix **C** das *Produkt* der Matrizen **A** und **B** und schreibt:

$$\mathbf{A}\cdot\mathbf{B}=\mathbf{C} \text{ bzw. } \begin{pmatrix} 1 & 1 & 1 & 1 & 1 \\ 0 & 0 & 1 & 1 & 2 \\ 3 & 0 & 3 & 3 & 6 \\ 1 & 2 & 0 & 1 & 0 \end{pmatrix}\cdot\begin{pmatrix} 10 & 30 & 25 \\ 15 & 40 & 25 \\ 40 & 20 & 50 \\ 40 & 10 & 40 \\ 50 & 10 & 30 \end{pmatrix}=\begin{pmatrix} 155 & 110 & 170 \\ 180 & 50 & 150 \\ 570 & 240 & 525 \\ 80 & 120 & 115 \end{pmatrix}$$

$$150=\begin{pmatrix} 0 \\ 0 \\ 1 \\ 1 \\ 2 \end{pmatrix}*\begin{pmatrix} 25 \\ 25 \\ 50 \\ 40 \\ 30 \end{pmatrix}$$

*Das Element 150 in der 2. Zeile und 3. Spalte von **C** erhält man als Skalarprodukt des 2. Zeilenvektors von A mit dem 3. Spaltenvektor von B.*

Definition: Multiplizieren von Matrizen

Gegeben sind eine $l \times m$-Matrix $\mathbf{A}=(a_{ij})$ und eine $m \times n$-Matrix $\mathbf{B}=(b_{jk})$.
Dann ist das **Produkt** der beiden Matrizen **A** und **B** als eine $l \times n$-Matrix $\mathbf{C}=(c_{ik})$ definiert, deren Elemente man wie folgt erhält:
Jedes Element c_{ik} von $\mathbf{C}=(c_{ik})$ berechnet man als Skalarprodukt des i-ten Zeilenvektors der Matrix **A** mit dem k-ten Spaltenvektor der Matrix **B**. Man schreibt: $\mathbf{C}=\mathbf{A}\cdot\mathbf{B}$

Beachten Sie: Man kann zu zwei Matrizen **A** und **B** *nur dann* das Produkt $\mathbf{A}\cdot\mathbf{B}$ bilden, wenn die *Anzahl der Spalten des ersten Faktors* **A** mit der *Anzahl der Zeilen des zweiten Faktors* **B** übereinstimmt.
Zur Durchführung der Multiplikation liest man die Matrix **A** zeilenweise und die Matrix **B** spaltenweise. Die Elemente des Produktes erhält man als Skalarprodukt der Zeilenvektoren von **A** mit den Spaltenvektoren von **B.**

BEISPIEL

$$\mathbf{A}=(a_{ij})=\begin{pmatrix} 2 & -2 & 4 \\ 1 & -5 & -3 \end{pmatrix},\quad \mathbf{B}=(b_{jk})=\begin{pmatrix} -1 & 2 & 4 \\ 2 & -3 & 0 \\ 1 & -1 & 2 \end{pmatrix}$$

A ist eine 2×3-Matrix, **B** ist eine 3×3-Matrix. Das Produkt $\mathbf{C}=\mathbf{A}\cdot\mathbf{B}$ ist eine 2×3-Matrix:

$$\mathbf{A}\cdot\mathbf{B}=\begin{pmatrix} 2 & -2 & 4 \\ 1 & -5 & -3 \end{pmatrix}\cdot\begin{pmatrix} -1 & 2 & 4 \\ 2 & -3 & 0 \\ 1 & -1 & 2 \end{pmatrix}=\begin{pmatrix} -2 & 6 & 16 \\ -14 & 20 & -2 \end{pmatrix}=(c_{ik})$$

Zum Beispiel erhält man c_{21}, indem man das Skalarprodukt der zweiten Zeile von A mit der ersten Spalte von B bildet:

$$c_{21}=a_{21}\cdot b_{11}+a_{22}\cdot b_{21}+a_{23}\cdot b_{31}=\begin{pmatrix} 1 \\ -5 \\ -3 \end{pmatrix}*\begin{pmatrix} -1 \\ 2 \\ 1 \end{pmatrix}=1\cdot(-1)+(-5)\cdot 2+(-3)\cdot 1=-14$$

Das Produkt $\mathbf{B}\cdot\mathbf{A}$ kann man hier *nicht* bilden, weil die Anzahl der Spalten von **B** und die Anzahl der Zeilen von **A** *verschieden* sind.

Zum Multiplizieren von Matrizen mithilfe eines Rechners kann man nach Eingabe der Matrizen die Tasten für das gewöhnliche Multiplizieren verwenden:

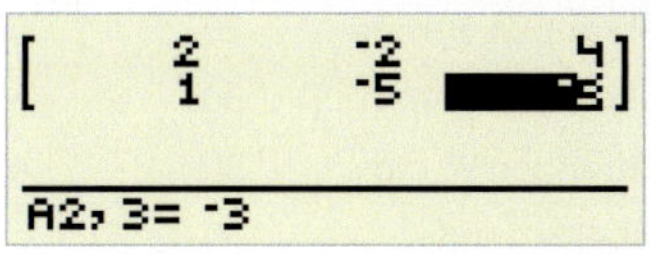

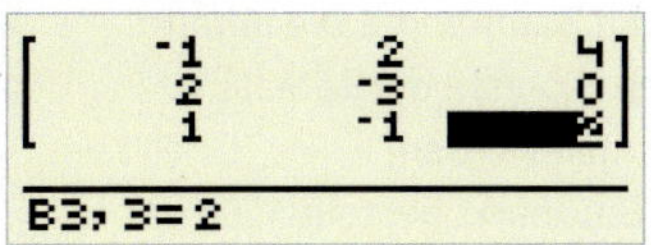

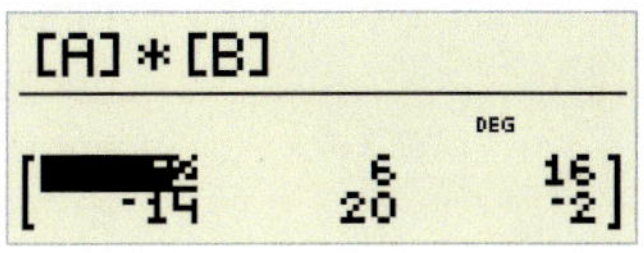

WEITERFÜHRENDE AUFGABE

1. Gesetze für das Multiplizieren von Matrizen

Begründen Sie die folgenden Rechengesetze.

Rechengesetze für das Multiplizieren von Matrizen

Für Matrizen **A**, **B**, **C** gilt stets

$(\mathbf{A}\cdot\mathbf{B})\cdot\mathbf{C}=\mathbf{A}\cdot(\mathbf{B}\cdot\mathbf{C})$,	(Assoziativgesetz)
$(\mathbf{A}+\mathbf{B})\cdot\mathbf{C}=(\mathbf{A}\cdot\mathbf{C})+(\mathbf{B}\cdot\mathbf{C})$,	(Distributivgesetz)
$\mathbf{A}\cdot(\mathbf{B}+\mathbf{C})=(\mathbf{A}\cdot\mathbf{B})+(\mathbf{A}\cdot\mathbf{C})$,	(Distributivgesetz)
$(r\cdot\mathbf{A})(s\cdot\mathbf{B})=rs\cdot(\mathbf{A}\cdot\mathbf{B})$,	wobei $r, s \in \mathbb{R}$, falls die Matrizenterme definiert sind.

BEISPIEL

$$\begin{pmatrix} 2 & -1 & 4 \\ 2 & -2 & -3 \end{pmatrix}+\begin{pmatrix} 0 & 3 & 2 \\ 3 & 1 & -1 \end{pmatrix}\cdot\begin{pmatrix} 2 & -4 & 3 \\ -1 & 3 & 3 \\ -2 & 4 & 1 \end{pmatrix}=\begin{pmatrix} 2 & -1 & 4 \\ 2 & -2 & -3 \end{pmatrix}+\begin{pmatrix} -7 & 17 & 11 \\ 7 & -13 & 11 \end{pmatrix}=\begin{pmatrix} -5 & 16 & 15 \\ 9 & -15 & 8 \end{pmatrix}$$

ÜBUNGSAUFGABEN

Multiplikation zweier Matrizen

2. Berechnen Sie das Matrizenprodukt.

a) $\begin{pmatrix} 1 & -4 & 2 \\ -1 & 0 & 1 \end{pmatrix} \cdot \begin{pmatrix} 2 & -3 \\ -2 & 0 \\ 5 & 1 \end{pmatrix}$

b) $\begin{pmatrix} 2 & -3 \\ -2 & 0 \\ 5 & 1 \end{pmatrix} \cdot \begin{pmatrix} 1 & -4 & 2 \\ -1 & 0 & 1 \end{pmatrix}$

c) $\begin{pmatrix} 2 & -2 & 1 \\ -4 & 1 & 3 \\ 1 & 2 & 3 \end{pmatrix} \cdot \begin{pmatrix} 0 & 1 & 1 \\ 1 & 0 & 1 \\ 1 & 1 & 1 \end{pmatrix}$

d) $\begin{pmatrix} 1 & 1 & 0 \\ 0 & 1 & 1 \\ 1 & 0 & 1 \end{pmatrix} \cdot \begin{pmatrix} 2 & 3 & 1 \\ 1 & -2 & -4 \\ -1 & 2 & 3 \end{pmatrix}$

e) $\begin{pmatrix} 1 & -2 & 0 & 2 & 4 \\ 2 & -5 & 3 & 0 & 1 \end{pmatrix} \cdot \begin{pmatrix} 1 & 0 & 3 \\ -2 & -1 & 4 \\ 4 & 0 & 8 \\ -9 & -5 & 1 \\ 0 & 0 & 2 \end{pmatrix}$

f) $\begin{pmatrix} 1 & 0 & -4 \\ 1 & -1 & 2 \\ 3 & 0 & -1 \end{pmatrix} \cdot \begin{pmatrix} 1 & 0 & -4 \\ 1 & -1 & 2 \\ 3 & 0 & -1 \end{pmatrix}$

g) $(4 \;\; 7 \;\; -2) \cdot \begin{pmatrix} 3 \\ 11 \\ -5 \end{pmatrix}$

h) $\begin{pmatrix} 3 \\ 11 \\ -5 \end{pmatrix} \cdot (4 \;\; 7 \;\; -2)$

i) $\begin{pmatrix} 1 & 2 \\ 0 & -1 \end{pmatrix} \cdot \begin{pmatrix} -2 & 1 \\ 1 & 0 \end{pmatrix}$

3. Untersuchen Sie, welche Fehler bei der Rechnung gemacht wurden.

a) $\begin{pmatrix} 1 & 4 \\ 2 & 5 \\ 3 & 6 \end{pmatrix} \cdot \begin{pmatrix} -2 & 4 \\ 3 & 0 \\ 1 & -1 \end{pmatrix} = \begin{pmatrix} -2 & 16 \\ 6 & 0 \\ 3 & -6 \end{pmatrix}$

b) $\begin{pmatrix} 1 & -1 & 2 & 0 \\ 5 & 1 & -2 & 3 \\ 2 & 2 & 1 & 0 \end{pmatrix} \cdot \begin{pmatrix} 1 & 2 & 3 \\ 0 & -1 & 2 \end{pmatrix} = \begin{pmatrix} 17 & 7 & 1 & 6 \\ -1 & 3 & 4 & -3 \end{pmatrix}$

4. Gegeben sind die Matrizen $\mathbf{A} = \begin{pmatrix} -2 & 5 & 0 \\ 3 & 1 & 2 \end{pmatrix}$, $\mathbf{B} = \begin{pmatrix} -1 & 2 \\ 2 & 1 \end{pmatrix}$, $\mathbf{C} = \begin{pmatrix} -1 & 3 \\ 3 & 1 \\ 7 & -2 \end{pmatrix}$.

Untersuchen Sie, welche Produkte von Matrizen man bilden kann. Führen Sie die Rechnungen durch.

Matrizenmultiplikation in Anwendungen

5. Ein Weinhändler bietet zwei verschiedene Geschenkverpackungen mit drei Sorten Wein an. Die Geschenkverpackung *Europa-Probe* enthält drei Flaschen aus Deutschland, zwei Flaschen aus Frankreich und eine Flasche aus Italien. In der Geschenkverpackung *Südweine* sind eine Flasche aus Deutschland, drei aus Frankreich und zwei aus Italien. Die Bestellung von 5 Supermärkten kann durch folgende Auftragsmatrix beschrieben werden: $\begin{pmatrix} 10 & 20 & 16 & 0 & 14 \\ 12 & 30 & 10 & 8 & 4 \end{pmatrix}$

Dabei stehen in der oberen Zeile die Bestellungen für *Europa-Probe* und in der unteren die für *Südweine*. Berechnen Sie, wie viele Flaschen aus Deutschland, Frankreich und Italien für jeden Supermarkt benötigt werden.

6. Ein Händler liefert vier verschiedene Boxen mit Schrauben und Dübeln an Baumärkte. Die Inhalte der Boxen können der Tabelle entnommen werden.

Inhalt \ Box	Box-M	Box-L	Box-XL	Box-XXL
Schrauben 30 mm	20	0	20	40
Schrauben 50 mm	30	20	20	40
Schrauben 90 mm	30	40	40	60
Dübel 30 mm	0	0	20	40
Dübel 50 mm	0	20	20	40
Dübel 90 mm	0	40	40	60

a) Ein Baumarkt bestellt 500-mal Box-M, 200-mal Box-L, 100-mal Box-XL und 800-mal Box-XXL. Bestimmen Sie die erforderlichen Mengen an Schrauben und Dübeln für diese Lieferung.

b) Eine Bestellung von drei Baumärkten kann durch die Auftragsmatrix **A** beschrieben werden. Erläutern Sie die Bedeutung der Matrix **A** und bestimmen Sie die erforderlichen Mengen an Schrauben und Dübeln für diese Lieferungen.

$\mathbf{A} = \begin{pmatrix} 200 & 150 & 300 \\ 700 & 250 & 600 \\ 300 & 0 & 800 \\ 650 & 700 & 400 \end{pmatrix}$

Aufgaben zur Vertiefung

7. Berechnen Sie $\mathbf{A} \cdot \mathbf{B}$ und $\mathbf{B} \cdot \mathbf{A}$ und vergleichen Sie.

a) $\mathbf{A} = \begin{pmatrix} 1 & 3 \\ 0 & -2 \end{pmatrix}$, $\mathbf{B} = \begin{pmatrix} 2 & 1 \\ -1 & 4 \end{pmatrix}$

b) $\mathbf{A} = \begin{pmatrix} -2 & 1 \\ 3 & 1 \end{pmatrix}$, $\mathbf{B} = \begin{pmatrix} 4 & -1 \\ -3 & 1 \end{pmatrix}$

c) $\mathbf{A} = \begin{pmatrix} 3 & 2 & -7 \\ 0 & -5 & 6 \\ 8 & 5 & 2 \end{pmatrix}$, $\mathbf{B} = \begin{pmatrix} 1 & 0 & 0 \\ 0 & 1 & 0 \\ 0 & 0 & 1 \end{pmatrix}$

d) $\mathbf{A} = \begin{pmatrix} 2 & 0 & 0 \\ 0 & -1 & 0 \\ 0 & 0 & 1 \end{pmatrix}$, $\mathbf{B} = \begin{pmatrix} 1 & 3 & 4 \\ -2 & 8 & 6 \\ 12 & 2 & -5 \end{pmatrix}$

5.1.4 Einheitsmatrix und zueinander inverse Matrizen

ZIEL

Für alle reellen Zahlen x gilt bei der Multiplikation $1 \cdot x = x \cdot 1 = x$. Die Zahl 1 ist dabei sozusagen neutral. Außerdem gibt es zu jeder reellen Zahl $x \neq 0$ auch eine inverse Zahl $x^{-1} = \frac{1}{x}$, für die gilt $x \cdot x^{-1} = 1$.
Auch bei der Multiplikation von Matrizen gibt es Matrizen mit ähnlichen Eigenschaften. Hier untersuchen Sie, welche Matrizen dies sind.

ZUM ERARBEITEN

→ Einheitsmatrix

- *Gesucht wird eine Matrix* ***E*** *mit* $\boldsymbol{E} \cdot \begin{pmatrix} a \\ b \\ c \end{pmatrix} = \begin{pmatrix} a \\ b \\ c \end{pmatrix}$ *für alle reellen Zahlen a, b und c.*
  Überlegen Sie dazu zunächst, wie viele Spalten und Zeilen E haben muss.

Die Matrix **E** muss 3 Spalten haben, damit man sie mit dem Vektor, der aus 3 Zeilen besteht, multiplizieren kann.
Das Ergebnis der Multiplikation ist wieder derselbe Vektor, also muss **E** auch aus 3 Zeilen bestehen, da das Ergebnis der Multiplikation genauso viele Zeilen hat wie **E**.
Angenommen $(x\,|\,y\,|\,z)$ ist der Zeilenvektor der ersten Zeile von **E**, dann ergibt sich aus der Multiplikation $x \cdot a + y \cdot b + z \cdot c = a$.
Für $x = 1$ und $y = z = 0$ ist diese Gleichung für alle reellen Zahlen a, b und c erfüllt.
Somit ist $(1\,|\,0\,|\,0)$ der erste Zeilenvektor von **E**. Überträgt man diese Überlegungen auf die zweite und dritte Zeile von **E**, so erhält man $\mathbf{E} = \begin{pmatrix} 1 & 0 & 0 \\ 0 & 1 & 0 \\ 0 & 0 & 1 \end{pmatrix}$.

- *Gegeben ist die Matrix* $\boldsymbol{A} = \begin{pmatrix} -2 & 0 & 5 \\ 1 & 7 & 3 \\ 9 & 11 & -8 \end{pmatrix}$. *Berechnen Sie die Produkte* $\boldsymbol{E} \cdot \boldsymbol{A}$ *und* $\boldsymbol{A} \cdot \boldsymbol{E}$. *Was fällt auf?*
  Wählen Sie eine beliebige 3 × 3-Matrix und berechnen Sie deren Produkte mit ***E***.

Es gilt: $\mathbf{E} \cdot \mathbf{A} = \mathbf{A} \cdot \mathbf{E} = \begin{pmatrix} -2 & 0 & 5 \\ 1 & 7 & 3 \\ 9 & 11 & -8 \end{pmatrix} = \mathbf{A}$

Das Produkt einer 3 × 3-Matrix mit **E** ergibt immer die Matrix selbst.

Auch für z. B. $\mathbf{B} = \begin{pmatrix} 3 & -4 & 5 \\ 11 & 8 & -3 \\ 7 & 0 & 7 \end{pmatrix}$ gilt: $\mathbf{E} \cdot \mathbf{B} = \mathbf{B} \cdot \mathbf{E} = \mathbf{B}$

- *Zeigen Sie, dass für die Matrix* $\boldsymbol{E_2} = \begin{pmatrix} 1 & 0 \\ 0 & 1 \end{pmatrix}$ *bei der Multiplikation mit jeder 2 × 2-Matrix A gilt:*
  $\boldsymbol{E_2} \cdot \boldsymbol{A} = \boldsymbol{A} \cdot \boldsymbol{E_2} = \boldsymbol{A}$

Für $\mathbf{A} = \begin{pmatrix} a & b \\ c & d \end{pmatrix}$ mit beliebigen reellen Zahlen a, b, c und d ergibt sich:

$$\mathbf{E_2} \cdot \mathbf{A} = \begin{pmatrix} 1 & 0 \\ 0 & 1 \end{pmatrix} \cdot \begin{pmatrix} a & b \\ c & d \end{pmatrix} = \begin{pmatrix} a & b \\ c & d \end{pmatrix} = \begin{pmatrix} a & b \\ c & d \end{pmatrix} \cdot \begin{pmatrix} 1 & 0 \\ 0 & 1 \end{pmatrix} = \mathbf{A} \cdot \mathbf{E_2}$$

→ Zueinander inverse Matrizen

- *Gegeben sind die Matrizen* $\boldsymbol{A} = \begin{pmatrix} 2 & 1 & 1 \\ 3 & 2 & 2 \\ 1 & 1 & 2 \end{pmatrix}$ *und* $\boldsymbol{B} = \begin{pmatrix} 2 & -1 & 0 \\ -4 & 3 & -1 \\ 1 & -1 & 1 \end{pmatrix}$.
  Bilden Sie die Produkte $\boldsymbol{A} \cdot \boldsymbol{B}$ *und* $\boldsymbol{B} \cdot \boldsymbol{A}$. *Was fällt auf?*

Es gilt: $\mathbf{A} \cdot \mathbf{B} = \mathbf{B} \cdot \mathbf{A} = \begin{pmatrix} 1 & 0 & 0 \\ 0 & 1 & 0 \\ 0 & 0 & 1 \end{pmatrix}$

Das Produkt der beiden Matrizen **A** und **B** ergibt die Matrix $\mathbf{E} = \begin{pmatrix} 1 & 0 & 0 \\ 0 & 1 & 0 \\ 0 & 0 & 1 \end{pmatrix}$.

INFORMATION

Einheitsmatrix – zueinander inverse Matrizen

Definition: Einheitsmatrix – zueinander inverse Matrizen

(1) Eine quadratische n × n-Matrix $\mathbf{E}_n = (e_{ij})$ heißt **Einheitsmatrix**, wenn für ihre Elemente e_{ij} gilt: $e_{ij} = \begin{cases} 1, \text{ falls } i = j \\ 0, \text{ falls } i \neq j \end{cases}$

Für alle quadratischen n × n-Matrizen **A** gilt: $\mathbf{A} \cdot \mathbf{E}_n = \mathbf{E}_n \cdot \mathbf{A} = \mathbf{A}$

(2) Zwei quadratische n × n-Matrizen **A** und **B** mit $\mathbf{A} \cdot \mathbf{B} = \mathbf{B} \cdot \mathbf{A} = \mathbf{E}$ heißen **invers** zueinander.

Die zu einer Matrix **A** inverse Matrix wird oft mit $\mathbf{A}^{-1}$ bezeichnet.

*Wenn die Anzahl n der Zeilen und Spalten bekannt ist, schreibt man auch oft **E** statt $\mathbf{E}_n$*

$$\mathbf{E}_n = \begin{pmatrix} 1 & 0 & 0 & \dots & 0 \\ 0 & 1 & 0 & \dots & 0 \\ 0 & 0 & 1 & \dots & 0 \\ \vdots & \vdots & \vdots & \ddots & \vdots \\ 0 & 0 & 0 & \dots & 1 \end{pmatrix}$$ n Zeilen, n Spalten

BEISPIEL

Für $\mathbf{A} = \begin{pmatrix} 1 & 2 & -1 \\ -5 & 2 & 4 \\ -2 & -3 & 2 \end{pmatrix}$ ist $\mathbf{A}^{-1} = \begin{pmatrix} 16 & -1 & 10 \\ 2 & 0 & 1 \\ 19 & -1 & 12 \end{pmatrix}$, denn $\mathbf{A} \cdot \mathbf{A}^{-1} = \begin{pmatrix} 1 & 0 & 0 \\ 0 & 1 & 0 \\ 0 & 0 & 1 \end{pmatrix}$ und $\mathbf{A}^{-1} \cdot \mathbf{A} = \begin{pmatrix} 1 & 0 & 0 \\ 0 & 1 & 0 \\ 0 & 0 & 1 \end{pmatrix}$.

Nicht zu jeder Matrix gibt es eine inverse Matrix

- Für jedes Produkt der Nullmatrix $\mathbf{O} = \begin{pmatrix} 0 & 0 \\ 0 & 0 \end{pmatrix}$ mit einer beliebigen 2 × 2 Matrix **B** gilt:
  $\mathbf{O} \cdot \mathbf{B} = \mathbf{O} \neq \mathbf{E}_2$ und $\mathbf{B} \cdot \mathbf{O} = \mathbf{O} \neq \mathbf{E}_2$
- Auch zur Matrix $\mathbf{A} = \begin{pmatrix} 2 & 6 \\ 1 & 3 \end{pmatrix}$ gibt es keine inverse Matrix $\mathbf{A}^{-1}$. Denn für jede Matrix $\mathbf{B} = \begin{pmatrix} a & b \\ c & d \end{pmatrix}$ ergibt sich das folgende Produkt: $\mathbf{A} \cdot \mathbf{B} = \begin{pmatrix} 2a+6c & 2b+6d \\ a+3c & b+3d \end{pmatrix}$

  Falls nun $\begin{pmatrix} 2a+6c & 2b+6d \\ a+3c & b+3d \end{pmatrix} = \begin{pmatrix} 1 & 0 \\ 0 & 1 \end{pmatrix}$ gilt, so müssten z. B. a und c Lösungen des folgenden linearen Gleichungssystems sein: $\left| \begin{array}{r} 2a + 6c = 1 \\ a + 3c = 0 \end{array} \right|$.

  Dieses Gleichungssystem hat aber keine Lösungen. Daher gibt es zu **A** keine inverse Matrix.

Berechnung der inversen Matrix mithilfe eines Rechners

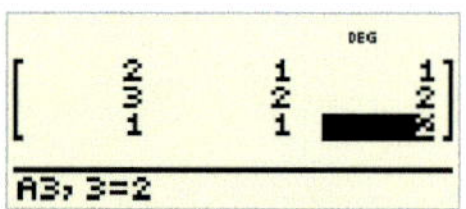

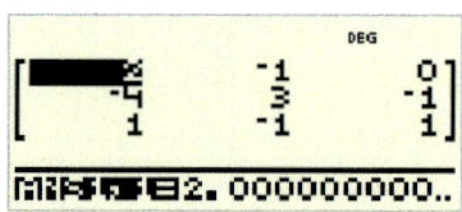

Falls es zu einer Matrix **A** eine inverse Matrix $\mathbf{A}^{-1}$ gibt, kann man diese mithilfe eines Rechners bestimmen. Dazu verwendet man im Menü den Befehl **Inverse** oder nach Aufrufen der Matrix **A** die Operation $\mathbf{x}^{-1}$.

ZUM ÜBEN

1. Untersuchen Sie, ob die Matrizen A und B zueinander invers sind.

a) $\mathbf{A} = \begin{pmatrix} 1 & -3 \\ 1 & -4 \end{pmatrix}$, $\mathbf{B} = \begin{pmatrix} 4 & -3 \\ 1 & -1 \end{pmatrix}$

b) $\mathbf{A} = \begin{pmatrix} -1 & 2 & 0 \\ 0 & -1 & 1 \\ 1 & 1 & 1 \end{pmatrix}$, $\mathbf{B} = \frac{1}{4}\begin{pmatrix} -2 & -2 & 2 \\ 1 & -1 & 1 \\ 1 & 3 & 1 \end{pmatrix}$

2. Bestimmen Sie wie im Beispiel ohne Verwendung eines Rechners eine zur Matrix **A** inverse Matrix.

a) $\mathbf{A} = \begin{pmatrix} 0 & 2 \\ -2 & 0 \end{pmatrix}$ b) $\mathbf{A} = \begin{pmatrix} 2 & 1 \\ 1 & -1 \end{pmatrix}$

c) $\mathbf{A} = \begin{pmatrix} 1 & 3 \\ 4 & 0 \end{pmatrix}$ d) $\mathbf{A} = \begin{pmatrix} -2 & 5 \\ -2 & 6 \end{pmatrix}$

BEISPIEL

$\begin{pmatrix} a & b \\ c & d \end{pmatrix} \cdot \begin{pmatrix} 4 & 3 \\ 2 & 1 \end{pmatrix} = \begin{pmatrix} 1 & 0 \\ 0 & 1 \end{pmatrix}$

$\left| \begin{array}{l} 4a + 2b = 1 \\ 3a + b = 0 \end{array} \right|$ liefert $\left| \begin{array}{l} a = -\frac{1}{2} \\ b = \frac{3}{2} \end{array} \right|$; $\left| \begin{array}{l} 4c + 2d = 0 \\ 3c + d = 1 \end{array} \right|$ liefert $\left| \begin{array}{l} c = 1 \\ d = -2 \end{array} \right|$

3. Gegeben ist die Matrix **A**. Bestimmen Sie $\mathbf{A}^{-1}$.

a) $\mathbf{A} = \begin{pmatrix} -2 & 4 \\ 5 & -8 \end{pmatrix}$ b) $\mathbf{A} = \begin{pmatrix} 4 & 0 & 2 \\ -9 & -1 & -5 \\ 1 & 8 & 2 \end{pmatrix}$ c) $\mathbf{A} = \begin{pmatrix} 2 & -1 & -2 \\ 2 & 2 & 1 \\ 1 & -2 & 2 \end{pmatrix}$ d) $\mathbf{A} = \begin{pmatrix} 6 & -4 \\ -9 & 6 \end{pmatrix}$

5.2 Modellieren von Übergangsprozessen – Wahlthema

5.2.1 Zustandsänderungen mithilfe von Übergangsmatrizen berechnen

EINSTIEGSAUFGABE
OHNE LÖSUNG

→ Beschreibung und Untersuchung des Wechselverhaltens von Abonnenten

Ein Marktforschungsinstitut hat langfristig das jährliche Wechselverhalten von Abonnenten dreier TV-Zeitschriften untersucht. Die nebenstehende Übersicht zeigt das Ergebnis.

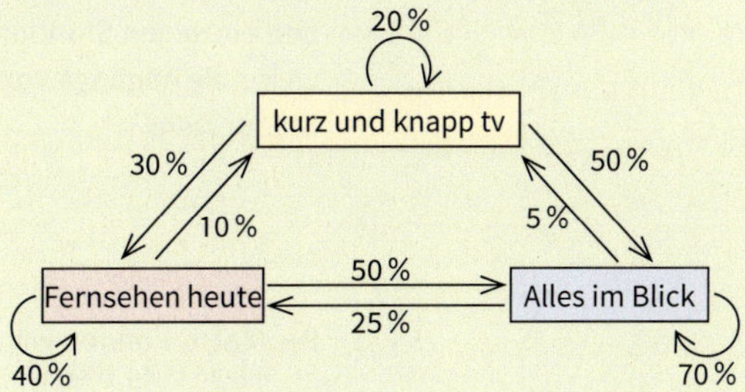

- Erläutern Sie das Diagramm. Beschreiben Sie das Wechselverhalten.
- Das Wechselverhalten kann auch in Tabellenform dargestellt werden. Übertragen Sie die folgende Tabelle in Ihr Heft und tragen Sie die Informationen aus dem Diagramm in die betreffenden Felder ein.

		Wechsel von		
		kurz und knapp tv	Fernsehen heute	Alles im Blick
Wechsel nach	kurz und knapp tv			
	Fernsehen heute			
	Alles im Blick			

- Die drei TV-Zeitschriften teilen sich zurzeit einen regionalen Markt mit folgenden Anteilen: *kurz und knapp tv*: 45 %, *Fernsehen heute*: 20 %, *Alles im Blick*: 35 %. Ermitteln Sie die Marktanteile nach einem Jahr.

EINSTIEGSAUFGABE
MIT LÖSUNG

→ Standortverteilung von Fahrzeugen bestimmen

Ein Logistikunternehmen hat Standorte in Hamburg, Frankfurt und Dresden.
Dem Unternehmen liegen näherungsweise die folgenden Erfahrungswerte für die Übergänge innerhalb eines Arbeitstages vor:
Von den zu Beginn eines Werktages in Hamburg befindlichen Lkw sind am Ende des Tages 25 % in Dresden und 45 % in Frankfurt. Von den Fahrzeugen in Frankfurt sind abends 20 % in Dresden und 45 % in Hamburg, während 50 % der nachts in Dresden stationierten Fahrzeuge am Abend in Hamburg und 20 % in Frankfurt sind. Die restlichen Fahrzeuge sind abends jeweils wieder an ihrem Ausgangsstandort.
Aufgrund einer vorangegangenen technischen Überprüfung sind zu Beginn der Woche 25 % der Fahrzeuge in Hamburg stationiert, 65 % der Fahrzeuge in Frankfurt und 10 % der Fahrzeuge in Dresden.

a) Stellen Sie die Übergänge zwischen den einzelnen Standorten in einer Grafik und in einer Tabelle dar.

b) Geben Sie eine Matrix an, welche die Übergänge darstellt, und berechnen Sie mithilfe der Matrix die Verteilung der Fahrzeuge auf die einzelnen Standorte am Ende des ersten Tages.

LÖSUNG

a) Bei der grafischen Darstellung kennzeichnen wir die Übergänge durch Pfeile und notieren die Übergangswerte an den Pfeilen:

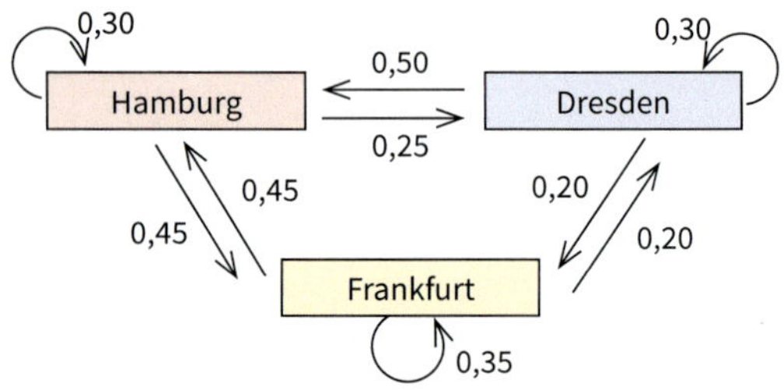

Bei der Darstellung mithilfe einer Tabelle notieren wir zeilenweise die Zugänge zu den einzelnen Standorten und spaltenweise die Abgänge von den einzelnen Standorten:

		Abgänge von		
		Hamburg	Frankfurt	Dresden
Zugänge nach	Hamburg	0,30	0,45	0,50
	Frankfurt	0,45	0,35	0,20
	Dresden	0,25	0,20	0,30

b) Die Matrix können wir direkt der Tabelle entnehmen:

$$M = \begin{pmatrix} 0{,}30 & 0{,}45 & 0{,}50 \\ 0{,}45 & 0{,}35 & 0{,}20 \\ 0{,}25 & 0{,}20 & 0{,}30 \end{pmatrix}$$

Zu Beginn des ersten Tages befinden sich 25 % der Fahrzeuge in Hamburg, 65 % der Fahrzeuge in Frankfurt und 10 % der Fahrzeuge in Dresden. Wie man der Matrix entnimmt, befinden sich am Ende des Tages hiervon 30 % bzw. 45 % bzw. 50 % in Hamburg, somit

$0{,}30 \cdot 0{,}25 + 0{,}45 \cdot 0{,}65 + 0{,}50 \cdot 0{,}10 = 0{,}4175 \approx 42\,\%$ der Fahrzeuge.

Man erhält also die Anzahl der Fahrzeuge am Abend in Hamburg durch Multiplikation des 1. Zeilenvektors der Matrix **M** mit dem Vektor $\overrightarrow{x_0} = \begin{pmatrix} 0{,}25 \\ 0{,}65 \\ 0{,}10 \end{pmatrix}$ der Anfangsverteilung der Fahrzeuge.

Da man entsprechend auch die Werte für die anderen Standorte erhält, können wir die Anzahl der Fahrzeuge an den einzelnen Standorten am Ende des ersten Tages als Produkt der Matrix M mit dem Vektor $\overrightarrow{x_0}$ berechnen:

$$M \cdot \overrightarrow{x_0} = \begin{pmatrix} 0{,}30 & 0{,}45 & 0{,}50 \\ 0{,}45 & 0{,}35 & 0{,}20 \\ 0{,}25 & 0{,}20 & 0{,}30 \end{pmatrix} \cdot \begin{pmatrix} 0{,}25 \\ 0{,}65 \\ 0{,}10 \end{pmatrix} = \begin{pmatrix} 0{,}4175 \\ 0{,}3600 \\ 0{,}2225 \end{pmatrix} \approx \begin{pmatrix} 42\,\% \\ 36\,\% \\ 22\,\% \end{pmatrix}.$$

Am Ende des ersten Tages befinden sich somit etwa 42 % der Lkw in Hamburg, 36 % in Frankfurt und 22 % in Dresden.

INFORMATION

Zustandsänderungen mathematisch beschreiben

Kann ein System verschiedene **Zustände** $E_1, E_2, \ldots, E_n$ annehmen, so kann man mithilfe eines **Zustandsvektors** beschreiben, wie die Verteilung auf die Zustände aussieht:

$$\vec{x} = \begin{pmatrix} x_1 \\ x_2 \\ \ldots \\ x_n \end{pmatrix}$$

Der Anfangszustand wird als **Startvektor** oder **Anfangsvektor** bezeichnet.

Wenn ein Zustandsvektor die prozentuale Verteilung auf die Zustände angibt, dann hat seine Spaltensumme stets den Wert 1 (= 100 %).

BEISPIEL

Leihfahrzeuge können an den Stellen E_1, E_2, E_3 ausgeliehen und wieder zurückgegeben werden. Bei 120 Fahrzeugen befinden sich anfangs 20 % der Fahrzeuge an der Stelle (im Zustand) E_1, 50 % der Fahrzeuge an der Stelle E_2 und 30 % der Fahrzeuge an der Stelle E_3.

Den Startvektor kann man wie folgt angeben:

$\overrightarrow{x_0} = \begin{pmatrix} 0{,}2 \\ 0{,}5 \\ 0{,}3 \end{pmatrix}$ oder $\overrightarrow{x_0} = \begin{pmatrix} 24 \\ 60 \\ 36 \end{pmatrix}$

Spaltensumme gleich 120

Spaltensumme gleich 1

Nach einem gewissen Zeitraum kann sich die Verteilung auf die Zustände ändern.
Diese **Zustandsänderungen** kann man mit Worten, durch ein **Übergangsdiagramm** oder in Tabellenform beschreiben.

Beispiel

Nach einem gewissen Zeitraum wechseln die Fahrzeuge z.B. von der Stelle E_1 nach
- E_2 mit einer Wahrscheinlichkeit von 0,3;
- E_3 mit einer Wahrscheinlichkeit von 0,2.

Mit einer Wahrscheinlichkeit von $1 - 0{,}3 - 0{,}2 = 0{,}5$ kommen die Fahrzeuge nach E_1 zurück.

Übergangsdiagramme enthalten Informationen darüber, welche Zustände in einem System überhaupt möglich sind. An den Pfeilen eines Übergangsdiagramms (siehe Beispiel rechts) ist außerdem zu erkennen, mit welcher Wahrscheinlichkeit ein Übergang in einen anderen Zustand erfolgt. Man spricht deshalb auch von **Übergangs-Wahrscheinlichkeiten**.

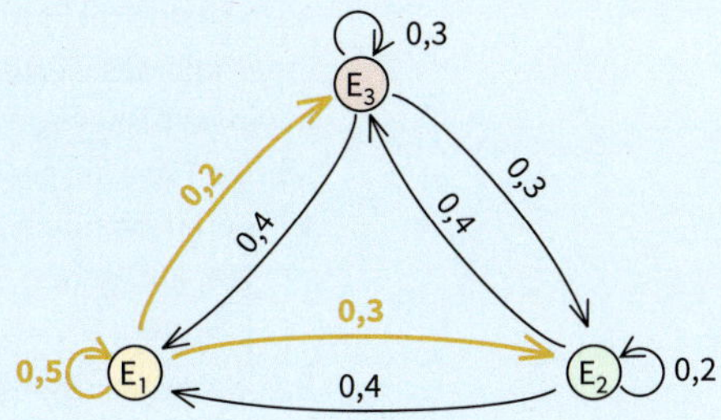

Diese Übergangs-Wahrscheinlichkeiten kann man auch in Form einer Tabelle oder in einer sogenannten **Übergangsmatrix** notieren.
Übergangsmatrizen sind grundsätzlich quadratische n × n-Matrizen, da sie die Übergänge zwischen den möglichen Zuständen beschreiben, und die Anzahl der Zustände sich von Übergang zu Übergang nicht ändert.
Enthält eine Übergangsmatrix (wie im Beispiel rechts) nur die Wahrscheinlicheiten für die einzelnen Übergänge und hat jede Spalte die Summe 1 (=100 %) so nennt man diese Matrix eine **stochastische Matrix**.

		Wechsel von		
		E_1	E_2	E_3
Wechsel nach	E_1	0,5	0,4	0,4
	E_2	0,3	0,2	0,3
	E_3	0,2	0,4	0,3
Summe		1	1	1

$$\mathbf{M} = \begin{pmatrix} 0{,}5 & 0{,}4 & 0{,}4 \\ 0{,}3 & 0{,}2 & 0{,}3 \\ 0{,}2 & 0{,}4 & 0{,}3 \end{pmatrix}$$

Mit einer Wahrscheinlichkeit von 40 % findet ein Wechsel von Zustand E_3 nach Zustand E_1 statt.

Definition: Stochastische Matrix
Eine n × n-Matrix **M**, die nur aus nicht-negativen Zahlen besteht und deren Spaltensummen jeweils den Wert 1 haben, heißt **stochastische Matrix.**

Mithilfe der Übergangsmatrix **M** kann man ausgehend von einem Startvektor den **neuen Zustandsvektor berechnen**, der nach einem Übergang in den nächsten Zustand des Systems die Verteilung beschreibt.

Für die Übergangsmatrix **M** und den Startvektor $\overrightarrow{x_0} = \begin{pmatrix} 0{,}2 \\ 0{,}5 \\ 0{,}3 \end{pmatrix}$ ergibt sich:

$$\overrightarrow{x_1} = \mathbf{M} \cdot \overrightarrow{x_0} = \begin{pmatrix} 0{,}5 & 0{,}4 & 0{,}4 \\ 0{,}3 & 0{,}2 & 0{,}3 \\ 0{,}2 & 0{,}4 & 0{,}3 \end{pmatrix} \cdot \begin{pmatrix} 0{,}2 \\ 0{,}5 \\ 0{,}3 \end{pmatrix} =$$

Anfangszustand

$$\begin{pmatrix} 0{,}5 \cdot 0{,}2 + 0{,}4 \cdot 0{,}5 + 0{,}4 \cdot 0{,}3 \\ 0{,}3 \cdot 0{,}2 + 0{,}2 \cdot 0{,}5 + 0{,}3 \cdot 0{,}3 \\ 0{,}2 \cdot 0{,}2 + 0{,}4 \cdot 0{,}5 + 0{,}3 \cdot 0{,}3 \end{pmatrix} = \begin{pmatrix} 0{,}42 \\ 0{,}25 \\ 0{,}33 \end{pmatrix}$$

veränderter Zustand

Für den Startvektor $\overrightarrow{x_0} = \begin{pmatrix} 24 \\ 60 \\ 36 \end{pmatrix}$ ergibt sich:

$$\overrightarrow{x_1} = \mathbf{M} \cdot \overrightarrow{x_0} = \begin{pmatrix} 50{,}4 \\ 30 \\ 39{,}6 \end{pmatrix}$$

WEITERFÜHRENDE AUFGABE

1. Übergangsmatrizen bei Populationsentwicklungen

Bei einer Fledermaus-Population unterscheidet man zwischen *Jungtieren*, *einjährigen Tieren*, *zweijährigen Tieren* und *dreijährigen Alttieren*.
20 % der Jungtiere überleben das erste Jahr und sind dann zeugungsfähig. Innerhalb eines Jahres werden durchschnittlich pro einjährigem Tier 5 Jungtiere und pro zweijährigem Tier 2 Jungtiere geboren. Während des zweiten Lebensjahres sterben 30 % der einjährigen Tiere, während des dritten Lebensjahres 60 % der zweijährigen Tiere. Die dreijährigen Alttiere sind nicht mehr zeugungsfähig und sterben sämtlich innerhalb des vierten Lebensjahres.
In einem bisher von der Fledermausart nicht bevölkerten Reservat werden 50 einjährige und 20 zweijährige Tiere ausgesetzt.

a) Veranschaulichen Sie die Zusammenhänge, indem Sie diese in einem Übergangsgraphen darstellen, und geben Sie eine Matrix an, die die Übergänge beschreibt.
Erläutern Sie, warum diese Übergangsmatrix keine stochastische Matrix ist.

b) Wie viele Fledermäuse der verschiedenen Altersgruppen bevölkern das Reservat nach 1 Jahr, bzw. nach 2, 3, 4, 5 Jahren? Nach wie vielen Jahren bevölkern mehr als 500 Fledermäuse das Reservat?

INFORMATION

Übergangsmatrizen, die keine stochastischen Matrizen sind

Übergangsmatrizen sind grundsätzlich quadratische Matrizen, da sie die Übergänge zwischen den Zuständen beschreiben und sich die Anzahl der Zustände nicht verändert. Neben den stochastischen Übergangsmatrizen gibt es auch andere Übergangsmatrizen:
Betrachtet man beispielsweise die Übergänge in verschiedene Entwicklungsstadien einer Population von Individuen, so gehen neben den **Überlebenswahrscheinlichkeiten** auch **Reproduktionsraten** als Zahlen in die Übergangsmatrix ein. Solche Übergangsmatrizen sind im Allgemeinen keine stochastischen Matrizen, da ihre Spaltensummen nicht alle den Wert 1 annehmen.

BEISPIEL

Die Entwicklung einer Tierpopulation mit den Entwicklungsphasen *Jungtier*, *einjähriges Tier*, *zweijähriges Tier* und *dreijähriges Tier* kann innerhalb eines Jahres durch folgende Übergangsmatrix **T** beschrieben werden:

$$\mathbf{T} = \begin{pmatrix} 0 & 4 & 2 & 0 \\ 0{,}3 & 0 & 0 & 0 \\ 0 & 0{,}6 & 0 & 0 \\ 0 & 0 & 0{,}4 & 0 \end{pmatrix}$$

Zum Beispiel gibt die Zahl 0,4 an, dass die zweijährigen Tiere eine **Überlebenswahrscheinlichkeit** von 40 % haben. Die Zahl 4 gibt die **Reproduktionsrate** der einjährigen Tiere an, d.h. dass im Durchschnitt jedes einjährige Tier 4 Jungtiere hat.
Die Matrix **T** ist *keine* stochastische Matrix.

ÜBUNGSAUFGABEN

Stochastische Übergangsmatrizen und Übergangsdiagramme

2. Geben Sie zum Übergangsdiagramm die zugehörige Übergangsmatrix an.

a)

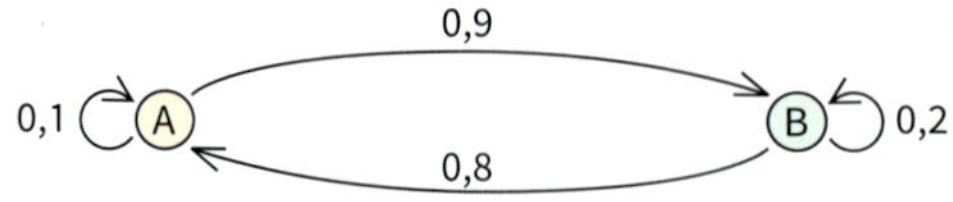

b)

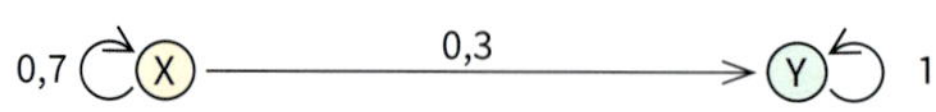

c)

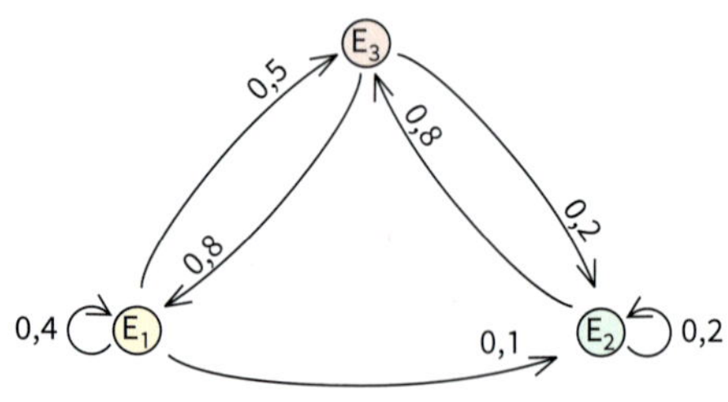

3. Ergänzen Sie an den stochastischen Übergangsdiagrammen die fehlenden Angaben.

a)
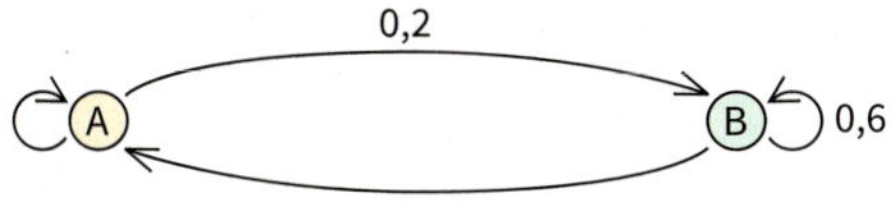

b)
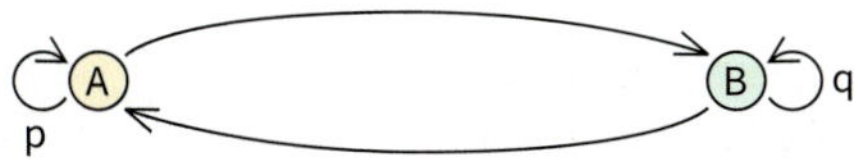

c)
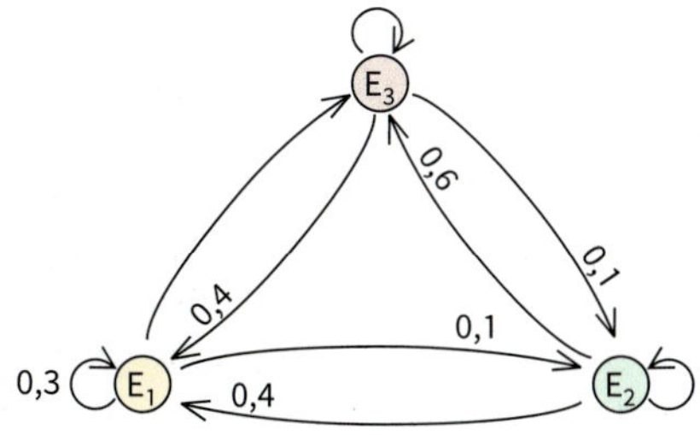

BEISPIEL

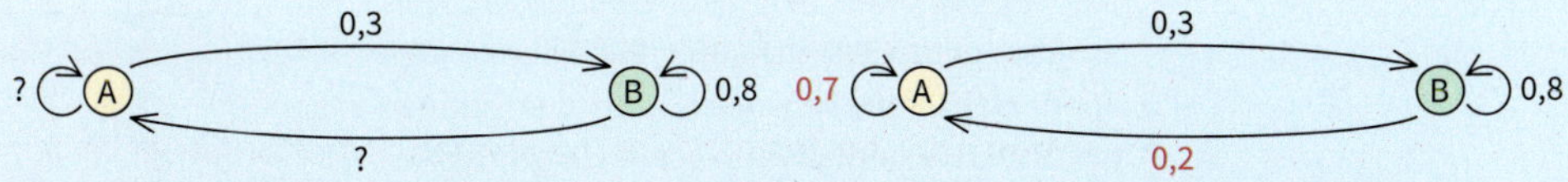

Da die Gesamt-Wahrscheinlichkeit der Übergänge von *einem Zustand aus* jeweils 100 % sein muss, ergibt sich für den Übergang
- von A nach A die Wahrscheinlichkeit $1 - 0{,}3 = 0{,}7$
- von B nach A die Wahrscheinlichkeit $1 - 0{,}8 = 0{,}2$

4. Die folgenden Übergangsdiagramme sind nicht vollständig. Ergänzen Sie die fehlenden Pfeile und Übergangs-Wahrscheinlichkeiten. Geben Sie auch die zugehörige stochastische Übergangsmatrix an.

a)
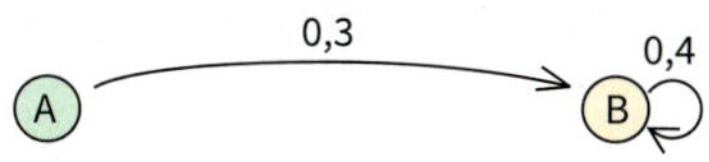

b)
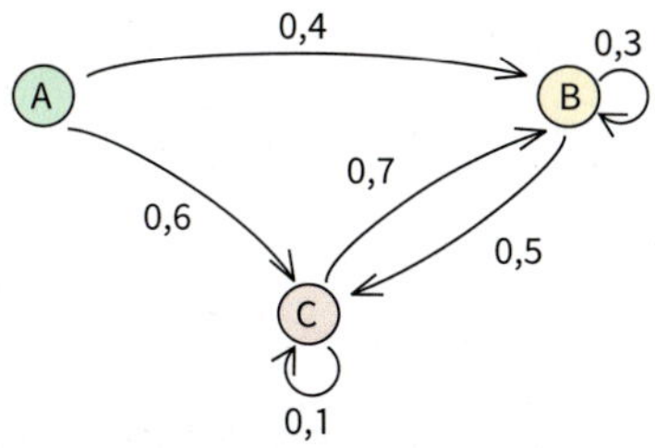

c)
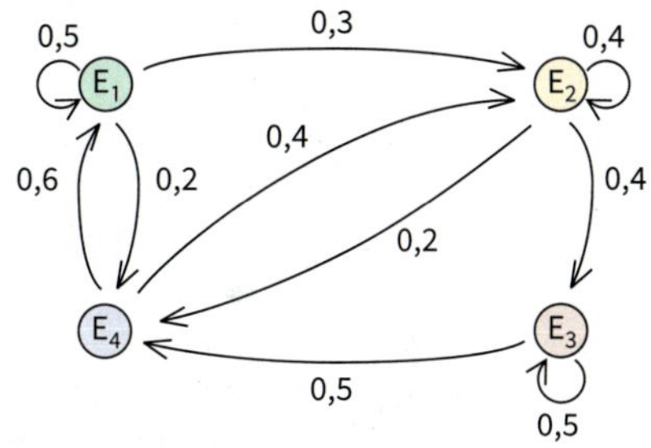

5. Die Übergänge zwischen den Zuständen E_1, E_2, E_3 werden beschrieben durch die nebenstehende stochastische Übergangsmatrix **M**.

$$\mathbf{M} = \begin{pmatrix} 0{,}10 & 0{,}35 & 0{,}60 \\ 0{,}05 & 0{,}45 & 0{,}25 \\ 0{,}85 & 0{,}20 & 0{,}15 \end{pmatrix}$$

(1) Welcher Übergang hat die Wahrscheinlichkeit 25 %?
(2) Wie groß ist die Wahrscheinlichkeit des Übergangs vom Zustand E_2 nach Zustand E_1?
(3) Welche Bedeutung hat die Angabe 0,05 in der Übergangsmatrix?
(4) Mit welcher Wahrscheinlichkeit bleibt das System im Zustand E_3?

6. Geben Sie zur Übergangsmatrix das zugehörige Übergangsdiagramm an.

a) $\begin{pmatrix} 0{,}1 & 0{,}3 \\ 0{,}9 & 0{,}7 \end{pmatrix}$ **b)** $\begin{pmatrix} 0 & 1 \\ 1 & 0 \end{pmatrix}$ **c)** $\begin{pmatrix} 0{,}2 & 0{,}3 & 0{,}5 \\ 0{,}1 & 0{,}5 & 0{,}1 \\ 0{,}7 & 0{,}2 & 0{,}4 \end{pmatrix}$ **d)** $\begin{pmatrix} 0{,}4 & \dots & 0{,}2 \\ \dots & 0{,}8 & 0{,}1 \\ 0{,}2 & 0{,}1 & \dots \end{pmatrix}$

7. Die Matrix $\mathbf{M} = \begin{pmatrix} 0{,}4 & 0{,}6 & 0{,}8 & 0{,}1 \\ 0{,}2 & 0{,}1 & 0{,}05 & 0{,}3 \\ 0{,}1 & 0{,}1 & 0{,}1 & 0{,}3 \\ 0{,}3 & 0{,}2 & 0{,}05 & 0{,}3 \end{pmatrix}$ beschreibt die Änderung der Marktanteile von vier Markenprodukten innerhalb eines Zeitabschnitts. Zeichnen Sie ein zugehöriges Übergangsdiagramm.

Zustandsänderungen in Anwendungen – Stochastische Prozesse

8.

Call a Bike – So leihen Sie Ihr CallBike aus

Blinkt das Schloss des CallBikes grün, ist es frei und kann entliehen werden. Blinkt es rot, ist das CallBike belegt.
Zur Entleihe eines freien Fahrrads rufen Sie die rot umrandete Telefonnummer auf dem Deckel des CallBike-Schlosses an. Sie erhalten sofort einen 4-stelligen Öffnungscode, den Sie über das Display unter dem Deckel eintippen. Das Schloss entriegelt sich und Sie können den Sperrriegel entfernen. Kurz nach dem Öffnen des Schlosses erhalten Sie einen ‚Anruf in Abwesenheit'. Hiermit übermitteln wir Ihnen nochmals den Öffnungscode. Beim Anruf aus einer Telefonzelle oder über das Festnetz halten Sie bitte Ihre Kundennummer bereit.

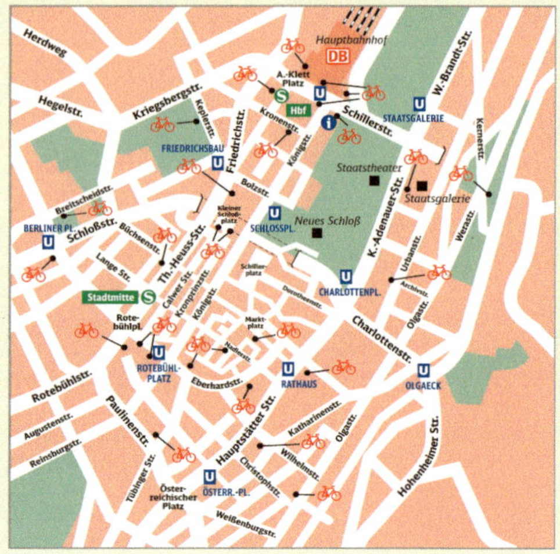

In einer Stadt gibt es einen Call a Bike-Service, bei dem man sich an einer Station ein Fahrrad mieten und es später an einer anderen Station wieder zurückgeben kann. Von den Fahrrädern sind 30 % am Hauptbahnhof stationiert, 25 % am Rathaus, 15 % am Rotebühlplatz und weitere 30 % sind auf andere Stationen in der Stadt verteilt. Aus langfristigen Beobachtungen ist bekannt, dass im Laufe eines Tages etwa folgende Übergänge stattfinden:

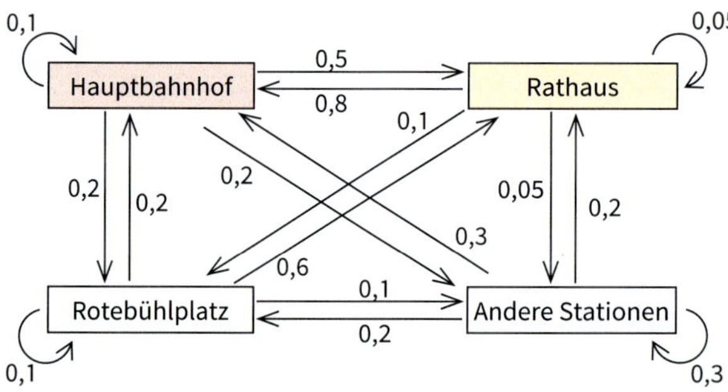

a) Erläutern Sie anhand der Grafik das Übergangsverhalten an einem Tag und bestimmen Sie eine Matrix, mit deren Hilfe man die Übergänge beschreiben kann.

b) Berechnen Sie mithilfe der Matrix, wie die Fahrräder nach einem Tag auf die Stationen verteilt sind.

c) Berechnen Sie auch die Verteilung der Fahrräder nach zwei Tagen.
Angenommen, man will gleich die Verteilung nach zwei Tagen aus der Anfangsverteilung bestimmen, mit welcher Matrix müsste man dann den Startvektor multiplizieren?

9. **a)** Für einen Autovermieter mit vier Standorten gilt das nebenstehende Übergangsdiagramm. Bestimmen Sie die zugehörige Übergangsmatrix.

b) An einem Tag stehen in den vier Standorten je 25 % der Fahrzeuge.
Berechnen Sie, wie sich die Mietautos nach einem Tag auf die vier Standorte verteilen.

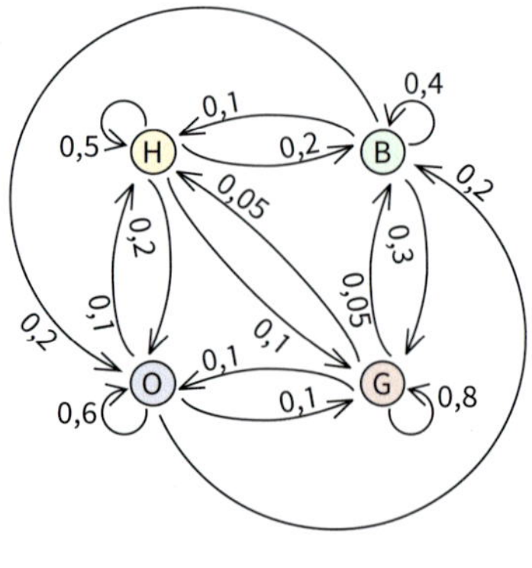

10. In einem Kurort gibt es zwei Warteplätze für den innerstädtischen Taxiverkehr: am Kurhaus und am Bahnhof. Aufträge gehen nur an die beiden Standplätze. Nach Erledigung eines Auftrags fahren die Taxen jeweils zum nächsten Warteplatz. Durch Beobachtung stellt man fest, dass im Mittel 30 % der Taxen, die morgens am Bahnhof stehen, abends wieder dort stehen. Je 50 % der Taxen, die morgens am Kurhaus stehen, sind am Abend wieder am Kurhaus bzw. am Bahnhof. Die Taxifahrer kehren morgens an denjenigen Warteplatz zurück, an dem sie am Vorabend ihren Dienst beendeten.

Am Morgen steht
(1) jeweils die Hälfte der Taxen an den beiden Warteplätzen,
(2) ein Drittel am Bahnhof und zwei Drittel am Kurhaus.
Ermitteln Sie jeweils die Verteilung der Taxen am Ende des Tages.

Aufgabe zur Vertiefung: Berechnen vorangegangener Zustände – Inverse Matrix

11. In einer Region gibt es drei Einkaufsmärkte. Eine Marktstudie beziffert die aktuellen Marktanteile auf 30 % für Modi, 50 % für A-Kauf und auf 20 % für Centy, der erst seit zwei Jahren in der Region ansässig ist. Bei der Entwicklung der Anteile geht man für die nächsten Jahre von den dargestellten Übergängen pro Jahr aus.

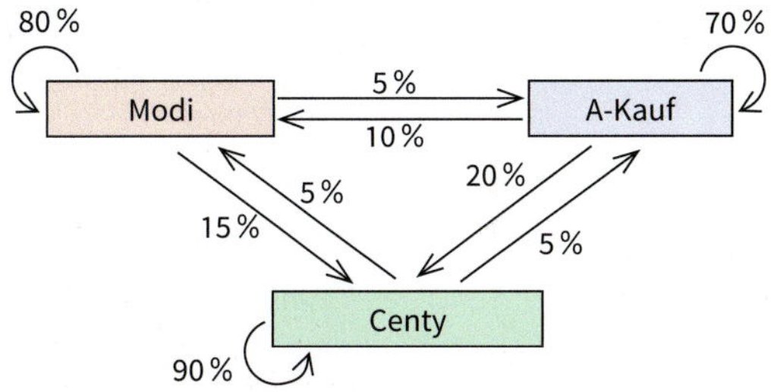

Das Übergangsverhalten war auch im Vorjahr gleich. Bestimmen Sie die Marktanteile vor einem Jahr. Beschreiben Sie Ihr Vorgehen bei der Lösung.
Untersuchen Sie auch, wie man vorangegangene Zustände mithilfe der zur Übergangsmatrix inversen Matrix bestimmen kann.

Übergangsmatrizen bei Populationsentwicklungen

12. Auf Korsika befinden sich ausgedehnte Kastanienwälder. Traditionell werden die Kastanien geröstet gegessen oder zu Kastanienmehl verarbeitet, woraus dann beispielsweise Kastanienbrot gebacken wird. Seit einigen Jahren wird aus gemahlenen Kastanien sogar ein Bier gebraut.

Ein Bauer zählt auf seinem Land 264 Kastanienbäume, von denen er im Jahr durchschnittlich 300 Kastanien pro Baum ernten kann. Der Bauer hat bemerkt, dass sein Kastanienbaumbestand bedingt durch das Alter der Bäume, durch Brände und Schädlingsbefall jährlich um etwa 5 % abnimmt. Er beschließt deshalb, jährlich von etwa 1 % der Kastanien Sämlinge zu ziehen. Er rechnet damit, dass 70 % der Sämlinge im nächsten Jahr zu Setzlingen werden. Von den Setzlingen wiederum wachsen innerhalb eines Jahres nur 15 % zu jungen Kastanienbäumen heran, die anderen werden durch Schädlinge und Wild vernichtet.

a) Zeichnen Sie ein passendes Übergangsdiagramm. Geben Sie auch die zugehörige Übergangsmatrix an.

b) Beschreiben Sie die Entwicklung des Kastanienbaumbestandes über 10 Jahre.

c) Der Bauer überlegt, dass er seinen Baumbestand nicht über 400 Bäume anwachsen lassen will. Wenn ein Bestand von 400 Bäumen erreicht ist, will er die Setzlinge an andere Bauern verkaufen. Untersuchen Sie, ab wann der Bauer mit diesem Zusatzgeschäft rechnen kann.

13. In einem Zoo sind die Affen von Läusen befallen. Der Tierarzt geht davon aus, dass die Affen seit etwa einem Monat von den Läusen befallen sind und deshalb Läuse, Eier (Nissen) und Larven vorhanden sind. Die tägliche Reproduktion der Läuse kann nach einem Monat etwa wie folgt beschrieben werden: Eine weibliche Laus legt am Tag durchschnittlich 8 Eier. Aus $\frac{1}{8}$ der vorhandenen Eier schlüpfen Larven, aus $\frac{1}{20}$ der vorhandenen Larven entwickeln sich weibliche Läuse, von denen $\frac{1}{30}$ stirbt. Nach regelmäßigem Auskämmen von Nissen und einer Behandlung mit einem speziellen Shampoo geht der Tierarzt davon aus, dass ein Affe höchstens noch 1 000 Läuse, 1 000 Nissen und 800 Larven hat und dass damit der Befall rückläufig ist.
Beschreiben Sie die Entwicklung der Läuse und untersuchen Sie, ob der Tierarzt recht hat.

14.

Die Herbst-Mosaikjungfer *(Aeshna mixta)* ist eine Libellenart aus der Unterordnung der Großlibellen *(Anisoptera)*. Innerhalb ihrer Familie, der Edellibellen *(Aeshnidae)*, zählt die Herbst-Mosaikjungfer zu den kleineren Vertreterinnen. Ihr deutscher Name weist auf die jahreszeitlich späte Flugzeit hin – es handelt sich um die in Mitteleuropa am spätesten auftretende Art der Edellibellen. Der wissenschaftliche Art-Name *mixta* bedeutet so viel wie „gemischt“, was sich auf die aus mehreren Farben zusammengesetzte Fleckenzeichnung bezieht.
Die Paarung erfolgt teilweise in der Luft, die Paarungsräder sind allerdings auch häufig an Schilfblättern oder Zweigen in einem bis zwei Metern Höhe zu sehen. Die Paarung dauert zwischen 20 Minuten und einer Stunde. Unmittelbar danach sticht das Weibchen die Eier vor allem in schwimmende abgestorbene Pflanzenteile ein.
Die Eier werden relativ spät gelegt und überwintern als solche, die Larven schlüpfen erst im darauffolgenden Jahr. Aus diesem Grund kann die Herbst-Mosaikjungfer auch an Teichen existieren, die im Winter trockenfallen bzw. abgelassen werden. Eine weitere Überwinterung erfolgt als beinahe ausgewachsene Larve. Aus den Larven schlüpfen im dann folgenden Jahr die Libellen.

Angenommen, zu Beginn sind an einem Teich 1 000 Libelleneier, 400 Larven und 100 erwachsene Libellen vorhanden.
Wie entwickeln sich deren Anzahlen im Lauf der Jahre?
Wir gehen dazu von verschiedenen Annahmen aus:

1. Fall: Jede Libelle legt durchschnittlich 50 Eier (Anzahl: Männchen 0, Weibchen 100).
Aus der Hälfte der Eier entwickeln sich im nächsten Jahr Larven.
Die Larven haben sehr viele Fressfeinde. Nur aus 4 % der einmal geschlüpften Larven entstehen im nächsten Jahr Libellen.

2. Fall: Durch den Einsatz von Insektiziden beträgt die Eiablage im Schnitt nur 40 (statt 50) Eier pro Libelle.

3. Fall: Unter besonders günstigen klimatischen Bedingungen legt jede Libelle im Schnitt 100 Eier.

a) Bearbeiten Sie diese drei Fälle in verschiedenen Gruppen.
Zeichnen Sie für jeden Fall ein Übergangsdiagramm, erstellen Sie die zugehörige Matrix, berechnen Sie jeweils die Anzahl der Eier, Larven und Libellen für einen Zeitraum von 15 Jahren und stellen Sie diese in Abhängigkeit von der Zeit grafisch dar.
Präsentieren Sie anschließend Ihre Ergebnisse.

b) Verallgemeinern Sie die Situation der Aufgabe, indem Sie die Entwicklung einer Insektenpopulation über Eier und Larven zum Insekt durch eine Matrix vom Typ $\begin{pmatrix} 0 & 0 & c \\ a & 0 & 0 \\ 0 & b & 0 \end{pmatrix}$ beschreiben.
Geben Sie das zugehörige Übergangsdiagramm an und erläutern Sie die Bedeutung von a, b und c.
Untersuchen Sie, unter welchen Bedingungen für a, b und c die Population stabil bleibt, anwächst oder ausstirbt.

5.2.2 Markow-Ketten und stabile Zustände

Einstiegsaufgabe ohne Lösung CAS

→ Berechnen von veränderten Zuständen mithilfe von Matrizen

Ein Logistikunternehmen hat Standorte in Hamburg, Düsseldorf, Dresden und München.
Dem Unternehmen liegen näherungsweise die nebenstehenden Erfahrungswerte für die Übergänge der Fahrzeuge zwischen den Standorten innerhalb eines Arbeitstages vor.

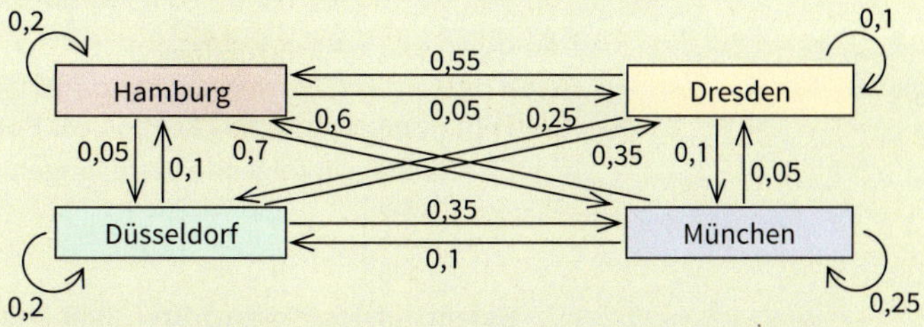

Aufgrund einer vorangegangenen technischen Überprüfung sind zu Beginn der Woche 22 % der Fahrzeuge in Hamburg stationiert, 18 % der Fahrzeuge in Düsseldorf und je 30 % der Fahrzeuge in Dresden und 30 % in München.

a) Untersuchen Sie, wie sich die Verteilung der Fahrzeuge im Laufe der nächsten Wochen entwickelt.

b) Wenn an einem Standort mehr Fahrzeuge benötigt werden, als an diesem Standort gerade zur Verfügung stehen, überführt das Unternehmen Fahrzeuge von anderen Standorten. Durch solche Leerfahrten entstehen dem Unternehmen zusätzliche Kosten.
Deshalb ist es vorteilhaft, wenn sich die Verteilung der Fahrzeuge auf die Standorte im Laufe der Zeit möglichst wenig ändert.
Untersuchen Sie, ob es eine stabile Verteilung der Fahrzeuge gibt, d. h. eine Verteilung der Fahrzeuge auf die Standorte, die sich im Zeitverlauf nicht ändert.

Einstiegsaufgabe mit Lösung

→ Langfristige Entwicklung der Verteilung auf Reiseziele

Ein Reiseanbieter hat sich seit einigen Jahren auf Abschlussfahrten für Schulklassen spezialisiert. Mit der Zeit hat das Unternehmen einen festen Kundenstamm an Schulen, für die es jedes Jahr Städtereisen nach Rom, Prag und Berlin organisiert. Für Planungen hat das Reiseunternehmen das jährliche Wechselverhalten der Schulen beobachtet und in dem nebenstehenden Übergangsdiagramm beschrieben.

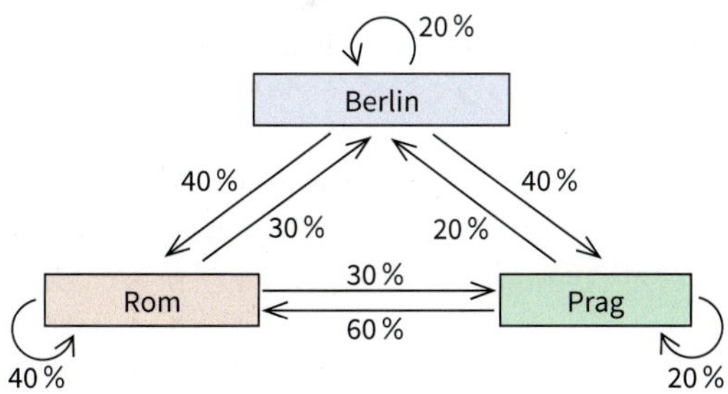

a) Bestimmen Sie die zum Übergangsdiagramm gehörende Matrix **M**.

b) In diesem Jahr fahren 60% der Schulklassen nach Rom, 20% nach Berlin und 20% nach Prag.
Das Reiseunternehmen geht davon aus, dass sich das Wechselverhalten in den nächsten 10 Jahren nicht verändert. Bestimmen Sie unter dieser Voraussetzung rechnerisch die Verteilung der Schulklassen auf die drei Reiseziele für die nächsten 10 Jahre. Was fällt auf?

c) Bestimmen Sie rechnerisch einen Verteilungsvektor $\vec{v} = \begin{pmatrix} x \\ y \\ z \end{pmatrix}$ mit $x + y + z = 1$ für den gilt:
$\mathbf{M} \cdot \begin{pmatrix} x \\ y \\ z \end{pmatrix} = \begin{pmatrix} x \\ y \\ z \end{pmatrix}$. Beschreiben Sie Ihr Vorgehen und vergleichen Sie das Ergebnis mit dem Ergebnis aus Teilaufgabe b).

Lösung

a) Wir verwenden die Reihenfolge Rom, Prag, Berlin.
Die Übergangsmatrix lautet dann $\mathbf{M} = \begin{pmatrix} 0{,}4 & 0{,}6 & 0{,}4 \\ 0{,}3 & 0{,}2 & 0{,}4 \\ 0{,}3 & 0{,}2 & 0{,}2 \end{pmatrix}$.

b) Der Anfangsvektor ist gegeben mit $\vec{v_0} = \begin{pmatrix} 0{,}6 \\ 0{,}2 \\ 0{,}2 \end{pmatrix}$.

Die Verteilung auf die drei Reiseziele im nächsten Jahr erhalten wir als Produkt der Übergangsmatrix **M** mit dem Vektor $\vec{v_0}$:

$$\vec{v_1} = \mathbf{M} \cdot \vec{v_0} = \begin{pmatrix} 0{,}4 & 0{,}6 & 0{,}4 \\ 0{,}3 & 0{,}2 & 0{,}4 \\ 0{,}3 & 0{,}2 & 0{,}2 \end{pmatrix} \cdot \begin{pmatrix} 0{,}6 \\ 0{,}2 \\ 0{,}2 \end{pmatrix} = \begin{pmatrix} 0{,}44 \\ 0{,}3 \\ 0{,}26 \end{pmatrix}$$

Nach zwei Jahren erhalten wir $\vec{v_2} = \mathbf{M} \cdot (\mathbf{M} \cdot \vec{v_0}) = (\mathbf{M} \cdot \mathbf{M}) \cdot \vec{v_0} = \mathbf{M}^2 \cdot \vec{v_0} = \begin{pmatrix} 0{,}46 \\ 0{,}296 \\ 0{,}244 \end{pmatrix}$.

Mithilfe eines Rechners können wir Potenzen von Matrizen wie Potenzen von Zahlen berechnen. So erhalten wir folgende Verteilungen mithilfe eines Rechners:

$$\vec{v_3} = \begin{pmatrix} 0{,}459 \\ 0{,}295 \\ 0{,}246 \end{pmatrix};\ \vec{v_4} = \begin{pmatrix} 0{,}459 \\ 0{,}295 \\ 0{,}246 \end{pmatrix} = \vec{v_5} = \vec{v_6} = \vec{v_7} = \vec{v_8} = \vec{v_9} = \vec{v_{10}}$$

Es fällt auf: Nach dem dritten Jahr ändert sich in den Folgejahren der Zustandsvektor nicht mehr. Wenn sich das Wechselverhalten nicht ändert, kann das Reiseunternehmen davon ausgehen, dass etwa 45,9 % der Schulklassen nach Rom fahren wollen, 29,5 % nach Prag und 24,6 % nach Berlin.

c) Wenn es einen solchen Vektor $\vec{v} = \begin{pmatrix} x \\ y \\ z \end{pmatrix}$ gibt, so gilt: $\begin{pmatrix} 0{,}4 & 0{,}6 & 0{,}4 \\ 0{,}3 & 0{,}2 & 0{,}4 \\ 0{,}3 & 0{,}2 & 0{,}2 \end{pmatrix} \cdot \begin{pmatrix} x \\ y \\ z \end{pmatrix} = \begin{pmatrix} x \\ y \\ z \end{pmatrix}$

Dies führt auf das folgende lineare Gleichungssystem:

$$\left| \begin{array}{l} 0{,}4x + 0{,}6y + 0{,}4z = x \\ 0{,}3x + 0{,}2y + 0{,}4z = y \\ 0{,}3x + 0{,}2y + 0{,}2z = z \end{array} \right| \text{ bzw. } \left| \begin{array}{l} -0{,}6x + 0{,}6y + 0{,}4z = 0 \\ 0{,}3x - 0{,}8y + 0{,}4z = 0 \\ 0{,}7x + 0{,}2y - 0{,}8z = 0 \end{array} \right|$$

Die allgemeine Lösung in Vektorschreibweise lautet $\begin{pmatrix} x \\ y \\ z \end{pmatrix} = \begin{pmatrix} \frac{28}{15}z \\ \frac{6}{5}z \\ z \end{pmatrix}$.

Zusätzlich muss aber auch $x + y + z = 1$ erfüllt sein, weshalb wir $\frac{28}{15}z + \frac{6}{5}z + z = 1$ setzen, woraus sich $z = \frac{15}{61}$ ergibt. Damit erhalten wir als Lösung $\begin{pmatrix} x \\ y \\ z \end{pmatrix} = \begin{pmatrix} \frac{28}{61} \\ \frac{18}{61} \\ \frac{15}{61} \end{pmatrix} \approx \begin{pmatrix} 0{,}459 \\ 0{,}295 \\ 0{,}246 \end{pmatrix}$. Dieses Resultat bestätigt unsere Ergebnisse aus Teilaufgabe b).

INFORMATION

Markow-Ketten – stabile Zustände – Fixvektor

Bei stochastischen Prozessen geht ein Zustand jeweils nach einer bestimmten Zeit in einen neuen Zustand über. Durch die Übergänge von einem Zustand zum nächsten entsteht eine ganze Folge von Zuständen. Wenn man, ausgehend von nur einem einzigen bekannten Zustand, auf alle anderen Zustände schließen kann, so nennt man eine solche Folge von Zuständen eine **Markow-Kette**.

Bei vielen stochastischen Prozessen existieren Zustände, die sich bei einem Übergang in den nächsten Zustand nicht mehr verändern.

Für die Übergangsmatrix und einen solchen stabilen Zustandsvektor gibt es folgende Definition.

Andrei Markow (1856 – 1922)

Definition: Stabile Verteilung – Fixvektor

Ist **M** eine Matrix und $\vec{v} \neq \vec{o}$ ein Zustandsvektor mit $\mathbf{M} \cdot \vec{v} = \vec{v}$, so heißt der Zustandsvektor $\vec{v}$ **Fixvektor** bezüglich **M**.

Ist die Matrix **M** eine Übergangsmatrix und der Anfangsvektor $\vec{v}$ ein Fixvektor bezüglich **M**, so nennt man die durch $\vec{v}$ beschriebene Verteilung eine **stabile Verteilung**.

Beispiel

Zu der Übergangsmatrix $\mathbf{M} = \begin{pmatrix} 0{,}3 & 0{,}4 & 0{,}2 \\ 0{,}2 & 0{,}2 & 0{,}5 \\ 0{,}5 & 0{,}4 & 0{,}3 \end{pmatrix}$ soll der Fixvektor $\vec{v} = \begin{pmatrix} x \\ y \\ z \end{pmatrix}$ bestimmt werden.

Aus der Bedingung $\begin{pmatrix} 0{,}3 & 0{,}4 & 0{,}2 \\ 0{,}2 & 0{,}2 & 0{,}5 \\ 0{,}5 & 0{,}4 & 0{,}3 \end{pmatrix} \cdot \begin{pmatrix} x \\ y \\ z \end{pmatrix} = \begin{pmatrix} x \\ y \\ z \end{pmatrix}$ erhält man das lineare Gleichungssystem

$\left| \begin{array}{l} 0{,}3x + 0{,}4y + 0{,}2z = x \\ 0{,}2x + 0{,}2y + 0{,}5z = y \\ 0{,}5x + 0{,}4y + 0{,}3z = z \end{array} \right|$ bzw. $\left| \begin{array}{l} -0{,}7x + 0{,}4y + 0{,}2z = 0 \\ 0{,}2x - 0{,}8y + 0{,}5z = 0 \\ 0{,}5x + 0{,}4y - 0{,}7z = 0 \end{array} \right|$ mit der allgemeinen Lösung $\begin{pmatrix} x \\ y \\ z \end{pmatrix} = \begin{pmatrix} \frac{3}{4}z \\ \frac{13}{16}z \\ z \end{pmatrix}$.

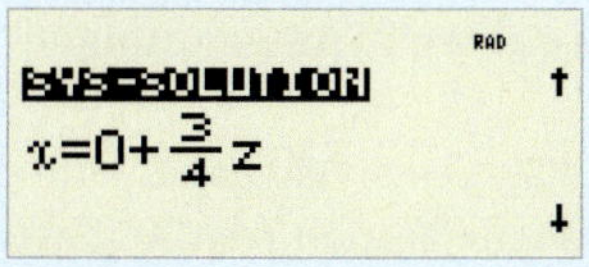

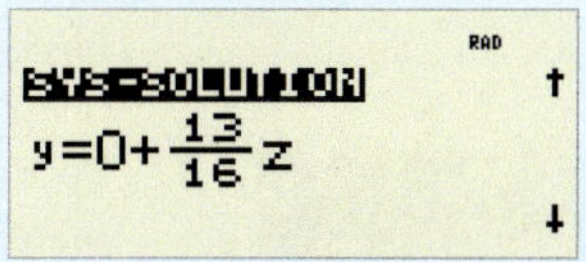

Mit der zusätzlichen Bedingung $x + y + z = 1$ ergibt sich $\frac{3}{4}z + \frac{13}{16}z + z = 1$ und somit $z = \frac{16}{41}$.

Der gesuchte Fixvektor ist $\vec{v} = \begin{pmatrix} \frac{12}{41} \\ \frac{13}{41} \\ \frac{16}{41} \end{pmatrix} \approx \begin{pmatrix} 0{,}2927 \\ 0{,}3171 \\ 0{,}3902 \end{pmatrix}$.

Weiterführende Aufgabe LK

1. Zusammenhang zwischen Fixvektor und Matrixpotenzen

Berechnen Sie aus der Einstiegsaufgabe mit Lösung zu Teilaufgabe c) von Seite 165 auch die Potenzen der Übergangsmatrix **M** mithilfe eines Rechners. Was stellen Sie fest?

Information LK

Zusammenhang zwischen Fixvektor und Matrixpotenzen

Für den Fixvektor $\vec{v}$ einer Übergangsmatrix **M** gilt $\mathbf{M} \cdot \vec{v} = \vec{v}$. Dann gilt auch
$\mathbf{M}^2 \cdot \vec{v} = (\mathbf{M} \cdot \mathbf{M}) \cdot \vec{v} = \mathbf{M} \cdot (\mathbf{M} \cdot \vec{v}) = \mathbf{M} \cdot \vec{v} = \vec{v}$ und weiter für beliebige Potenzen von **M** schließlich
$\mathbf{M}^n \cdot \vec{v} = \vec{v}$.

Die Spaltenvektoren der Matrixpotenzen $\mathbf{M}^n$ nähern sich dabei immer mehr dem Fixvektor $\vec{v}$.
Warum das so ist, wird hier nicht bewiesen.

Man kann diese Eigenschaft der Potenzen einer Übergangsmatrix **M** auch bei der Bestimmung des Fixvektors $\vec{v}$ nutzen, wie das folgende Beispiel zeigt:

Beispiel

Bestimmen des Fixvektors mithilfe von Matrixpotenzen:

(1) Eingabe der Matrix:

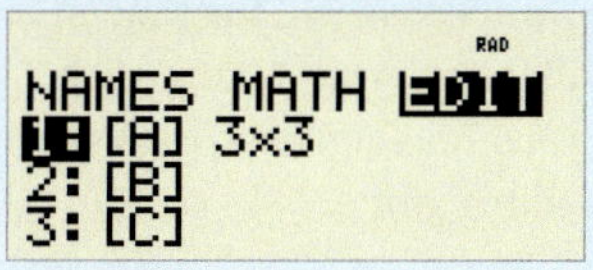

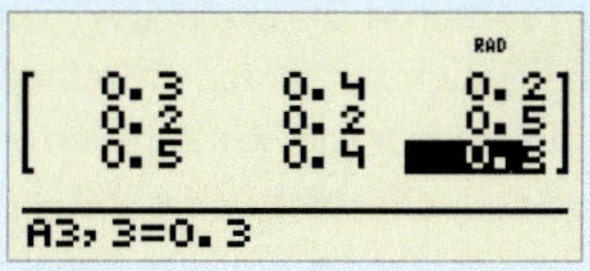

(2) Bestimmen von Potenzen mithilfe der Hoch-Taste im Taschenrechner:

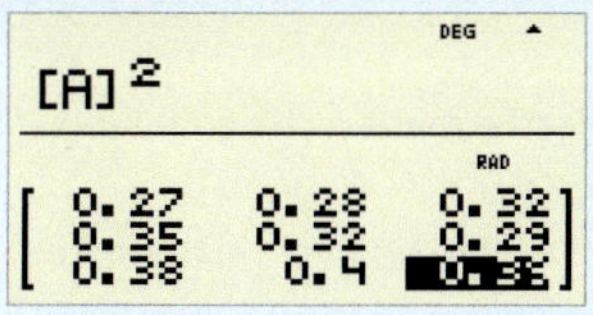

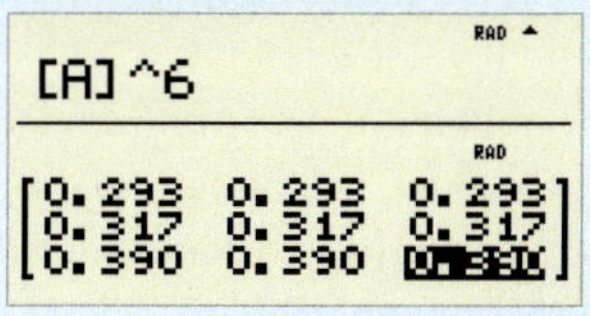

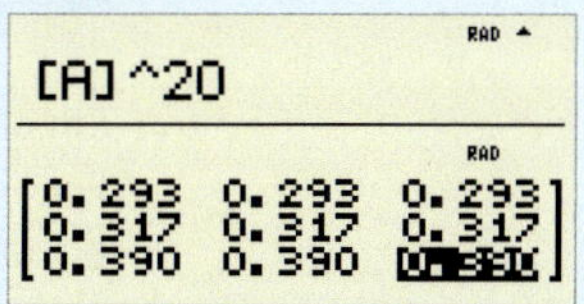

(3) Der Exponent wird solange erhöht, bis sich die Zahlen in der gerundeten Matrix nicht mehr ändern.

(4) Nun kann man den Fixvektor als Spaltenvektor ablesen: $\vec{v} \approx \begin{pmatrix} 0{,}293 \\ 0{,}317 \\ 0{,}390 \end{pmatrix}$

ÜBUNGSAUFGABEN

2. Bestimmen Sie den Fixvektor.

a) $\mathbf{M} = \begin{pmatrix} 0{,}2 & 0{,}1 & 0{,}2 \\ 0{,}3 & 0{,}8 & 0{,}4 \\ 0{,}5 & 0{,}1 & 0{,}4 \end{pmatrix}$ **c)** $\mathbf{M} = \begin{pmatrix} 0 & 1 & 0 \\ 1 & 0 & 0 \\ 0 & 0 & 1 \end{pmatrix}$ **e)** $\mathbf{M} = \begin{pmatrix} 1 & 0 & 0 \\ 0 & 1 & 0 \\ 0 & 0 & 1 \end{pmatrix}$

b) $\mathbf{M} = \begin{pmatrix} 0{,}2 & 0{,}3 \\ 0{,}8 & 0{,}7 \end{pmatrix}$ **d)** $\mathbf{M} = \begin{pmatrix} 0{,}5 & 0{,}1 \\ 0{,}5 & 0{,}9 \end{pmatrix}$ **f)** $\mathbf{M} = \begin{pmatrix} 0{,}2 & 0{,}1 & 0 & 0{,}5 \\ 0{,}3 & 0{,}3 & 0{,}8 & 0{,}4 \\ 0{,}5 & 0{,}3 & 0{,}2 & 0 \\ 0 & 0{,}3 & 0 & 0{,}1 \end{pmatrix}$

(1) durch Lösen des zugehörigen Gleichungssystems;

LK (2) durch Untersuchung der Potenzen der Übergangsmatrix.

Markow-Ketten in Anwendungen

3. Bei den Filialen einer Baumarkt-Kette kann man günstig Anhänger ausleihen, um sperrige Baumaterialien zu transportieren. Als besondere Leistung bietet die Firma an, dass die Rückgabe eines Anhängers auch in den benachbarten Niederlassungen erfolgen kann.
In den drei Filialen A, B, C einer Großstadt sind ursprünglich gleich viele Anhänger vorhanden.
Die über einen gewissen Zeitraum beobachteten Übergänge zwischen den Filialen lassen sich mithilfe der Matrix **M** beschreiben:

$$\mathbf{M} = \begin{pmatrix} 0{,}75 & 0{,}08 & 0{,}04 \\ 0{,}10 & 0{,}80 & 0{,}06 \\ 0{,}15 & 0{,}12 & 0{,}90 \end{pmatrix}$$

Bestimmen Sie eine kostenoptimale Aufteilung der Leihanhänger-Bestände auf die drei Filialen.

4. Ein Versicherungsunternehmen versichert ein bestimmtes Risiko in drei Tarifklassen SF_0, SF_1 und SF_2. Im Laufe eines Jahres erfolgen aufgrund mehrjähriger Erfahrung folgende Übergänge:

- 40 % der Versicherungsnehmer der Tarifklasse SF_0 werden in die Tarifklasse SF_1 umgestuft, 50 % der Versicherungsnehmer der Tarifklasse SF_0 verbleiben in dieser Tarifklasse.
- Von den Versicherungsnehmern der Tarifklasse SF_1 wechseln 20 % in die Tarifklasse SF_0, 40 % verbleiben in der Tarifklasse SF_1, 30 % wechseln in die Tarifklasse SF_2.
- 50 % der Versicherungsnehmer der Tarifklasse SF_2 verbleiben in ihrer Tarifklasse, 30 % wechseln in die Tarifklasse SF_1 und 10 % in die Tarifklasse SF_0.
- Die Übrigen wechseln den Versicherer.
- Außerdem erfolgen im Laufe eines Jahres etwa 10 000 neue Versicherungsabschlüsse. Davon treten 20 % in die Tarifklasse SF_0 ein und der Rest in die Tarifklasse SF_1.

a) Zu Beginn eines Jahres befanden sich von den insgesamt 106 560 Versicherungsnehmern 27,08 % in der Tarifklasse SF_0 und 44,87 % in der Tarifklasse SF_1. Berechnen Sie die Anzahlen der Versicherungsnehmer in den einzelnen Tarifklassen nach 1 Jahr, nach 2 Jahren und nach 5 Jahren.

b) Berechnen Sie zu der Anfangsverteilung aus Teilaufgabe a) die Verteilung des Vorjahres.

c) Untersuchen Sie, ob es eine stabile Verteilung gibt.

Absorbierende Zustände

5. Ein Käfer wandert auf dem Drahtmodell eines Tetraeders. Ist er in einer Ecke angekommen, so wählt er zufällig einen der drei Wege zu den anderen Ecken aus (d. h. er kann auch den Weg wieder zurücklaufen, den er gerade gekommen ist).

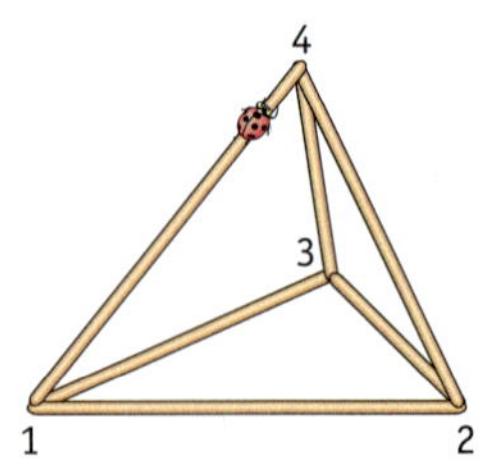

a) Bestimmen Sie die Übergangsmatrix **M** und die Matrixpotenzen $\mathbf{M}^2$, $\mathbf{M}^4$, $\mathbf{M}^8$.

b) Nach einiger Zeit rastlosen Wanderns merkt der Käfer, dass die Wege von 1, 2, 3 nach 4 beschwerlicher sind als die anderen. Daher entscheidet er sich für diese Wege nur noch halb so oft wie für die beiden anderen Möglichkeiten.
Untersuchen Sie die Veränderung der Übergangsmatrix **M** und ihrer Potenzen.

5.3 Abbildungsmatrizen – Wahlthema

5.3.1 Parallelprojektionen, Spiegelungen und Streckungen

Einstiegsaufgabe
Ohne Lösung

→ Parallelprojektion eines Dreiecks in eine Koordinatenebene

Durch die Eckpunkte A(3|2|0), B(2|5|3) und C(1|4|6) ist ein Dreieck im Raum gegeben.

- Durch eine Parallelprojektion in Richtung des Vektors $\vec{v} = \begin{pmatrix} 2 \\ -1 \\ -3 \end{pmatrix}$ in die $x_1 x_2$-Ebene entsteht ein Bilddreieck. Bestimmen Sie die Koordinaten der Bildpunkte.
- Zeichnen Sie das Dreieck und das Bilddreieck im Koordinatensystem.
- Zeigen Sie, dass man bei dieser Abbildung den Ortsvektor eines Bildpunktes erhält, indem man den Ortsvektor des Originalpunktes mit der Matrix $\mathbf{T_P} = \begin{pmatrix} 1 & 0 & \frac{2}{3} \\ 0 & 1 & -\frac{1}{3} \\ 0 & 0 & 0 \end{pmatrix}$ multipliziert.

Einstiegsaufgabe
Mit Lösung

→ Parallelprojektion einer Pyramide in eine Koordinatenebene

Der Eckpunkt A der abgebildeten geraden Pyramide hat die Koordinaten A(5|−5|2).
Die quadratische Grundfläche verläuft parallel zur x_1x_2-Ebene und hat eine Breite von 2 Einheiten. Die Pyramide ist 3 Einheiten hoch.

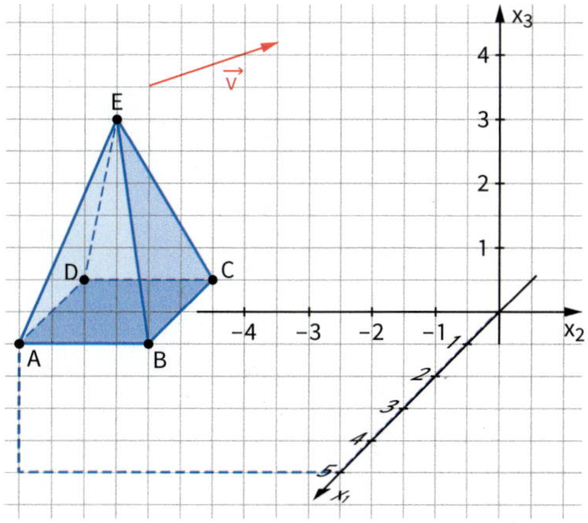

a) Bestimmen Sie die Koordinaten der übrigen Eckpunkte.

b) Durch eine Parallelprojektion in Richtung des Vektors $\vec{v} = \begin{pmatrix} -5 \\ 2 \\ -1 \end{pmatrix}$ in die $x_2 x_3$-Ebene entsteht ein Bild der Pyramide. Bestimmen Sie die Koordinaten der Bildpunkte. Ergänzen Sie das Bild im Koordinatensystem.

c) Zeigen Sie, dass man bei dieser Abbildung den Ortsvektor eines Bildpunktes erhält, indem man den Ortsvektor des Originalpunktes mit der Matrix $\mathbf{T_P} = \begin{pmatrix} 0 & 0 & 0 \\ \frac{2}{5} & 1 & 0 \\ -\frac{1}{5} & 0 & 1 \end{pmatrix}$ multipliziert.

Lösung

a) Gegeben ist A(5|−5|2). Für die übrigen Punkte ergeben sich folgende Koordinaten:
B(5|−3|2), C(3|−3|2), D(3|−5|2), E(4|−4|5)

Bei einer Parallelprojektion mit einem Vektor $\vec{v}$ in eine Koordinatenebene ist eine **Projektionsgerade** durch einen Punkt P eine Gerade mit dem Richtungsvektor $\vec{v}$.
Der Schnittpunkt dieser Projektionsgeraden mit der Koordinatenebene ist der gesuchte Bildpunkt P′.

b) Wir gehen von einem beliebigen Punktes P aus und betrachten die Projektionsgerade durch P mit dem Richtungsvektor $\vec{v} = \begin{pmatrix} -5 \\ 2 \\ -1 \end{pmatrix}$. Die zugehörige Geradengleichung lautet: $\vec{x} = \begin{pmatrix} p_1 \\ p_2 \\ p_3 \end{pmatrix} + t \cdot \begin{pmatrix} -5 \\ 2 \\ -1 \end{pmatrix}$

Die gesuchten Bildpunkte liegen alle in der x_2x_3-Ebene, somit muss die erste Koordinate x_1 in der Gleichung der Projektionsgeraden den Wert null annehmen, also $p_1 + t \cdot (-5) = 0$

Dies ist für $t = \frac{1}{5} p_1$ der Fall. Der Punkt P mit dem Ortsvektor $\begin{pmatrix} p_1 \\ p_2 \\ p_3 \end{pmatrix}$ geht somit bei dieser Projektion in die $x_2 x_3$-Ebene über in den Bildpunkt P′ mit dem Ortsvektor

$$\begin{pmatrix} p_1' \\ p_2' \\ p_3' \end{pmatrix} = \begin{pmatrix} p_1 \\ p_2 \\ p_3 \end{pmatrix} + \frac{1}{5} p_1 \cdot \begin{pmatrix} -5 \\ 2 \\ -1 \end{pmatrix} = \begin{pmatrix} 0 \\ p_2 + \frac{2}{5} p_1 \\ p_3 - \frac{1}{5} p_1 \end{pmatrix}.$$

Damit ergeben sich die folgenden Bildpunkte:
A′(0 | −3 | 1), B′(0 | −1 | 1); C′(0 | −1,8 | 1,4), D′(0 | −3,8 | 1,4), E′(0 | −2,4 | 4,2)

c) Multiplizieren wir die Matrix $\mathbf{T_P} = \begin{pmatrix} 0 & 0 & 0 \\ \frac{2}{5} & 1 & 0 \\ -\frac{1}{5} & 0 & 1 \end{pmatrix}$ mit einem beliebigen Vektor $\vec{p} = \begin{pmatrix} p_1 \\ p_2 \\ p_3 \end{pmatrix}$, so ergibt sich aus dem Produkt $\mathbf{T_P} \cdot \begin{pmatrix} p_1 \\ p_2 \\ p_3 \end{pmatrix} = \begin{pmatrix} 0 \\ \frac{2}{5}p_1 + p_2 \\ -\frac{1}{5}p_1 + p_3 \end{pmatrix}$ der Ortsvektor des Bildpunktes. Dies stimmt mit unserem Ergebnis aus Teilaufgabe b) überein.

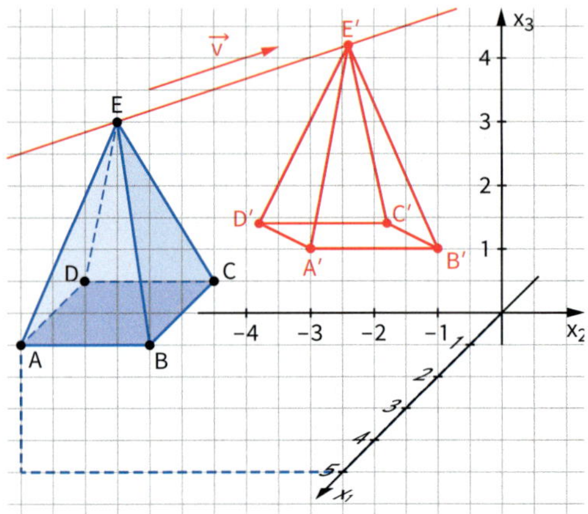

INFORMATION

Parallelprojektion in eine Koordinatenebene

Satz

Man erhält die Koordinaten des Bildpunktes $P'(p_1' \mid p_2' \mid p_3')$ eines Punktes $P(p_1 \mid p_2 \mid p_3)$ bei einer **Parallelprojektion in eine Koordinatenebene** in Richtung eines Vektors $\vec{v} = \begin{pmatrix} v_1 \\ v_2 \\ v_3 \end{pmatrix}$ wie folgt:

(1) x_1x_2-Ebene für $v_3 \neq 0$

$$\begin{pmatrix} p_1' \\ p_2' \\ p_3' \end{pmatrix} = \begin{pmatrix} 1 & 0 & -\frac{v_1}{v_3} \\ 0 & 1 & -\frac{v_2}{v_3} \\ 0 & 0 & 0 \end{pmatrix} \cdot \begin{pmatrix} p_1 \\ p_2 \\ p_3 \end{pmatrix}$$

(2) x_1x_3-Ebene für $v_2 \neq 0$

$$\begin{pmatrix} p_1' \\ p_2' \\ p_3' \end{pmatrix} = \begin{pmatrix} 1 & -\frac{v_1}{v_2} & 0 \\ 0 & 0 & 0 \\ 0 & -\frac{v_3}{v_2} & 1 \end{pmatrix} \cdot \begin{pmatrix} p_1 \\ p_2 \\ p_3 \end{pmatrix}$$

(3) x_2x_3-Ebene für $v_1 \neq 0$

$$\begin{pmatrix} p_1' \\ p_2' \\ p_3' \end{pmatrix} = \begin{pmatrix} 0 & 0 & 0 \\ -\frac{v_2}{v_1} & 1 & 0 \\ -\frac{v_3}{v_1} & 0 & 1 \end{pmatrix} \cdot \begin{pmatrix} p_1 \\ p_2 \\ p_3 \end{pmatrix}$$

Man nennt solche Matrizen $\mathbf{T_P}$, mit denen man die Koordinaten von Bildpunkten bestimmen kann, auch **Abbildungsmatrizen**.

BEISPIEL

Betrachtet wird eine Parallelprojektion in die x_1x_3-Ebene in Richtung eines Vektors $\vec{v} = \begin{pmatrix} 3 \\ -2 \\ -5 \end{pmatrix}$.

Die zugehörige Abbildungsmatrix ist dann $\mathbf{T_P} = \begin{pmatrix} 1 & -\frac{v_1}{v_2} & 0 \\ 0 & 0 & 0 \\ 0 & -\frac{v_3}{v_2} & 1 \end{pmatrix} = \begin{pmatrix} 1 & \frac{3}{2} & 0 \\ 0 & 0 & 0 \\ 0 & -\frac{5}{2} & 1 \end{pmatrix}$.

- Den Ortsvektor des zugehörigen Bildpunktes P′ eines Punktes P(4 | −6 | 3) erhält man, in dem man die Abbildungsmatrix $\mathbf{T_P}$ mit dem Ortsvektor von P multipliziert:

$$\begin{pmatrix} p_1' \\ p_2' \\ p_3' \end{pmatrix} = \begin{pmatrix} 1 & \frac{3}{2} & 0 \\ 0 & 0 & 0 \\ 0 & -\frac{5}{2} & 1 \end{pmatrix} \cdot \begin{pmatrix} 4 \\ -6 \\ 3 \end{pmatrix} = \begin{pmatrix} 1 \cdot 4 + \frac{3}{2} \cdot (-6) + 0 \cdot 3 \\ 0 \cdot 4 + 0 \cdot (-6) + 0 \cdot 3 \\ 0 \cdot 4 + \left(-\frac{5}{2}\right) \cdot (-6) + 1 \cdot 3 \end{pmatrix} = \begin{pmatrix} -5 \\ 0 \\ 18 \end{pmatrix}$$

Der Bildpunkt P′ hat also die Koordinaten P′(−5 | 0 | 18).

- Der Punkt Q(1 | 0 | 2) liegt in der x_1x_3-Ebene, also gilt: Q′ = Q
Dies bestätigt auch die Multiplikation der Matrix $\mathbf{T_P}$ mit dem Ortsvektor von Q:

$$\begin{pmatrix} 1 & \frac{3}{2} & 0 \\ 0 & 0 & 0 \\ 0 & -\frac{5}{2} & 1 \end{pmatrix} \cdot \begin{pmatrix} 1 \\ 0 \\ 2 \end{pmatrix} = \begin{pmatrix} 1 \\ 0 \\ 2 \end{pmatrix}$$

*Q ist ein **Fixpunkt** bei dieser Abbildung*

WEITERFÜHRENDE AUFGABE

1. Spiegelungen und Streckungen mithilfe von Abbildungsmatrizen beschreiben

Gegeben ist das Dreieck ABC mit A(1 | 3 | 2), B(3 | 4 | −2) und C(6 | 8 | 10).

a) Das Dreieck wird orthogonal an der x_1x_3-Ebene gespiegelt.

(1) Bestimmen Sie die Koordinaten der Bildpunkte A′, B′ und C′. Zeichnen Sie das Dreieck ABC und das Bilddreieck A′B′C′ in ein Koordinatensystem.

(2) Zeigen Sie, dass man bei dieser Spiegelung den Ortsvektor eines Bildpunktes erhält, indem man die Matrix $\mathbf{T_S} = \begin{pmatrix} 1 & 0 & 0 \\ 0 & -1 & 0 \\ 0 & 0 & 1 \end{pmatrix}$ mit dem Ortsvektor des Originalpunktes multipliziert.

b) Das Dreieck ABC wird durch eine zentrische Streckung vom Koordinatenursprung aus mit dem Faktor 2,5 gestreckt. Bestimmen Sie die Koordinaten der Bildpunkte für die Eckpunkte des Dreiecks. Untersuchen Sie auch, mithilfe welcher Matrix man diese Abbildung beschreiben kann.

INFORMATION

Orthogonale Spiegelung an einer Koordinatenebene

Auch orthogonale Spiegelungen an einer Koordinatenebene können mithilfe von Abbildungsmatrizen beschrieben werden.

Rechnerisch lohnt es sich nicht, eine Matrizenmultiplikation durchzuführen, da man die Bildkoordinaten leicht durch Änderung eines Vorzeichens erhält.

Satz

Man erhält die Koordinaten eines Bildpunktes $P'(p_1' \mid p_2' \mid p_3')$ eines Punktes $P(p_1 \mid p_2 \mid p_3)$ bei einer **orthogonalen Spiegelung an einer Koordinatenebene** wie folgt:

(1) x_1x_2-Ebene

$$\begin{pmatrix} p_1' \\ p_2' \\ p_3' \end{pmatrix} = \begin{pmatrix} 1 & 0 & 0 \\ 0 & 1 & 0 \\ 0 & 0 & -1 \end{pmatrix} \cdot \begin{pmatrix} p_1 \\ p_2 \\ p_3 \end{pmatrix} = \begin{pmatrix} p_1 \\ p_2 \\ -p_3 \end{pmatrix}$$

(2) x_1x_3-Ebene

$$\begin{pmatrix} p_1' \\ p_2' \\ p_3' \end{pmatrix} = \begin{pmatrix} 1 & 0 & 0 \\ 0 & -1 & 0 \\ 0 & 0 & 1 \end{pmatrix} \cdot \begin{pmatrix} p_1 \\ p_2 \\ p_3 \end{pmatrix} = \begin{pmatrix} p_1 \\ -p_2 \\ p_3 \end{pmatrix}$$

(3) x_2x_3-Ebene

$$\begin{pmatrix} p_1' \\ p_2' \\ p_3' \end{pmatrix} = \begin{pmatrix} -1 & 0 & 0 \\ 0 & 1 & 0 \\ 0 & 0 & 1 \end{pmatrix} \cdot \begin{pmatrix} p_1 \\ p_2 \\ p_3 \end{pmatrix} = \begin{pmatrix} -p_1 \\ p_2 \\ p_3 \end{pmatrix}$$

BEISPIEL

Das Dreieck ABC mit A(2 | 0 | 3), B(0 | 4 | 0) und C(3 | 5 | 5) wird orthogonal an der x_1x_2-Ebene gespiegelt.
Man erhält leicht die Koordinaten der Bildpunkte, indem man das Vorzeichen der x_3-Koordinate ändert:
A′(2 | 0 | −3), B′ = B und C′(3 | 5 | −5)

Die zugehörige Abbildungsmatrix ist $\mathbf{T_S} = \begin{pmatrix} 1 & 0 & 0 \\ 0 & 1 & 0 \\ 0 & 0 & -1 \end{pmatrix}$.

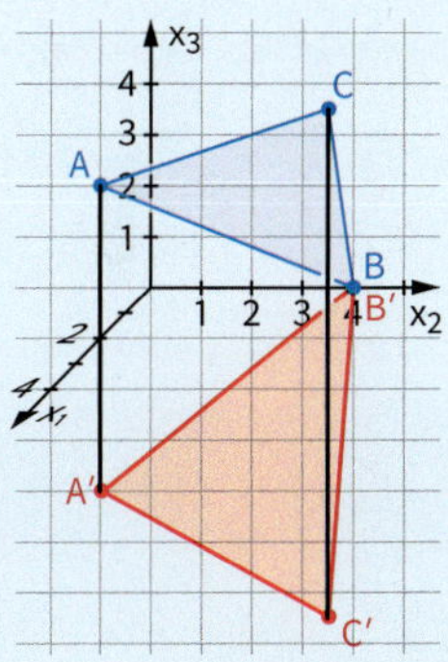

Zentrische Streckung vom Koordinatenursprung aus

Auch eine zentrische Streckung vom Koordinatenursprung aus kann mithilfe einer Abbildungsmatrix beschrieben werden.

Rechnerisch lohnt es sich nicht, eine Matrizenmultiplikation durchzuführen, da man die Bildkoordinaten leicht durch Multiplikation mit einem Faktor s erhält.

Satz

Man erhält die Koordinaten eines Bildpunktes $P'(p_1' \mid p_2' \mid p_3')$ eines Punktes $P(p_1 \mid p_2 \mid p_3)$ bei einer **zentrischen Streckung vom Koordinatenursprung aus** mit einem Faktor s wie folgt:

$$\begin{pmatrix} p_1' \\ p_2' \\ p_3' \end{pmatrix} = s \cdot \begin{pmatrix} 1 & 0 & 0 \\ 0 & 1 & 0 \\ 0 & 0 & 1 \end{pmatrix} \cdot \begin{pmatrix} p_1 \\ p_2 \\ p_3 \end{pmatrix} = \begin{pmatrix} s & 0 & 0 \\ 0 & s & 0 \\ 0 & 0 & s \end{pmatrix} \cdot \begin{pmatrix} p_1 \\ p_2 \\ p_3 \end{pmatrix} = \begin{pmatrix} s \cdot p_1 \\ s \cdot p_2 \\ s \cdot p_3 \end{pmatrix}$$

Beispiel

Die Punkte A(−4 | 9 | 3) und B(11 | −20 | 10) sind die Endpunkte einer Strecke im Raum.
Durch eine zentrische Streckung vom Koordinatenursprung aus mit dem Faktor 4,2 wird diese Strecke vergrößert.
Die Bildpunkte sind A'(−16,8 | 37,8 | 12,6) und B'(46,2 | −84 | 42).
Die zugehörige Abbildungsmatrix ist $\begin{pmatrix} 4{,}2 & 0 & 0 \\ 0 & 4{,}2 & 0 \\ 0 & 0 & 4{,}2 \end{pmatrix}$.

Übungsaufgaben

Parallelprojektionen in eine Koordinatenebene

2. Bei einer Parallelprojektion in Richtung des Vektors $\vec{v} = \begin{pmatrix} 2 \\ 2 \\ -3 \end{pmatrix}$ werden alle Punkte in die x_2x_3-Ebene projiziert.

a) Geben Sie die zugehörige Abbildungsmatrix für diese Projektion an.
b) Bestimmen Sie die Koordinaten des Bildpunktes zum Punkt A(1 | −2 | 3).
c) Bestimmen Sie die Koordinaten eines beliebigen Punktes P bei dieser Abbildung.

3. Das Dreieck ABC mit A(3 | 3 | 2), B(0 | 4 | 3) und C(2 | 0 | 1) wird durch eine Parallelprojektion in Richtung des Vektors $\vec{v}$ in die x_1x_3-Ebene projiziert. Berechnen Sie die Koordinaten der Eckpunkte des Bilddreiecks und zeichnen Sie beide Dreiecke in ein Koordinatensystem.

a) $\vec{v} = \begin{pmatrix} 2 \\ 2 \\ -1 \end{pmatrix}$ **b)** $\vec{v} = \begin{pmatrix} -4 \\ 1 \\ 5 \end{pmatrix}$ **c)** $\vec{v} = \begin{pmatrix} -3 \\ 1 \\ 1 \end{pmatrix}$ Was fällt auf?

4. Bei einer Parallelprojektion in die x_2x_3-Koordinatenebene wird der Punkt P(−2 | 5 | 4) auf den Bildpunkt P'(0 | 3 | 8) abgebildet. Bestimmen Sie die zugehörige Abbildungsmatrix.

5. In einem passend gewählten Koordinatensystem hat die Terrasse eines Cafés die Eckpunkte P(0 | −2 | 0), Q(4 | −2 | 0), R(4 | 6 | 0), S(0 | 6 | 0). Die Terrassenmarkise, die an der in der x_2x_3-Ebene liegenden Hauswand angebracht ist, hat die Eckpunkte A(0 | 0 | 3), B(3 | 0 | 2,5), C(3 | 6 | 2,5) und D(0 | 6 | 3). Die Sonnenstrahlen fallen parallel zum Vektor $\vec{v} = \begin{pmatrix} -1 \\ -1 \\ -2 \end{pmatrix}$ ein.
Untersuchen Sie, welcher Bereich der Terrasse im Schatten liegt.

6. In einem Koordinatensystem verlaufen die parallel einfallenden Sonnenstrahlen parallel zur x_2x_3-Ebene. Der Einfallswinkel zur x_1x_2-Ebene ist $\alpha = 60°$.

a) Bestimmen Sie die Abbildungsmatrizen der hierdurch festgelegten Projektionen in die x_1x_2-Ebene.
b) Berechnen Sie ein Schattenbild, das ein Turm mit den nachfolgenden Koordinaten in die x_1x_2-Ebene wirft: A(1 | 1 | 0), B(3 | 1 | 0), C(3 | 3 | 0), D(1 | 3 | 0), E(1 | 1 | 4), F(3 | 1 | 4), G(3 | 3 | 4), H(1 | 3 | 4), S(2 | 2 | 6).

7. Eine Parallelprojektion in die x_1x_2-Ebene hat als Abbildungsmatrix die Matrix **T**.
Bestimmen Sie einen zugehörigen Vektor $\vec{v}$, der die Richtung der Projektion angibt.

a) $\mathbf{T} = \begin{pmatrix} 1 & 0 & -4 \\ 0 & 1 & 3 \\ 0 & 0 & 0 \end{pmatrix}$ **b)** $\mathbf{T} = \begin{pmatrix} 1 & 0 & 5 \\ 0 & 1 & -2 \\ 0 & 0 & 0 \end{pmatrix}$ **c)** $\mathbf{T} = \begin{pmatrix} 1 & 0 & -1 \\ 0 & 1 & -0{,}5 \\ 0 & 0 & 0 \end{pmatrix}$

Spiegelungen und Streckungen

8. Das Dreieck ABC wird orthogonal an der x_1x_3-Ebene gespiegelt. Berechnen Sie die Koordinaten der Bildpunkte. Geben Sie auch die Abbildungsmatrix an.

a) A(−2 | 5 | 3), B(11 | −15 | 0), C(3 | 13 | 23).

b) A(5 | 9 | 17), B(5 | −9 | 17), C(22 | 0 | 45). Was fällt auf?

c) Geben Sie die Koordinaten der Eckpunkte eines Dreiecks an, das auf sich selbst abgebildet wird.

9. **a)** Bestimmen Sie den Bildpunkt P′ des Punktes P(2 | 11 | −5) bei einer zentrischen Streckung vom Koordinatenursprung aus mit dem Faktor 6. Geben Sie auch die zugehörige Abbildungsmatrix an.

b) Bei einer zentrischen Streckung vom Koordinatenursprung aus mit dem Faktor −3 entsteht der Bildpunkt B′. Der Punkt B′ hat dieselben Koordinaten wie der Punkt P′ aus Teilaufgabe a). Bestimmen Sie die Koordinaten des Originalpunktes B.

10. Beschreiben Sie die Abbildung im Raum, die durch die Abbildungsmatrix **A** angegeben ist. Bestimmen Sie auch die Koordinaten des Originalpunktes P zum angegebenen Bildpunkt P′.

a) $\mathbf{A} = \begin{pmatrix} 1 & 0 & 0 \\ 0 & 1 & 0 \\ 0 & 0 & -1 \end{pmatrix}$; P′(2 | −1 | 2) **b)** $\mathbf{A} = \begin{pmatrix} 5 & 0 & 0 \\ 0 & 5 & 0 \\ 0 & 0 & 5 \end{pmatrix}$; P′(10 | −25 | 20) **c)** $\mathbf{A} = \begin{pmatrix} 1 & 0 & 0 \\ 0 & -1 & 0 \\ 0 & 0 & 1 \end{pmatrix}$; P′(0 | 0 | 0)

Aufgaben zur Vertiefung

11. **Verknüpfung von Abbildungen – Multiplikation von Abbildungsmatrizen**

Bei einer Parallelprojektion in Richtung des Vektors $\vec{v} = \begin{pmatrix} -4 \\ 2 \\ 3 \end{pmatrix}$ in die x_1x_3-Ebene wird der Punkt P(2 | −6 | 1) auf den Punkt P′ abgebildet. Bei einer anschließenden orthogonalen Spiegelung von P′ an der x_1x_2-Ebene entsteht der Bildpunkt P″.

a) Berechnen Sie mithilfe der zugehörigen Abbildungsmatrix **A** für die Projektion die Koordinaten des Bildpunktes P′.

b) Bestimmen Sie danach die Koordinaten von P″ und geben Sie auch die zugehörige Abbildungsmatrix **B** für die Spiegelung an.

c) Zeigen Sie mithilfe der Matrizenmultiplikation, dass es eine Matrix **C** gibt, welche die Abbildung von P nach P″ beschreibt.

d) Vergleichen Sie die Matrixprodukte **A** · **B** und **B** · **A** miteinander. Erläutern Sie die Bedeutung des Ergebnisses für die Reihenfolge bei der Verknüpfung der beiden oben genannten Abbildungen.

e) Untersuchen Sie, ob man das Ergebnis aus Teilaufgabe d) für die drei Abbildungen, die Sie in diesem Abschnitt kennengelernt haben, verallgemeinern kann. Begründen Sie Ihre Antwort.

12. **Zusammenhang zwischen den Bildern der Einheitsvektoren und der Abbildungsmatrix**

Vergleichen Sie die Bildvektoren der Einheitsvektoren mit der zugehörigen Abbildungsmatrix **T** bei allen Abbildungen, die Sie bisher kennengelernt haben. Was fällt auf?

LK **13.** **Fixpunkte und Fixvektoren einer Abbildung**

Wird bei einer Abbildung ein Punkt auf sich abgebildet, so nennt man diesen Punkt P **Fixpunkt** der Abbildung.
Ist die Abbildung durch die Abbildungsmatrix **T** definiert, so gilt: $\mathbf{T} \cdot \overrightarrow{OP} = \overrightarrow{OP}$
Der Ortsvektor $\overrightarrow{OP}$ wird dann auch **Fixvektor** bezüglich der Matrix **T** genannt.

Beispiel

Bei einer Parallelprojektion in die x_1x_2-Ebene in Richtung eines Vektors mit $\vec{v} = \begin{pmatrix} v_1 \\ v_2 \\ v_3 \end{pmatrix}$ und $v_3 \neq 0$ sind alle Punkte der x_1x_2-Ebene, also die Punkte $(p_1 \mid p_2 \mid 0)$, Fixpunkte der Abbildung.

Geben Sie für die drei Abbildungen, die Sie in diesem Abschnitt kennengelernt haben, jeweils alle Fixpunkte an.

5.3.2 Drehungen und Parallelprojektionen

Einstiegsaufgabe ohne Lösung

→ Drehungen in einer Ebene um den Koordinatenursprung

- Die Punkte A(1 | 0) und B(0 | 1) werden um $\varphi = 30°$ um den Koordinatenursprung in der Ebene gedreht. Fertigen Sie eine Zeichnung an und berechnen Sie die Ortsvektoren der Bildpunkte A′ und B′.
- Auch der Punkt P(5 | 4) wird um $\varphi = 30°$ um den Koordinatenursprung in der Ebene gedreht. Berechnen Sie den Ortsvektor von P′. Erläutern Sie anhand der Grafik rechts, wie man die Drehung von $\overrightarrow{OP}$ auf die Drehungen der eingezeichneten Vektoren $\overrightarrow{p_1}$ und $\overrightarrow{p_2}$ zurückführen kann. Welche Rolle spielen dabei die Ortsvektoren $\overrightarrow{OA'}$ und $\overrightarrow{OB'}$?
- Verallgemeinern Sie die Überlegungen für die Drehung eines beliebigen Punktes P um den Koordinatenursprung in der Ebene und geben Sie eine Abbildungsmatrix **T** an, die diese Drehung durch das folgende Produkt beschreibt: $\overrightarrow{OP'} = \mathbf{T} \cdot \overrightarrow{OP}$

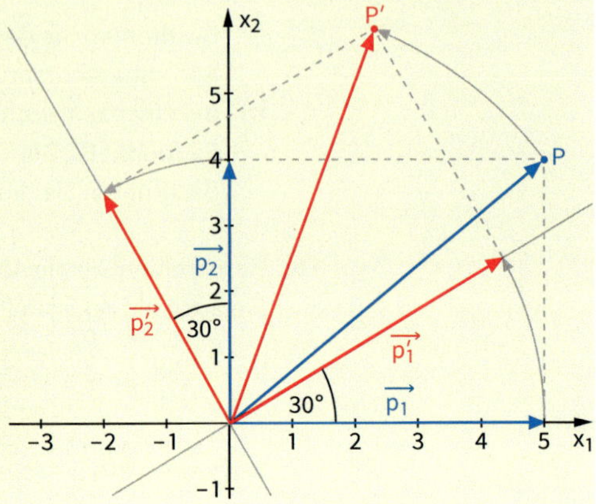

Einstiegsaufgabe mit Lösung

→ Drehung um eine Koordinatenachse im Raum

a) Kira betrachtet Abbildungen im Raum, bei denen man den Ortsvektor eines zugehörigen Bildpunktes P′ wie folgt berechnen kann: $\overrightarrow{OP'} = \mathbf{T} \cdot \overrightarrow{OP}$

Sie hat eine Idee: *„Ich kann die Matrix T aus den Abbildungen der drei Einheitsvektoren bestimmen."*

Kira begründet Ihre Idee, indem Sie für eine beliebige Abbildungsmatrix $\mathbf{T} = \begin{pmatrix} a_1 & b_1 & c_1 \\ a_2 & b_2 & c_2 \\ a_3 & b_3 & c_3 \end{pmatrix}$ die Bilder der drei Einheitsvektoren $\overrightarrow{e_1} = \begin{pmatrix} 1 \\ 0 \\ 0 \end{pmatrix}$, $\overrightarrow{e_2} = \begin{pmatrix} 0 \\ 1 \\ 0 \end{pmatrix}$ und $\overrightarrow{e_3} = \begin{pmatrix} 0 \\ 0 \\ 1 \end{pmatrix}$ bestimmt.

Führen Sie diese Berechnungen durch.

b) Ein Punkt P im Raum wird um die x_1-Achse mit einem Winkel von $\varphi = 45°$ gedreht.

Es soll eine Abbildungsmatrix **D** bestimmt werden, mit der sich der Ortsvektor eines zugehörigen Bildpunktes P′ wie folgt berechnen lässt: $\overrightarrow{OP'} = \mathbf{D} \cdot \overrightarrow{OP}$

Nutzen Sie die Überlegungen aus Teilaufgabe a) und betrachten Sie zunächst die Abbildungen der drei Einheitsvektoren.

Fertigen Sie auch eine Zeichnung an.

Lösung

a) Für eine Abbildungsmatrix $\mathbf{T} = \begin{pmatrix} a_1 & b_1 & c_1 \\ a_2 & b_2 & c_2 \\ a_3 & b_3 & c_3 \end{pmatrix}$ ergeben sich folgende Bilder der Einheitsvektoren:

$$\overrightarrow{e_1'} = \mathbf{T} \cdot \begin{pmatrix} 1 \\ 0 \\ 0 \end{pmatrix} = \begin{pmatrix} a_1 \\ a_2 \\ a_3 \end{pmatrix}, \quad \overrightarrow{e_2'} = \mathbf{T} \cdot \begin{pmatrix} 0 \\ 1 \\ 0 \end{pmatrix} = \begin{pmatrix} b_1 \\ b_2 \\ b_3 \end{pmatrix} \text{ und } \quad \overrightarrow{e_3'} = \mathbf{T} \cdot \begin{pmatrix} 0 \\ 0 \\ 1 \end{pmatrix} = \begin{pmatrix} c_1 \\ c_2 \\ c_3 \end{pmatrix}$$

Die Bilder der Einheitsvektoren bei der Abbildung sind die Spaltenvektoren der Abbildungsmatrix. Wenn Kira also die Bilder der Einheitsvektoren kennt, so kann sie auch leicht die Abbildungsmatrix angeben.

b) Wir nutzen die Überlegungen aus Teilaufgabe a), indem wir die Spalten der gesuchten Abbildungsmatrix **D** nacheinander als Bilder der Einheitsvektoren bestimmen:

- Bei einer Drehung im Raum um die 1. Koordinatenachse wird der Einheitsvektor $\overrightarrow{e_1} = \begin{pmatrix} 1 \\ 0 \\ 0 \end{pmatrix}$ auf sich abgebildet.
  Auch die 1. Koordinate der beiden anderen Einheitsvektoren $\overrightarrow{e_2} = \begin{pmatrix} 0 \\ 1 \\ 0 \end{pmatrix}$ und $\overrightarrow{e_3} = \begin{pmatrix} 0 \\ 0 \\ 1 \end{pmatrix}$ ändert sich nicht, denn ihre Drehung erfolgt in der x_2x_3-Ebene.
  Berücksichtigen wir, dass die Einheitsvektoren alle die Länge 1 haben, so lassen sich die fehlenden Koordinaten der Bildvektoren leicht bestimmen.

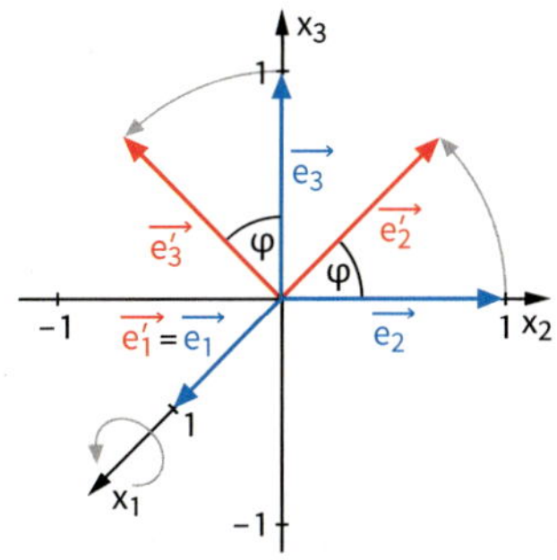

- Für $\overrightarrow{e_2'} = \begin{pmatrix} 0 \\ x_2 \\ x_3 \end{pmatrix}$ erhalten wir:
  $x_2 = \cos(45°) = \frac{\sqrt{2}}{2}$ und $x_3 = \sin(45°) = \frac{\sqrt{2}}{2}$
- Für $\overrightarrow{e_3'} = \begin{pmatrix} 0 \\ x_2 \\ x_3 \end{pmatrix}$ ergibt sich:
  $x_2 = -\sin(45°) = -\frac{\sqrt{2}}{2}$ und $x_3 = \cos(45°) = \frac{\sqrt{2}}{2}$

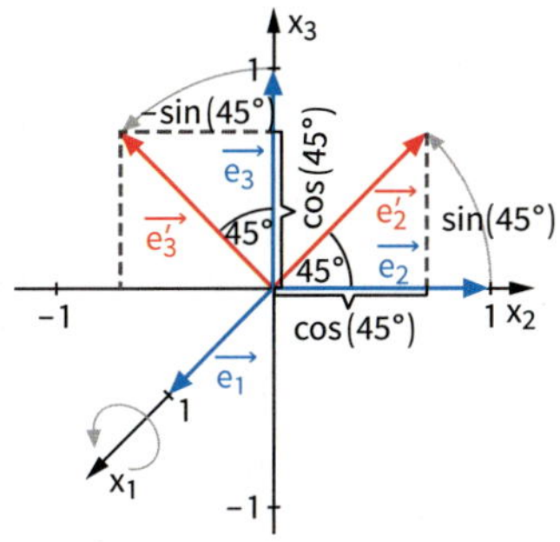

Der Vektor $\overrightarrow{e_2}$ wird also auf $\overrightarrow{e_2'} = \begin{pmatrix} 0 \\ \cos(45°) \\ \sin(45°) \end{pmatrix} = \frac{1}{2}\begin{pmatrix} 0 \\ \sqrt{2} \\ \sqrt{2} \end{pmatrix}$ abgebildet, und $\overrightarrow{e_3}$ auf $\overrightarrow{e_3'} = \begin{pmatrix} 0 \\ -\sin(45°) \\ \cos(45°) \end{pmatrix} = \frac{1}{2}\begin{pmatrix} 0 \\ -\sqrt{2} \\ \sqrt{2} \end{pmatrix}$.

Daher ist $\overrightarrow{OP'} = \mathbf{D} \cdot \overrightarrow{OP} = \begin{pmatrix} 1 & 0 & 0 \\ 0 & \cos(45°) & -\sin(45°) \\ 0 & \sin(45°) & \cos(45°) \end{pmatrix} \cdot \overrightarrow{OP} = \frac{1}{2}\begin{pmatrix} 2 & 0 & 0 \\ 0 & \sqrt{2} & -\sqrt{2} \\ 0 & \sqrt{2} & \sqrt{2} \end{pmatrix} \cdot \overrightarrow{OP}$

die zugehörige Abbildungsgleichung.

INFORMATION

Zusammenhang zwischen der Abbildungsmatrix und den Bildern der Einheitsvektoren

Satz
Bei einer Abbildung im Raum, bei der sich der Ortsvektor $\overrightarrow{OP'}$ eines Bildpunktes P′ aus dem Produkt $\overrightarrow{OP'} = \mathbf{T} \cdot \overrightarrow{OP}$ der Abbildungsmatrix **T** mit dem Ortsvektor $\overrightarrow{OP}$ des Originalpunktes P ergibt, gilt:
Die Spaltenvektoren von **T** sind die Bilder der Einheitsvektoren bei dieser Abbildung.

BEISPIEL

Für die Spiegelung an der Geraden $g: \vec{x} = r \cdot \begin{pmatrix} 1 \\ -1 \end{pmatrix}$ mit $r \in \mathbb{R}$ gilt:

$\overrightarrow{e_1} = \begin{pmatrix} 1 \\ 0 \end{pmatrix} \mapsto \overrightarrow{e_1'} = \begin{pmatrix} 0 \\ -1 \end{pmatrix}$ und

$\overrightarrow{e_2} = \begin{pmatrix} 0 \\ 1 \end{pmatrix} \mapsto \overrightarrow{e_2'} = \begin{pmatrix} -1 \\ 0 \end{pmatrix}$.

Damit ist $\mathbf{T} = \begin{pmatrix} 0 & -1 \\ -1 & 0 \end{pmatrix}$ die zugehörige Abbildungsmatrix.

Hat der Punkt P den Ortsvektor $\overrightarrow{OP} = \begin{pmatrix} 2 \\ -1 \end{pmatrix}$, so errechnet man als Ortsvektor des Bildpunktes P′: $\overrightarrow{OP'} = \begin{pmatrix} 0 & -1 \\ -1 & 0 \end{pmatrix} \cdot \begin{pmatrix} 2 \\ -1 \end{pmatrix} = \begin{pmatrix} 1 \\ -2 \end{pmatrix}$

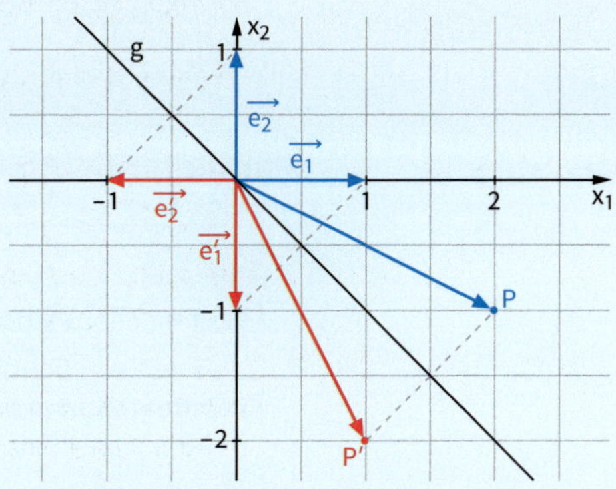

Drehung im Raum um eine Koordinatenachse

Satz

Eine **Drehung im Raum** um eine Koordinatenachse um einen Winkel φ kann jeweils durch folgende Abbildungsmatrix beschrieben werden:

- um die x_1-Achse
$$\mathbf{D_1} = \begin{pmatrix} 1 & 0 & 0 \\ 0 & \cos(\varphi) & -\sin(\varphi) \\ 0 & \sin(\varphi) & \cos(\varphi) \end{pmatrix}$$
- um die x_2-Achse
$$\mathbf{D_2} = \begin{pmatrix} \cos(\varphi) & 0 & \sin(\varphi) \\ 0 & 1 & 0 \\ -\sin(\varphi) & 0 & \cos(\varphi) \end{pmatrix}$$
- um die x_3-Achse
$$\mathbf{D_3} = \begin{pmatrix} \cos(\varphi) & \sin(\varphi) & 0 \\ -\sin(\varphi) & \cos(\varphi) & 0 \\ 0 & 0 & 1 \end{pmatrix}$$

BEISPIEL

Gesucht werden die Koordinaten des Bildpunktes P′ von $P(2|6|-10)$ bei einer Drehung um 30° um die 2. Koordinatenachse. Es gilt: $\sin(30°) = 0{,}5$ und $\cos(30°) = 0{,}5\cdot\sqrt{3}$

Damit ergibt sich die Abbildungsmatrix $\mathbf{D_2} = \begin{pmatrix} 0{,}5\cdot\sqrt{3} & 0 & 0{,}5 \\ 0 & 1 & 0 \\ -0{,}5 & 0 & 0{,}5\cdot\sqrt{3} \end{pmatrix}$ und das Produkt aus $\mathbf{D_2}$ und dem Ortsvektor von P liefert den Ortsvektor von P′:

$$\begin{pmatrix} 0{,}5\cdot\sqrt{3} & 0 & 0{,}5 \\ 0 & 1 & 0 \\ -0{,}5 & 0 & 0{,}5\cdot\sqrt{3} \end{pmatrix} \cdot \begin{pmatrix} 2 \\ 6 \\ -10 \end{pmatrix} = \begin{pmatrix} \sqrt{3}-5 \\ 6 \\ -1-5\sqrt{3} \end{pmatrix} \approx \begin{pmatrix} -3{,}268 \\ 6 \\ -9{,}66 \end{pmatrix}$$

Der Bildpunkt P′ hat also die Koordinaten $P'(-3{,}268|6|-9{,}66)$.

WEITERFÜHRENDE AUFGABE

1. Parallelprojektion in eine Ebene durch den Koordinatenursprung

Bei einer Parallelprojektion in Richtung des Vektors $\vec{v} = \begin{pmatrix} 1 \\ 3 \\ -1 \end{pmatrix}$ werden die Punkte im Raum in die Ebene E durch den Koordinatenursprung mit $E: 2x_1 + x_2 - 3x_3 = 0$ projiziert.

Die Abbildungsmatrix **T** soll bestimmt werden, welche durch das Produkt $\overrightarrow{OP'} = \mathbf{T}\cdot\overrightarrow{OP}$ jedem Ortsvektor eines Punktes P den Ortsvektor des Bildpunktes P′ zuordnet.

a) Im Beispiel rechts ist gezeigt, wie man das Bild des Einheitsvektors $\overrightarrow{e_1} = \begin{pmatrix} 1 \\ 0 \\ 0 \end{pmatrix}$ bei dieser Abbildung bestimmen kann.
Erläutern Sie die Berechnungen und bestimmen Sie auch die Bilder der Einheitsvektoren $\overrightarrow{e_2} = \begin{pmatrix} 0 \\ 1 \\ 0 \end{pmatrix}$ und $\overrightarrow{e_3} = \begin{pmatrix} 0 \\ 0 \\ 1 \end{pmatrix}$.

b) Geben Sie die zugehörige Abbildungsmatrix **T** an.
Berücksichtigen Sie dabei das Skalarprodukt $d = \begin{pmatrix} 2 \\ 1 \\ -3 \end{pmatrix} * \begin{pmatrix} 1 \\ 3 \\ -1 \end{pmatrix}$.

BEISPIEL

Projektionsgerade: $\vec{x} = \begin{pmatrix} 1 \\ 0 \\ 0 \end{pmatrix} + t\cdot\begin{pmatrix} 1 \\ 3 \\ -1 \end{pmatrix}$

Wo liegt der Bildpunkt in E?

$2\cdot(1+t) + 3t - 3\cdot(-t) = 0$, für $t = -\frac{1}{4}$

Bild von $\overrightarrow{e_1}$: $\overrightarrow{e_1'} = \begin{pmatrix} 1-\frac{1}{4} \\ -\frac{3}{4} \\ \frac{1}{4} \end{pmatrix} = \begin{pmatrix} \frac{3}{4} \\ -\frac{3}{4} \\ \frac{1}{4} \end{pmatrix}$

INFORMATION

Parallelprojektion in eine Ebene durch den Koordinatenursprung

Satz

Für eine **Parallelprojektion** in Richtung eines Vektors $\vec{v} = \begin{pmatrix} v_1 \\ v_2 \\ v_3 \end{pmatrix}$ **in eine Ebene E durch den Koordinatenursprung** mit $E: a x_1 + b x_2 + c x_3 = 0$ und $\begin{pmatrix} a \\ b \\ c \end{pmatrix} * \begin{pmatrix} v_1 \\ v_2 \\ v_3 \end{pmatrix} = d \neq 0$ ergibt sich die zugehörige Abbildungsmatrix $\mathbf{T} = \frac{1}{d}\cdot\begin{pmatrix} d - a\cdot v_1 & -b\cdot v_1 & -c\cdot v_1 \\ -a\cdot v_2 & d - b\cdot v_2 & -c\cdot v_2 \\ -a\cdot v_3 & -b\cdot v_3 & d - c\cdot v_3 \end{pmatrix}$.

BEISPIEL

Bei einer Parallelprojektion in Richtung des Vektors $\vec{v} = \begin{pmatrix} 1 \\ 3 \\ -1 \end{pmatrix}$ werden die Punkte im Raum auf die Ebene E durch den Koordinatenursprung mit E: $x_1 - 2x_3 = 0$ projiziert.

Es ist $d = \begin{pmatrix} 1 \\ 0 \\ -2 \end{pmatrix} * \begin{pmatrix} 1 \\ 3 \\ -1 \end{pmatrix} = 3$. Damit ergibt sich $T = \frac{1}{3} \cdot \begin{pmatrix} 3-1 & 0 & 2 \\ -3 & 3 & 6 \\ 1 & 0 & 3-2 \end{pmatrix} = \frac{1}{3} \cdot \begin{pmatrix} 2 & 0 & 2 \\ -3 & 3 & 6 \\ 1 & 0 & 1 \end{pmatrix}$

ÜBUNGSAUFGABEN

Drehungen

2. Der Punkt P(–3|5|10) wird um 60° gedreht. Bestimmen Sie die Abbildungsmatrix und die Koordinaten des Bildpunktes P′ für eine Drehung

a) um die x_1-Achse; **b)** um die x_2-Achse; **c)** um die x_3-Achse.

3. Bei einer Drehung im Raum um die 2. Koordinatenachse wird der Punkt P(5|6|0) auf den Punkt P′(3|6|4) abgebildet. Stellen Sie den Sachverhalt in einer geeigneten Skizze dar und bestimmen Sie eine zugehörige Abbildungsgleichung. Wie groß ist der Drehwinkel?

4. Untersuchen Sie, welche Drehung im Raum durch die Matrix $\mathbf{T} = \begin{pmatrix} 0 & 0 & -1 \\ 0 & 1 & 0 \\ 1 & 0 & 0 \end{pmatrix}$ gegeben ist.

5. Die Giebelspitze der Kirche in Suurhusen in Ostfriesland hat eine Höhe von 27,37 m und hat sich um 5,19° geneigt.
Legen Sie ein geeignetes Koordinatensystem fest und beschreiben Sie die Bewegung der Giebelspitze S als eine Abbildung im Raum.
Geben Sie eine zugehörige Abbildungsmatrix an und bestimmen Sie die Koordinaten von S′.

6. Gegeben ist das Dreieck ABC mit A(–2|–1), B(2|–1) und C(0|2). Das Dreieck soll um den Koordinatenursprung um 60° gedreht werden. Berechnen Sie die Koordinaten des Bilddreiecks.

7. Zeigen Sie, dass zur *Drehung um den Winkel φ um den Koordinatenursprung* die Abbildungsgleichung
$\overrightarrow{OP'} = \begin{pmatrix} \cos(\varphi) & -\sin(\varphi) \\ \sin(\varphi) & \cos(\varphi) \end{pmatrix} \cdot \overrightarrow{OP}$ gehört.

8. Zu einer Drehung um den Koordinatenursprung gehört die Abbildungsmatrix
$\mathbf{T} = \frac{1}{2} \cdot \begin{pmatrix} \sqrt{3} & -1 \\ 1 & \sqrt{3} \end{pmatrix}$.
Bestimmen Sie den Drehwinkel φ.

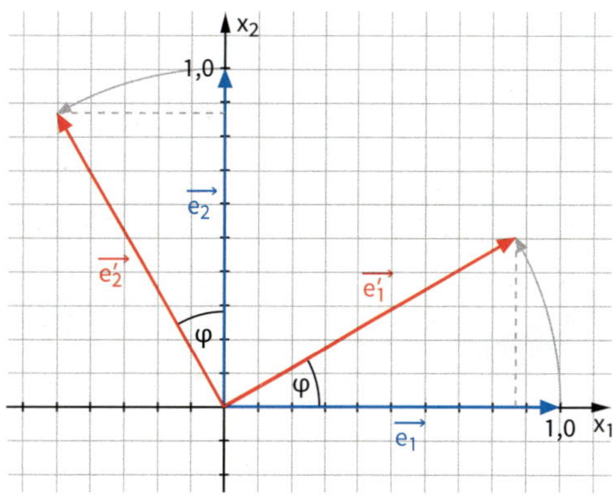

9. Ein Bürostuhl wird um eine Achse um den Winkel φ gedreht. Die Drehung soll durch Abbildungsmatrizen beschrieben werden.

a) Wählen Sie ein geeignetes räumliches Koordinatensystem, in dem die Drehung beschrieben werden kann und erklären Sie, inwiefern es zwei Möglichkeiten für diese Drehung gibt.

b) Überlegen Sie zunächst anhand der entsprechenden Drehung in einer Ebene, wie ein Punkt in der Ebene abgebildet wird.
Berücksichtigen Sie anschließend die 3. Koordinate und geben Sie die Abbildungsmatrizen an.

Parallelprojektion in eine Ebene durch den Koordinatenursprung

10. Durch eine Parallelprojektion in Richtung des Vektors $\vec{v} = \begin{pmatrix} 1 \\ -2 \\ 2 \end{pmatrix}$ werden die Punkte im Raum in die Ebene E projiziert. Die Ebene E ist gegeben durch $E\colon x_1 - 2x_2 = 0$.

a) Geben Sie die zugehörige Abbildungsmatrix an.

b) Bestimmen Sie die zugehörigen Bildpunkte von $A(-1\,|\,6\,|\,2)$, $B(2\,|\,-5\,|\,3)$ und $C(1\,|\,0\,|\,8)$.

11. Zeigen Sie, dass man aus der *Abbildungsmatrix für eine Parallelprojektion in eine Ebene durch den Koordinatenursprung* auch im Sonderfall, dass die Ebene eine Koordinatenebene ist, die passende Abbildungsmatrix erhält.

Zwei Abbildungen nacheinander ausführen

12. Es werden zwei Abbildungen im Raum nacheinander ausgeführt. Beschreiben Sie die Abbildung insgesamt durch eine Matrix.

a) Zunächst wird um 45° um die x_1-Achse gedreht. Danach wird orthogonal an der x_2x_3-Ebene gespiegelt.

b) Nach einer zentrischen Streckung vom Koordinatenursprung aus mit dem Faktor 3, wird um die x_2-Achse um 60° gedreht.

c) Zunächst wird orthogonal an der x_1x_2-Ebene gespiegelt und danach um 60° um die x_2-Achse gedreht.

d) Nach einer Drehung um die x_1-Achse wird an der x_2x_3-Ebene orthogonal gespiegelt.

BEISPIEL

Zunächst wird im Raum um 30° um die x_3-Achse gedreht und anschließend parallel in Richtung des Vektors $\vec{v} = \begin{pmatrix} v_1 \\ v_2 \\ v_3 \end{pmatrix} = \begin{pmatrix} 6 \\ -4 \\ -2 \end{pmatrix}$ in die x_1x_2-Ebene projiziert.

Matrix $\mathbf{D_3}$ für die Drehung:

$$\mathbf{D_3} = \begin{pmatrix} \cos(30°) & \sin(30°) & 0 \\ -\sin(30°) & \cos(30°) & 0 \\ 0 & 0 & 1 \end{pmatrix} = \begin{pmatrix} 0{,}5\cdot\sqrt{3} & 0{,}5 & 0 \\ -0{,}5 & 0{,}5\cdot\sqrt{3} & 0 \\ 0 & 0 & 1 \end{pmatrix}$$

$\sin(30°) = 0{,}5$ und $\cos(30°) = 0{,}5\cdot\sqrt{3}$

Matrix **T** für die Projektion: $\mathbf{T} = \begin{pmatrix} 1 & 0 & -\frac{v_1}{v_3} \\ 0 & 1 & -\frac{v_2}{v_3} \\ 0 & 0 & 0 \end{pmatrix} = \begin{pmatrix} 1 & 0 & 3 \\ 0 & 1 & -2 \\ 0 & 0 & 0 \end{pmatrix}$

Die Matrix **A** beschreibt die gesamte Abbildung:

$$\mathbf{A} = \mathbf{T}\cdot\mathbf{D_3} = \begin{pmatrix} 0{,}5\cdot\sqrt{3} & 0{,}5 & 3 \\ -0{,}5 & 0{,}5\cdot\sqrt{3} & -2 \\ 0 & 0 & 0 \end{pmatrix}$$

Aufgaben zur Vertiefung

13. Dreidimensionale Bilder auf einem Smartphone werden durch Beleuchtung auf einem zweidimensionalen Display erzeugt. Die leuchtenden Pixel liegen dabei in einer Ebene. Für die Darstellung ist es also nötig, die dreidimensionalen Koordinaten von Punkten in zweidimensionale Koordinaten zu überführen.

a) Die Punkte aus dem dreidimensionalen Koordinatensystem werden durch eine Projektion in die x_1x_2-Ebene in ein zweidimensionales Koordinatensystem überführt. Aus dem Punkt $P(2\,|\,4\,|\,6)$ wird dabei der Punkt $P'(8\,|\,16)$. Geben Sie die zugehörige Abbildungsmatrix **T** an.

b) Gegeben ist die Matrix $\mathbf{D_2} = \begin{pmatrix} \cos(\varphi) & 0 & \sin(\varphi) \\ 0 & 1 & 0 \\ -\sin(\varphi) & 0 & \cos(\varphi) \end{pmatrix}$.

Erläutern Sie, was die neue Abbildungsmatrix $\mathbf{F} = \mathbf{T}\cdot\mathbf{D_2}$ bewirkt.

14. Geben Sie für eine Drehung im Raum um 80° um die x_1-Achse die zugehörige Abbildungsmatrix an. Bestimmen Sie auch die Abbildungsmatrix für eine Drehung um 280° um die x_1-Achse. Bilden Sie das Produkt beider Matrizen. Was fällt auf? Begründen Sie das Ergebnis geometrisch.

15. Begründen Sie, dass sich eine Spiegelung im Raum an einer Koordinatenachse auf eine 180°-Drehung um diese Achse zurückführen lässt.

Das Wichtigste im Überblick

m × n-Matrix

Eine Zahlentabelle der Gestalt

$$A = \begin{pmatrix} a_{11} & a_{12} \dots & a_{1n} \\ a_{21} & a_{22} \dots & a_{2n} \\ \vdots & \vdots & \vdots \\ a_{m1} & a_{m2} \dots & a_{mn} \end{pmatrix} \text{ mit } a_{ij} \in \mathbb{R} \text{ und } m, n \in \mathbb{N}$$

heißt **Matrix** mit **m Zeilen** und **n Spalten**.
Man schreibt kurz: $\mathbf{A = (a_{ij})}$; $i = 1, \dots, m$; $j = 1, \dots, n$.
Eine Matrix heißt **quadratisch**, wenn sie ebenso viele Spalten wie Zeilen hat.

$$\mathbf{A} = \begin{pmatrix} 1 & -2 & 3 \\ 8 & 3 & 1 \\ -1 & 4 & 5 \end{pmatrix}$$

quadratische Matrix mit 3 Zeilen und 3 Spalten

Vervielfachen von Matrizen

Eine Matrix **A** wird mit einer reellen Zahl r **vervielfacht**, indem man jedes Element von **A** mit r multipliziert.
$r \cdot \mathbf{A}$ ist das **r-fache der Matrix A**.

$$2 \cdot \begin{pmatrix} 1 & -2 & 3 \\ 8 & 3 & 1 \\ -1 & 4 & 5 \end{pmatrix} = \begin{pmatrix} 2 & -4 & 6 \\ 16 & 6 & 2 \\ -2 & 8 & 10 \end{pmatrix}$$

Addieren von Matrizen

Zwei Matrizen **B** und **C** mit jeweils *gleicher Anzahl* von Zeilen und Spalten werden **addiert**, indem man die an gleichen Stellen stehenden Elemente addiert.
B + C heißt **Summe** der Matrizen **B** und **C**.

$$\begin{pmatrix} -1 & 5 \\ 3 & 4 \end{pmatrix} + \begin{pmatrix} 3 & 8 \\ -2 & 7 \end{pmatrix} = \begin{pmatrix} 2 & 13 \\ 1 & 11 \end{pmatrix}$$

Multiplikation von Matrix und Vektor

Eine Matrix $\mathbf{A} = (a_{ij})$ mit m Zeilen und n Spalten kann mit einem n-dimensionalen Spaltenvektor $\vec{b}$ **multipliziert** werden. Als Ergebnis erhält man einen m-dimensionalen Spaltenvektor $\vec{c}$. Die Koordinaten des Vektors $\vec{c}$ erhält man als Skalarprodukt des jeweiligen Zeilenvektors von **A** mit dem Vektor $\vec{b}$.
Man nennt den Vektor $\vec{c}$ das **Produkt** der Matrix **A** mit dem Vektor $\vec{b}$ und schreibt: $\vec{\mathbf{c}} = \mathbf{A} \cdot \vec{\mathbf{b}}$.

$$\begin{pmatrix} 1 & -2 \\ 2 & -3 \\ -4 & 4 \end{pmatrix} \cdot \begin{pmatrix} 1 \\ -2 \end{pmatrix} = \begin{pmatrix} 1 \cdot 1 + (-2) \cdot (-2) \\ 2 \cdot 1 + (-3) \cdot (-2) \\ (-4) \cdot 1 + 4 \cdot (-2) \end{pmatrix} = \begin{pmatrix} 5 \\ 8 \\ -12 \end{pmatrix}$$

Multiplikation von Matrizen

Sind $\mathbf{A} = (a_{ij})$ eine $l \times m$-Matrix und $\mathbf{B} = (b_{jk})$ eine $m \times n$ – Matrix, dann ist das Produkt der Matrizen **A** und **B** eine $l \times m$ – Matrix $\mathbf{C} = (c_{ik})$. Die Elemente c_{ik} von **C** erhält man als Skalarprodukt des i-ten Zeilenvektors von **A** mit dem k-ten Spaltenvektor von **B**.
Man schreibt: $\mathbf{C = A \cdot B}$.

$$\begin{pmatrix} 1 & -2 \\ 2 & -3 \\ -4 & 4 \end{pmatrix} \cdot \begin{pmatrix} 1 & -3 \\ 2 & -5 \end{pmatrix} = \begin{pmatrix} -3 & 7 \\ -4 & 9 \\ 4 & -8 \end{pmatrix}$$

$4 = (-4) \cdot 1 + 4 \cdot 2$
$c_{31} = a_{31} \cdot b_{11} + a_{32} \cdot b_{12}$

Einheitsmatrix – inverse Matrizen

Eine quadratische $n \times n$-Matrix $\mathbf{E_n} = (e_{ij})$ mit den Elementen $\mathbf{e_{ij}} = \begin{cases} \mathbf{1, \text{ falls } i = j} \\ \mathbf{0, \text{ falls } i \neq j} \end{cases}$ heißt **Einheitsmatrix**.
Zwei quadratische $n \times n$-Matrizen **A** und **B** mit $\mathbf{A \cdot B = B \cdot A = E}$ heißen invers zueinander. Die zu einer Matrix **A** inverse Matrix wird oft mit $\mathbf{A^{-1}}$ bezeichnet.

$$\mathbf{A} = \begin{pmatrix} 1 & -3 \\ 2 & -5 \end{pmatrix}; \ \mathbf{A^{-1}} = \begin{pmatrix} -5 & 3 \\ -2 & 1 \end{pmatrix},$$

denn $\mathbf{A \cdot A^{-1}} = \begin{pmatrix} 1 & 0 \\ 0 & 1 \end{pmatrix} = \mathbf{E_2}$

Einheitsmatrix

Stochastische Matrix

Zustandsänderungen eines Systems kann man in Form von **Übergangsdiagrammen** oder **Übergangsmatrizen** beschreiben.
Eine quadratische Übergangsmatrix, deren Koeffizienten alle nicht-negative Zahlen sind und deren Spaltensummen jeweils den Wert 1 haben, heißt **stochastische Matrix**.

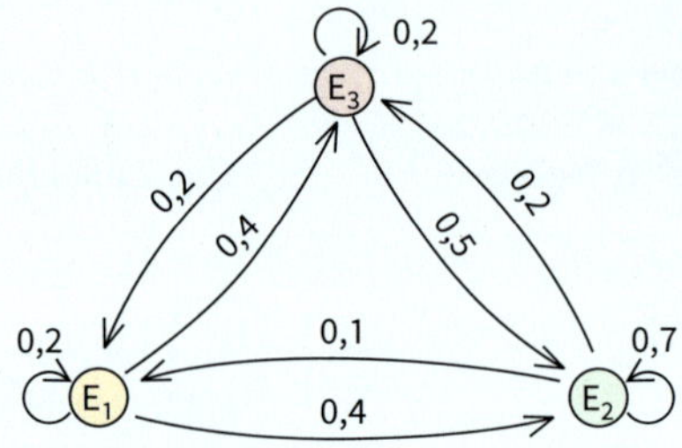

$$\mathbf{M} = \begin{pmatrix} 0{,}2 & 0{,}1 & 0{,}3 \\ 0{,}4 & 0{,}7 & 0{,}5 \\ 0{,}4 & 0{,}2 & 0{,}2 \end{pmatrix}$$

Zustandsvektor

Ein n-dimensionaler Vektor wird als **Zustandsvektor** eines Systems mit den Zuständen $E_1, E_2, \ldots, E_n$ bezeichnet, wenn seine Elemente $x_1, x_2, \ldots, x_n$ angeben, wie die Verteilung auf die Zustände aussieht.
Gibt ein Zustandsvektor die prozentuale Verteilung auf die Zustände an, dann ist die Spaltensumme stets 1.
Der Zustandsvektor zu Beginn eines Prozesses wird als **Startvektor** bezeichnet.

$$\vec{x} = \begin{pmatrix} 0{,}1 \\ 0{,}6 \\ 0{,}3 \end{pmatrix}$$

Berechnung von Zustandsänderungen

Um den nachfolgenden Zustandsvektor eines Systems zu bestimmen, multipliziert man die Übergangsmatrix **M** mit dem Startvektor.
Um den k-ten nachfolgenden Zustandsvektor des Systems zu bestimmen, multipliziert man die k-te Potenz der Übergangsmatrix $\mathbf{M}^k$ mit dem Startvektor.

$$\begin{pmatrix} 0{,}2 & 0{,}1 & 0{,}3 \\ 0{,}4 & 0{,}7 & 0{,}5 \\ 0{,}4 & 0{,}2 & 0{,}2 \end{pmatrix} \cdot \begin{pmatrix} 0{,}1 \\ 0{,}6 \\ 0{,}3 \end{pmatrix} = \begin{pmatrix} 0{,}17 \\ 0{,}61 \\ 0{,}22 \end{pmatrix}$$

$$\begin{pmatrix} 0{,}2 & 0{,}1 & 0{,}3 \\ 0{,}4 & 0{,}7 & 0{,}5 \\ 0{,}4 & 0{,}2 & 0{,}2 \end{pmatrix}^3 \cdot \begin{pmatrix} 0{,}1 \\ 0{,}6 \\ 0{,}3 \end{pmatrix} = \begin{pmatrix} 0{,}1629 \\ 0{,}6049 \\ 0{,}2322 \end{pmatrix}$$

MARKOW-Kette – Stabile Verteilung

Kann man von nur einem bekannten Zustand auf alle anderen Zustände schließen, so nennt man eine solche Folge von Zuständen eine **MARKOW-Kette**.

Ein Vektor $\vec{\mathbf{v}}$ heißt **Fixvektor** bezüglich einer Matrix **M**, wenn gilt: $\mathbf{M} \cdot \vec{\mathbf{v}} = \vec{\mathbf{v}}$ mit $\vec{v} \neq \vec{0}$.
Ist **M** eine Übergangsmatrix und der Startvektor $\vec{v}$ ein Fixvektor bezüglich **M**, so nennt man die durch $\vec{v}$ beschriebene Verteilung eine **stabile Verteilung**.

$$\begin{pmatrix} 0{,}2 & 0{,}1 & 0{,}3 \\ 0{,}4 & 0{,}7 & 0{,}5 \\ 0{,}4 & 0{,}2 & 0{,}2 \end{pmatrix} \cdot \begin{pmatrix} 0{,}16 \\ 0{,}60 \\ 0{,}23 \end{pmatrix} = \begin{pmatrix} 0{,}16 \\ 0{,}60 \\ 0{,}23 \end{pmatrix}$$

Fixvektor

Abbildungsmatrix

Eine Abbildung im Raum kann oft durch eine **Abbildungsmatrix T** beschrieben werden. Dabei ergibt sich der Ortsvektor $\overrightarrow{OP'}$ für den Bildpunkt P′ eines Punktes P bei der Abbildung aus dem Produkt der Matrix **T** mit dem Ortsvektor $\overrightarrow{OP}$ des Originalpunktes P: $\overrightarrow{OP'} = \mathbf{T} \cdot \overrightarrow{OP}$

$$\mathbf{T} = \begin{pmatrix} 2 & 0 & 0 \\ 0 & -2 & 0 \\ 0 & 0 & 2 \end{pmatrix}, \; P(3|5|-2)$$

$$\overrightarrow{OP'} = \begin{pmatrix} 2 & 0 & 0 \\ 0 & -2 & 0 \\ 0 & 0 & 2 \end{pmatrix} \cdot \begin{pmatrix} 3 \\ 5 \\ -2 \end{pmatrix} = \begin{pmatrix} 6 \\ -10 \\ -4 \end{pmatrix}$$

T beschreibt eine zentrische Streckung mit dem Faktor 2 vom Koordinatenursprung aus und eine anschließende Spiegelung an der x_1x_3-Ebene

Zusammenhang zwischen Abbildungsmatrix und Einheitsvektoren

Bei einer Abbildung im Raum, bei der sich der Ortsvektor $\overrightarrow{OP'}$ eines Bildpunktes P' aus dem Produkt $\overrightarrow{OP'} = \mathbf{T} \cdot \overrightarrow{OP}$ der Abbildungsmatrix **T** mit dem Ortsvektor OP des Originalpunktes P ergibt, gilt:
Die Spaltenvektoren von **T** sind die Bilder der Einheitsvektoren bei dieser Abbildung.

$\vec{e_1} = \begin{pmatrix} 1 \\ 0 \\ 0 \end{pmatrix}$, $\vec{e_2} = \begin{pmatrix} 0 \\ 1 \\ 0 \end{pmatrix}$, $\vec{e_3} = \begin{pmatrix} 0 \\ 0 \\ 1 \end{pmatrix}$

$\vec{e_1'} = \begin{pmatrix} 2 \\ 0 \\ 0 \end{pmatrix}$, $\vec{e_2'} = \begin{pmatrix} 0 \\ -2 \\ 0 \end{pmatrix}$, $\vec{e_3'} = \begin{pmatrix} 0 \\ 0 \\ 2 \end{pmatrix}$

Orthogonale Spiegelung an einer Koordinatenebene

Die Koordinaten eines Bildpunktes P' eines Punktes P bei einer **orthogonalen Spiegelung an einer Koordinatenebene** erhält man, indem man das Vorzeichen derjenigen Koordinate von P ändert, deren zugehörige Koordinatenachse nicht die Spiegelebene aufspannt. Die anderen Koordinaten belieben unverändert.

Spiegelung an der x_2x_3-Ebene:
P(−4 | 6 | 9), P'(4 | 6 | 9)
Die zugehörige Abbildungsmatrix:

$\mathbf{T} = \begin{pmatrix} -1 & 0 & 0 \\ 0 & 1 & 0 \\ 0 & 0 & 1 \end{pmatrix}$

Zentrische Streckung vom Koordinatenursprung aus

Die Koordinaten eines Bildpunktes P' eines Punktes P bei einer **zentrischen Streckung vom Koordinatenursprung aus** mit dem Faktor s erhält man, indem man alle Koordinaten des Punktes P mit dem Faktor s multipliziert.

s = 1,5
P(4 | −2 | 6), P'(6 | −3 | 9)
Die zugehörige Abbildungsmatrix:

$\mathbf{T} = \begin{pmatrix} 1{,}5 & 0 & 0 \\ 0 & 1{,}5 & 0 \\ 0 & 0 & 1{,}5 \end{pmatrix}$

Parallelprojektion in eine Koordinatenebene

Eine **Parallelprojektion in eine Koordinatenebene** in Richtung eines Vektors $\vec{v} = \begin{pmatrix} v_1 \\ v_2 \\ v_3 \end{pmatrix}$ kann jeweils durch folgende Abbildungsmatrix beschrieben werden:

Parallelprojektion in die x_1x_2-Ebene:

$\mathbf{T} = \begin{pmatrix} 1 & 0 & -\frac{v_1}{v_3} \\ 0 & 1 & -\frac{v_2}{v_3} \\ 0 & 0 & 0 \end{pmatrix}$ mit $v_3 \neq 0$

Parallelprojektion in die x_1x_3-Ebene:

$\mathbf{T} = \begin{pmatrix} 1 & -\frac{v_1}{v_2} & 0 \\ 0 & 0 & 0 \\ 0 & -\frac{v_3}{v_2} & 1 \end{pmatrix}$ mit $v_2 \neq 0$

Parallelprojektion in die x_2x_3-Ebene:

$\mathbf{T} = \begin{pmatrix} 0 & 0 & 0 \\ -\frac{v_2}{v_1} & 1 & 0 \\ -\frac{v_3}{v_1} & 0 & 1 \end{pmatrix}$ mit $v_1 \neq 0$

$\vec{v} = \begin{pmatrix} 2 \\ -1 \\ 3 \end{pmatrix}$, P(4 | −3 | 8)

Parallelprojektion in die x_1x_2-Ebene:

$\mathbf{T} = \begin{pmatrix} 1 & 0 & -\frac{2}{3} \\ 0 & 1 & \frac{1}{3} \\ 0 & 0 & 0 \end{pmatrix}$

$\overrightarrow{OP'} = \begin{pmatrix} 1 & 0 & -\frac{2}{3} \\ 0 & 1 & \frac{1}{3} \\ 0 & 0 & 0 \end{pmatrix} \cdot \begin{pmatrix} 4 \\ -3 \\ 8 \end{pmatrix} = \begin{pmatrix} -\frac{4}{3} \\ -\frac{1}{3} \\ 0 \end{pmatrix}$

$P'\left(-\frac{4}{3} \middle| -\frac{1}{3} \middle| 0\right)$

Parallelprojektion in die x_1x_3-Ebene:

$\mathbf{T} = \begin{pmatrix} 1 & 2 & 0 \\ 0 & 0 & 0 \\ 0 & 3 & 1 \end{pmatrix}$

$\overrightarrow{OP'} = \begin{pmatrix} 1 & 2 & 0 \\ 0 & 0 & 0 \\ 0 & 3 & 1 \end{pmatrix} \cdot \begin{pmatrix} 4 \\ -3 \\ 8 \end{pmatrix} = \begin{pmatrix} -2 \\ 0 \\ -1 \end{pmatrix}$

P'(−2 | 0 | −1)

Parallelprojektion in die x_2x_3-Ebene:

$\mathbf{T} = \begin{pmatrix} 0 & 0 & 0 \\ \frac{1}{2} & 1 & 0 \\ -\frac{3}{2} & 0 & 1 \end{pmatrix}$

$\overrightarrow{OP'} = \begin{pmatrix} 0 & 0 & 0 \\ \frac{1}{2} & 1 & 0 \\ -\frac{3}{2} & 0 & 1 \end{pmatrix} \cdot \begin{pmatrix} 4 \\ -3 \\ 8 \end{pmatrix} = \begin{pmatrix} 0 \\ -1 \\ 2 \end{pmatrix}$

P'(0 | −1 | 2)

Drehung im Raum um eine Koordinatenachse LK

Eine **Drehung im Raum** um eine Koordinatenachse um einen Winkel φ kann jeweils durch folgende Abbildungsmatrix beschrieben werden:

Drehung um die x_1-Achse:

$$\mathbf{D_1} = \begin{pmatrix} 1 & 0 & 0 \\ 0 & \cos(\varphi) & -\sin(\varphi) \\ 0 & \sin(\varphi) & \cos(\varphi) \end{pmatrix}$$

Drehung um die x_2-Achse:

$$\mathbf{D_2} = \begin{pmatrix} \cos(\varphi) & 0 & \sin(\varphi) \\ 0 & 1 & 0 \\ -\sin(\varphi) & 0 & \cos(\varphi) \end{pmatrix}$$

Drehung um die x_3-Achse:

$$\mathbf{D_3} = \begin{pmatrix} \cos(\varphi) & \sin(\varphi) & 0 \\ -\sin(\varphi) & \cos(\varphi) & 0 \\ 0 & 0 & 1 \end{pmatrix}$$

Drehung um 30° um die x_2-Achse.
Es gilt:
$\sin(30°) = 0{,}5$ und $\cos(30°) = 0{,}5 \cdot \sqrt{3}$

$$\mathbf{D_2} = \begin{pmatrix} 0{,}5\cdot\sqrt{3} & 0 & 0{,}5 \\ 0 & 1 & 0 \\ -0{,}5 & 0 & 0{,}5\cdot\sqrt{3} \end{pmatrix}$$

Für $P(2\,|\,6\,|-10)$ ergibt sich damit:

$$\overrightarrow{OP'} = \begin{pmatrix} 0{,}5\cdot\sqrt{3} & 0 & 0{,}5 \\ 0 & 1 & 0 \\ -0{,}5 & 0 & 0{,}5\cdot\sqrt{3} \end{pmatrix} \cdot \begin{pmatrix} 2 \\ 6 \\ -10 \end{pmatrix} = \begin{pmatrix} \sqrt{3}-5 \\ 6 \\ -1-5\sqrt{3} \end{pmatrix} = \begin{pmatrix} -3{,}268 \\ 6 \\ -9{,}66 \end{pmatrix}$$

Parallelprojektion in eine Ebene durch den Koordinatenursprung LK

Für eine **Parallelprojektion** in Richtung eines Vektors $\vec{v} = \begin{pmatrix} v_1 \\ v_2 \\ v_3 \end{pmatrix}$ **in eine Ebene E durch den Koordinatenursprung** mit E: $a\cdot x_1 + b\cdot x_2 + c\cdot x_3 = 0$ und $\begin{pmatrix} a \\ b \\ c \end{pmatrix} * \begin{pmatrix} v_1 \\ v_2 \\ v_3 \end{pmatrix} = d \neq 0$ ergibt sich die zugehörige Abbildungsmatrix **T**:

$$\mathbf{T} = \frac{1}{d}\begin{pmatrix} d-a\cdot v_1 & -a\cdot v_2 & -a\cdot v_3 \\ -b\cdot v_1 & d-b\cdot v_2 & -b\cdot v_3 \\ -c\cdot v_1 & -c\cdot v_2 & d-c\cdot v_3 \end{pmatrix}.$$

Gegeben:
$\vec{v} = \begin{pmatrix} 1 \\ 3 \\ -1 \end{pmatrix}$, E: $x_1 - 2x_3 = 0$

Damit ergibt sich:

$$d = \begin{pmatrix} 1 \\ 0 \\ -2 \end{pmatrix} * \begin{pmatrix} 1 \\ 3 \\ -1 \end{pmatrix} = 3 \text{ und}$$

$$\mathbf{T} = \frac{1}{3}\cdot\begin{pmatrix} 3-1 & 0 & 2 \\ -3 & 3 & 6 \\ 1 & 0 & 3-2 \end{pmatrix} = \frac{1}{3}\cdot\begin{pmatrix} 2 & 0 & 2 \\ -3 & 3 & 6 \\ 1 & 0 & 1 \end{pmatrix}$$

Klausurtraining

TEIL A

Lösen Sie die folgenden Aufgaben ohne Formelsammlung und Taschenrechner.

1. Berechnen Sie den Matrizenterm.

a) $3\cdot\begin{pmatrix} 1 & -2 \\ 2 & 1 \end{pmatrix} - 4\cdot\begin{pmatrix} -1 & 3 \\ 0 & -2 \end{pmatrix}$

b) $\begin{pmatrix} 2{,}5 & -1{,}5 & 0 \\ 1 & -1 & 2 \end{pmatrix}\cdot\begin{pmatrix} -1 & 2 & 2 \\ -4 & 0 & -1 \\ 1 & 1 & 2 \end{pmatrix}$

c) $\left(\begin{pmatrix} 2{,}2 & -2 \\ 1 & 4{,}5 \\ -3{,}5 & 2 \end{pmatrix} - \begin{pmatrix} 2 & -4 \\ 0 & -2{,}5 \\ -3 & 2 \end{pmatrix}\right)\cdot\begin{pmatrix} 0 & -2 & 3 \\ 5 & 2 & 2 \end{pmatrix}$

d) $\begin{pmatrix} -1 & 2 \\ 1 & -2 \end{pmatrix}^2$

2. Zeigen Sie, dass es zur Matrix $\mathbf{A} = \begin{pmatrix} 3 & 1 \\ -1{,}5 & -0{,}5 \end{pmatrix}$ keine inverse Matrix gibt.

3. Geben Sie die zugehörige Übergangsmatrix an.

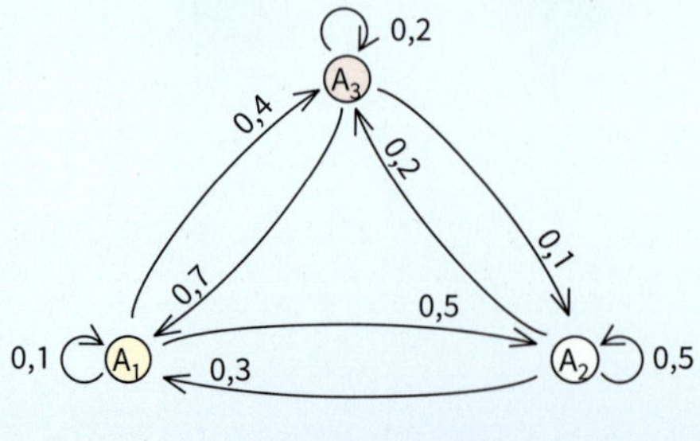

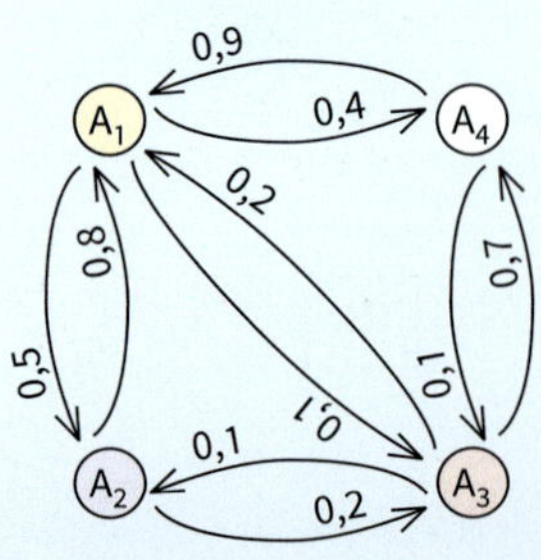

4. **a)** Erläutern Sie, welche Bedeutung die in der Matrix **M** stehende Übergangswahrscheinlichkeit 0,5 hat.

$$\mathbf{M} = \begin{pmatrix} 0{,}1 & \dots & 0{,}5 \\ \dots & 0{,}2 & 0{,}3 \\ 0{,}6 & 0{,}4 & \dots \end{pmatrix}$$

b) Ergänzen Sie die fehlenden Koeffizienten der Matrix.

c) Zeichnen Sie das zu der Matrix **M** gehörende Übergangsdiagramm.

5. Gegeben ist ein Dreieck im Raum durch die Punkte A(2 | 0 | −3), B(4 | −3 | 4) und C(1 | −2 | 2). Geben Sie für die folgende Abbildung im Raum die zugehörige Abbildungsmatrix an und bestimmen Sie die Bildpunkte des Dreiecks für diese Abbildung.

a) Orthogonale Spiegelung an der x_1x_3-Ebene.

b) Zentrische Streckung mit dem Faktor 5 vom Koordinatenursprung aus.

c) Zentrische Streckung mit dem Faktor 3 vom Koordinatenursprung aus und anschließend orthogonale Spiegelung an der x_1x_2-Ebene.

Teil B **Bei der Lösung dieser Aufgaben können Sie die Formelsammlung und den Taschenrechner verwenden.**

6. In einer Kleinstadt gibt es zwei große Einkaufsmärkte für Lebensmittel und einige Einzelhändler. Das monatliche Wechselverhalten der 8 200 Haushalte wird durch den nebenstehenden Graphen veranschaulicht. Für die Rechnungen wird angenommen, dass sich die Anzahl der Haushalte nicht verändert.

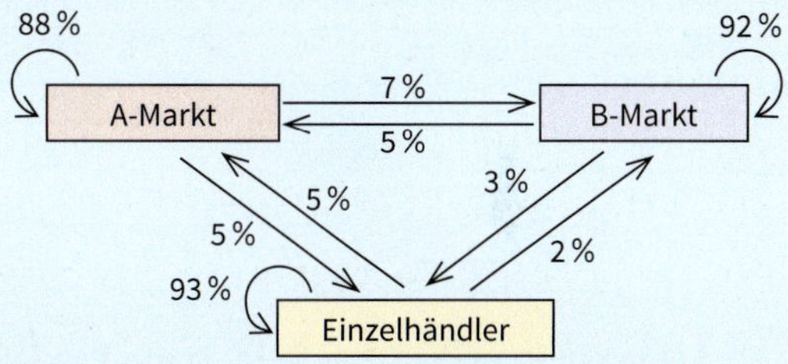

a) Geben Sie die zugehörige Übergangsmatrix M an.

b) Berechnen Sie für eine Anfangsverteilung von 3 900 Haushalten, die beim A-Markt, 2 700 Haushalten, die beim B-Markt, und 1 600 Haushalten, die bei Einzelhändlern einkaufen, die Verteilungen der nächsten drei Monate.
Berechnen Sie auch die Verteilung des Vormonats.

LK **c)** Untersuchen Sie, ob es eine Verteilung bezüglich des Einkaufsverhaltens der Haushalte gibt, die sich bei dem angegebenen Wechselverhalten in den folgenden Monaten nicht mehr ändert.

7. Ein Gebäude ist in einem Koordinatensystem durch folgende Punkte modellhaft angegeben:
A(0 | 0 | 0), B(6 | 0 | 0), C(6 | 8 | 0), D(0 | 8 | 0), E(0 | 0 | 3), F(6 | 0 | 3), G(6 | 8 | 3), H(0 | 8 | 3), P(3 | 0 | 6), Q(3 | 8 | 6).
Dabei beschreibt die Strecke $\overline{PQ}$ den Dachfirst. Durch die Strecke $\overline{RS}$ mit R(4 | 0 | 5) und S(4 | 0 | 10) ist ein Antennenstab dargestellt.

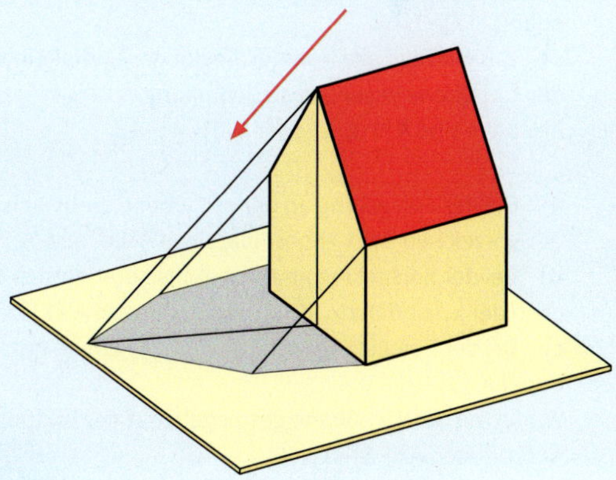

a) Die Sonnenstrahlen fallen parallel zum Vektor $\vec{v_1} = \begin{pmatrix} 0 \\ 1 \\ 1 \end{pmatrix}$ ein. Berechnen Sie das Bild des Schattens vom Gebäude und vom Antennenstab in der x_1x_2-Ebene.
Zeichnen Sie den Schatten ein. Geben Sie auch die zugehörige Abbildungsmatrix an.

b) Zu einem anderen Zeitpunkt fallen die Sonnenstrahlen parallel zum Vektor $\vec{v_2} = \begin{pmatrix} 3 \\ 3 \\ -4 \end{pmatrix}$ ein.
Berechnen Sie das Bild des Schattens vom Antennenstab auf dem Dach des Gebäudes und in der Grundebene. Geben Sie auch die zugehörige Abbildungsmatrix an.

LK **8.** Das Dreieck ABC mit A(1 | 0 | 2), B(2 | 2 | 2) und C(−2 | 1 | 0) wird um 45° um die x_2-Achse gedreht. Bestimmen Sie die zugehörige Abbildungsmatrix und geben Sie die Bildpunkte an.

Lösungen zu Kapitel 1 (Seite 20)

Teil A

1. Mithilfe des GAUSS-Algorithmus erhält man:

a) $\left|\begin{array}{l} x = 9 \\ y = -10 \\ z = 3 \end{array}\right|$; $L = \{(9 \mid -10 \mid 3)\}$ **b)** $\left|\begin{array}{l} x = 1 \\ y = 2 \\ z = -3 \end{array}\right|$; $L = \{(1 \mid 2 \mid -3)\}$

2. **a)** $\left|\begin{array}{l} x + 2z = 0 \\ y + 3z = -1 \\ 0 = 4 \end{array}\right|$; $L = \{\ \}$ **b)** $\left|\begin{array}{l} x = -3 \\ y = 4 \\ z = 1 \end{array}\right|$; $L = \{(-3 \mid 4 \mid 1)\}$

c) $\left|\begin{array}{l} x + 2z = 1 \\ y + 3z = -1 \end{array}\right|$; $L = \{(1 - 2t \mid -1 - 3t \mid t) \mid t \in \mathbb{R}\}$

3. (1) $L = \{(-10 \mid 5 \mid 1)\}$

(2) Für $a \in \mathbb{R}$, $a \neq -3$: $L_a = \left\{\left(13 - \frac{184}{a+3} \;\middle|\; -5 + \frac{80}{a+3} \;\middle|\; \frac{8}{a+3}\right)\right\}$,

für $a = -3$: $L_{-3} = \{\ \}$

Teil B

4. **a)** $L = \{(2 + t \mid -1 + 2t \mid t) \mid t \in \mathbb{R}\}$

b) $L = \{(2 \mid -1 \mid -2)\}$

c) $L = \{\ \}$

5. **a)** A: $140 + x_4 = 120 + x_1$

B: $x_1 + 90 = 100 + x_2$

C: $70 + x_2 = x_3 + 50$

D: $80 + x_3 = 110 + x_4$

Lösung: $(20 + t \mid 10 + t \mid 30 + t \mid t)$, $t \in \mathbb{R}$

b) Brauchbar sind Werte von $t \in \mathbb{N}$

$x_4 = 0$: $(20 \mid 10 \mid 30 \mid 0)$

$x_4 = 10$: $(30 \mid 20 \mid 40 \mid 10)$

$x_4 = 100$: $(120 \mid 110 \mid 130 \mid 100)$

$x_4 = 500$: $(520 \mid 510 \mid 530 \mid 500)$

c) Man müsste noch eine weitere Zählung (z. B. für x_4) durchführen, um dann aussagen zu können, wie viele Fahrzeuge von der Kreuzung überhaupt „verkraftet" werden.

Lösungen zu Kapitel 2 (Seiten 72 bis 74)

Teil A

1. **a)** In Frage kommen alle Punkte auf der x_2-Achse, z. B. $A(0 \mid 5 \mid 0)$ oder $B(0 \mid -3 \mid 0)$.

b) Diese Bedingung wird von allen Punkten erfüllt, die auf der 1. Winkelhalbierenden der x_1x_2-Ebene liegen, z. B. $P(3 \mid 3 \mid 0)$ oder $Q(-7 \mid -7 \mid 0)$.

c) Z. B. erfüllen alle Punkte, die auf der 1. Winkelhalbierenden der x_2x_3-Ebene liegen, diese Bedingung.
Beispiele sind $R(0 \mid 2 \mid 2)$ oder $S(0 \mid -4 \mid -4)$.

2. **a)** Bei der Spiegelung an der x_1x_3-Ebene dreht sich nur das Vorzeichen der x_2-Koordinate von A um, also $A'(3 \mid 2 \mid 4)$.

b) Bei der Spiegelung an der x_1-Achse drehen sich die Vorzeichen der x_2- und der x_3-Koordinate um, also $A'(3 \mid 2 \mid -4)$.

c) Bei der Spiegelung von A an der x_1x_2-Ebene entsteht der Punkt $A'(3 \mid -2 \mid -4)$.
Wird A' an der x_2x_3-Ebene gespiegelt, hat der Bildpunkt die Koordinaten $A''(-3 \mid -2 \mid -4)$.

3. **a)** $\overrightarrow{AB} = \begin{pmatrix} 4 \\ 4 \\ -3 \end{pmatrix}$; $\overrightarrow{DC} = \begin{pmatrix} 4 \\ 4 \\ -3 \end{pmatrix}$, d. h. die gegenüberliegenden Seiten $\overline{AB}$ und $\overline{DC}$ sind parallel zueinander und gleich lang.

$\overrightarrow{AD} = \begin{pmatrix} -2 \\ 1 \\ 1 \end{pmatrix}$; $\overrightarrow{BC} = \begin{pmatrix} -2 \\ 1 \\ 1 \end{pmatrix}$, d. h. auch die gegenüberliegenden Seiten $\overline{AD}$ und $\overline{BC}$ sind parallel zueinander und gleich lang.
Somit ist das Viereck ABCD ein Parallelogramm.

b) Sind zwei der nicht zueinander parallelen Seiten, z. B. $\overline{AB}$ und $\overline{AD}$ ebenfalls gleich lang, dann ist das Parallelogramm eine Raute.

$|\overrightarrow{AB}| = \left|\begin{pmatrix} 4 \\ 4 \\ -3 \end{pmatrix}\right| = \sqrt{41}$; $|\overrightarrow{AD}| = \left|\begin{pmatrix} -2 \\ 1 \\ 1 \end{pmatrix}\right| = \sqrt{6}$

Das Parallelogramm ist keine Raute.

c) Der Schnittpunkt der beiden Diagonalen $\overline{AC}$ und $\overline{BD}$ ist der Mittelpunkt der beiden Strecken, also $M(4 \mid 1{,}5 \mid 3)$.

4. **a)** Für einen beliebigen Wert von k erhält man einen weiteren Punkt der Geraden g, z. B. für $k = 3$ den Punkt $P(14 \mid 0 \mid -2)$.
Als Richtungsvektor der Geraden g kann man jedes Vielfache des

Vektors $\begin{pmatrix} 4 \\ 1 \\ -2 \end{pmatrix}$ verwenden.

Eine zweite Parameterdarstellung von g ist dementsprechend z. B. $g\colon \vec{x} = \begin{pmatrix} 14 \\ 0 \\ -2 \end{pmatrix} + k \cdot \begin{pmatrix} -8 \\ -2 \\ 4 \end{pmatrix}$.

b) Der Richtungsvektor $\begin{pmatrix} -20 \\ -5 \\ 10 \end{pmatrix}$ ist ein Vielfaches von $\begin{pmatrix} 4 \\ 1 \\ -2 \end{pmatrix}$,

nämlich $\begin{pmatrix} -20 \\ -5 \\ 10 \end{pmatrix} = -5 \cdot \begin{pmatrix} 4 \\ 1 \\ -2 \end{pmatrix}$.

Nun muss noch überprüft werden, ob der Punkt $(86 \mid 18 \mid -38)$ auf g liegt.

Die Punktprobe $\begin{pmatrix} 86 \\ 18 \\ -38 \end{pmatrix} = \begin{pmatrix} 2 \\ -3 \\ 4 \end{pmatrix} + k \cdot \begin{pmatrix} 4 \\ 1 \\ -2 \end{pmatrix}$ ist erfüllt für $k = 21$.

Also ist $\vec{x} = \begin{pmatrix} 86 \\ 18 \\ -38 \end{pmatrix} + r \cdot \begin{pmatrix} -20 \\ -5 \\ 10 \end{pmatrix}$ ebenfalls eine Parameterdarstellung von g.

5. Die drei Punkte liegen auf einer Geraden, falls die Vektoren $\overrightarrow{AB}$ und $\overrightarrow{AC}$ Vielfache voneinander sind.

Es gilt: $\overrightarrow{AB} = \begin{pmatrix} 3 \\ -2 \\ -3 \end{pmatrix}$ und $\overrightarrow{AC} = \begin{pmatrix} -6 \\ 4 \\ 6 \end{pmatrix} = (-2) \cdot \overrightarrow{AB}$

Somit liegen die drei Punkte A, B und C auf einer Geraden.

6. a) $g: \vec{x} = \begin{pmatrix} -5 \\ -11 \\ 6 \end{pmatrix} + k \cdot \begin{pmatrix} 15 \\ 21 \\ -9 \end{pmatrix}$

Für den Spurpunkt von g mit der x_1x_2-Ebene gilt:

$x_3 = 6 - 9k = 0$, also $k = \frac{2}{3}$

Also: $S_{12}(5\,|\,3\,|\,0)$

Entsprechend erhält man die Spurpunkte mit den beiden anderen Koordinatenebenen: $S_{13}\left(\frac{20}{7}\,\middle|\,0\,\middle|\,\frac{9}{7}\right)$ und $S_{23}(0\,|\,-4\,|\,3)$.

b)

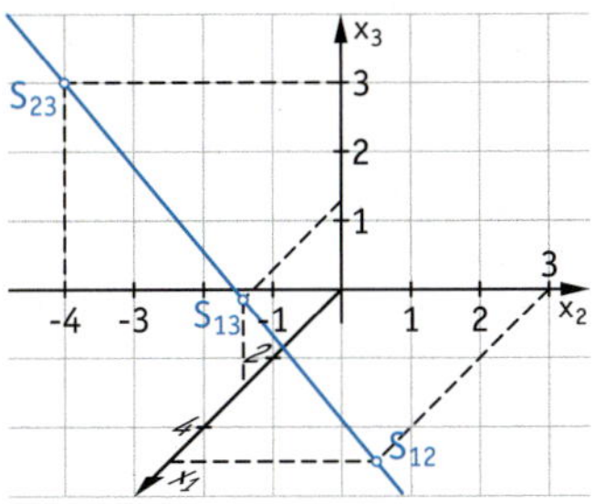

7. a) $\vec{u} * \vec{v} = 1 \cdot 2 + (-2) \cdot 1 + 3 \cdot 3 = 9 \neq 0$

$\vec{u} * \vec{w} = 1 \cdot (-1) + (-2) \cdot 1 + 3 \cdot 1 = 0$

$\vec{v} * \vec{w} = 2 \cdot (-1) + 1 \cdot 1 + 3 \cdot 1 = 2 \neq 0$

Es gilt $\vec{u} \perp \vec{w}$.

b) $\vec{a} = \begin{pmatrix} a_1 \\ a_2 \\ a_3 \end{pmatrix}$; $\vec{u} \perp \vec{a}$ genau dann, wenn $\vec{u} * \vec{a} = 0$, also wenn

$1 \cdot a_1 + (-2) \cdot a_2 + 3a_3 = 0$;

$\vec{v} \perp \vec{a}$ genau dann, wenn $\vec{v} * \vec{a} = 0$,

also wenn $2 \cdot a_1 + 1 \cdot a_2 + 3a_3 = 0$. Wenn $\vec{u} \perp \vec{a}$ und $\vec{v} \perp \vec{a}$ muss also das folgende Gleichungssystem erfüllt sein:

$\left| \begin{array}{l} a_1 - 2a_2 + 3a_3 = 0 \\ 2a_1 + a_2 + 3a_3 = 0 \end{array} \right|$.

Dieses lineare Gleichungssystem hat die Lösungsmenge $\{(a_1 = -1{,}8t \,|\, a_2 = 0{,}6t \,|\, a_3 = t) \text{ mit } t \in \mathbb{R}\}$. Somit sind alle Vektoren $\vec{a} = \begin{pmatrix} -1{,}8t \\ 0{,}6t \\ t \end{pmatrix}$ mit $t \in \mathbb{R}$ und $t \neq 0$ orthogonal zu $\vec{u}$ und zu $\vec{v}$. Für $t = 10$ ergibt sich zum Beispiel $\vec{a} = \begin{pmatrix} -18 \\ 6 \\ 10 \end{pmatrix}$ oder für $t = 5$ $\vec{a} = \begin{pmatrix} -9 \\ 3 \\ 5 \end{pmatrix}$.

8. a) Die Geraden g und h sind parallel zueinander, wenn ihre Richtungsvektoren Vielfache voneinander sind.

$k \cdot \begin{pmatrix} 3 \\ -1 \\ 2 \end{pmatrix} = \begin{pmatrix} 2 \\ b \\ c \end{pmatrix}$ also $k = \frac{2}{3}$

$b = -\frac{2}{3}$, $c = \frac{4}{3}$

b) Für $r = -5$ erhält man den Punkt P auf g. Für $s = -7$ erhält man den Punkt P auf h für $b = -\frac{3}{7}$ und $x = \frac{9}{7}$.

9. a)
- rechter Winkel in A, genau dann, wenn $\overrightarrow{AB} * \overrightarrow{AC} = 0$

Nun gilt aber $\overrightarrow{AB} * \overrightarrow{AC} = \begin{pmatrix} -1 \\ 6 \\ 0 \end{pmatrix} * \begin{pmatrix} -2 \\ 2 \\ t \end{pmatrix} = 14 \neq 0$

- rechter Winkel in B, genau dann, wenn $\overrightarrow{BA} * \overrightarrow{BC} = 0$

Es gilt: $\overrightarrow{BA} * \overrightarrow{BC} = \begin{pmatrix} 1 \\ -6 \\ 0 \end{pmatrix} * \begin{pmatrix} -1 \\ -4 \\ t \end{pmatrix} = 23 \neq 0$

- rechter Winkel in C, genau dann, wenn $\overrightarrow{CA} * \overrightarrow{CB} = 0$

Es gilt: $\overrightarrow{CA} * \overrightarrow{CB} = \begin{pmatrix} -2 \\ 2 \\ t \end{pmatrix} * \begin{pmatrix} -1 \\ -4 \\ t \end{pmatrix} = t^2 - 5 = 0$

für $t_1 = -\sqrt{5}$ und $t_2 = \sqrt{5}$

Das Dreieck ABC hat für $t = -\sqrt{5}$ und für $t = \sqrt{5}$ einen rechten Winkel in C.

b)
- $|AB| = |BC|$, wenn $\left|\begin{pmatrix} -1 \\ 6 \\ 0 \end{pmatrix}\right| = \left|\begin{pmatrix} -1 \\ -4 \\ t \end{pmatrix}\right|$, also wenn

$37 = 17 + t^2$ für $t_1 = -\sqrt{20}$ und $t_2 = \sqrt{20}$

- $|AB| = |AC|$, wenn $\left|\begin{pmatrix} -1 \\ 6 \\ 0 \end{pmatrix}\right| = \left|\begin{pmatrix} -2 \\ 2 \\ t \end{pmatrix}\right|$, also wenn

$37 = 8 + t^2$ für $t_1 = -\sqrt{29}$ und $t_2 = \sqrt{29}$

- $|AC| = |BC|$, wenn $\left|\begin{pmatrix} -2 \\ 2 \\ t \end{pmatrix}\right| = \left|\begin{pmatrix} -1 \\ -4 \\ t \end{pmatrix}\right|$, also wenn

$8 + t^2 = 17 + t^2$. Dies gilt für keine Zahl t.

10. a) Der Punkt $C(c_1\,|\,c_2\,|\,c_3)$ liegt auf g.

$c_1 = 6 - 2r$, $c_2 = 4 + r$, $c_3 = 5 + 2r$

Bei C liegt ein rechter Winkel, wenn $\overrightarrow{AC} * \overrightarrow{BC} = 0$, also wenn

$(3 - 2r) \cdot (-1 - 2r) + (2 + r) \cdot (8 + r) + (6 + 2r) \cdot (-1 + 2r)$

$= 7 + 16r + 9r^2 = 0$.

Dies ist für $r = -1$ und für $r = -\frac{7}{9}$ der Fall.

Für $r = -1$ ergibt sich $C(8\,|\,3\,|\,3)$.

b) Für $C(8\,|\,3\,|\,3)$ ergibt sich $\overrightarrow{AC} = \begin{pmatrix} 5 \\ 1 \\ 4 \end{pmatrix}$ und $\overrightarrow{BC} = \begin{pmatrix} 1 \\ 7 \\ -3 \end{pmatrix}$

$A = \frac{1}{2} \cdot |\overrightarrow{AC}| \cdot |\overrightarrow{BC}| = \frac{1}{2} \cdot \sqrt{42} \cdot \sqrt{59}$

11. a) $g_2: \vec{x} = \begin{pmatrix} 4 \\ -3 \\ 0 \end{pmatrix} + k \cdot \begin{pmatrix} 11 \\ 9 \\ 5 \end{pmatrix}$

Für $k = 2$ ergibt sich $P(26\,|\,15\,|\,10)$, somit gilt $g_2 = h$.

$g_{-\frac{3}{2}}: \vec{x} = \begin{pmatrix} 4 \\ -2 \\ 0 \end{pmatrix} + k \cdot \begin{pmatrix} 11 \\ 9 \\ -2 \end{pmatrix}$

Allerdings liegt $Q(37\,|\,25\,|\,-1)$ nicht auf $g_{-\frac{3}{2}}$.

Die Gerade h gehört zur Schar, die Gerade k nicht.

b) Die Richtungsvektoren sind keine Vielfachen voneinander, also sind h und k nicht zueinander parallel.

$\left| \begin{array}{l} 26 + 11r = 37 + 11s \\ 15 + 9r = 25 + 9s \\ 10 + 5r = -1 - 2s \end{array} \right|$ $\left| \begin{array}{l} 11r - 11s = 11 \\ 9r - 9s = 10 \\ 5r + 2s = -11 \end{array} \right|$

Das lineare Gleichungssystem hat keine Lösung, also sind die Geraden h und k zueinander windschief.

Teil B

12. a) $g: \vec{x} = \begin{pmatrix} 11 \\ 1 \\ 6 \end{pmatrix} + k \cdot \begin{pmatrix} -6 \\ -2 \\ -4 \end{pmatrix}$

Man erhält einen Punkt auf g, der zwischen A und B liegt, wenn man für k einen Wert zwischen 0 und 1 einsetzt, also z. B.

für $k = \frac{1}{4}$: $\overrightarrow{p_1} = \begin{pmatrix} 11 \\ 1 \\ 6 \end{pmatrix} + \frac{1}{4} \cdot \begin{pmatrix} -6 \\ -2 \\ -4 \end{pmatrix} = \begin{pmatrix} \frac{19}{2} \\ \frac{1}{2} \\ 5 \end{pmatrix}$, also $P1\left(\frac{19}{2}\,\middle|\,\frac{1}{2}\,\middle|\,5\right)$.

für $k = \frac{1}{2}$: $\overrightarrow{p_2} = \begin{pmatrix} 11 \\ 1 \\ 6 \end{pmatrix} + \frac{1}{2} \cdot \begin{pmatrix} -6 \\ -2 \\ -4 \end{pmatrix} = \begin{pmatrix} 8 \\ 0 \\ 4 \end{pmatrix}$, also $P2(8\,|\,0\,|\,4)$.

b) Es gibt einen Punkt mit drei gleichen Koordinaten, falls es einen Wert für k gibt, der das Gleichungssystem

$\left| \begin{array}{l} 11-6k=1-2k \\ 11-6k=6-4k \end{array} \right|$ erfüllt.

Dies ist der Fall für $k=\frac{5}{2}$.
Für diesen Wert erhält man den Punkt P(–4|–4|–4).

13. a) Der Ballon bewegt sich pro Sekunde um die Strecke $|\vec{v}|=\sqrt{1{,}2^2+(-1{,}8)^2+0{,}5^2}\approx 2{,}2$ (in Meter).
Seine Geschwindigkeit beträgt $2{,}2\,\frac{m}{s}=2{,}2\cdot\frac{3600}{1000}\,\frac{km}{h}\approx 7{,}9\,\frac{km}{h}$.

b) $\overrightarrow{OP_2}=\overrightarrow{OP_1}+120\cdot\vec{v}=\begin{pmatrix}232\\98\\159\end{pmatrix}+\begin{pmatrix}144\\-216\\601\end{pmatrix}=\begin{pmatrix}376\\-118\\219\end{pmatrix}$

Nach 2 Minuten befindet sich der Ballon im Punkt $P_2(376|-118|219)$.

c) Der Ballon passiert den Punkt Q, falls es eine reelle Zahl k gibt, sodass $\overrightarrow{OQ}=\overrightarrow{OP_1}+k\cdot\vec{v}$ gilt.

Also: $\begin{pmatrix}340\\-80\\204\end{pmatrix}=\begin{pmatrix}232\\98\\159\end{pmatrix}+k\cdot\begin{pmatrix}1{,}2\\-1{,}8\\0{,}5\end{pmatrix}=\begin{pmatrix}232+1{,}2\cdot k\\98-1{,}8\cdot k\\159+0{,}5\cdot k\end{pmatrix}$

Vergleicht man die Koordinaten, erhält man aus der ersten Zeile die Gleichung $340=232+1{,}2\cdot k$ mit der Lösung $k=90$.

$\begin{pmatrix}232\\98\\159\end{pmatrix}+90\cdot\begin{pmatrix}1{,}2\\-1{,}8\\0{,}5\end{pmatrix}=\begin{pmatrix}340\\-64\\204\end{pmatrix}$, der Ballon passiert also den Punkt Q nicht.

14. a) $\left|\begin{pmatrix}18\\14\\3\end{pmatrix}\right|=23$

Die Geschwindigkeit der Maschine beträgt $2300\,\frac{m}{min}=138\,\frac{km}{h}$.

$\overrightarrow{p_3}=\begin{pmatrix}4\\1\\0\end{pmatrix}+3\cdot\begin{pmatrix}18\\14\\3\end{pmatrix}=\begin{pmatrix}58\\43\\9\end{pmatrix}$

Nach 3 Minuten am Ende der Startphase befindet sich das Flugzeug im Punkt $P_3(58|43|9)$.
Danach kann der Flugkurs durch die Gerade

$h: \vec{x}=\begin{pmatrix}58\\43\\9\end{pmatrix}+s\cdot\begin{pmatrix}22\\19\\1{,}2\end{pmatrix}$ beschrieben werden.

Nach weiteren 7 Minuten: $\overrightarrow{p_{10}}=\begin{pmatrix}58\\43\\9\end{pmatrix}+7\cdot\begin{pmatrix}22\\19\\1{,}2\end{pmatrix}=\begin{pmatrix}212\\176\\17{,}4\end{pmatrix}$

$\left|\begin{pmatrix}22\\19\\1{,}2\end{pmatrix}\right|\approx 29{,}09$; $2909\,\frac{m}{min}\approx 174{,}5\,\frac{km}{h}$

10 Minuten nach dem Abheben befindet sich das Flugzeug im Punkt P10(212|176|17,4) und hat dort die Geschwindigkeit $174{,}5\,\frac{km}{h}$.

b) Der Kurs des zweiten Flugzeugs kann durch die Gerade

$k: \vec{x}=\begin{pmatrix}220\\-180\\32\end{pmatrix}+t\cdot\begin{pmatrix}14\\25\\0\end{pmatrix}$ beschrieben werden.

$\overrightarrow{q_{10}}=\begin{pmatrix}220\\-180\\32\end{pmatrix}+10\cdot\begin{pmatrix}14\\25\\0\end{pmatrix}=\begin{pmatrix}360\\70\\32\end{pmatrix}$

Das zweite Flugzeug befindet sich nach 10 min im Punkt $Q_{10}(360|70|32)$.

$|\overrightarrow{P_{10}Q_{10}}|=\left|\begin{pmatrix}148\\-106\\14{,}6\end{pmatrix}\right|\approx 182{,}6$

Der Abstand der beiden Flugzeuge beträgt zu diesem Zeitpunkt ca. 18 260 m.

c) Untersuchung, ob die beiden Geraden

$h: \vec{x}=\begin{pmatrix}58\\43\\9\end{pmatrix}+s\cdot\begin{pmatrix}22\\19\\1{,}2\end{pmatrix}$ und $k: \vec{x}=\begin{pmatrix}220\\-180\\32\end{pmatrix}+t\cdot\begin{pmatrix}14\\25\\0\end{pmatrix}$ zueinander windschief sind:

Die Richtungsvektoren der beiden Geraden sind keine Vielfachen voneinander, somit schneiden sich h und k oder sie sind zueinander windschief.

Aus $\begin{pmatrix}58\\43\\9\end{pmatrix}+s\cdot\begin{pmatrix}22\\19\\1{,}2\end{pmatrix}=\begin{pmatrix}220\\-180\\32\end{pmatrix}+t\cdot\begin{pmatrix}14\\25\\0\end{pmatrix}$ erhält man das lineare

Gleichungssystem $\left|\begin{array}{l}22s-14t=162\\19s-25t=-223\\1{,}2s=23\end{array}\right|$, das keine Lösung besitzt.

Die beiden Geraden h und k sind also windschief, es würde nicht zu einer Kollision kommen.

15. a) $t=2$ und $k=2$

b) $h: x=\begin{pmatrix}3\\0\\4\end{pmatrix}+r\cdot\begin{pmatrix}4\\-8\\-4\end{pmatrix}$

Für $k=1$ ergibt sich $g_1: x=\begin{pmatrix}3\\4\\4\end{pmatrix}+t\cdot\begin{pmatrix}-1\\2\\1\end{pmatrix}$ $g_1 \parallel h$.

Alle Geraden der Schar laufen durch den Punkt P(3|4|4).
P liegt aber nicht auf h. Also ist h keine Gerade der Schar g_k.

c) Die Bestimmung eines Schnittpunktes führt auf folgendes Gleichungssystem

$\left|\begin{array}{l}3+4r=3-t\\-8r=4+2k\cdot t\\4-4r=4+k\cdot t\end{array}\right|$ $\left|\begin{array}{l}4r=-t\\-8r=4+2k\cdot t\\-4r=k\cdot t\end{array}\right|$

Aus der 1. und 3. Zeile ergibt sich $k=1$ und $t=-4r$.
Setzt man dies in die 2. Zeile ein, erhält man einen Widerspruch. Somit schneidet keine Gerade der Schar g_k die Gerade h.

d) Aus $3-t=0$ und $4+2k\cdot t=0$ ergeben sich $t=3$ und $k=-\frac{4}{6}=-\frac{3}{2}$.

Die Gerade $g_{-\frac{3}{2}}$ schneidet die x_3-Achse im Punkt $S\left(0\middle|0\middle|\frac{10}{3}\right)$.

16. a) Die Gerade g_0 verläuft parallel zur x_2-Achse.

b) Für $t=-\frac{5}{2}$ liegen die Punkte $P_a\left(2-\frac{5}{2}a\middle|0\middle|3-\frac{15}{2}a\right)$ der Geradenschar g_a in der x_1x_3-Ebene.

Alle Punkte P_a liegen auf der Geraden g mit $\vec{x}=\begin{pmatrix}2\\0\\3\end{pmatrix}+a\cdot\begin{pmatrix}-\frac{5}{2}\\0\\-\frac{15}{2}\end{pmatrix}$.

17. a) E(2|–2|4) hat den Schatten E′(4|0|0).
F(2|2|4) hat den Schatten F′(4|4|0).
G(–2|2|4) hat den Schatten G′(0|4|0).

b) Blick in die x_1x_2-Ebene mit Schattenfläche: A = 16 FE

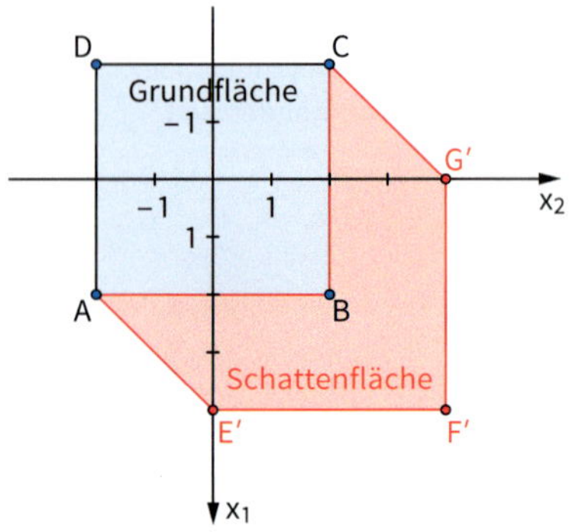

18. a) Für einen beliebigen Wert von k erhält man einen weiteren Punkt der Geraden g, z. B. für $k = 3$ den Punkt $P(14|0|-2)$. Als Richtungsvektor der Geraden g kann man jedes Vielfache des Vektors $\begin{pmatrix} 4 \\ 1 \\ -2 \end{pmatrix}$ verwenden.

Eine zweite Parameterdarstellung von g ist dementsprechend z. B.

$g\colon \vec{x} = \begin{pmatrix} 14 \\ 0 \\ -2 \end{pmatrix} + k \cdot \begin{pmatrix} -8 \\ -2 \\ 4 \end{pmatrix}$.

b) Der Richtungsvektor $\begin{pmatrix} -20 \\ -5 \\ 10 \end{pmatrix}$ ist ein Vielfaches von $\begin{pmatrix} 4 \\ 1 \\ -2 \end{pmatrix}$, nämlich $\begin{pmatrix} -20 \\ -5 \\ 10 \end{pmatrix} = -5 \cdot \begin{pmatrix} 4 \\ 1 \\ -2 \end{pmatrix}$.

Nun muss noch überprüft werden, ob der Punkt $(86|18|-38)$ auf g liegt.

Die Gleichung $\begin{pmatrix} 86 \\ 18 \\ -38 \end{pmatrix} = \begin{pmatrix} 2 \\ -3 \\ 4 \end{pmatrix} + k \cdot \begin{pmatrix} 4 \\ 1 \\ -2 \end{pmatrix}$ ist erfüllt für $k = 21$.

Also ist $\vec{x} = \begin{pmatrix} 86 \\ 18 \\ -38 \end{pmatrix} + r \cdot \begin{pmatrix} -20 \\ -5 \\ 10 \end{pmatrix}$ ebenfalls eine Parameterdarstellung von g.

c) Aus a) ist schon $(14|0|-2)$ als Spurpunkt bekannt. Für $k = 2$ erhält man $(10|-1|0)$ und für $k = -\frac{1}{2}$ $(0|-3{,}5|5)$ als weitere Spurpunkte.

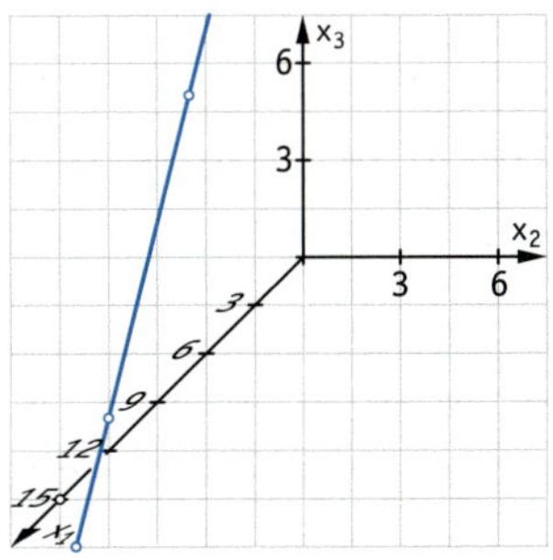

d) Ansatz:

$\begin{pmatrix} 2 \\ -3 \\ 4 \end{pmatrix} + k \cdot \begin{pmatrix} 4 \\ 1 \\ -2 \end{pmatrix} = \begin{pmatrix} -6 \\ -5 \\ 8 \end{pmatrix} + t \cdot \begin{pmatrix} 3 \\ 2 \\ 1 \end{pmatrix}$

Umgestellt als Gleichungssystem:

$\left| \begin{array}{l} 4k - 3t = -8 \\ k - 2t = -2 \\ -2k - t = 4 \end{array} \right|$

Lösung: $(k = -2;\ t = 0)$

Schnittpunkt: $S(-6|-5|8)$

Schnittwinkel:

$$\cos\varphi = \frac{\begin{pmatrix} 4 \\ 1 \\ -2 \end{pmatrix} * \begin{pmatrix} 3 \\ 2 \\ 1 \end{pmatrix}}{\left|\begin{pmatrix} 4 \\ 1 \\ -2 \end{pmatrix}\right| \cdot \left|\begin{pmatrix} 3 \\ 2 \\ 1 \end{pmatrix}\right|} = \frac{12}{\sqrt{21} \cdot \sqrt{14}} \approx 0{,}69985;\ \varphi \approx 45{,}58°$$

e) Für $t = 3$ ergibt sich $P(3|1|11)$ als Punkt der Geraden h. Da P auf der Geraden k liegt, wählen wir z. B. P als Aufpunkt der Geraden. Die Gerade k soll parallel zur Geraden g sein, also wählen wir z. B. denselben Richtungsvektor. Damit ergibt sich:

$k\colon \vec{x} = \begin{pmatrix} 3 \\ 1 \\ 11 \end{pmatrix} + t \cdot \begin{pmatrix} 4 \\ 1 \\ -2 \end{pmatrix}$.

19. a) $\overrightarrow{BA} = \begin{pmatrix} -2 \\ -2 \\ -1 \end{pmatrix}$, $\overrightarrow{CA} = \begin{pmatrix} -2 \\ -2-t \\ 2 \end{pmatrix}$

$\overrightarrow{BA} * \overrightarrow{CA} = 2t - 2 = 0$ für $t = 1$

$\overrightarrow{BC} = \begin{pmatrix} -4 \\ 1 \\ -3 \end{pmatrix}$, $|\overrightarrow{BA}| = 3$, $|\overrightarrow{BC}| = \sqrt{26}$

$\alpha = 90°$

$\cos(\beta) = \frac{\overrightarrow{BA} * \overrightarrow{BC}}{|\overrightarrow{BA}| \cdot |\overrightarrow{BC}|} = \frac{8 - 2 + 3}{3 \cdot \sqrt{26}} = \frac{3}{\sqrt{26}}$

$\beta \approx 54°$, $\gamma \approx 180° - 90° - 54° \approx 36°$

b) $\overrightarrow{BA} = \begin{pmatrix} -2 \\ -2 \\ -1 \end{pmatrix}$, $\overrightarrow{CA} = \begin{pmatrix} 2 \\ -3 \\ 2 \end{pmatrix}$

Gesucht $\vec{n} = \begin{pmatrix} n_1 \\ n_2 \\ n_3 \end{pmatrix}$ mit $\vec{n} * \overrightarrow{BA} = 0$ und $\vec{n} * \overrightarrow{CA} = 0$

$\left| \begin{array}{l} -2n_1 - 2n_2 - 1n_3 = 0 \\ 2n_1 - 3n_2 - 2n_3 = 0 \end{array} \right|$ Eine Lösung ist $\begin{pmatrix} n_1 \\ n_2 \\ n_3 \end{pmatrix} = \begin{pmatrix} 7 \\ -2 \\ 10 \end{pmatrix}$

$g\colon \vec{x} = \begin{pmatrix} 3 \\ -2 \\ 4 \end{pmatrix} + r \cdot \begin{pmatrix} 7 \\ -2 \\ 10 \end{pmatrix}$. Für $r = -2$ erhält man S.

c) $V = \frac{1}{3} \cdot \frac{1}{2} \cdot |\overrightarrow{BA}| \cdot |\overrightarrow{CA}| \cdot |\overrightarrow{AS}|$

$V = \frac{1}{3} \cdot \frac{1}{2} \cdot \sqrt{9} \cdot \sqrt{17} \cdot \sqrt{14^2 + 4^2 + 20^2}$

$V = \frac{1}{2} \cdot \sqrt{17} \cdot \sqrt{612}$

$V = \frac{1}{2} \cdot \sqrt{17} \cdot \sqrt{17 \cdot 36}$

$V = 51$

Lösungen zu Kapitel 3 (Seiten 113 und 114)

Teil A

1. a) Spurpunkte von E:

$S_1(8|0|0)$; $S_2(0|4|0)$; $S_3(0|0|2)$

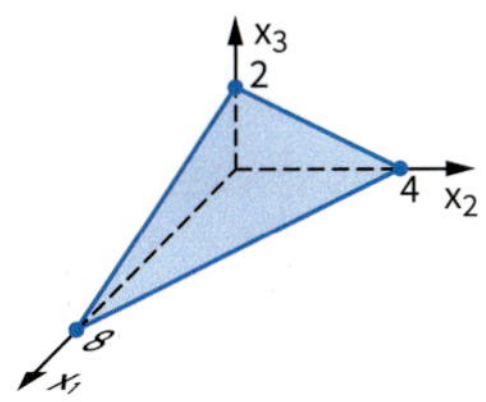

b) $g\colon \vec{x} = \begin{pmatrix} 5 \\ -3 \\ 4 \end{pmatrix} + k \cdot \begin{pmatrix} 5 \\ -5 \\ 3 \end{pmatrix}$

$\begin{pmatrix} 1 \\ 2 \\ 4 \end{pmatrix} * \begin{pmatrix} 5 \\ -5 \\ 3 \end{pmatrix} = 7 \neq 0$, somit ist g nicht parallel zu E.

Schnittpunkt von g und E:

$5 + 5k + 2 \cdot (-3 - 5k) + 4 \cdot (4 + 3k) - 8 = 0$, also $7k + 7 = 0$ bzw. $k = -1$.

Schnittpunkt $S(0|2|1)$

2. a) Spurpunkte von E: $S_1(8|0|0)$; $S_2(0|3|0)$; $S_3(0|0|5)$

Achsenabschnittsform von E: $\frac{x_1}{8} + \frac{x_2}{3} + \frac{x_3}{5} = 1$, also E: $15x_1 + 40x_2 + 24x_3 = 120$

b) Spurpunkte von E: $S_1(8|0|0)$; $S_2(0|3|0)$; E ist parallel zur x_3-Achse.

Achsenabschnittsform von E: $\frac{x_1}{8} + \frac{x_2}{3} = 1$, also E: $3x_1 + 8x_2 = 24$

3. a) Parameterdarstellung von E: $\vec{x} = \begin{pmatrix} 2{,}5 \\ 6 \\ 0 \end{pmatrix} + r \cdot \begin{pmatrix} 10 \\ -3 \\ 4 \end{pmatrix} + s \cdot \begin{pmatrix} 1 \\ 0 \\ 0 \end{pmatrix}$;

Für einen Normalenvektor $\vec{n}$ von E gilt:

(1) $\vec{n} * \begin{pmatrix} 10 \\ -3 \\ 4 \end{pmatrix} = 0$ (2) $\vec{n} * \begin{pmatrix} 1 \\ 0 \\ 0 \end{pmatrix} = 0$

Wir erhalten z. B. $\vec{n} = \begin{pmatrix} 0 \\ 4 \\ 3 \end{pmatrix}$.

E: $\begin{pmatrix}0\\4\\3\end{pmatrix} * \left[\vec{x} - \begin{pmatrix}2{,}5\\6\\0\end{pmatrix}\right] = 0$, also $4x_2 + 3x_3 = 24$

Spurpunkte von E: $S_2(0|6|0)$, $S_3(0|0|8)$

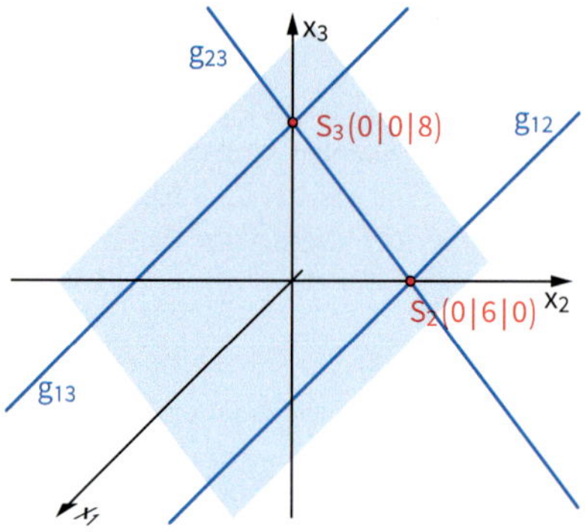

b) Für den Richtungsvektor $\vec{u}$ von g gilt:

(1) $\vec{u} * \begin{pmatrix}0\\4\\3\end{pmatrix} = 0$ (2) $\vec{u} * \begin{pmatrix}10\\-3\\4\end{pmatrix} = 0$, also $\vec{u} = \begin{pmatrix}5\\6\\-8\end{pmatrix}$

g: $\vec{x} = \begin{pmatrix}2{,}5\\6\\0\end{pmatrix} + t\cdot\begin{pmatrix}5\\6\\-8\end{pmatrix}$

4. a) $E_1 = E_2$; $E_1 \nparallel E_3$; $E_2 \nparallel E_3$

Schnittgerade s_1 von E_1 bzw. E_2 mit E_3:

Mit $x_1 = t$ erhält man das LGS $\left|\begin{matrix}3x_2 - 9x_3 = 15 - 6t\\ 2x_2 + 6x_3 = 5 - 4t\end{matrix}\right|$ mit der Lösung

$x_1 = t$; $x_2 = \frac{15}{4} - 2t$; $x_3 = -\frac{5}{12}$

s_1: $\vec{x} = \begin{pmatrix}0\\\frac{15}{4}\\-\frac{5}{12}\end{pmatrix} + t\cdot\begin{pmatrix}1\\-2\\0\end{pmatrix}$

b) $E_1 \nparallel E_2$; $E_1 \parallel E_3$; $E_2 \nparallel E_3$

Schnittgerade s_1 von E_1 mit E_2:

Mit $x_1 = t$ erhält man das LGS $\left|\begin{matrix}x_2 = 5 - 2t\\ 2x_2 + x_3 = 10 - 4t\end{matrix}\right|$ mit der Lösung

$x_1 = t$; $x_2 = 5 - 2t$; $x_3 = 0$

s_1: $\vec{x} = \begin{pmatrix}0\\5\\0\end{pmatrix} + t\cdot\begin{pmatrix}1\\-2\\0\end{pmatrix}$

Schnittgerade s_2 von E_2 mit E_3:

Mit $x_1 = t$ erhält man das LGS $\left|\begin{matrix}2x_2 = 3 - 4t\\ 2x_2 + x_3 = 10 - 4t\end{matrix}\right|$ mit der Lösung

$x_1 = t$; $x_2 = \frac{3}{2} - 2t$; $x_3 = 7$

s_2: $\vec{x} = \begin{pmatrix}0\\\frac{3}{2}\\7\end{pmatrix} + t\cdot\begin{pmatrix}1\\-2\\0\end{pmatrix}$

c) $E_1 \parallel E_2$; $E_1 \parallel E_3$; $E_2 \parallel E_3$

5. a) $|\overrightarrow{AB}| = \left|\begin{pmatrix}-4\\4\\0\end{pmatrix}\right| = \sqrt{32}$;

$|\overrightarrow{AC}| = \left|\begin{pmatrix}2\\6\\-2\end{pmatrix}\right| = \sqrt{44}$;

$|\overrightarrow{BC}| = \left|\begin{pmatrix}6\\2\\-2\end{pmatrix}\right| = \sqrt{44}$

Das Dreieck ABC ist gleichschenklig mit der Spitze bei C.

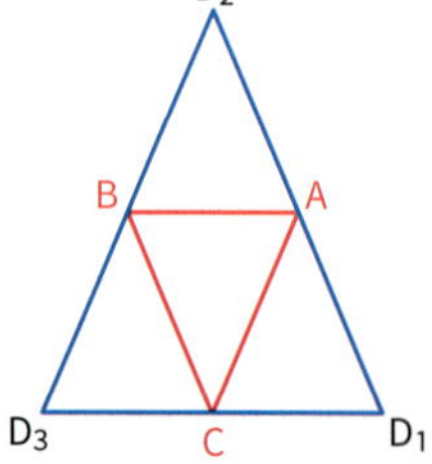

b) $\overrightarrow{OD_1} = \overrightarrow{OA} + \overrightarrow{BC} = \begin{pmatrix}12\\-1\\3\end{pmatrix}$, also $D_1(12|-1|3)$

Weitere Möglichkeiten:

$\overrightarrow{OD_2} = \overrightarrow{OA} + \overrightarrow{CB} = \begin{pmatrix}0\\-5\\7\end{pmatrix}$, also $D_2(0|-5|7)$

$\overrightarrow{OD_3} = \overrightarrow{OB} + \overrightarrow{AC} = \begin{pmatrix}4\\7\\3\end{pmatrix}$, also $D_3(4|7|3)$

6. a) Die beiden Geraden sind parallel zueinander, falls gilt:

$\begin{pmatrix}3\\-1\\2\end{pmatrix} = k\cdot\begin{pmatrix}2\\b\\c\end{pmatrix}$

Hieraus erhält man $k = \frac{3}{2}$, $b = -\frac{2}{3}$ und $c = \frac{4}{3}$.

b) P liegt auf g $(r = -5)$.

h verläuft durch P, falls $\begin{pmatrix}-13\\4\\-10\end{pmatrix} = \begin{pmatrix}1\\1\\-1\end{pmatrix} + s\cdot\begin{pmatrix}2\\b\\c\end{pmatrix}$.

Hieraus erhält man $s = -7$, $b = -\frac{3}{7}$ und $c = \frac{9}{7}$.

7. a) Mithilfe des GAUSS-Algorithmus erhalten wir die Dreiecksgestalt $\left|\begin{matrix}3x_1 + x_2 - 2x_3 = -4\\ 5x_2 + 11x_3 = 34\\ x_3 = 0\end{matrix}\right|$

mit der Lösungsmenge $L = \left\{\left(-\frac{18}{5}\middle|\frac{34}{5}\middle|0\right)\right\}$.

Interpretiert man die drei Gleichungen des linearen Gleichungssystems als Koordinatengleichungen von drei Ebenen im Raum, so kann man erkennen, dass die Ebenen paarweise nicht parallel zueinander sind. Sie schneiden sich in einem gemeinsamen Punkt $S\left(-\frac{18}{5}\middle|\frac{34}{5}\middle|0\right)$.

b) Mithilfe des GAUSS-Algorithmus erhalten wir die Dreiecksgestalt $\left|\begin{matrix}x_1 + 3x_2 = 5\\ x_2 + x_3 = 3\\ 0 = 0\end{matrix}\right|$. Das lineare Gleichungssystem hat unendlich viele Lösungen.

Mit $x_2 = t$ erhalten wir: $x_1 = 5 - 3t$; $x_3 = 3 - t$.

Lösungsmenge $\{(5 - 3t|t|3 - t) \mid t \in \mathbb{R}\}$.

Interpretiert man die drei Gleichungen des linearen Gleichungssystems als Koordinatengleichungen von drei Ebenen im Raum, so kann man erkennen, dass die Ebenen paarweise nicht parallel zueinander sind. Sie schneiden sich aber in einer gemeinsamen Schnittgeraden, die die Parameterdarstellung

s: $\vec{x} = \begin{pmatrix}5\\0\\3\end{pmatrix} + t\cdot\begin{pmatrix}-3\\1\\-1\end{pmatrix}$ hat.

8. Es gilt: $\overrightarrow{AB} = \begin{pmatrix}2\\5\\1\end{pmatrix}$; $\overrightarrow{AC} = \begin{pmatrix}1\\-2\\c-5\end{pmatrix}$; $\overrightarrow{BC} = \begin{pmatrix}-1\\-7\\c-6\end{pmatrix}$

(1) Rechter Winkel bei A, falls $\overrightarrow{AB} * \overrightarrow{AC} = 0$, also falls $c = 13$

(2) Rechter Winkel bei B, falls $\overrightarrow{AB} * \overrightarrow{BC} = 0$, also falls $c = 43$

(3) Rechter Winkel bei C, falls $\overrightarrow{AC} * \overrightarrow{BC} = 0$, also falls $c^2 - 11c + 43 = 0$:

Diese Gleichung hat keine Lösung.

Somit ist das Dreieck ABC rechtwinklig für $c = 13$ oder für $c = 43$.

Teil B

9. **a)** $\vec{n} = \begin{pmatrix} 2 \\ 0 \\ -1 \end{pmatrix}$; P liegt nicht in E.

(1) Beispiel: $g: \vec{x} = \begin{pmatrix} 4 \\ 2 \\ -1 \end{pmatrix} + k \cdot \begin{pmatrix} 1 \\ 0 \\ 2 \end{pmatrix}$, da $\vec{n} * \vec{u} = \begin{pmatrix} 2 \\ 0 \\ -1 \end{pmatrix} * \begin{pmatrix} 1 \\ 0 \\ 2 \end{pmatrix} = 0$

(2) $h: \vec{x} = \begin{pmatrix} 4 \\ 2 \\ -1 \end{pmatrix} + r \cdot \begin{pmatrix} 2 \\ 0 \\ -1 \end{pmatrix}$

b) Diese Geraden liegen in einer Ebene, die parallel zu E ist und die den Punkt P enthält.

10. **a)** ▪ Untersuchung der Richtungsvektoren:

Die Richtungsvektoren $\begin{pmatrix} 1 \\ -1 \\ -1 \end{pmatrix}$ und $\begin{pmatrix} 1 \\ 0 \\ 2 \end{pmatrix}$ der beiden Geraden sind keine Vielfachen voneinander, somit sind g_1 und g_2 nicht parallel zueinander.

▪ Untersuchung, ob sich g_1 und g_2 schneiden:

Die Schnittbedingung $\begin{pmatrix} -1 \\ 7 \\ 5 \end{pmatrix} + r \cdot \begin{pmatrix} 1 \\ -1 \\ -1 \end{pmatrix} = \begin{pmatrix} 1 \\ 6 \\ -2 \end{pmatrix} + s \cdot \begin{pmatrix} 1 \\ 0 \\ 2 \end{pmatrix}$ führt auf das lineare Gleichungssystem $\left| \begin{matrix} r - s = 2 \\ -r = -1 \\ -r - 2s = -7 \end{matrix} \right|$, das keine Lösung hat.

Somit sind die beiden Geraden windschief zueinander.

▪ Untersuchung, ob P auf g_1 liegt:

$\begin{pmatrix} 6 \\ 4 \\ 4 \end{pmatrix} = \begin{pmatrix} -1 \\ 7 \\ 5 \end{pmatrix} + r \cdot \begin{pmatrix} 1 \\ -1 \\ -1 \end{pmatrix}$, also $\left| \begin{matrix} r = 7 \\ r = 3 \\ r = 1 \end{matrix} \right|$, somit liegt P nicht auf g_1 und legt zusammen mit g_1 eine Ebene fest.

▪ Koordinatengleichung von E:

$E: \vec{x} = \begin{pmatrix} -1 \\ 7 \\ 5 \end{pmatrix} + r \cdot \begin{pmatrix} 1 \\ -1 \\ -1 \end{pmatrix} + s \cdot \begin{pmatrix} 7 \\ -3 \\ -1 \end{pmatrix}$

Normalenvektor von E: $\begin{pmatrix} 1 \\ -1 \\ -1 \end{pmatrix} \times \begin{pmatrix} 7 \\ -3 \\ -1 \end{pmatrix} = \begin{pmatrix} -2 \\ -6 \\ 4 \end{pmatrix}$

Wir wählen als Normalenvektor $\vec{n} = \begin{pmatrix} 1 \\ 3 \\ -2 \end{pmatrix}$

$E: x_1 + 3x_2 - 2x_3 = d$

Da P in E liegt, gilt $6 + 3 \cdot 4 - 2 \cdot 4$, also $d = 10$

$E: x_1 + 3x_2 - 2x_3 = 10$

b) ▪ Bestimmen des Schnittpunktes von g_2 mit E:

$1 + r + 3 \cdot 6 - 2 \cdot (-2 + 2r) = 10$, also $r = \frac{13}{3}$

Schnittpunkt $S\left(\frac{16}{3} \middle| 6 \middle| \frac{20}{3}\right)$

▪ Parameterdarstellung von h:

Die Gerade durch P und S schneidet g_2 und auch g_1, da sie in E liegt und nicht parallel zu g_1 ist.

$h: \vec{x} = \begin{pmatrix} 6 \\ 4 \\ 4 \end{pmatrix} + k \cdot \begin{pmatrix} -\frac{2}{3} \\ 2 \\ \frac{8}{3} \end{pmatrix}$ bzw. $h: \vec{x} = \begin{pmatrix} 6 \\ 4 \\ 4 \end{pmatrix} + t \cdot \begin{pmatrix} -1 \\ 3 \\ 4 \end{pmatrix}$

11. **a)** $E: \vec{x} = \begin{pmatrix} 2 \\ 1 \\ 1 \end{pmatrix} + r \cdot \begin{pmatrix} -6 \\ 1 \\ 1 \end{pmatrix} + s \cdot \begin{pmatrix} 2 \\ -5 \\ 2 \end{pmatrix}$

$\begin{pmatrix} -6 \\ 1 \\ 1 \end{pmatrix} \times \begin{pmatrix} 2 \\ -5 \\ 2 \end{pmatrix} = \begin{pmatrix} 7 \\ 14 \\ 28 \end{pmatrix}$; wir wählen als Normalenvektor

$\vec{n} = \begin{pmatrix} 1 \\ 2 \\ 4 \end{pmatrix}$

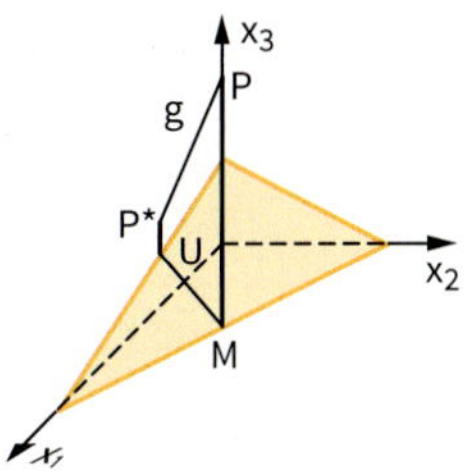

Koordinatengleichung von E: $x_1 + 2x_2 + 4x_3 = 8$

Spurpunkte von E: $S_1(8|0|0)$; $S_2(0|4|0)$; $S_3(0|0|2)$

b) Mittelpunkt Strecke $\overline{S_1S_2}$: $M(4|2|0)$; Stabspitze $P(4|2|6)$

Der Lichtstrahl durch P liegt auf der Geraden g:

$\vec{x} = \begin{pmatrix} 4 \\ 2 \\ 6 \end{pmatrix} + k \cdot \begin{pmatrix} -1 \\ -2 \\ -4 \end{pmatrix}$

Schnittpunkt von g mit der x_1x_3-Ebene: $x_2 = 2 - 2k = 0$, also $k = 1$

Schatten der Stabspitze $P^*(3|0|2)$

Der Schatten verläuft von P* bis zum Punkt U in der x_1x_3-Ebene parallel zur x_3-Achse.

Deshalb $U(3|0|k)$ mit $k > 0$.

U ist der Schnittpunkt dieser Parallelen mit der Geraden S_1S_3:

$x = \begin{pmatrix} 8 \\ 0 \\ 0 \end{pmatrix} + r \cdot \begin{pmatrix} -4 \\ 0 \\ 1 \end{pmatrix}$.

Wegen $x_1 = 8 - 4r = 3$ ist $r = \frac{5}{4}$ und $U\left(3 \middle| 0 \middle| \frac{5}{4}\right)$.

Der Schatten geht im Punkt $U\left(3 \middle| 0 \middle| \frac{5}{4}\right)$ von der x_1x_3-Ebene auf die Dreiecksfläche $S_1S_2S_3$ über.

c) Länge des Schattens:

$d = |\overrightarrow{P^*U}| + |\overrightarrow{UM}| = \left| \begin{pmatrix} 0 \\ 0 \\ -\frac{3}{4} \end{pmatrix} \right| + \left| \begin{pmatrix} 1 \\ 2 \\ -\frac{5}{4} \end{pmatrix} \right| = \frac{3}{4} + \sqrt{\frac{105}{16}} \approx 3{,}3$

Der Schatten ist ca. 3,3 LE lang.

12. **a)** ▪ Untersuchen, ob P auf g liegt:

$\begin{pmatrix} 1 \\ 3 \\ 5 \end{pmatrix} = \begin{pmatrix} -1 \\ 1 \\ 9 \end{pmatrix} + k \cdot \begin{pmatrix} -2 \\ 1 \\ 1 \end{pmatrix}$ also $\left| \begin{matrix} k = -1 \\ k = 2 \\ k = -4 \end{matrix} \right|$, somit liegt P nicht auf g und legt zusammen mit g eine Ebene fest.

▪ Koordinatengleichung von E:

$\vec{x} = \begin{pmatrix} -1 \\ 1 \\ 9 \end{pmatrix} + 3 \cdot \begin{pmatrix} -2 \\ 1 \\ 1 \end{pmatrix} + s \cdot \begin{pmatrix} 1 \\ 1 \\ -2 \end{pmatrix}$

$\begin{pmatrix} -2 \\ 1 \\ 1 \end{pmatrix} \times \begin{pmatrix} 1 \\ 1 \\ -2 \end{pmatrix} = \begin{pmatrix} -3 \\ -3 \\ -3 \end{pmatrix}$ wir wählen $n = \begin{pmatrix} 1 \\ 1 \\ 1 \end{pmatrix}$ als Normalenvektor

$E: x_1 + x_2 + x_3 = 9$

▪ Untersuchen, ob Q in E liegt:

$-3 + 7 + 7 = 11 \neq 9$, Q liegt nicht in E.

b) $R(-1 - 2k|1 + k|9 + k)$ liegt auf g.

$\overrightarrow{PQ} = \begin{pmatrix} -4 \\ 4 \\ 2 \end{pmatrix}$; $\overrightarrow{QR} = \begin{pmatrix} -2k + 2 \\ k - 6 \\ k + 2 \end{pmatrix}$

Die beiden Geraden sind orthogonal zueinander, falls $\overrightarrow{PQ} * \overrightarrow{QR} = 0$, also falls $14k - 28 = 0$, d. h. für $k = 2$.

$R(-5|3|11)$

c) Das Dreieck PQR ist ein rechtwinkliges Dreieck mit dem rechten Winkel bei Q.

$\overrightarrow{PQ} = \left| \begin{pmatrix} -4 \\ 4 \\ 2 \end{pmatrix} \right| = 6$; $QR = \left| \begin{pmatrix} -2 \\ -4 \\ 4 \end{pmatrix} \right| = 6$

Das Dreieck PQR ist auch gleichschenklig und kann somit zu einem Quadrat ergänzt werden.

Es gilt: $\overrightarrow{OS} = \overrightarrow{OP} + \overrightarrow{QR} = \begin{pmatrix} 1 \\ 3 \\ 5 \end{pmatrix} + \begin{pmatrix} -2 \\ -4 \\ 4 \end{pmatrix} = \begin{pmatrix} -1 \\ -1 \\ 9 \end{pmatrix}$

$S(-1|-1|9)$

d) $M(-2|3|8)$ Schnittpunkt der Diagonalen des Quadrats

$\overrightarrow{PQ} \times \overrightarrow{PR} = \begin{pmatrix} 24 \\ 12 \\ 24 \end{pmatrix}$, der Vektor $\vec{u} = \begin{pmatrix} 2 \\ 1 \\ 2 \end{pmatrix}$ ist ein Normalenvektor zur Ebene, in der die Grundfläche der Pyramide liegt.

Die Pyramidenspitze T liegt auf der Geraden durch M mit

$\vec{u} = \begin{pmatrix} 2 \\ 1 \\ 2 \end{pmatrix}$ als Richtungsvektor,

also $T = (-2 + 2t \,|\, 3 + t \,|\, 8 + 2t)$

Da T in der x_1x_2-Ebene liegt, gilt $x_3 = 8 + 2t = 0$, also $t = -4$

$T(-10 \,|\, -1 \,|\, 0)$

Pyramidenhöhe $h = |\overrightarrow{MT}| = \left|\begin{pmatrix} -8 \\ -4 \\ -8 \end{pmatrix}\right| = 12$

Volumen der Pyramide $V = \frac{1}{3} \cdot 6^2 \cdot 12 = 144$

13. a) ▪ Wir bestimmen die Schnittgerade zweier Ebenen, z. B. E_0 und E_1.

E_0: $6x_3 = 30$; E_1: $x_1 + 7x_3 = 41$

$x_3 = 5$ und $x_1 = 41 - 7x_3 = 41 - 35 = 6$

Da beide Ebenen parallel zur x_2-Achse sind, ist auch ihre Schnittgerade parallel zur x_2-Achse.

Somit ist s: $\vec{x} = \begin{pmatrix} 6 \\ 0 \\ 5 \end{pmatrix} + t \cdot \begin{pmatrix} 0 \\ 1 \\ 0 \end{pmatrix}$ eine Parameterdarstellung der Schnittgeraden von E_0 und E_1.

▪ Zu zeigen ist, dass s in allen Ebenen E_a liegt.

$a \cdot 6 + (a + 6) \cdot 5 - (11a + 30) = 6a + 5a + 30 - 11a - 30 = 0$

Somit liegt die Gerade s in jeder der Ebenen E_a.

Alle Ebenen der Schar schneiden sich in s: $\vec{x} = \begin{pmatrix} 6 \\ 0 \\ 5 \end{pmatrix} + t \cdot \begin{pmatrix} 0 \\ 1 \\ 0 \end{pmatrix}$.

b) $a_0 \cdot 4 + (a_0 + 6) \cdot (-5) - (11a_0 + 30) = 0$,

also $4a_0 - 5a_0 - 30 - 11a_0 = 0$

$a_0 = -5$

Die Gerade g liegt in der Ebene E_{-5}.

Wegen $\begin{pmatrix} 0 \\ 1 \\ 0 \end{pmatrix} * \begin{pmatrix} a \\ 0 \\ a+6 \end{pmatrix} = 0$ ist g parallel zu jeder Ebene E_a.

Der Punkt $P(4 \,|\, 7 \,|\, -5)$ liegt nur in E_{-5}, da

$a \cdot 4 + (a + 6) \cdot (-5) - (11a + 30) \neq 0$ für $a \neq -5$.

Die Gerade g ist zu allen Ebenen E_a der Schar mit $a \neq -5$ echt parallel.

Lösungen zu Kapitel 4 (Seiten 141 und 142)

Teil A

1. a) $\vec{n} * \vec{u} = \begin{pmatrix} 2 \\ -4 \\ -5 \end{pmatrix} * \begin{pmatrix} 1 \\ -2 \\ 2 \end{pmatrix} = 2 + 8 - 10 = 0$,

also ist g parallel zu E.

$2 \cdot 3 - 4 \cdot 1 - 5 \cdot (-4) = 22 \neq 10$

P und damit auch g liegen nicht in E.

b) $\text{Abst}(P; E) = \frac{|2 \cdot 3 - 4 \cdot 1 - 5 \cdot (-4) - 10|}{\sqrt{4 + 16 + 25}} = \frac{12}{\sqrt{45}}$

2. a) E verläuft parallel zur x_3-Achse.

b) Gerade g durch P, senkrecht zu E: $\vec{x} = \begin{pmatrix} 2 \\ 12 \\ 2 \end{pmatrix} + k \cdot \begin{pmatrix} 1 \\ 1 \\ 0 \end{pmatrix}$

Schnitt von g und E: $2 + k + 12 + k - 4 = 0$, also $k = -5$

Schnittpunkt $S(-3 \,|\, 7 \,|\, 2)$

Bildpunkt P′ von P: $\overrightarrow{OP'} = \overrightarrow{OS} + \overrightarrow{PS} = \begin{pmatrix} -8 \\ 2 \\ 2 \end{pmatrix}$, also $P'(-8 \,|\, 2 \,|\, 2)$

3. a) Parameterdarstellung von E: $\vec{x} = \begin{pmatrix} 7 \\ 2 \\ -2 \end{pmatrix} + k \cdot \begin{pmatrix} -2 \\ 2 \\ 1 \end{pmatrix} + m \cdot \begin{pmatrix} -5 \\ 2 \\ 4 \end{pmatrix}$

Für einen Normalenvektor $\vec{n}$ von E gilt:

(1) $\vec{n} * \begin{pmatrix} -2 \\ 2 \\ 1 \end{pmatrix} = 0$ (2) $\vec{n} * \begin{pmatrix} -5 \\ 2 \\ 4 \end{pmatrix} = 0$

Wir erhalten z.B. $\vec{n} = \begin{pmatrix} 2 \\ 1 \\ 2 \end{pmatrix}$.

E: $\begin{pmatrix} 2 \\ 1 \\ 2 \end{pmatrix} * \left(\vec{x} - \begin{pmatrix} 7 \\ 2 \\ -2 \end{pmatrix}\right) = 0$, also E: $2x_1 + x_2 + 2x_3 = 12$

b) Für den Schnittpunkt $L(7 - 2k \,|\, 2 + 2k \,|\, -2 + k)$ einer senkrechten Gerade von P auf g gilt:

$\overrightarrow{PL} * \begin{pmatrix} -2 \\ 2 \\ 1 \end{pmatrix} = 0$, also $\begin{pmatrix} 5 - 2k \\ 2k - 2 \\ k - 4 \end{pmatrix} * \begin{pmatrix} -2 \\ 2 \\ 1 \end{pmatrix} = 0$

Somit ist $k = 2$ und $L(3 \,|\, 6 \,|\, 0)$.

$\text{Abst}(P; g) = |\overrightarrow{PL}| = \left|\begin{pmatrix} 1 \\ 2 \\ -2 \end{pmatrix}\right| = 3$

4. a) Spurpunkte von E:

$S_2(0 \,|\, 4 \,|\, 0)$; $S_3(0 \,|\, 0 \,|\, 3)$;

E ist parallel zur x_1-Achse

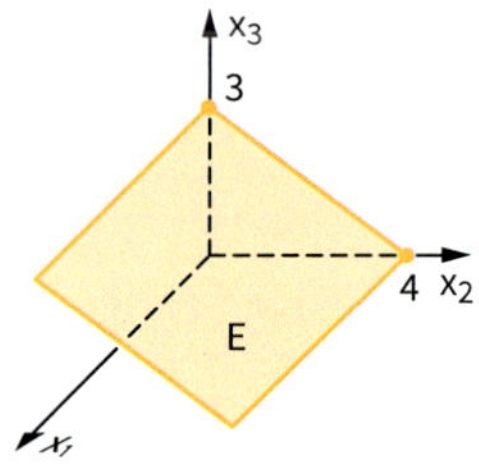

b) $P(0 \,|\, y \,|\, 0)$ ist ein Punkt der x_2-Achse

Abstand von P zu E:

$\text{Abst}(P; E) = \frac{|3y - 12|}{5}$

Bedingung: $\text{Abst}(P; E) = 6$. Die

Gleichung $\frac{|3y - 12|}{5} = 6$ hat die Lösungen $y_1 = -6$; $y_2 = 14$.

Die gesuchten Punkte sind $P_1(0 \,|\, -6 \,|\, 0)$ und $P_2(0 \,|\, 14 \,|\, 0)$.

5. a) Spurpunkte von E_1:

$S_1(8 \,|\, 0 \,|\, 0)$; $S_2(0 \,|\, 4 \,|\, 0)$;

E_1 ist parallel zur x_3-Achse.

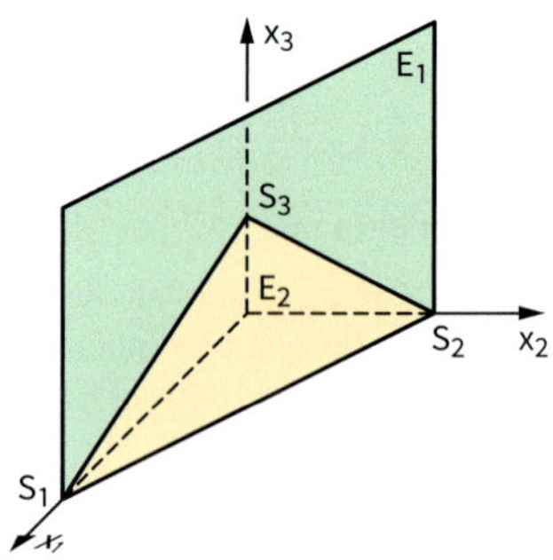

Spurpunkte von E_2:

$S_1(8 \,|\, 0 \,|\, 0)$; $S_2(0 \,|\, 4 \,|\, 0)$;

$S_3(0 \,|\, 0 \,|\, 2)$

Die beiden Ebenen E_1 und E_2 haben die Spurpunkte S_1 und S_2 gemeinsam.

Folglich ist die Gerade durch S_1 und S_2 die Schnittgerade der beiden Ebenen.

s: $\vec{x} = \begin{pmatrix} 8 \\ 0 \\ 0 \end{pmatrix} + k \cdot \begin{pmatrix} -2 \\ 1 \\ 0 \end{pmatrix}$

b) Wir betrachten die Pyramide mit dem rechtwinkligen Dreieck S_1S_2O als Grundfläche und dem Punkt S_3 als Spitze.

$V = \frac{1}{3} \cdot \left(\frac{1}{2} \cdot 8 \cdot 4\right) \cdot 2 = \frac{32}{3}$

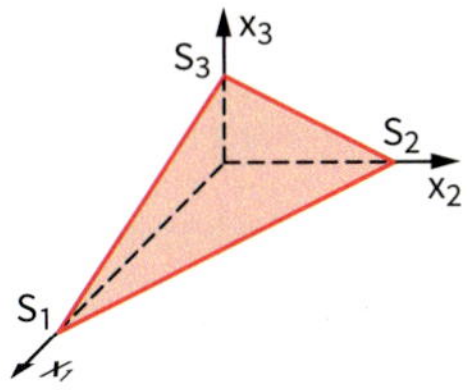

c) E_3 hat die Spurpunkte $S_2(0|4|0)$; $S_3(0|0|2)$, aber keinen Spurpunkt mit der x_1-Achse.

Achsenabschnittsform von E_3: $\frac{x_2}{4} + \frac{x_3}{2} = 1$ bzw. $x_2 + 2x_3 = 4$

6. a) $\text{Abst}(P; E) = \frac{|3 \cdot 15 + 4 \cdot (-3) - 18|}{5} = 3$

b) Gerade durch S und P: $x = \begin{pmatrix} -1 \\ 2 \\ 3 \end{pmatrix} + k \cdot \begin{pmatrix} 5 \\ 13 \\ -6 \end{pmatrix}$, also

$Q(-1 + 5k \,|\, 2 + 13k \,|\, 3 - 6k)$

Abstand von Q zu E:

$\text{Abst}(Q; E) = \frac{|3 \cdot (2 + 13k) + 4 \cdot (3 - 6k) - 18|}{5} = \frac{|15k|}{5} = |3k|$

$|3k| = 3$, also $k_1 = -1$; $k_2 = 1$

$Q_1(-6|-11|9)$; $Q_2(4|15|-3) = P$

Der gesuchte Punkt ist $Q(-6|-11|9)$.

7. a) ▪ Koordinatengleichung von E_2:

$\vec{n} = \begin{pmatrix} 3 \\ 1 \\ 0 \end{pmatrix} \times \begin{pmatrix} 3 \\ 0 \\ 2 \end{pmatrix} = \begin{pmatrix} 2 \\ -6 \\ -3 \end{pmatrix}$

E_2: $2x_1 - 6x_2 - 3x_3 = d$, also $d = 2 \cdot (-2) - 6 \cdot 3 - 3 \cdot 2 = -28$

E_2: $2x_1 - 6x_2 - 3x_3 = -28$

Abstand von P zu E_2: $\text{Abst}(P; E_2) = \frac{|2 \cdot (-1) - 6 \cdot 9 - 3 \cdot 7 - 28|}{7} = 15$

▪ Lotgerade g zu E_2 durch P: $\vec{x} = \begin{pmatrix} -1 \\ 9 \\ 7 \end{pmatrix} + k \cdot \begin{pmatrix} 2 \\ -6 \\ -3 \end{pmatrix}$

▪ Schnittpunkt F von g und E_2:

$2 \cdot (-1 + 2k) - 6 \cdot (9 - 6k) - 3 \cdot (7 - 3k)$, also $k = 1$

$F(1|3|4)$

▪ Koordinaten des Bildpunktes:

$\overrightarrow{OP^*} = \overrightarrow{OF} + \overrightarrow{PF} = \begin{pmatrix} 1 \\ 3 \\ 4 \end{pmatrix} + \begin{pmatrix} 2 \\ -6 \\ -3 \end{pmatrix} = \begin{pmatrix} 3 \\ -3 \\ 1 \end{pmatrix}$

$P^*(3|-3|1)$

b) E_1: $x = \begin{pmatrix} -1 \\ 0 \\ 7 \end{pmatrix} + r \cdot \begin{pmatrix} 23 \\ 6 \\ 0 \end{pmatrix} + s \cdot \begin{pmatrix} 7 \\ 0 \\ 3 \end{pmatrix}$

Koordinatengleichung von E_1: $6x_1 - 23x_2 - 14x_3 = -104$

Setze $x_2 = t$

Das lineare Gleichungssystem $\left| \begin{array}{l} 2x_1 - 3x_3 = -28 + 6t \\ 6x_1 - 14x_3 = -104 + 23t \end{array} \right|$ hat die Lösung $x_1 = -8 + \frac{3}{2}t$; $x_3 = 4 - t$

Gleichung der Schnittgeraden:

$x = \begin{pmatrix} -8 \\ 0 \\ 4 \end{pmatrix} + t \cdot \begin{pmatrix} \frac{3}{2} \\ 1 \\ -1 \end{pmatrix}$ bzw. $\begin{pmatrix} -8 \\ 0 \\ 4 \end{pmatrix} + s \cdot \begin{pmatrix} 3 \\ 2 \\ -2 \end{pmatrix}$

Teil B

8. a) Länge einer Grundseite: $a = |\overrightarrow{AB}| = \left| \begin{pmatrix} -4 \\ 4 \\ 0 \end{pmatrix} \right| = \sqrt{32}$

Höhe der Pyramide: $h = |\overrightarrow{OS}| = 8$

Volumen: $V = \frac{1}{3} \cdot a^2 \cdot h = \frac{256}{3}$

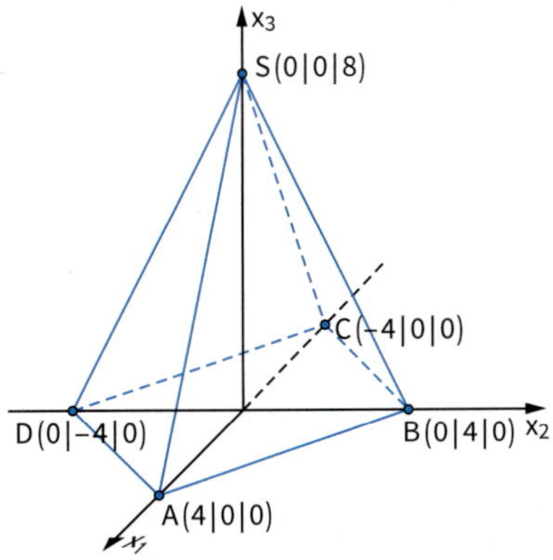

b) Aufgrund der Symmetrieeigenschaften der Pyramide liegt der gesuchte Punkt P auf der x_3-Achse, also $P(0|0|a)$ mit $0 < a < 8$.

Er hat deshalb von allen Seitenflächen den gleichen Abstand.

(1) Abstand des Punktes P von der Ebene, in der die Punkte A, B und S liegen:

Diese drei Punkte sind die Spurpunkte von E, also gilt:

$\frac{x_1}{4} + \frac{x_2}{4} + \frac{x_3}{8} = 1$ bzw. $2x_1 + 2x_2 + x_3 = 8$.

Abstand von P zu E: $\text{Abst}(P; E) = \frac{|a - 8|}{3}$

(2) Abstand des Punktes P von der Ebene E_2, in der die Grundfläche liegt (also der x_1x_2-Ebene): $\text{Abst}(P; E_2) = a$

(3) Gleicher Abstand des Punktes P von allen Flächen der Pyramide, falls $\frac{|a - 8|}{3} = a$

Für $0 < a < 8$ gilt $-(a - 8) = 3a$, also $a = 2$.

Der gesuchte Punkt ist $P(0|0|2)$.

c) $\begin{pmatrix} 2 \\ 1 \\ 0 \end{pmatrix} * \begin{pmatrix} 0 \\ 0 \\ 1 \end{pmatrix} = 0$, somit ist s parallel zur x_1x_2-Ebene und hat den Abstand 8 von ihr.

Alle Pyramiden $ABCDS_t$ haben die gleiche Grundfläche und jeweils die Höhe $h = 8$. Sie haben deshalb alle das gleiche Volumen $V = \frac{1}{3} \cdot a^2 \cdot h = \frac{256}{3}$.

9. Erstes Flugzeug:

Pro Minute bewegt sich das Flugzeug um den Vektor $\begin{pmatrix} 8 \\ 9 \\ 0 \end{pmatrix}$.

Flugroute: g: $\vec{x} = \begin{pmatrix} 3 \\ -2 \\ 8 \end{pmatrix} + r \cdot \begin{pmatrix} 8 \\ 9 \\ 0 \end{pmatrix}$; r in Minuten ab 12:37 Uhr

Geschwindigkeit:

$v_1 = \left| \begin{pmatrix} 8 \\ 9 \\ 0 \end{pmatrix} \right| \frac{\text{km}}{\text{min}} = \sqrt{145}\,\frac{\text{km}}{\text{min}} \approx 12{,}04\,\frac{\text{km}}{\text{min}} \approx 722{,}5\,\frac{\text{km}}{\text{h}}$

Zweites Flugzeug:

Pro Minute bewegt sich das Flugzeug um den Vektor $\begin{pmatrix} 7 \\ 6 \\ 0{,}5 \end{pmatrix}$.

Flugroute: h: $\vec{x} = \begin{pmatrix} -1 \\ 2 \\ 5 \end{pmatrix} + s \cdot \begin{pmatrix} 7 \\ 6 \\ 0{,}5 \end{pmatrix}$; s in Minuten ab 12:37 Uhr

Geschwindigkeit:

$v_2 = \left| \begin{pmatrix} 7 \\ 6 \\ 0{,}5 \end{pmatrix} \right| \frac{\text{km}}{\text{min}} = \sqrt{\frac{341}{4}}\,\frac{\text{km}}{\text{min}} \approx 9{,}23\,\frac{\text{km}}{\text{min}} \approx 544{,}0\,\frac{\text{km}}{\text{h}}$

$x_3 = 5 + 0{,}5s = 8$, also $s = 6$

Das zweite Flugzeug erreicht 6 Minuten nach Beobachtungsbeginn, also um 12:43 Uhr, die Höhe des ersten Flugzeugs.

b) Die beiden Richtungsvektoren $\begin{pmatrix} 8 \\ 9 \\ 0 \end{pmatrix}$ und $\begin{pmatrix} 7 \\ 6 \\ 0{,}5 \end{pmatrix}$ sind keine Vielfachen voneinander, somit sind die beiden Flugrouten nicht zueinander parallel.

Untersuchung auf einen Schnittpunkt:

Das lineare Gleichungssystem $\begin{vmatrix} 3+8r = -1+7s \\ -2+9r = 2+6s \\ 8 = 5+0{,}5s \end{vmatrix}$ hat keine Lösung. Die beiden Flugrouten sind somit windschief zueinander.

Minimaler Abstand:

$G(3+8r\,|\,-2+9r\,|\,8)$ und $H(-1+7s\,|\,2+6s\,|\,5+0{,}5s)$ sind zwei Punkte auf g bzw. h.

Es gilt:

(1) $\overrightarrow{GH} * \begin{pmatrix} 8 \\ 9 \\ 0 \end{pmatrix} = 0$ (2) $\overrightarrow{GH} * \begin{pmatrix} 7 \\ 6 \\ 0{,}5 \end{pmatrix} = 0$ mit $\overrightarrow{GH} = \begin{pmatrix} -8r+7s-4 \\ -9r+6s+4 \\ 0{,}5s-3 \end{pmatrix}$

Also: $\begin{vmatrix} -145r + 110s = -4 \\ -110r + 85{,}25s = 5{,}5 \end{vmatrix}$

mit der Lösung $r = \frac{344}{95} \approx 3{,}6$; $s = \frac{90}{19} \approx 4{,}7$

$|\overrightarrow{GH}| = \left|\begin{pmatrix} \frac{18}{95} \\ -\frac{16}{95} \\ -\frac{12}{19} \end{pmatrix}\right| \approx \left|\begin{pmatrix} 0{,}19 \\ -0{,}17 \\ -0{,}63 \end{pmatrix}\right|$; $|\overrightarrow{GH}| \approx 0{,}681$

Der minimale Abstand der beiden Flugrouten beträgt ca. 681 m.

c) Zum Zeitpunkt t (t in min ab 12:37 Uhr) befindet sich das erste Flugzeug im Punkt $G(3+8t\,|\,-2+9t\,|\,8)$, das zweite Flugzeug im Punkt $H(-1+7t\,|\,2+6t\,|\,5+0{,}5t)$.

Ihr Abstand beträgt $|\overrightarrow{GH}| = \left|\begin{pmatrix} -t-4 \\ 4-3t \\ \frac{t}{2}-3 \end{pmatrix}\right| = \sqrt{\frac{164t^2 - 304t + 656}{4}}$

Der Abstand wird minimal, wenn die Funktion d mit $d(t) = 164t^2 - 304t + 656$ ein Minimum annimmt.

Dies ist der Fall für $t = \frac{38}{41} \approx 0{,}9$:

Für $t = \frac{38}{41} \approx 0{,}9$ gilt: $|\overrightarrow{GH}| \approx 5{,}7$

Der minimale Abstand wird etwa um 12:38 Uhr erreicht, er beträgt dann ca. 5,7 km.

10. $E: \vec{x} = \begin{pmatrix} 4 \\ 2 \\ 0 \end{pmatrix} + r \cdot \begin{pmatrix} 2 \\ 4 \\ 0 \end{pmatrix} + s \cdot \begin{pmatrix} -4 \\ 2 \\ 2 \end{pmatrix}$

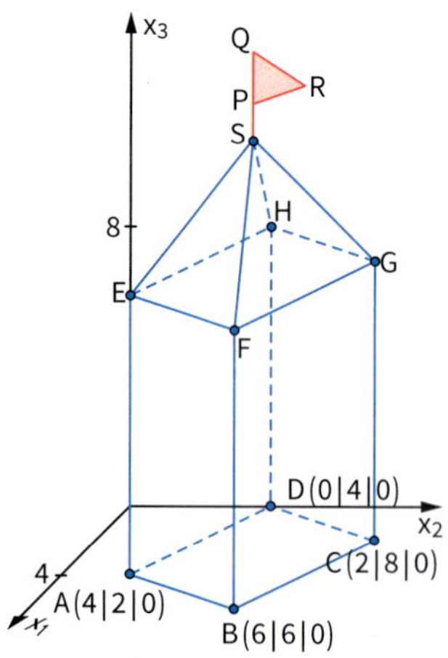

Für einen Normalenvektor von E_1 gilt:

$\overrightarrow{n_1} * \begin{pmatrix} 1 \\ 2 \\ 0 \end{pmatrix} = 0$ und

$\overrightarrow{n_1} * \begin{pmatrix} -2 \\ 1 \\ 1 \end{pmatrix} = 0$

Wir erhalten z. B.

$\overrightarrow{n_1} = \begin{pmatrix} 2 \\ -1 \\ 5 \end{pmatrix}$

Normalenvektor der x_1x_2-Ebene: $\overrightarrow{n_2} = \begin{pmatrix} 0 \\ 0 \\ 1 \end{pmatrix}$

Neigungswinkel der Ebene E_1:

$\cos(\alpha) = \frac{|\overrightarrow{n_1} * \overrightarrow{n_2}|}{|\overrightarrow{n_1}| \cdot |\overrightarrow{n_2}|} = \frac{5}{\sqrt{50}}$, also $\alpha = 45°$

b) $H(6\,|\,10\,|\,1{,}8)$ Punkt, in dem die Augen des Beobachters liegen.

Gerade g durch H und Q: $\vec{x} = \begin{pmatrix} 6 \\ 10 \\ 1{,}8 \end{pmatrix} + k \cdot \begin{pmatrix} -15 \\ -25 \\ 66 \end{pmatrix}$

Der Beobachter steht vor der Seitenfläche BCGF, die in der Ebene E_2 liegt.

$E_2: \vec{x} = \begin{pmatrix} 6 \\ 6 \\ 0 \end{pmatrix} + r \cdot \begin{pmatrix} -4 \\ 2 \\ 0 \end{pmatrix} + s \cdot \begin{pmatrix} 0 \\ 0 \\ 1 \end{pmatrix}$ bzw. $x_1 + 2x_2 = 18$

Schnittpunkt von g und E_2: $6 - 15k + 20 - 50k = 18$, also $k = \frac{8}{65}$

Somit würde die Gerade g die Ebene E_2 im Punkt mit den Koordinaten $(4{,}15\,|\,6{,}92\,|\,9{,}92)$ schneiden, der oberhalb der Kante $\overline{FG}$ liegt.

Der Beobachter kann den Punkt Q sehen.

c) $M(3\,|\,5\,|\,14)$ ist der Mittelpunkt der Strecke $\overline{PQ}$.

$|\overrightarrow{MR}| = \left|\begin{pmatrix} 1 \\ 2 \\ 0 \end{pmatrix}\right| = \sqrt{5}$

R′ liegt auf der Geraden $h: \vec{x} = \begin{pmatrix} 3 \\ 5 \\ 14 \end{pmatrix} + k \cdot \begin{pmatrix} -1 \\ -2 \\ 0 \end{pmatrix}$ mit $k > 0$.

Es gilt: $|\overrightarrow{MR'}| = \sqrt{5}$, also $\left|k \cdot \begin{pmatrix} -1 \\ -2 \\ 0 \end{pmatrix}\right| = |k| \cdot \sqrt{5} = \sqrt{5}$.

Somit ist $k = 1$ und $R'(2\,|\,3\,|\,14)$.

11. Koordinaten der Eckpunkte des Prismas:

$A(0\,|\,6\,|\,0)$, $B(0\,|\,0\,|\,9)$, $C(12\,|\,6\,|\,0)$, $D(12\,|\,0\,|\,9)$, $E(12\,|\,0\,|\,0)$

a) Die Fläche ECAO liegt in der x_1x_2-Ebene, somit ist $\overrightarrow{n_1} = \left|\begin{pmatrix} 0 \\ 0 \\ 1 \end{pmatrix}\right|$.

$E_{CABD}: \vec{x} = \begin{pmatrix} 12 \\ 6 \\ 0 \end{pmatrix} + r \cdot \begin{pmatrix} 1 \\ 0 \\ 0 \end{pmatrix} + s \cdot \begin{pmatrix} 0 \\ -2 \\ 3 \end{pmatrix}$; $\overrightarrow{n_2} = \begin{pmatrix} 0 \\ 3 \\ 2 \end{pmatrix}$

$E_{CABD}: 3x_2 + 2x_3 = 18$

Winkel zwischen den beiden Seitenflächen:

$\cos(\alpha) = \frac{|\overrightarrow{n_1} * \overrightarrow{n_2}|}{|\overrightarrow{n_1}| \cdot |\overrightarrow{n_2}|} = \frac{2}{\sqrt{13}}$, also $\alpha \approx 56{,}3°$

Abstand der Kante EO von der Ebene E_{CABD}:

$d = \frac{|-18|}{\sqrt{13}} = \frac{18}{\sqrt{13}} \approx 5{,}0$

b) Schwerpunkt S der Fläche ECD:

$\overrightarrow{OS} = \frac{1}{3} \cdot (\overrightarrow{OE} + \overrightarrow{OC} + \overrightarrow{OD}) = \begin{pmatrix} 12 \\ 2 \\ 3 \end{pmatrix}$, also $S(12\,|\,2\,|\,3)$

Abstand des Punktes S zu den Seitenflächen:

(1) Abstand zur Seitenfläche EOBD $d_1 = 2\,\text{cm}$

(2) Abstand von der Seitenfläche ECAO $d_2 = 3\,\text{cm}$

(3) Abstand von der Seitenfläche CABD

$d_3 = \frac{|6+6-18|}{\sqrt{13}} = \frac{6}{\sqrt{13}} \approx 1{,}7\,(\text{cm})$

Der Durchmesser des Bohrers darf maximal 0,7 cm betragen.

c) Das Bohrloch hat die Form eines Zylinders mit dem Durchmesser 0,7 cm, also dem Radius $r = 0{,}35$, und der Höhe $h = 12\,\text{cm}$.

$V_{Bohrloch} = \pi \cdot r^2 \cdot h \approx 4{,}6\,\text{cm}^3$

$V_{Prisma} = \frac{1}{2} \cdot 6 \cdot 9 \cdot 12\,\text{cm}^3 = 324\,\text{cm}^3$

prozentualer Abfall: $\frac{4{,}6\,\text{cm}^3}{324\,\text{cm}^3} \approx 0{,}014$

Bei der Bohrung entsteht ca. 1,4 % Abfall.

Lösungen zu Kapitel 5 (Seiten 182 und 183)

1. **a)** $\begin{pmatrix} 7 & -18 \\ 6 & 11 \end{pmatrix}$ **b)** $\begin{pmatrix} 3{,}5 & 5 & 6{,}5 \\ 5 & 4 & 7 \end{pmatrix}$ **c)** $\begin{pmatrix} 10 & 3{,}6 & 4{,}6 \\ 35 & 12 & 17 \\ 0 & 1 & -1{,}5 \end{pmatrix}$ **d)** $\begin{pmatrix} 3 & -6 \\ -3 & 6 \end{pmatrix}$

2. Falls es eine inverse Matrix $\mathbf{A}^{-1} = \begin{pmatrix} a & c \\ b & d \end{pmatrix}$ gibt, so gilt:
$\mathbf{A} \cdot \mathbf{A}^{-1} = \begin{pmatrix} 1 & 0 \\ 0 & 1 \end{pmatrix}$
Dann müsste das lineare Gleichungssystem $\left| \begin{array}{l} 3a + \quad b = 1 \\ -1{,}5a - 0{,}5b = 1 \end{array} \right|$ auch eine Lösung besitzen.
Die Lösungsmenge dieses Gleichungssystems ist allerdings die leere Menge, d. h. dieses Gleichungssystem besitzt keine Lösung. Somit kann es auch keine Matrix geben, die zur Matrix **A** invers ist.

3.

$$\begin{array}{c|ccc} & A_1 & A_2 & A_3 \\ \hline A_1 & 0{,}1 & 0{,}3 & 0{,}7 \\ A_2 & 0{,}5 & 0{,}5 & 0{,}1 \\ A_3 & 0{,}4 & 0{,}2 & 0{,}2 \end{array} \qquad \begin{array}{c|cccc} & A_1 & A_2 & A_3 & A_4 \\ \hline A_1 & 0 & 0{,}8 & 0{,}2 & 0{,}9 \\ A_2 & 0{,}5 & 0 & 0{,}1 & 0 \\ A_3 & 0{,}1 & 0{,}2 & 0 & 0{,}1 \\ A_4 & 0{,}4 & 0 & 0{,}7 & 0 \end{array}$$

4. **a)** Die Wahrscheinlichkeit 0,5 gibt an, dass der Übergang von Zustand A_3 nach Zustand A_1 mit dieser Wahrscheinlichkeit erfolgt.

b) $\mathbf{M} = \begin{pmatrix} 0{,}1 & 0{,}4 & 0{,}5 \\ 0{,}3 & 0{,}2 & 0{,}3 \\ 0{,}6 & 0{,}4 & 0{,}2 \end{pmatrix}$

c)

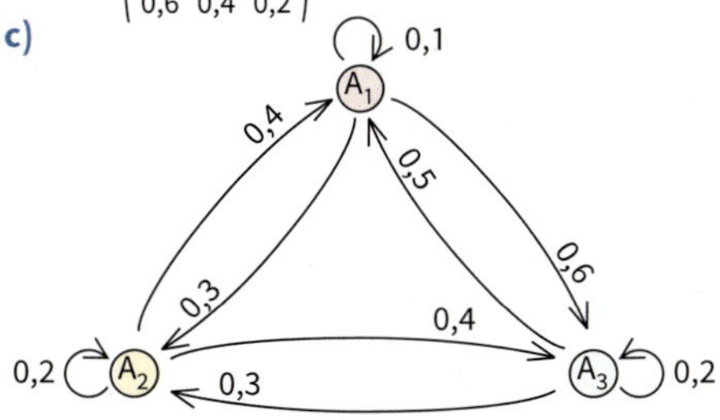

5. **a)** $A(2|0|-3)$, $B(4|-3|4)$ und $C(1|-2|2)$;
$A'(2|0|-3)$, $B'(4|3|4)$ und $C'(1|2|2)$
$\mathbf{T} = \begin{pmatrix} 1 & 0 & 0 \\ 0 & -1 & 0 \\ 0 & 0 & 1 \end{pmatrix}$

b) $A(2|0|-3)$, $B(4|-3|4)$ und $C(1|-2|2)$;
$A'(10|0|-15)$, $B'(20|-15|20)$ und $C'(5|-10|10)$
$\mathbf{T} = \begin{pmatrix} 5 & 0 & 0 \\ 0 & 5 & 0 \\ 0 & 0 & 5 \end{pmatrix}$

c) $A(2|0|-3)$, $B(4|-3|4)$ und $C(1|-2|2)$;
$A'(6|0|9)$, $B'(12|-9|-12)$ und $C'(3|-6|-6)$
$\mathbf{T} = \begin{pmatrix} 3 & 0 & 0 \\ 0 & 3 & 0 \\ 0 & 0 & -3 \end{pmatrix}$

6. **a)** $\begin{array}{c|ccc} & A & B & E \\ \hline A & 0{,}88 & 0{,}05 & 0{,}05 \\ B & 0{,}07 & 0{,}92 & 0{,}02 \\ E & 0{,}05 & 0{,}03 & 0{,}93 \end{array} = \mathbf{M}$

b) Anfangsvektor: $\vec{a} = \begin{pmatrix} 3900 \\ 2700 \\ 1600 \end{pmatrix}$;

1 Monat später: $\mathbf{M} \cdot \vec{a} = \begin{pmatrix} 3647 \\ 2789 \\ 1764 \end{pmatrix}$

2 Monate später: $\mathbf{M}^2 \cdot \vec{a} \approx \begin{pmatrix} 3437 \\ 2856 \\ 1907 \end{pmatrix}$;

3 Monate später: $\mathbf{M}^3 \cdot \vec{a} \approx \begin{pmatrix} 3263 \\ 2906 \\ 2031 \end{pmatrix}$

Verteilung des Vormonats:
$\mathbf{M} \cdot \vec{x} = \vec{a}$ führt auf das lineare Gleichungssystem
$$\left| \begin{array}{l} 0{,}88x_1 + 0{,}05x_2 + 0{,}05x_3 = 3900 \\ 0{,}07x_1 + 0{,}92x_2 + 0{,}02x_3 = 2700 \\ 0{,}05x_1 + 0{,}03x_2 + 0{,}93x_3 = 1600 \end{array} \right|$$
Lösung: $\vec{x} \approx \begin{pmatrix} 4205 \\ 2584 \\ 1411 \end{pmatrix}$

c) Gesucht wird $\vec{a}$ mit $\mathbf{M} \cdot \vec{a} = \vec{a}$. Dies führt auf ein lineares Gleichungssystem mit unendlich vielen Lösungen. Wählt man aber z. B. $a_1 + a_2 + a_3 = 8200$, wie bei den Verteilungen zuvor, so erhält man $\vec{a} \approx \begin{pmatrix} 2412 \\ 2846 \\ 2942 \end{pmatrix}$.

7. **a)** Die Abbildungsmatrix ist $\mathbf{P} = \begin{pmatrix} 1 & 0 & 0 \\ 0 & 1 & -1 \\ 0 & 0 & 0 \end{pmatrix}$. Da die Punkte A, B, C und D bereits in der x_1x_2-Ebene liegen, werden sie auf sich abgebildet. Mithilfe der Abbildungsgleichung $\vec{x'} = \mathbf{P} \cdot \vec{x}$ erhält man: $E'(0|-3|0)$, $F'(6|-3|0)$, $G'(6|5|0)$, $H'(0|5|0)$, $P'(3|-6|0)$, $Q'(3|2|0)$, $R'(4|-5|0)$, $S'(4|-10|0)$.

b) Hier ist die Abbildungsmatrix $\mathbf{P} = \begin{pmatrix} 1 & 0 & \frac{3}{4} \\ 0 & 1 & \frac{3}{4} \\ 0 & 0 & 0 \end{pmatrix}$ und somit das Bild des Schattens vom Antennenstab in der x_1x_2-Ebene:

$R' = PR = \begin{pmatrix} 7\frac{3}{4} \\ 3\frac{3}{4} \\ 0 \end{pmatrix}$; $S' = PS = \begin{pmatrix} 11\frac{1}{2} \\ 7\frac{1}{2} \\ 0 \end{pmatrix}$

Um das Bild auf dem Dach zu bestimmen, müssen wir nur den Schnittpunkt S″ der Geraden SS′ mit der Dachebene FGQP berechnen. Der Punkt R liegt brereits in der Dachebene.
Die Geradengleichung für SS′ ist

$SS' = \overrightarrow{OS} + t \cdot \vec{v_2} = \begin{pmatrix} 4 \\ 0 \\ 10 \end{pmatrix} + t \cdot \begin{pmatrix} 3 \\ 3 \\ -4 \end{pmatrix}$.

Die Ebenengleichung für FGQP ist

$FGQP = \overrightarrow{OP} + s \cdot \overrightarrow{PF} + r \cdot \overrightarrow{PQ} = \begin{pmatrix} 3 \\ 0 \\ 6 \end{pmatrix} + s \cdot \begin{pmatrix} 3 \\ 0 \\ -3 \end{pmatrix} + r \cdot \begin{pmatrix} 0 \\ 8 \\ 0 \end{pmatrix}$.

Schnittpunkt: $\begin{pmatrix} 4 \\ 0 \\ 10 \end{pmatrix} + t \cdot \begin{pmatrix} 3 \\ 3 \\ -4 \end{pmatrix} = \begin{pmatrix} 3 \\ 0 \\ 6 \end{pmatrix} + s \cdot \begin{pmatrix} 3 \\ 0 \\ -3 \end{pmatrix} + r \cdot \begin{pmatrix} 0 \\ 8 \\ 0 \end{pmatrix}$

$\Rightarrow t = 5;\ s = 5\frac{1}{3};\ r = 1\frac{7}{8} \Rightarrow S'' = \begin{pmatrix} 4 \\ 0 \\ 10 \end{pmatrix} + 5 \cdot \begin{pmatrix} 3 \\ 3 \\ -4 \end{pmatrix} = \begin{pmatrix} 19 \\ 15 \\ -10 \end{pmatrix}$.

Der Schatten auf dem Dach ist also der Geradenabschnitt zwischen $R = (4|0|5)$ und $S = (19|15|-10)$.

8. $A(1|0|2)$, $B(2|2|2)$ und $C(-2|1|0)$ Drehung mit $\varphi = 45°$ um die x_2-Achse.
Es gilt: $\sin(45°) = \cos(45°) = \frac{\sqrt{2}}{2} \approx 0{,}7071$

$\mathbf{D_2} = \begin{pmatrix} \frac{\sqrt{2}}{2} & 0 & \frac{\sqrt{2}}{2} \\ 0 & 1 & 0 \\ -\frac{\sqrt{2}}{2} & 0 & \frac{\sqrt{2}}{2} \end{pmatrix}$; $A'\left(\frac{3\sqrt{2}}{2}\middle|0\middle|\frac{\sqrt{2}}{2}\right)$; $B'(2\sqrt{2}|2|0)$; $C'(-\sqrt{2}|1|\sqrt{2})$

Aus dem Produkt der Matrix mit den jeweiligen Ortsvektor der Punkte A,B bzw. C ergibt sich jeweils der Ortsvektor des Bildpunktes.

Operatoren im Landesabitur Hessen

Definition, typische Aufgabenstellung, Beispiele

Operator	Anforde-rungsbereich	Definition	Typische Aufgabenstellung	Beispiel aus dem Landesabitur 2016 bzw. 2015
angeben** / nennen	I	Sachverhalte, Begriffe oder Daten ohne Erläuterungen, Begründungen und Lösungswege aufzählen	Geben Sie eine Parameterform der Ebene an.	GK 2016 B1 LK 2016 B2
berechnen**	I – II	durch Rechenoperationen zu einem Ergebnis gelangen und die Rechenschritte dokumentieren	Berechnen Sie die Längen der Vektoren $\overrightarrow{BA}$ und $\overrightarrow{BC}$.	GK 2016 B2 LK 2016 B2
beschreiben*	I – II	Aussagen, Sachverhalte, Strukturen o. Ä. in eigenen Worten strukturiert und fachsprachlich wiedergeben	Beschreiben Sie den Aufbau der Vektorgleichung.	GK 2015 B2 –
skizzieren	I – II	eine grafische Darstellung so anfertigen, dass die wesentlichen Eigenschaften deutlich werden	Skizzieren Sie die Lage der Figur im Koordinatensystem.	
zeichnen**	I – II	eine hinreichend exakte grafische Darstellung anfertigen	Zeichnen Sie die Dachstreben in die Materialvorlage ein.	GK 2016 B1 –
begründen	II – III	einen Sachverhalt oder eine Aussage argumentativ auf Gesetzmäßigkeiten oder kausale Zusammenhänge zurückführen	Begründen Sie, dass durch die Gleichung eine Abbildung des $\mathbb{R}_3$ auf die Ebene E gegeben ist.	
bestimmen** / ermitteln**	II – III	einen Zusammenhang oder einen möglichen Lösungsweg aufzeigen und das Ergebnis formulieren	Bestimmen Sie eine Koordinatengleichung der Spiegelebene. (Beachte: hier ist die Verwendung geeigneter Rechneroperationen erlaubt!)	GK 2016 B1 LK 2016 B1
darstellen*	II	Sachverhalte o. Ä. strukturiert fachsprachlich oder grafisch wiedergeben und Bezüge sowie Zusammenhänge aufzeigen	Stellen Sie die Fläche in Ihrer Zeichnung dar.	GK 2015 B1 –
deuten*	II – III	Phänomene, Strukturen, Sachverhalte oder Ergebnisse auf Erklärungsmöglichkeiten untersuchen und diese gegeneinander abwägen und auf das ursprüngliche Problem beziehen	Deuten Sie die vier Rechenschritte im Sachzusammenhang.	– LK 2016 B1
entscheiden*	II – III	bei Alternativen sich begründet und eindeutig auf eine Möglichkeit festlegen	Entscheiden Sie, ob der Schatten ganz auf der Dachfläche liegt.	GK 2015 B2 LK 2015 B1
entwickeln	II – III	Sachverhalte und Methoden zielgerichtet in einen Zusammenhang bringen; eine Hypothese, eine Skizze oder ein Modell weiterführen und ausbauen	Entwickeln Sie eine Lösungsstrategie, mit der das Volumen berechnet werden kann.	

* Im Landesabitur 2015 und 2016 ein- bis zweimal verwendet

** Im Landesabitur 2015 und 2016 häufiger verwendet

Operator	Anforderungsbereich	Definition	Typische Aufgabenstellung	Beispiel aus dem Landesabitur 2016 bzw. 2015
erklären*	II – III	Sachverhalte o. Ä. unter Verwendung der Fachsprache auf fachliche Grundprinzipien oder kausale Zusammenhänge zurückführen	Erklären Sie die Bedeutung der gegebenen Vektorgleichungen im Sachzusammenhang.	GK 2016 B1 –
erläutern*	II	Sachverhalte o. Ä. so darlegen und veranschaulichen, dass sie verständlich werden	Erläutern Sie Ihren Ansatz zur Bestimmung der Ebenengleichung in Koordinatenform.	GK 2015 B2 LK 2016 B2
formulieren	II	eine Fragestellung bzw. eine Formel notieren	Formulieren Sie die gegebene Rechnung mithilfe eines Skalarprodukts.	
herleiten	II – III	einen Sachverhalt oder ein Ergebnis aus gegebenen Daten oder Gesetzmäßigkeiten entwickeln	Leiten Sie eine Formel für die Berechnung des minimalen Abstandes der Flugzeuge her.	
modellieren	II – III	zu einem Ausschnitt der Realität ein fachliches Modell anfertigen	Modellieren Sie die Bewegung des Punktes in Abhängigkeit von der Zeit durch eine geeignete Vektorgleichung.	
zuordnen	II	Sachverhalte begründet in einen genannten Zusammenhang stellen	Ordnen Sie die Vektoren den Kanten des Würfels zu.	
prüfen*	II	Sachverhalte, Aussagen oder Ergebnisse an Gesetzmäßigkeiten messen, verifizieren oder Widersprüche aufdecken	Prüfen Sie rechnerisch, ob die Bedingung $\vec{v} = k \cdot \vec{w}$ erfüllt ist.	GK 2016 B1 LK 2015 B1
untersuchen**	II – III	Sachverhalte unter bestimmten Aspekten betrachten	Untersuchen Sie die besondere Lage von g in Bezug auf die Ebene, die durch die Punkte A, B und C gegeben ist.	GK 2015 B1 LK 2016 B1
vergleichen / gegenüberstellen	II – III	nach vorgegebenen oder selbst gewählten Gesichtspunkten Gemeinsamkeiten, Ähnlichkeiten und Unterschiede ermitteln und darstellen	Vergleichen Sie die beiden Formeln unter dem Gesichtspunkt des rechnerischen Aufwandes.	
zeigen** / bestätigen**	II – III	einen Sachverhalt oder eine Behauptung unter Verwendung gültiger Schlussregeln oder Berechnungen auf bekannte, gültige Aussagen zurückführen	Zeigen Sie, dass die Gerade g sowohl in der Ebene F liegt als auch gemeinsame Gerade aller Ebenen der Ebenenschar ist.	GK 2016 B1 LK 2016 B1
beurteilen	III	zu einem Sachverhalt oder einer Aussage unter Verwendung von Fachwissen und Fachmethoden eine begründete Einschätzung geben	Beurteilen Sie die Brauchbarkeit des Ansatzes.	

* Im Landesabitur 2015 und 2016 ein- bis zweimal verwendet

** Im Landesabitur 2015 und 2016 häufiger verwendet

Operator	Anforde-rungsbereich	Definition	Typische Aufgabenstellung	Beispiel aus dem Landesabitur 2016 bzw. 2015
beweisen	III	im mathematischen Sinn zeigen, dass eine Behauptung / Aussage richtig ist, z. B. unter Verwendung bekannter mathematischer Sätze, logischer Schlüsse und Äquivalenz-umformungen	Beweisen Sie, dass zwei Vektoren genau dann orthogonal zueinander sind, wenn ihr Skalarprodukt null ist.	
diskutieren / erörtern	III	zu einer Aussage, Problemstellung oder These eine Argumentation entwickeln, die zu einer begründeten Bewertung führt	Diskutieren Sie die möglichen Lösungsmengen für das Gleichungssystem.	
Stellung nehmen	III	wie Operator ‚beurteilen', aber zusätzlich die eigenen Maßstäbe darlegen und begründen	Nehmen Sie Stellung zur Wahl der Lage des Koordinatensystems.	

Mathematische Symbole

Mengen, Zahlen

$\mathbb{N}$	Menge der natürlichen Zahlen
$\mathbb{Z}$	Menge der ganzen Zahlen
$\mathbb{Q}$	Menge der rationalen Zahlen
$\mathbb{R}_+$	Menge der positiven reellen Zahlen einschließlich Null
$\mathbb{R}\setminus\{0\}$	Menge der reellen Zahlen ohne Null
$x \in M$	x ist Element von M
$\{x \in M \mid \ldots\}$	Menge aller x aus M, für die gilt …
$\{a, b, c, d\}$	Menge mit den Elementen a, b, c, d
$\{\ \}$	leere Menge
$[a; b]$	abgeschlossenes Intervall, $\{x \in \mathbb{R} \mid a \le x \le b\}$
$]a; b[$	offenes Intervall, $\{x \in \mathbb{R} \mid a < x < b\}$
$a < b$	a kleiner b
$a \le b$	a kleiner oder gleich b
$\lvert x \rvert$	Betrag von x
$\sqrt{x}$	Quadratwurzel aus x
$\sqrt[n]{x}$	n-te Wurzel aus x
b^x	Potenz b hoch x
$\sin(x)$	Sinus x
$\cos(x)$	Kosinus x
$\tan(x)$	Tangens x

Geometrie

$P(x \mid y)$	Punkt mit den Koordinaten x und y
$P(x \mid y \mid z)$	Punkt mit den Koordinaten x, y und z
AB	Gerade durch A und B
$\overline{AB}$	Strecke mit den Endpunkten A und B
$\lvert AB \rvert$	Länge der Strecke $\overline{AB}$
ABC	Dreieck mit den Eckpunkten A, B und C
$g \parallel h$	g parallel zu h
$g \perp h$	g orthogonal zu h
$\begin{pmatrix} x_1 \\ x_2 \\ x_3 \end{pmatrix}$	Vektor mit den Koordinaten x_1, x_2 und x_3
$\overrightarrow{OP}$	Ortsvektor des Punktes P
$\overrightarrow{PQ}$	Vektor von P nach Q
$\vec{v}$	Vektor $\vec{v}$
$-\vec{v}$	Gegenvektor von $\vec{v}$
$\vec{o}$	Nullvektor
$\lvert \vec{v} \rvert$	Länge (Betrag) des Vektors $\vec{v}$
$\vec{a} + \vec{b}$	Summe von $\vec{a}$ und $\vec{b}$
$r \cdot \vec{a}$	r-faches von $\vec{a}$
$\vec{a} * \vec{b}$	Skalarprodukt von $\vec{a}$ und $\vec{b}$
$\vec{n}$	Normalenvektor

Matrizen

$\mathbf{A}$	Matrix A
a_{ij}	Element der Matrix A in der i-ten Zeile und der j-ten Spalte
$\mathbf{A} = \begin{pmatrix} a_{11} & a_{12} & \cdots & a_{1n} \\ a_{21} & a_{22} & \cdots & a_{2n} \\ \vdots & \vdots & & \vdots \\ a_{m1} & a_{m2} & \cdots & a_{mn} \end{pmatrix}$	$m \times n$-Matrix A mit den Elementen a_{ik}
$\mathbf{E_n}$	Einheitsmatrix der Größe $n \times n$

Stichwortverzeichnis

T

U

V

W

Z

Bildquellenverzeichnis

Umschlag: Avenue Images, Hamburg (Peter Eberts/agefotostock); 3.2, 21.1: Kurt Pock, Klagenfurt; 9.2: fotolia.com, New York (Mariusz Niedzwiedzki); 3.1, 9.1: F1online, Frankfurt (Nico Stengert Novarc Images); 4.2, 115.1: LOOK-foto, München (Andreas Strauss); 5.1, 143.1: Thinkstock, Sandyford/Dublin (Ciaran Griffin); 11.1: akg-images, Berlin; 12.1: Keystone, Hamburg (Hans-Rudolf Schulz); 16.1: Joker, Bonn (Lohmeyer); 17.1: Okapia, Frankfurt (Paul Silverman/Science Source); 17.2: Picture-Alliance, Frankfurt (dpa); 20.1: Michael Fabian, Hannover; 21.2: Kurt Pock, Klagenfurt; 22.1: Druwe & Polastri, Cremlingen/Weddel; 23.1: Langner & Partner, Hemmingen; 27.1: Picture-Alliance, Frankfurt (dpa/Peter Endig); 32.1: Picture-Alliance, Frankfurt (dpa/ZB/Matthias Hiekel); 36.1: Bildagentur Huber, Garmisch-Partenkirchen (Graefenhain); 36.2: mauritius images, Mittenwald (Steve Vidler); 36.3: mauritius images, Mittenwald (Speedy); 38.1: Blickwinkel, Witten (E. Hummel); 41.1: iStockphoto.com, Calgary (Rhoberazzi); 42.1: Getty Images, München (Anthony Dalton/Transtock); 43.1: Picture-Alliance, Frankfurt (Robert Harding World Imagery); 43.2: Hanns-Jürgen Morath, Karlsruhe; 46.1: Haus Ratzinger, Weil im Schönbuch (Elim-Dienste); 46.2, 47.1: Hanns-Jürgen Morath, Karlsruhe; 50.1: Artur Images, Stuttgart (Karin Hessmann); 50.2: mauritius images, Mittenwald (H. Schwarz); 51.1: bildagentur-online, Burgkunstadt; 51.2: Shutterstock.com, New York (Peter Albrektsen); 52.1: Langner & Partner, Hemmingen; 52.2: vario images, Bonn; 56.1: ddp images, Hamburg (Michael Latz); 57.1: Visum Foto, Hannover (Marc Steinmetz); 60.1: Druwe & Polastri, Cremlingen/Weddel; 65.1: Schapowalow, Hamburg (Jensen); 65.2: Picture-Alliance, Frankfurt (dpa); 66.1: mauritius images, Mittenwald (Rosenfeld); 68.1: Dr. Sibylle Stachniss-Carp, Lahntal; 69.1: GARNUKA® Carport- und Wintergartenwerk, Neubrandenburg; 69.2: mauritius images, Mittenwald (Hänel); 73.1: Frauke Tönnies, Laatzen; 73.2: Okapia, Frankfurt (John W. Warden); 75.1: Shutterstock.com, New York (Franck-Boston); 75.2: panthermedia.net, München (hakunamatata); 4.1, 75.3: Getty Images, München (Murat Taner); 76.1: Jens Schicke, Berlin; 76.2: Archiv Vattenfall, Cottbus; 79.1-4: Druwe & Polastri, Cremlingen/Weddel; 79.5: Aebi Drechslerei, Herzogenbuchsee; 80.1: iStockphoto.com, Calgary (mevans); 80.2: Colourbox.com, Odense (ImaGic Photo v. Jens F.); 80.3: Reinhard Manlik, Braunschweig; 81.1: mauritius images, Mittenwald (Matthias Pinn); 82.1: Visum Foto, Hannover (Wolfram Steinberg); 82.2: GICON-Firmengruppe, Dresden; 84.1: mauritius images, Mittenwald (Phototake); 84.2: SeaTops, Neumagen-Dhron (Kurt Amsler); 87.1: akg-images, Berlin; 87.2: Bridgeman images, Berlin; 87.3: akg-images, Berlin; 87.4: ullstein bild, Berlin (Granger Collection); 88.1: Okapia, Frankfurt (Matthias Lenke); 89.1: alamy images, Abingdon/Oxfordshire (Justin Kase zfourz); 92.1: Picture-Alliance, Frankfurt (dpa/Winter); 93.1-2: Hans Tegen, Hambühren; 103.1: Architekturbüro Dipl.-Ing. Klaus Petersen, Illertissen; 106.1: Hexenwasser, Söll; 116.1: Jörg Böthling, Hamburg; 116.2: Druwe & Polastri, Cremlingen/Weddel; 119.1: Hanns-Jürgen Morath, Karlsruhe; 119.2: KUKA Systems, Augsburg; 122.1: Picture-Alliance, Frankfurt (dpa/Landov); 123.1: fotolia.com, New York (Thomas Brugger); 123.2: Dingeldein Schornstein-Technik, Bad Vilbel, Bad Vilbel; 126.1: mauritius images, Mittenwald (imagebroker/Thomas Frey); 128.1: Ruprecht-Karls-Universität Heidelberg, Universitätsarchiv, Heidelberg; 129.1: mauritius images, Mittenwald (Rosenfeld); 132.1: Hanns-Jürgen Morath, Karlsruhe; 135.1: Imagine, Frankfurt (Joe Viesti); 135.2: mauritius images, Mittenwald (Rosenfeld); 138.1: mauritius images, Mittenwald (Hänel); 142.1: Deutsche Lufthansa, Frankfurt (Jens Görlich/CGI); 144.1: Michael Fabian, Hannover; 144.2: Shutterstock.com, New York; 147.1: mauritius images, Mittenwald (Food and Drink); 148.1: seasons Agency, München (Boris Kumicak); 148.2: Wama, Herdorf; 150.1: Presse und Bilderdienst Thomas Wieck, Völklingen; 150.2: mauritius images, Mittenwald (age); 151.1: fotolia.com, New York (Thomas Aumann); 152.1: ecopix, Berlin (Heinrich); 154.1: Dr. Andreas Gundlach, Moitin; 157.1: fotolia.com, New York (seen0001); 157.2: fotolia.com, New York (Thaut Images); 160.1: Picture Press, Hamburg (Thorsten Milse); 162.1: DB Mobility Logistics, Frankfurt; 163.1: Michael Fabian, Hannover; 163.2: mauritius images, Mittenwald (CuboImages); 164.1: Picture-Alliance, Frankfurt (dpa); 165.1: fotolia.com, New York (industrieblick); 166.1: fotolia.com, New York (Juulijs); 168.1: alamy images, Abingdon/Oxfordshire (Robert Convery); 168.2: Caro, Berlin (Ruffer); 172.1: Picture-Alliance, Frankfurt (Bildagentur Huber); 172.2: mauritius images, Mittenwald (Hubatka); 177.1: Picture-Alliance, Frankfurt (dpa/Ingo Wagner); 177.2: fotolia.com, New York; 178.1: fotolia.com, New York (Tsiumpa).

Es war uns leider nicht bei allen Abbildungen möglich, den Inhaber der Rechte ausfindig zu machen. Berechtigte Ansprüche werden selbstverständlich im Rahmen der üblichen Vereinbarungen abgegolten.